青海省天气预报手册

主编　李生辰

内 容 简 介

全书共分12章，内容涵盖了青海高原地区主要灾害性和高影响天气。影响青海的天气系统，重点介绍了青海暴雨、暴雪和雪灾、强对流、大风沙尘暴和寒潮天气，给出了预报着眼点。本书在认真梳理有关青海高原天气及预报方面研究工作的基础上，结合编撰者近年来的研究成果，通过预报员视角，强化天气分析和总结，是一本高原地区各级气象台(站)从事预报服务技术人员实用的业务手册。

本书可供从事高原天气气候分析、预报和预测的气象、航空、环境等工作者参考使用。

图书在版编目（CIP）数据

青海省天气预报手册 / 李生辰主编. -- 北京 : 气象出版社, 2022.3
ISBN 978-7-5029-7668-2

Ⅰ. ①青… Ⅱ. ①李… Ⅲ. ①天气预报－青海－手册 Ⅳ. ①P45-62

中国版本图书馆CIP数据核字(2022)第024626号

青海省天气预报手册

Qinghai Sheng Tianqi Yubao Shouce

出版发行：气象出版社
地　　址：北京市海淀区中关村南大街46号　　**邮政编码**：100081
电　　话：010-68407112(总编室)　010-68408042(发行部)
网　　址：http://www.qxcbs.com　　**E-mail**：qxcbs@cma.gov.cn
责任编辑：黄红丽　林雨晨　　**终　　审**：吴晓鹏
责任校对：张硕杰　　**责任技编**：赵相宁
封面设计：李　杏
印　　刷：北京建宏印刷有限公司
开　　本：787 mm×1092 mm　1/16　　**印　　张**：14.75
字　　数：378千字
版　　次：2022年3月第1版　　**印　　次**：2022年3月第1次印刷
定　　价：120.00元

《青海省天气预报手册》编写人员

主　编：李生辰

副主编：张青梅

成　员（以姓氏笔画为序）：

马　琼　马学莲　王希娟　王海娥　韦淑侠

申红艳　冯晓莉　朱　平　伊俊兰　刘晓琳

苏永玲　李　静　李　璠　余学英　沈晓燕

张吉农　张海宏　胡　垚　谈昌蓉　温婷婷

统　稿：李生辰　张青梅

前　言

青海地处青藏高原北部，是我国长江、黄河、澜沧江、黑河等河流的发源地，青藏高原大地形对高原及周边天气系统有显著的影响，第 1 章简要介绍了高原的动力和热力作用及高原季风。第 2 章分析近 30 年青海测站的资料，给出了常规气象要素的平均状况及影响青海的主要灾害性天气。为了更好地让高原地区预报技术人员全面了解影响青海的天气系统，第 3 章从影响青海的大气环流特征出发，将天气系统划分为西风带天气系统、副热带或低纬度天气系统、高原天气系统。西风带天气系统具有冷性结构特征，一年四季影响青海地区，副热带或低纬度天气系统具有暖湿结构特征，是青海雨季形成的主要影响天气系统，高原天气系统具有暖性结构特征，是造成青海降水的主要天气系统。第 4 章围绕产生降水的条件，给出了青海降水特征。第 5、6 章介绍了青海暴雨形成条件和大到暴雪及雪灾天气，在全球变暖的背景下，青海暴雨(雪)发生的频率增高，将≥50 mm 的暴雨和≥10 mm 的暴雪个例研究成果汇编到本书。近年来强对流天气引发的灾害频繁发生，编写中将强对流天气内容分别在第 7 至 9 章中进行介绍，以短时强降水和冰雹天气为重点，给出了预报预警指标，但由于高原地区强对流天气的复杂性，还需今后不断完善。第 10 章大风沙尘暴天气和第 11 章寒潮天气侧重天气类型和天气成因的介绍。第 12 章介绍了老一辈高原气象工作者针对高原地区天气图分析总结的经验和方法，希望这些传统的经验和方法得以传承。

全书共分 12 章，第 1 章由张青梅、李生辰、王希娟编写，张青梅统稿；第 2 章由王希娟、冯晓莉编写，王希娟统稿；第 3 章由李生辰编写并统稿；第 4 章由王海娥、李生辰、沈晓燕、申红艳、温婷婷、余学英、伊俊兰编写，王海娥和申红艳统稿；第 5 章由李生辰、张青梅、沈晓燕、张海宏编写，李生辰统稿；第 6 章由李生辰、张青梅、王海娥、沈晓燕、马琼编写，李生辰统稿；第 7 章由苏永玲、李生辰编写，苏永玲统稿；第 8 章由张青梅、李生辰、苏永玲、胡垚编写，张青梅统稿；第 9 章由李静、朱平、李生辰、刘晓琳编写，李静和朱平统稿；第 10 章由马学莲、李璠、李生辰、张青梅、谈昌蓉编写，马学莲统稿；第 11 章由韦淑侠、李生辰编写，韦淑侠统稿；第 12 章由张吉农、李生辰、张青梅编写，张吉农统稿；全书由李生辰和张青梅多次修改最终成册。

编写人员大部分从事预报业务多年，有长期的预报实践，积累了比较丰富的预报经验。他们在编写过程中认真梳理近10年青海天气预报技术成果、经验和预报方法，从预报员视角出发，强化天气过程分析和总结，弱化原理性叙述，将编撰者最新研究成果汇编整理成这本手册，希望这些成果和经验对青海天气预报业务发展和天气预报水平的提高能发挥积极作用。

南京信息工程大学李栋梁教授审阅了初稿，提出了宝贵建议；气象出版社黄红丽副主任对本手册的出版给予了大力支持和技术指导；西藏自治区气象局假拉正高级工程师给予的支持，李杏同学对封面设计提供了创意设计，在此深表谢意！

由于编者水平所限，难免有错漏和不妥之处，恳请读者批评指正。

编者：李生辰

2020年12月

目　　录

第 1 章 青藏高原及其作用

青海省地处青藏高原北部，其天气系统变化受青藏高原影响显著，因此，在介绍高原地区的天气及预报时有必要了解青藏高原对大气环流的影响，本章主要简要叙述青藏高原概况及其动力和热力作用，高原季风等内容。

1.1 青藏高原概况

青藏高原屹立在整个大气对流层的中、低部，地表面位于大气对流层中部，约占对流层厚度的三分之一，和四周平原地区相比，如同是一个巨大的孤山。高原境内群山耸立，基本走向为东—西向和西北—东南向，因而将高原主体又分割成许多盆地和谷地。青藏高原对大气环流的影响是相当显著的，其庞大的地形冬季位于西风带中，夏季则处在东、西风带的交界处，对大气环流有重要影响，是天气气候等变化的敏感区。

1.1.1 地理位置(地球第三极)

青藏高原(以下简称高原)是世界上最大、平均海拔最高、地形最复杂的高原，南起喜马拉雅山脉南缘，北至昆仑山、阿尔金山和祁连山北缘，西部为帕米尔高原和喀喇昆仑山脉，东及东北部与秦岭山脉西段和黄土高原相接，地理位置介于 26°00′—39°47′N，73°19′—104°47′E 之间。高原东西长约 2800 km，南北宽约 300～1500 km，地形上可分为藏北高原、藏南谷地、柴达木盆地、祁连山地、青海南部高原和滇川藏高山峡谷区等 6 个部分。中国境内主要包括西藏自治区和青海省的全部、四川省西部、新疆维吾尔自治区南部，以及甘肃、云南的一部分，总面积约 230 万 km^2，约占全国陆地总面积的四分之一，平均海拔在 4000 m 以上。

1.1.2 地形及山脉特征

青藏高原(图 1.1)是一个东宽西窄高大山脉环抱所烘托拔起的庞大高台，近似呈椭圆状东西走向，西高东低，其南北两侧外壁险峻陡峭，向内地势和缓降低，由一系列高大山脉组成的高山“大本营”，地理学家称它为“山原”。东—西向山脉占据了高原的大部分地区，南北向山脉主要分布在高原的东南部及横断山区附近，两组山脉之间有平行峡谷地貌，还分布有数量广泛的宽谷、盆地和湖泊。

“高”是高原地形上的一个最主要的特征。高原四面高山屹立，横卧在高原南边的是世界海拔最高的喜马拉雅山脉，有世界第一高峰珠穆朗玛峰，巍峨于高原北面的有“万山之祖”昆仑山脉以及阿尔金山脉和祁连山脉，屹立于高原西侧的是冰川密布的喀喇昆仑山脉，耸立于高原东部的是中国最长的南北走向的弧形山脉横断山脉。高原内还有唐古拉山、冈底斯山、念青唐古拉山等。这些山脉海拔大多超过 6000 m，喜马拉雅山不少山峰超过 8000 m。

1.1.3 湖泊河流特征

青藏高原的另一个重要特色就是湖泊众多，有大大小小 1500 多个湖泊，总面积约为

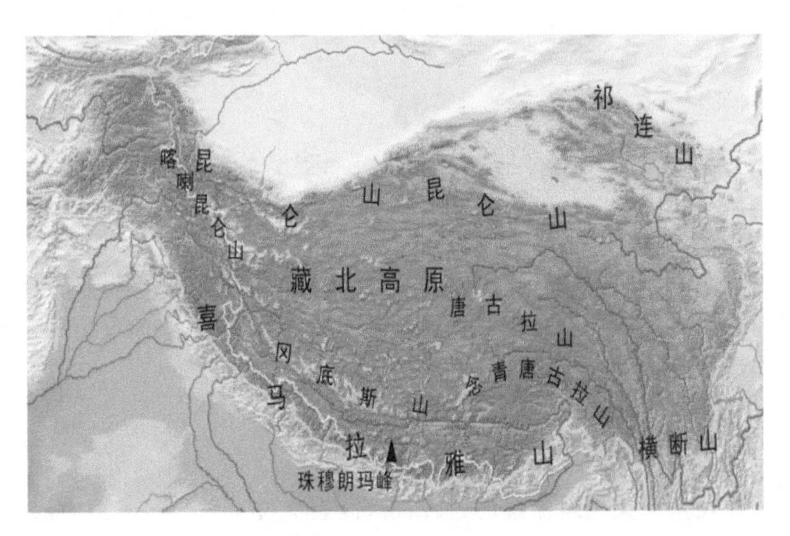

图 1.1　青藏高原地形图

36500 km²,占到了全国湖泊总面积的 48.5%。这些湖泊主要靠周围高山冰雪融水补给。青海湖位于青海省境内,面积为 4456 km²,高出海平面 3175 m,最大湖深达 38 m,是中国最大的咸水湖。西藏有三大圣湖,即:玛旁雍错、纳木错、羊卓雍措,其中,纳木错面积约 2000 km² 高出海平面 4650 m,是世界上最高的大湖。这些湖泊大多是内陆咸水湖,在湖泊周围、山间盆地和向阳缓坡地带分布着大片翠绿的草地,所以这里是仅次于内蒙古、新疆的重要牧区。雪山、冰川、草地、荒原构成高原的标志性画面。同时,这里也是东亚、东南亚和南亚众多大江大河的发源地,这些江河以冰川为依托,而冰川则以雪峰为载体,长江、黄河、澜沧江(下游为湄公河)、怒江(下游称萨尔温江)、森格藏布河(印度河)、雅鲁藏布江(下游称布拉马普得拉河)以及塔里木河等都发源于此。

1.2　高原的动力作用

高原大地形对大气环流的作用(叶笃正和高由禧,1979):一是纯粹由机械阻挡气流引起的,可以认为是纯粹的动力作用;二是由地形造成空中的冷热源引起的,可以归于热力作用。高原对大气环流的动力作用主要表现为气流受到阻挡后迫使气流形成绕流和爬流的现象。

1.2.1　气流绕流作用(气流分支)

李菲等(2012)给出了高原及其附近地区年平均流线图,高原主体部分的年平均绕流大致分为南北两支,分支点位于高原西南部(32°N,75°E),分支点以北地区绕流一支往上游径直指向西北,一支向东呈反气旋式流向,分支点以南地区绕流向东呈气旋式流向,其汇合点位于高原东北部,以 42°N 左右为界,以北为偏北风绕流,以南为偏南风绕流。张耀存和钱永甫(1999)通过数值试验指出,当高原总体平均高度超过临界高度后(夏季为 1500～2000 m),高原周围地区的气流主要以绕流为主。

1.2.2　气流爬流作用

高原南部喜马拉雅山系附近存在爬流的辐散线,75°E 以东的高原主体区域爬流自喜马拉雅山脉由南指向北,高原东南横断山脉附近存在较强的南风爬流。高原西北部,爬流气流沿东北—西南走向的地形向两侧辐散，向南的辐散气流分支在塔里木盆地与高原主体的偏南气流交汇，形成辐合中心。高原东北部，向南的爬流经过柴达木盆地与高原主体向北的爬流汇合后，爬越祁连山脉向北运动。高原东部，偏东风纬向爬流产生上坡风占主导地位（李菲 等，2012）。

在冬季，高原的动力作用在绕流和爬流两方面都较重要，通过风场的模拟也证明了必须将两种作用综合考虑才能反映地形作用的真实情况。在夏季，高原的动力作用表现在对气流的绕流作用上，总体来看高原的动力作用在冬季更为重要，夏季高原的影响主要表现在热力作用上。

1.2.3　对高空槽（脊）的影响

高原对影响我国的天气系统有明显影响，西风带高空槽接近高原时，其南段被高原切断，停留在高原西部，而其北段向东移动，强度减弱，只有当移离高原后才重新得到发展，而对于高压脊和高压系统在接近高原时却有明显的加强作用，另一方面，由于地形的扰动又可在下坡或下游引起低压槽的产生和高压脊的减弱。

一般来说，西风带高空槽（脊）在经过高原时，它在高原各部分移速是不均匀的。当槽在高原西部（A处）时（图1.2a），槽前西南气流已开始上坡运动，因而槽前气旋性涡度减弱，槽移速减慢。当槽移至高原西端（B处）时，槽前已全部位于高原上，无上下坡运动，槽后则有上坡运动，因而槽后气旋性涡度减弱，反气旋性涡度加强，槽移动加速。当槽在高原中部（C处）时，移速不受地形的影响。槽移至高原东端（D处）时，槽前气流有下坡运动，因而气旋性涡度加强槽移速加快。当槽移出高原到达东部（E处）时，槽后有下坡运动，因而气旋性涡度加强，槽移速减慢。由此可见，槽在高原东、西两侧时，移速减慢，槽在高原上空时，移动加快或正常。反之，脊在高原东、西两侧时，移速加快，脊在高原上空时，移动减慢或正常。

在高原南、北两侧西风带的槽（脊）移速不同。一般来说，在高原北部的槽（脊）移速一般大于南部的槽（脊）。在高原北部（A处）的槽（图1.2b），槽前下坡运动，槽后上坡运动，槽移速加快。在高原中部（B处）的槽，移速不受地形的影响。在高原南部（C处）的槽，槽前上坡运动，槽后下坡运动，槽移速减慢。如开始是正南北向的槽，则过若干时后，由于槽北部移动快，南部移动慢，结果变成东北—西南向的槽（图1.2b中虚线）。当槽的南北部移速相差过大时，高原有切断低涡形成。

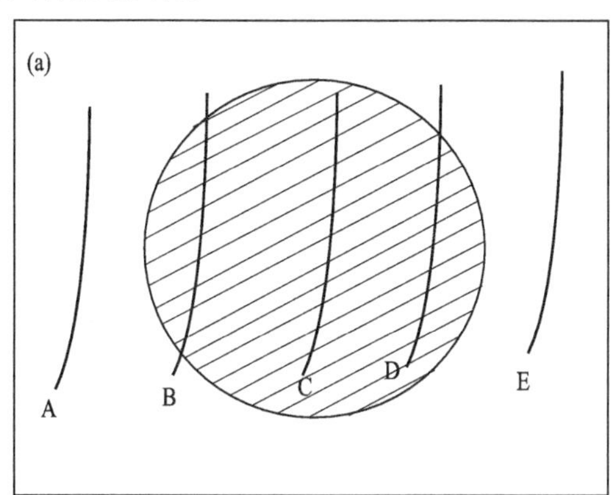

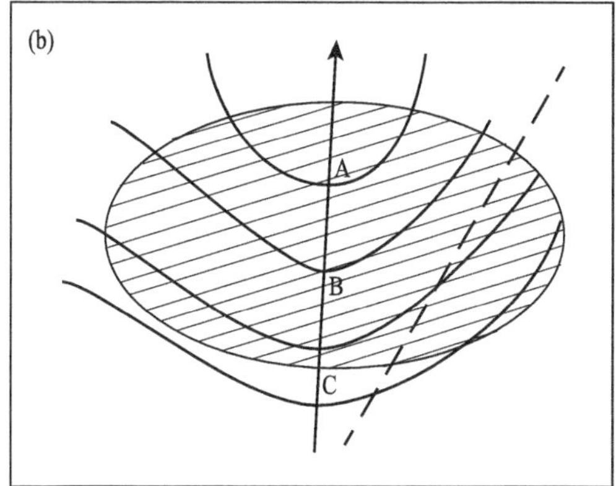

图1.2　高原地形造成的槽的移速变化（a）和槽线倾斜（b）

1.2.4 对西风带及东亚大槽的影响

高原大地形对西风带气流的分支作用，在冬季影响更加明显，35°N 以北的中高纬度地区出现两槽一脊的稳定形势，东亚(120°—130°E)出现明显的大槽，巴尔喀什湖和贝加尔湖之间出现浅脊，50°E 附近出现弱槽。由于高原大地形的影响东亚中高纬度地区盛行纬向型环流(骆美霞 等，1983)，对流层中上部的东亚大槽和沿 30°N 左右的西风急流都与高原大地形的作用有关(陈于湘 等，1983)。旱季(10 月—翌年 5 月)，一般将高原北侧的西风气流称为北支西风气流，将高原南侧的西风气流称为南支西风气流。

1.2.5 对孟加拉湾风暴的影响

高原大地形对北上移近高原的孟加拉湾热带气旋的影响是明显的，大地形对带有大量水汽、热量的孟加拉湾热带气旋有动力抬升作用，使这些热量和水汽从对流层中、上层不断输送到高原及其临近地区的上空，形成高原地区的降水天气。高原的地形效应对能移到高原南侧 25°N 以北地区的孟加拉湾热带气旋结构的非对称分布影响更加明显，随着暖中心的消失，气旋中心北侧由上升运动变为下沉运动，促使热带气旋填塞、消亡(王允宽 等，1986；1996)。

1.3 高原的热力作用

叶笃正和高由禧(1979)指出：高原的热力作用是指高原对大气的加热作用，一般用冷热源的概念进行讨论。对冷热源有两种定义：一种是从下垫面出发，如果某地区有热量从地面输送给大气，则此地称为热源，反之称为冷源；另一种是在某个月里，某个地区的大气柱内有净能量的收入，则在这个月或这个地区的大气称为热源，有净能量支出称为热汇；从地面有三种热量可以输送给大气(丁一汇，2005)：(1)地面有效辐射；(2)潜热；(3)感热。总体来看感热输送为最大，有效辐射次之，潜热最小。夏季高原地区，西部以感热为主，东部以潜热为主。

1.3.1 地面感热和大气热源计算

(1)地面感热指近地层中由于湍流输送造成的地面和近地层空气之间的热量交换通量。

地面感热由以下公式计算(叶笃正和高由禧，1979)：

$$SH = c_p \rho C_D V(T_s - T_a) \tag{1.1}$$

式中：c_p 为空气的比定压热容；ρ 为近地面大气密度；V 为地面风速；T_s 和 T_a 分别为地面和空气温度；C_D 为黏滞疑系数。

(2)大气热源由温度的局地变化，平流变化和垂直变化组成。

大气热源(Q_1)由以下公式计算(Yanai et al.，1973)：

$$Q_1 = c_p\left[\frac{\partial T}{\partial t} + \mathbf{V} \cdot \nabla T + \left(\frac{p}{p_0}\right)^k \omega \frac{\partial \theta}{\partial p}\right] \tag{1.2}$$

式中：c_p 为空气的比定压热容；T 为温度；θ 为位温；ω 为 p 坐标的垂直速度；$p_0 = 1000$ hPa；$k = R/c_p$；$\mathbf{V}$ 为水平风矢量。

1.3.2 高原上空整层大气平均的热状况

钟珊珊等(2009)利用 Q_1 给出了 1961—2001 年高原海拔≥3000 m 范围整层热源平均各月变化曲线(图 1.3)，3—9 月高原上空 Q_1 值大于零为热源，热源从 3 月开始逐渐增强，6 月达到极值，然后逐渐减弱。10—2月 Q_1 值小于零是热汇，最强热汇出现在12月。全年大气热状况表现为热源持续时间长达7个月，热源峰值是热汇的2.5倍，3月主要是平流输送项的贡献，10月局地项贡献大，其余月份垂直输送项贡献最大，且与整层热源变化一致。

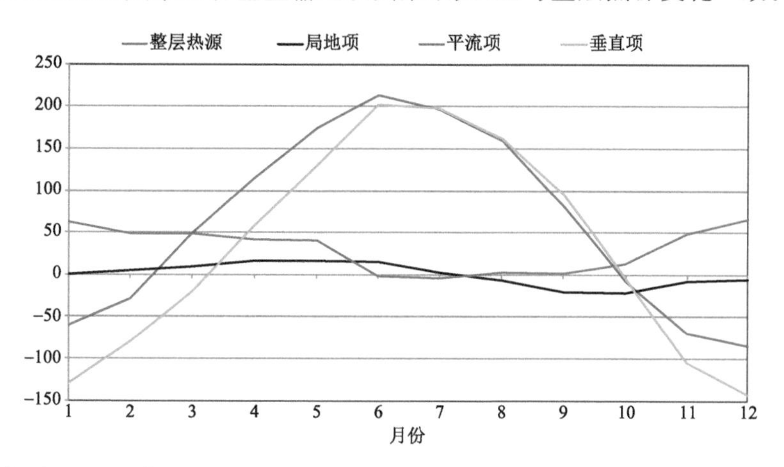

图1.3 青藏高原上空整层热源区域平均各月(1961—2001年)变化曲线(单位:W/m²)(钟珊珊 等,2009)

1.3.3 高原加热与低涡和对流系统

由表1.1可知，夏季高原低涡生成频数与同期高原地面感热呈高度正相关(李国平 等，2016)，与同期地面潜热呈负相关，与同期地面热源呈正相关。这种气候统计关系表明：地面热源偏强特别是地面感热偏强的时期，对应高原低涡的多发期，证实了高原地面加热作用对触发高原低涡乃至高原对流活动的重要性。

表1.1 夏季高原低涡生成频数与高原地面加热项的相关系数及其信度水平(李国平 等,2016)

	相关系数	信度水平(%)
地面感热	0.541591	99
地面潜热	−0.34363	90
地面热源	0.410754	95

高原中西部地面感热加热是高原低涡生成、发展和东移的主要因素(罗四维和杨洋，1992)，高原地区强烈的太阳辐射使大气边界层底部受到强大的地面加热作用，加热强度最大区对应涡区时，感热有利于低涡的发展(李国平 等，2002)。高原低涡生成后的东移过程中，潜热加热作用逐步占据主要地位(田珊儒 等，2015；陈伯民 等，1996)，当中西部形成的低涡移动到水汽较为充沛的高原东部时，高原东部低层非绝热加热率则随高原向上递增，且强度有着显著的增强(图1.4中虚线)，最大值为15 K/d，最大加热层也向上抬升到400 hPa高度上，潜热加热使得中低层大气的不稳定性增加，形成有利于对流性降水的热力环流，在对流不稳定条件下通过低层辐合激发出中尺度对流系统，同时东移低涡的偏南、偏西北气流不断加强形成的辐合带促使高原东部中尺度对流系统进一步发展，对流降水产生的潜热释放增强了局地正涡度。高原地区午后形成的对流云移到高原东部时容易加强为中尺度对流系统，引发短时强降水天气。在第7章我们将看到，青海的短时强降水主要发生在95°E以东地区，与高原加热及低涡活动关系密切。

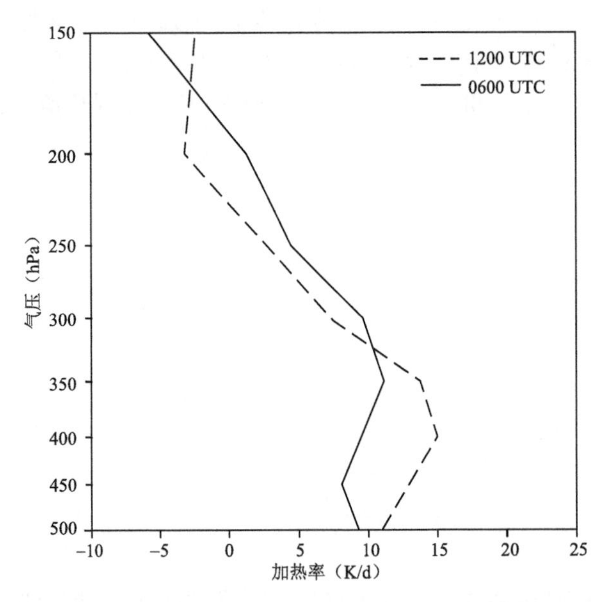

图 1.4　2012 年 6 月 24 日 06:00（黑色实线）和 12:00（黑色虚线）青藏高原东部对流区非绝热加热率平均垂直廓线（单位：K/d）（田珊儒 等，2015）

1.3.4　高原加热对大气环流的作用

高原地表加热和平原地区地表加热对大气环流作用的最重要区别在于高原的地表加热是抬升加热。这种抬升加热有两个作用，其一是对水汽抬升的影响，其二是对局部加热抬升的作用。高原地表加热不仅在高原上产生上升运动，高原周边的气流还被“抽吸”并向高原辐合。夏季，高原热力和动力作用影响下产生的上升气流沿经向到达太平洋东部，沿纬向到达南半球。冬季，高原盛行下沉气流（吴国雄 等，2018）。

1.4　高原季风

1.4.1　高原季风概况

季风是指近地面层冬夏盛行风向接近相反且气候特征明显不同的现象（朱乾根 等，2000）。由于高原的热力作用使该地区气压场随着季节的变化而变化，造成地面风场也随着季节的变化而变化，这种风场随季节的变化，我们称之为高原季风。高原季风暴发迟或早对青海雨季开始、大降水出现的早晚都有重要的影响。为了表征高原季风活动的强度及其演变特征，一般采用高原季风指数（Qinghai-Tibetan Plateau Monsoon Index，QTPMI）。

1.4.2　高原季风指数

（1）基于高度场的高原季风指数

采用 600 hPa 等压面上代表高原四周和中心点的平均位势高度来定义（汤懋苍 等，1984）。以 32.5°N，90°E 为高原地形的中心点，取（32.5°N，80°E）、（25°N，90°E）、（32.5°N，100°E）、（40°N，90°E）4 个点分别代表高原的西、南、东、北部，计算出这 5 个点 600 hPa 高原场距平值为高原季风指数，即：

$$\mathrm{QTPMI}=H_1+H_2+H_3+H_4-4H_0 \tag{1.3}$$

QTPMI 正指数大，表示高原夏季风强或冬季风弱；负指数绝对值大表示高原冬季风强或夏季风弱。

(2)基于风场的高原季风指数

从夏季高原季风环流系统特点出发(齐冬梅 等，2009)，取 6—8 月，27.5°—30°N，80°—100°E 范围 600 hPa 平均的西风分量距平与 35°—37.5°N，80°—100°E 范围内平均的东风分量距平之差作为高原夏季风指数，即：

$$\mathrm{QTPMI}=U_{600[27.5°—30°\mathrm{N},80°—100°\mathrm{E}]}-U_{600[35°—37.5°\mathrm{N},80°—100°\mathrm{E}]} \tag{1.4}$$

式中，其差值越大，高原夏季风越强；反之，则高原夏季风越弱。

(3)基于散度场的高原季风指数

从散度场出发(周懿 等，2015)，选取 600 hPa 高原主体上长期平均的冬、夏散度反向最明显的负值中心区(30°—35°N，80°—100°E)为高原主体中心区域，以该区域的散度平均值定义的高原季风指数，即：

$$\mathrm{QTPMI}=\mathrm{div}\big|_{30°—35°\mathrm{N},80°—100°\mathrm{E}} \tag{1.5}$$

式中，负值表示近地面层高原主体中心风场的辐合程度，其绝对值越大表示高原夏季风越强；正值表示近地层高原主体中心风场的辐散程度，正值越大表示高原冬季风越强。

1.4.3 高原季风边界及形成机制

(1)高原季风活动范围

周懿等(2015)利用 1984—2012 年 600 hPa7 月和 1 月平均散度差值分布给出了高原季风东边界在 115°E，北边界在 42.5°N，西边界在 62.5°E，南边界在 22.5°N，与汤懋苍等(1979)根据高原地区盛行风场的年变化特征给出的高原季风活动范围基本一致，高原北侧冬季风为西风，夏季则盛行东风，高原南侧与此相反；高原东侧冬季为偏西风，夏季则盛行偏东风。高原季风影响范围一般东侧可影响到 110°E，南侧大致可到达印度中部的多雨带北缘，北侧可及甘肃和新疆沙漠地区的中部。35°N 是一个界限，以南季风现象明显，以北在西风带影响下季风现象不明显。高原季风的影响范围远远超过高原主体，其影响高度，则决定于冬季冷高压和夏季热低压的强度和伸展高度。

(2)高原季风形成机制

高原季风形成的基本因子主要是下垫面附近的热力因子，与海陆热力差异相似，由于高原与周围自由大气之间的热力差异，从而形成高原上的冬夏季风，并且对整个亚洲季风有直接影响。高原加热导致的高原与周围自由大气的热力差异是高原季风形成的主要原因，华维等(2012)给出了东亚地区 500 hPa 某纬度带上各经度温度与高原区域纬向平均温度的差，高原地区是暖区，90°E 附近是暖中心最强的地区，中国东部至太平洋地区和中亚地区是冷区，冷暖分界线在 60°E 和 110°E，高原与周围地区热力差异不但包括高原与海洋大尺度大气热力差异，还包括尺度相对较小的高原与周边陆地间的大气热力差异，高原季风更大程度上受到尺度相对较小的高原与周边陆地之间的热力差异影响。

夏季，高原主体为一个强大的热低压控制，低压中心位于 32.5°N，90°E 附近，与之配合的 600 hPa 风场上，高原主体部分近地面层存在一个明显的气旋性环流(图 1.5)，风从四周向高原腹地辐合，构成了高原季风体系。

1.4.4 高原季风与大气热源

岑思弦等(2014)选取高原东部主体(27.5°—35°N，90°—100°E)区域平均大气热源与高原

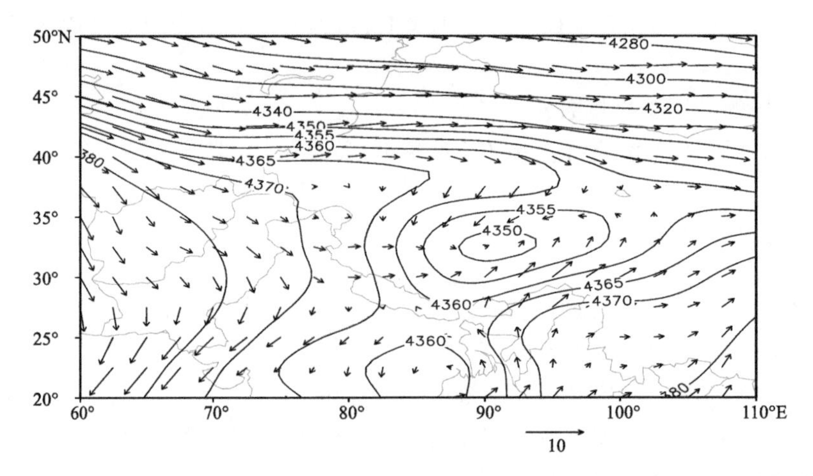

图 1.5 1958—2010 年 600 hPa 夏季平均高度场(单位:gpm)和风场(单位:m/s)(华维 等,2012)

东部主体北侧及以北地区(37.5°—45°N,90°—100°E)区域平均大气热源之差作为热力差异,给出了热力差异高的年与热力差异低的年 600 hPa 距平风场,当热力差异高时高原至蒙古国有一巨大的反气旋环流,受其影响高原上空为显著的距平东风气流,高原西南部有一距平气旋性环流。当热力差异低时环流形势与热力差异高时基本相反,高原西南部及高原向北到蒙古分别存在一个距平反气旋环流和距平气旋性环流,高原上空盛行距平西风环流。由此可见,高原及周边热力差异对高原及其周边地区近地面环流影响非常明显。高原夏季风开始建立在 3 月上旬,冬季风建立在 10 月下旬,热汇转变为热源在 3 月上旬,热源转变为热汇在 10 月上旬,季风建立与热源热汇转变时间基本一致,呈现正相关关系(图 1.6),大气热源强(弱)时,高原季风强(弱),进一步说明了高原与周边地区的热力差异是高原季风形成的主要原因。

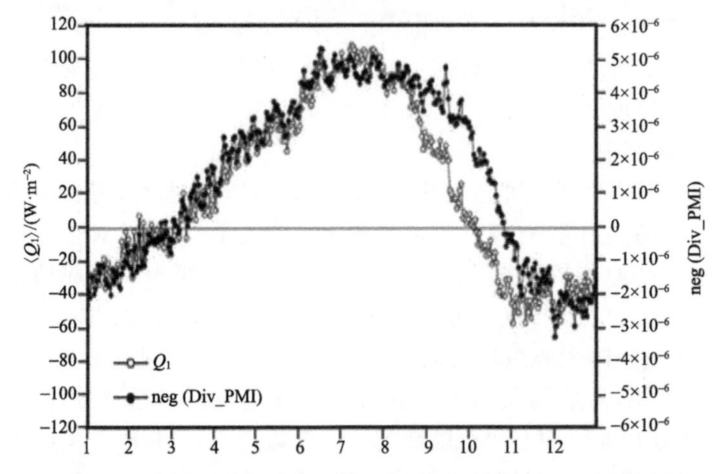

图 1.6 1948—2013 年高原海拔>3000 m 区域内 66 年年平均大气冷热源(Q_1)和基于散度高原季风指数逐日变化曲线(曾钰婵 等,2016)

1.4.5 高原季风指数与高原雨季

一般而言,高原夏季风在 6 月初盛行,7 月中旬为极盛期,9 月中旬开始南退,10 月中旬退尽。徐淑英和高由禧(1962)根据拉萨近 16 年雨量分析表明,雨季是 6 月初开始,10 月中结束。白虎志等(2001)利用600 hPa高度场值给出了逐日高原季风指数。由图1.7可见,高原夏季风平均开始的时间为第142 d(5月22日),结束的平均时间为第274 d(约10月4日),夏季风持续的天数平均为132 d,这和高原雨季开始和结束时间基本相吻合(章疑丹 等,1984;李菲和段安民,2011)。

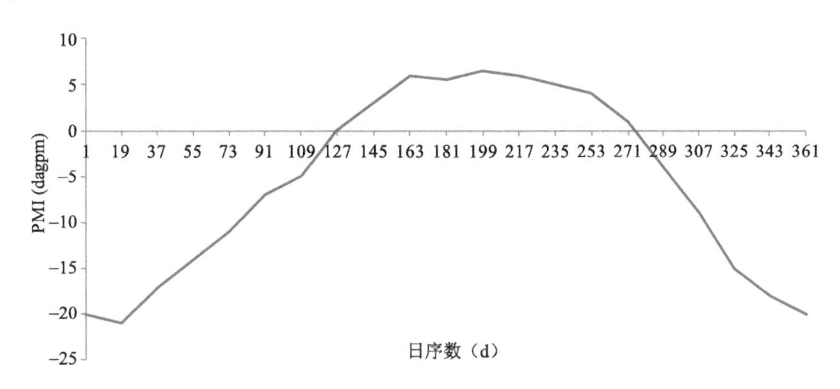

图1.7　高原季风指数的逐日变化(白虎志 等,2001)

1.4.6　高原季风指数与高原降水和气温

(1)夏季季风指数与降水和气温

高原主体区域夏季降水与高原夏季风呈现显著的正相关,正相关中心位于那曲及其邻近地区(周娟 等,2017),负相关区域主要位于高原西北部地区,高原夏季风增强(减弱)时,高原主体降水量偏大(小),高原西北部地区的降水量偏小(大)。高原南部区域夏季气温与高原夏季风呈现显著正相关,表现为高原夏季风增强(减弱)时,高原主体的气温升高(降低),高原西侧边缘地区的气温降低(升高)。汤懋苍等(1984)以90°E为界将高原划分东(30°—40°N,80°—90°E)、西(25°—40°N,95°—110°E)两部分,夏季风强时高原年降水量分布为“西少东多”,夏季风弱时高原年降水量分布为“西多东少”。

(2)月季风指数与降水

高原季风指数为正值时,高原上为热低压控制,夏季风暴发,当季风指数为负值时,冬季风暴发。周懿等(2015)给出了1948—2012年基于风场(VPMI)、高度场(TPMI)、动力学要素(DPMI)和散度场(Div-PMI)的高原月季风指数与1960—2012年高原128站月降水变化趋势(图1.8),高原季风均呈单峰型分布特征,6月达到峰值。高原地区月降水量也呈单峰型,最大月降水量出现在7月,高原地区月降水量的分布与高原季风的季节有一致性变化,但峰值有差异,其原因是7月、8月高原中东部地区受到东亚夏季风影响带来的降水。

1.4.7　高原季风与南亚高压

高原夏季风强弱变化与南亚高压关系密切(马振锋,2003),当夏季风偏强时,南亚高压偏北偏东,夏季风弱时南亚高压位置偏南。在正常年份,南亚高压脊线北跳6月中旬从西段(70°E)开始,然后是东段(110°E)和中段(90°E),8月下旬脊线开始南撤。高原夏季风偏强年,南亚高压脊线6月北跳时间提早1候,8月底南撤晚1～2候,高原夏季风弱年,南亚高压脊线6月北跳时间晚1～2候,8月底南撤提前1候,7—8月,强季风年南亚高压脊线位置明显偏北2～3个纬距(图1.9)。

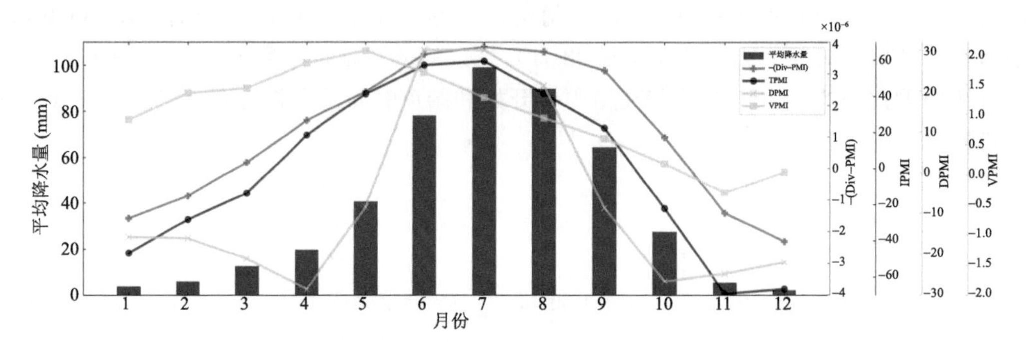

图 1.8 高原季风指数与降水量逐月变化(周懿 等,2015)

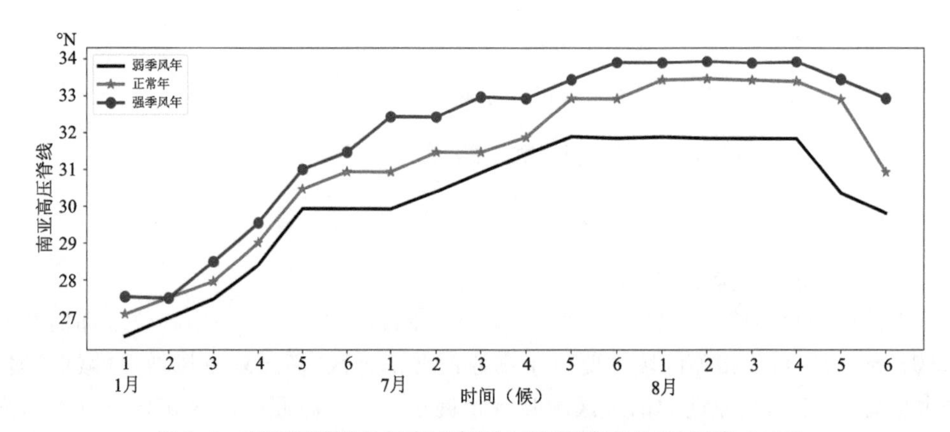

图 1.9 高原强弱季风年南亚高压 90°E 脊线变化(马振锋,2003)

1.4.8 高原季风与西风带

冬、夏两季的季节转换与 6 月、10 月大气环流的突变现象有关,这种突变体现在西风带的北跳和南撤的过程(叶笃正 等,1958)。方韵等(2016)将高原季风区 600 hPa 纬向风零速度线的纬度值作为纬向环流冬、夏季转换判据,20°N 为临界值,零速度线位于 20°N 以北为夏季环流,位于 20°N 以南为冬季环流,西风带北跳时间为 31 候,南撤时间为 59 候。如表 1.2 所示,高原季风强年西风带北跳时间(30 候)比多年平均时间提前 1 候,西风带南撤时间(59 候)与多年平均时间一致。高原季风弱年,西风带北跳时间(33 候)比多年平均时间晚 2 候,西风带南撤时间(63 候)比多年平均时间晚 4 候。

表 1.2 高原强弱季风年各候东西风零速度线纬度值(方韵 等,2016)

高原夏季风强年				高原夏季风弱年			
时间(候)	零线维度值(°N)	时间(候)	零线维度值(°N)	时间(候)	零线维度值(°N)	时间(候)	零线维度值(°N)
26	16.85	55	21.86	26	16.21	55	23.85
27	17.14	56	21.36	27	16.32	56	23.21
28	17.20	57	21.28	28	16.50	57	22.50
29	17.64	58	20.94	29	17.07	58	22.05
30	20.11	59	19.38	30	17.06	59	21.00
31	21.21	60	18.89	31	17.60	60	20.89

续表

高原夏季风强年				高原夏季风弱年			
时间(候)	零线维度值(°N)	时间(候)	零线维度值(°N)	时间(候)	零线维度值(°N)	时间(候)	零线维度值(°N)
32	22.79	61	18.50	32	18.89	61	20.40
33	23.64	62	18.17	33	20.22	62	20.33
34	24.70	63	17.67	34	21.06	63	18.89
35	26.14	64	17.50	35	22.07	64	18.36

第2章 青海气候概要及主要气象灾害

青海省与甘肃省、四川省、西藏自治区、新疆维吾尔自治区接壤，包括青海南部高原地区(简称青南)，柴达木盆地，环青海湖地区，祁连山区和东部农业区。是举世闻名的长江、黄河、澜沧江的发源地，素有“中华水塔”“江河源头”的美誉。全省平均海拔 3000 m 以上，地形复杂，地貌多样，形成了独具特色的高原气候，主要气象灾害有干旱、雪灾、冰雹、暴雨洪涝、大风、连阴雨、沙尘暴、霜冻、低温冻害、雷电等。

2.1 青海概况

2.1.1 地理和自然状况

青海省因境内有中国最大的内陆高原咸水湖——青海湖而得名，简称“青”，1929 年 1 月正式建省。地理位置介于 89°35′—103°04′E，31°36′—39°19′N 之间，全省东西长 1240.6 km，南北宽 844.5 km，总面积 72.23 万 km^2，占全国总面积的十三分之一，面积排在新疆维吾尔自治区、西藏自治区、内蒙古自治区之后，列全国第四位。全省地势总体呈西高东低，南北高中部低，最高点位于昆仑山的布喀达板峰，海拔 6851 m，最低点位于青海省与甘肃交界处的海东市民和县马场垣乡境内，海拔 1644 m。

自西而东，冰川、戈壁、沙漠、草地、水域、林地、耕地梯形分布，东部农业区形成川、浅、脑立体阶地，粮食作物主要有小麦、青稞、蚕豆、豌豆、马铃薯、燕麦、荞麦、谷子等。经济作物主要有油菜籽、胡麻、甜菜、蔬菜、果品等。高原特有的植物、动物资源，几乎遍布各地，维系着高原的生态平衡；以石油、天然气、钾、食盐、多种有色金属、煤、铁等蕴藏量最大。长江、黄河、澜沧江均发源于青海，全省集水面积在 500 km^2 以上的河流达 380 条，全省年径流总量为 611.23 亿 m^3。全省湿地面积 814.36 万 hm^2，占全国湿地总面积的 15.19%。

2.1.2 地形地貌特征

青海省地形复杂，地貌类型多样。高山、丘陵、河谷、盆地、高原等地貌类型交错分布，昆仑山、祁连山、巴颜喀拉山、阿尼玛卿山、唐古拉山等山脉横亘境内，五分之四以上的地区为高原，西部为高原和盆地，东部多山，海拔较低。境内的山脉有东—西向、南—北向两组，兼具了青藏高原、内陆干旱盆地和黄土高原的三种地形地貌，可划分为祁连山地、柴达木盆地和青南高原三个自然区域。

境内河流纵横，峡谷、盆地遍布，以乌兰乌拉山—布尔汗布达山—日月山—大通山一线为分水岭，此线以南为外流区，占全省总面积的 48.2%，以北为内流区，占全省总面积的 51.8%，内陆河流域又分属可可西里盆地水系、柴达木盆地水系、茶卡—沙珠玉水系、哈拉湖水系、青海湖水系和祁连山地水系等六大内陆水系。

2.2 青海气候概要

青海地处我国西北干旱区、西南高寒区和季风气候区的交汇地带，深居内陆，远离海洋，属于高原大陆性气候，受西风带环流、南亚季风、东亚季风系统的共同影响，同时因特殊地形的动力、热力作用，其天气气候演变特征及机理尤其复杂。青海旱季、雨季分明，雨热同期，降水主要集中在 5—9 月，可占全年总雨量 80%以上(李生辰 等，2007)，此时也是全年中气温高、湿度大、风速小的时段，是农作物、牧草等生长发育的最佳时期。青海境内全年太阳辐射强、日照长、气压低、含氧量少，与同纬度地区相比，高原平均气温低、夏季温凉而冬季漫长，日较差大而年较差小；降水量少且分布不均，降水总体由西北向东南递增。复杂的地形条件、高峻的海拔高度和严酷的气候条件决定了青海气象灾害的多发性，主要气象灾害有干旱、雪灾、冰雹、暴雨洪涝、大风、连阴雨、沙尘暴、霜冻、低温冻害、雷电等。

2.2.1 辐射强、日照长

青海省太阳辐射强度大，光照时间长，平均年辐射总量可达 5860～7400 MJ/m^2，直接辐射量占辐射量的 60%以上，年绝对值超过 418.68 kJ/m^2，比同纬度的东部季风区高出 1/3 左右，仅次于西藏，居全国第二，全年平均日照时数为 2264.8～3316.5 h，太阳能资源丰富。

2.2.2 气压低、含氧量少

气压受海拔高度影响明显，青海高原的海拔高度大都为 2000～5000 m。由于气压和大气中的含氧量均随海拔升高而降低，所以青海气压低、含氧量少，氧含量比海平面少 20%～40%左右，即使在青海省东部的低海拔地区，空气中含氧量也仅为海平面的 70%～80%。

2.2.3 冬季漫长、夏季温凉

青海年平均气温比我国东部地区要低，这是高原气候的主要特征之一。青海冬季虽然不太寒冷，但持续时间长，各地寒冷程度相差很大，有的地区，如唐古拉山、五道梁和沱沱河冬季最低气温常常出现－35 ℃以下，其寒冷程度不亚于我国东北地区。青海夏季平均气温为 5.3～19.7 ℃，气候温凉。

2.2.4 气温日较差大、年较差小

青海地面植被稀少，岩石裸露，增温散热都快，因此，青海成为全国日气温变化最大的地区之一，全年气温日较差比东部沿海平原地区高出一倍以上，青海不少地方一日之内要经历“早春、午夏、晚秋、夜冬”四个季节。青海气温年较差大致与长江中下游和淮河流域相近，比同纬度平原地区低 4～6 ℃。

2.2.5 降水量少、地域差异大

降水量较同纬度的东部地区稀少，境内绝大部分地区年降水量在 500 mm 以下。青海降水的水汽主要来自印度洋，其次是太平洋，因而呈现出由东南向西北逐渐减少的分布形式。

2.2.6 雨热同期

青海省属季风气候区，其固有的特点之一就是雨热同期，其大部分地区 5 月中旬以后进入雨季，至 9 月中旬前后雨季结束，持续 4 个月左右。这期间正是月平均气温高于 5 ℃的持续时期，年内气温较高时期，也是雨水相对丰沛时期，对农作物及牧草的生长发育有利。

2.2.7 气象灾害频发、种类多

高原境内地形、地貌复杂，高山、谷地、盆地交错，沟壑相连，从而造就了气候类型的复杂多样性，气象灾害频发、种类多，主要的气象灾害有干旱、雪灾、冰雹、暴雨洪涝、大风、连阴雨、沙尘暴、霜冻、低温冻害、雷电等。

2.3 气象要素特征

2.3.1 年平均气温

青海的年平均气温比我国东部地区要低，各地年平均气温为－4.5～9.5 ℃。受地形的影响，年平均气温总体呈北高南低的分布形式，低于 0 ℃地区的面积几乎占全省面积的 1/3 以上，它包括祁连山区中段、唐古拉山地区、玉树和果洛北部，青南高原长江源区至唐古拉山地区是年平均气温最低的地区，中心在五道梁站，为－4.5 ℃，其次是玛多站、野牛沟站，年平均气温低于－2.0 ℃(图 2.1)。年平均气温有三个相对的暖区，分别出现在低海拔地区的柴达木盆地，东部的黄河、湟水河谷地区以及纬度偏南的玉树南部地区，其中年平均气温最高中心在东部的循化站，为 9.5 ℃，次高区在尖扎和民和站，同为 8.8 ℃。青海省四季平均气温与年平均气温分布趋势一致。

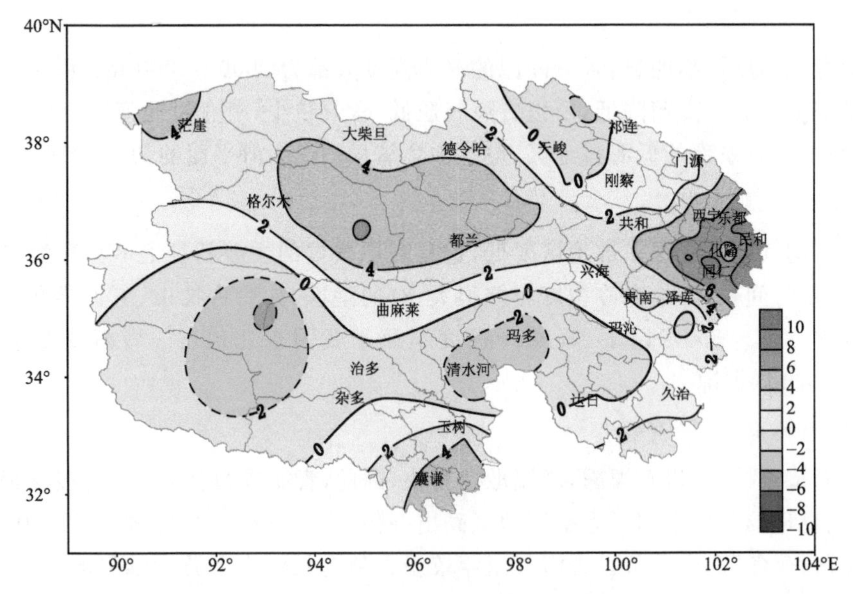

图 2.1 1991—2020 年青海年平均气温(单位：℃)

2.3.2 极端最高气温

由于地形和海拔高度的差异较大，极端最高气温的空间分布差异性也较大(图 2.2)。从不同区域来看，东部农业区极端最高气温为 32.5～40.3 ℃、柴达木盆地为 31.6～36.4 ℃、环青海湖地区为 27.4～33.7 ℃、青南地区为 22.0～30.7 ℃。相对而言，海东地区和柴达木盆地以及海南地区最高气温较高，极端最高气温绝大部分在 30 ℃以上；青南地区最高气温较低，极端最高气温绝大部分地区在 30 ℃以下。极端最高气温有两个中心，一个中心在海东和海南的交界处的尖扎站，为 40.3 ℃，次暖中心在贵德站和西宁站，同为

38.7 ℃;另一个中心在柴达木盆地的中西部,暖中心在小灶火站为 36.4 ℃。尖扎站与五道梁站极端最高气温相差 18.3 ℃。

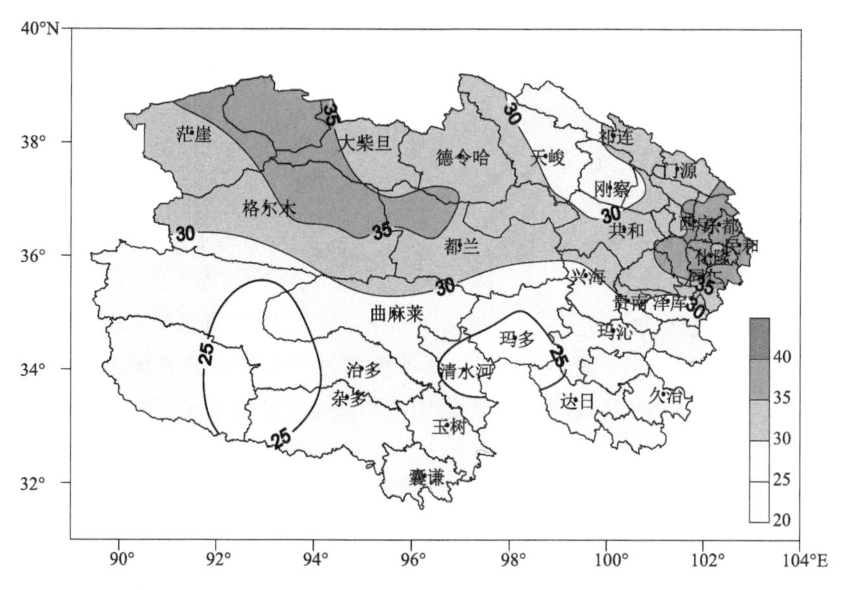

图 2.2　1991—2020 年青海年平均极端最高气温(单位:℃)

2.3.3　极端最低气温

从不同区域来看,青南地区极端最低气温为－45.9～－23.2 ℃、环青海湖地区为－39.1～－25.9 ℃、柴达木盆地为－33.8～－23.7 ℃、东部农业区为－33.0～－18.8 ℃(图 2.3)。相对而言,青南地区、环青海湖地区极端最低气温最低,绝大部分地区极端最低气温在－30 ℃以下,最冷的中心在称多县清水河站为－45.9 ℃,其次是甘德站为－39.3 ℃、祁连县的托勒站为－39.1 ℃。相对较暖的尖扎站(－18.8 ℃)和最冷的称多县清水河站相比,差值为 27.1 ℃。

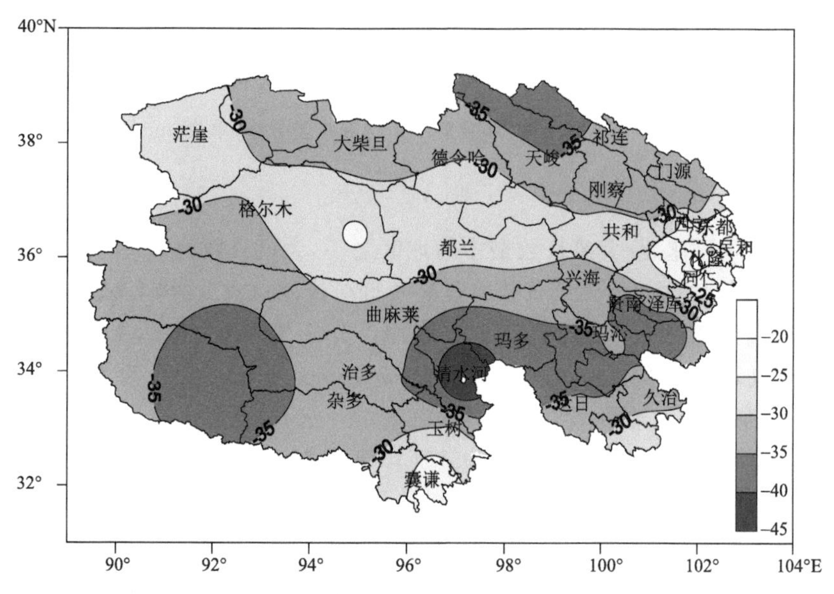

图 2.3　1991—2020 年青海年平均极端最低气温(单位:℃)

2.3.4 年降水

总体呈由东南向西北递减的分布形式(图 2.4)。青南地区受孟加拉湾暖湿气流的影响及地形抬升作用,加之高原本身的低涡和切变活动频繁,这里年降水量相对充沛,河南县—玛沁—甘德—达日—清水河—杂多县一线以南绝大部分地区年降水量在 400 mm 以上,久治站降水量最大为 742.0 mm;祁连山东段形成全省另一个多雨区,年降水量在 400 mm 左右,其中湟中站达到 536.5 mm;柴达木盆地四周环山、地形闭塞,越山后的气流下沉作用明显,因而年降水量大都在 200 mm 以下,盆地西北部少于 100 mm,冷湖站只有 18.1 mm,是全省年降水量最少的地区,盆地东部边缘地形起伏较大,受地形抬升作用,年降水量相对较多。总体来看,青南地区年降水量为 313.0～742.0 mm、环青海湖地区为 322.6～529.8 mm、东部农业区为 256.7～536.5 mm、柴达木盆地为 18.1～232.1 mm。青海省年降水量不但在地域分布上很不平衡,且季节分配极不均匀。一般冬季最少,春秋两季中,秋雨多于春雨。省内大部地区 5 月上、中旬至 10 月上旬为雨季,全省降水主要集中在夏季,且多夜雨。

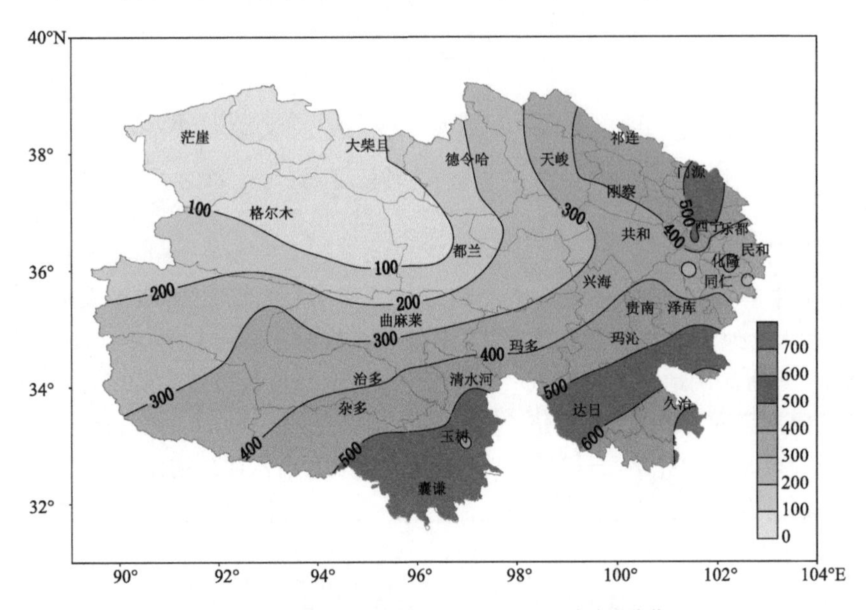

图 2.4 1991—2020 年青海年平均降水量分布(单位:mm)

2.3.5 风

青海是我国平均风速大、大风日数最多的地区之一,大风日数的地理分布呈明显的地域性(图 2.5):一是高海拔地区的年大风日数明显高于低海拔地区;二是峡谷效应明显,如茫崖、茶卡、托勒、野牛沟等乡镇地区;三是盆地少于高原。分区域来看,柴达木盆地年平均风速为 2.5 m/s、环青海湖地区为 2.3 m/s、青南地区为 2.2 m/s、东部农业区为 1.7 m/s,其中,祁连山、唐古拉山区和柴达木盆地西部年平均风速在 3 m/s 左右,最大中心在五道梁站为4.1 m/s,其次为沱沱河及冷湖站,年平均风速分别为 3.7 m/s、3.6 m/s;年平均风速最小的地区主要分布在湟水河谷东部、玉树南部以及果洛南部地区,这些地区年平均风速一般在 2 m/s 以下。

地形对青海风向风速的影响非常明显。由于地形的狭管作用,背风坡的焚风、山谷风很多地方都有,海拔高度对风的影响更大,当高空风速较大,海拔高的地区就会受到高层动量下传

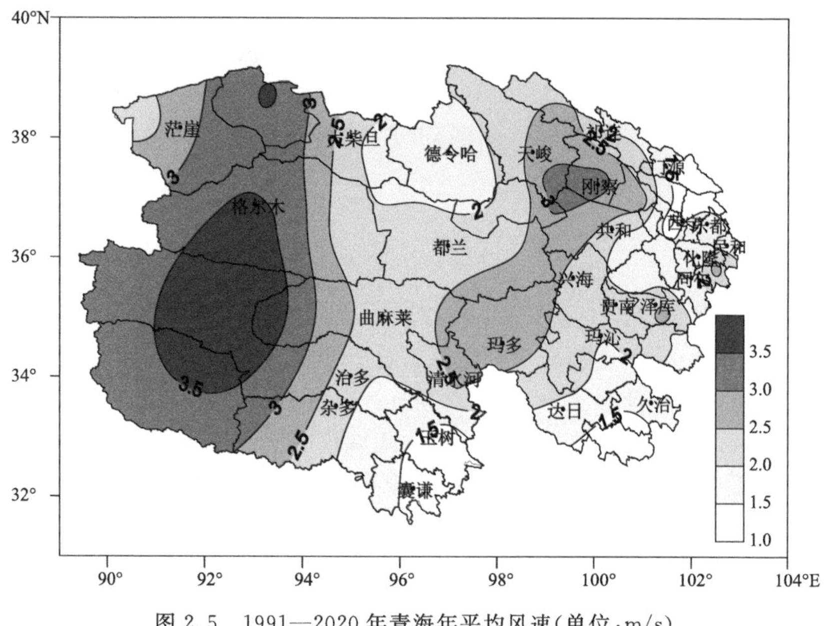

图 2.5　1991—2020 年青海年平均风速(单位:m/s)

的影响而造成地面大风,唐古拉山地区和巴颜喀拉山地区,大风日数多、平均风速大就是这个原因。受地形和海拔高度的共同影响,青海省各地全年主要盛行偏西风和偏东风。其中黄河流域,湟水河、大通河流域全年盛行偏东风;在高海拔及地势相对平坦的地区,全年偏西风。全省大风主要发生在 2—4 月,最少在 8—10 月。

2.3.6　日照

青海的日照时间是全国最长的地区之一,全省各地年平均日照时数为 2264.8～3316.5 h,总体由西北向东南递减(图 2.6),分区域来看,柴达木盆地平均年日照时数为 3055.0 h、环青海

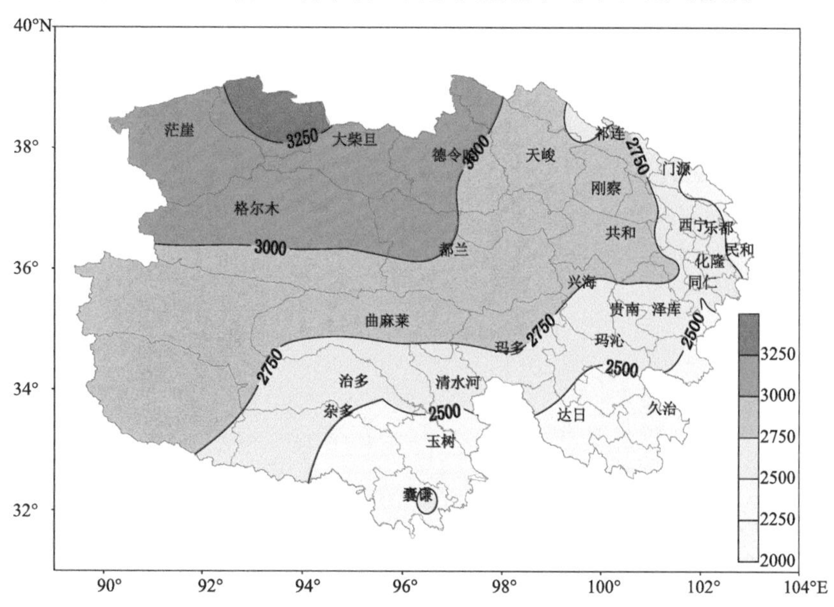

图 2.6　1991—2020 年青海年日照时数(单位:h)

湖地区为 2792.8 h、东部农业区为 2568.4 h、青南地区为 2542.5 h。由此可见，柴达木盆地是全省日照时数最多的地区，茫崖、冷湖、大柴旦、小灶火、诺木洪、格尔木等大部分地区年日照时数均超过 3000 h，冷湖镇最多，为 3316.5 h；东部农业区、青南地区年日照时数相对较少，民和、门源、同仁、班玛、久治、甘德、达日、杂多、玉树、治多年日照时数均在 2500 h 以下，班玛最少，为 2264.8 h。

2.4 主要气象灾害

气象灾害是指由气象原因直接或间接引起的，给人类和社会经济造成损失的灾害现象。气象灾害不同于灾害性天气，它侧重于气象原因造成的灾害。20 世纪 90 年代以来，在全球气候变暖背景下，气象灾害呈明显上升趋势，对经济社会发展的影响日益加剧，给国家安全、经济社会、生态环境以及人类健康带来了严重威胁。随着我国社会经济发展进程的加快，气象灾害的风险越来越大，影响范围也越来越广。本章根据《青海省气象灾害防御规划(2018—2020年)》(青海省人民政府办公厅，2018)气象灾情普查数据统计结果，青海省发生的主要气象灾害有干旱、雪灾、冰雹、暴雨洪涝、大风、连阴雨、沙尘暴、霜冻、低温冻害、雷电等。

2.4.1 干旱

干旱是指因一段时间内少雨或无雨，降水量较常年同期明显偏少而致灾的一种气象灾害。干旱导致土壤缺水，影响农作物正常生长发育并减产；干旱造成水资源不足，人畜饮水困难，城市供水紧张，制约工农业生产发展；长期干旱还会导致生态环境恶化，甚至还会导致社会不稳定进而引发国家安全等方面问题。

1984—2018 年，青海省共出现干旱灾害 156 次，其中，以春旱最为频繁，其次为夏旱，再次为春夏连旱。从分布区域来看，无论春旱、夏旱或春夏连旱，均以河湟谷地最为严重；在降水较多，以牧业为主的青南地区很少发生旱灾；在降水稀少，但地下水丰富的柴达木灌溉农业区，虽然气候基本上处于极端干旱地区，但很少发生旱灾；而在降水不多，以农业为主，工农业生产发达，人口稠密、城镇集中的东部黄河、湟水谷地最易发生旱灾。如：2006 年 6—8 月，海东地区的川口镇、巴州镇、联合乡、总堡乡、隆治乡、大庄乡、转导乡、甘沟乡、前河乡、中川乡、官亭镇、杏儿乡、核桃庄乡、李二堡镇、新民乡、松树乡等十六个乡镇、278 个村、28.5 万人遭受旱灾。据不完全统计，干旱灾害造成农作物受灾面积达 22666.7 hm^2；成灾面积 19333.3 hm^2；绝收面积 8333.3 hm^2，灾害共造成减产粮食 4516 万 kg，减产油料 1089 万 kg。

青海省东部河湟谷地农业区大部，致灾因子危险性高，为干旱高风险区，同仁、共和、贵南、门源地区为干旱较高风险区。

2.4.2 雪灾

雪灾是指由于降雪量过大，对牧业生产、交通运输等方面影响，造成人员伤亡或经济损失的现象。雪灾是青海牧区的主要自然灾害之一，冬春季由于降雪量过多或积雪过厚，加上持续低温，雪层维持时间长，积雪掩埋牧场，影响牲畜放牧采食或不能采食，造成牲畜饿冻或因而染病、甚至发生大量死亡的一种灾害。

1984—2018 年，青海省共发生雪灾 212 次，雪灾一般发生在 10—翌年 3 月。从分布区域来看，雪灾主要发生在玉树、果洛、海南、黄南、海北、海西东部等地区。如：1985 年 10 月 17—20 日，青南地区发生特大雪灾，共减损牲畜 193 万头(只)，死亡牲畜 152.6 万头(只)，直接经济损失达 1.2 亿元，致使 3000 多户牧民绝畜；1995 年 10 月—1996 年 1 月，玉树地区发生特大雪灾，积雪面积达 10 万 km^2，牲畜死亡总数超过 60 万头（只）；2008 年 1 月中下旬，青南、海西大部、海北等地出现雪灾，据不完全统计，雪灾造成全省 33 个县、146 个乡镇、667 个村、15.34 万户、71.92 万人受灾，141 万头（只）牲畜出现觅食困难，65.55 万头（只）牲畜死亡，损坏牲畜暖棚 21.43 万 m^2，直接经济损失约 6.81 亿元。

三江源地区的称多、班玛、久治和达日地区雪灾风险程度最高，玉树大部、果洛大部及黄南南部及祁连地区的托勒、野牛沟等地雪灾风险程度较高。

2.4.3　冰雹

冰雹是指从发展强盛的积雨云中降落到地面的冰球或冰块，其下降时巨大的动量常给农作物和人身安全带来严重危害。冰雹出现的范围虽较小，时间短，但来势猛，强度大，常伴有狂风暴雨，因此往往给局部地区的农牧业、工矿企业、通信、交通运输以及人民生命财产造成较大损失。

1984—2018 年，青海省共发生冰雹灾害 816 次，年平均 23.3 次。冰雹灾害一般发生在 5—10 月，其中 6—8 月最多，占冰雹灾害发生总次数的 80%以上。从分布区域来看，冰雹灾害主要发生在西宁、海东、海南、海北等地区。如：2003 年 7 月 21 日，民和县李二堡镇、峡门镇、新民乡、松树乡、西沟乡、古鄯镇、马营镇、满坪镇、前河乡、大庄乡等十个乡镇遭受冰雹袭击。据不完全统计，冰雹造成 111 个村、19489 户、96756 人受灾；农作物受灾面积达 9875.5 hm^2，农作物成灾面积 8270.5 hm^2，农作物绝收面积 2329 hm^2，共造成减产粮食 1101.87 万 kg，减产油料 478.72 万 kg，直接经济损失约 2433.52 万元。

环青海湖地区及贵德、河南、玛沁地区为冰雹灾害的高风险区，海南州、黄南大部以及海西东部的天峻、乌兰等地为冰雹灾害的较高风险区。

2.4.4　暴雨洪涝

暴雨洪涝是指长时间降水过多或区域性持续的大雨、暴雨以上强度降水以及局地短时强降水引起江河洪水泛滥，冲毁堤坝、房屋、道路、桥梁，淹没农田、城镇等，引发地质灾害，造成农业或其他财产损失和人员伤亡的一种灾害。

1984—2018 年，青海省共发生暴雨洪涝灾害 1084 次，主要发生在 5—9 月，年平均 30.9 次，其中 7、8 月出现的频次最高。从分布区域来看，暴雨洪涝灾害全省绝大部分地区均有发生，其中，主要发生区域为海南、黄南、玉树、果洛、海西东部、西宁和海东等地区。如：2010 年 7 月 6 日，湟源县遭受暴雨洪涝灾害。据不完全统计，暴雨洪涝灾害造成全县 9 个乡镇、118 村（其中重灾村 54 个）、14316 户、60092 人受灾，死亡 13 人、失踪 2 人，受伤 11 人。108 个村通信中断，107 个村电力中断，56 个村人饮水受到影响（其中 48 个村供水中断），250 户 1250 间房屋因灾倒塌、363 户 1815 间房因灾成危房，1951 间房屋进水。损毁乡村道路 67.8 km，冲毁桥涵 122 座，水毁无法复耕土地 318.9 hm^2。农作物受灾面积 7906.3 hm^2，其中成灾 5666.5 hm^2，绝收 4117 hm^2。苗圃受灾面积 40 hm^2，受损苗木 1000 万株、树木 196437 株。牲畜死亡 7087 头（只），冲毁畜棚 882 栋、温棚 291 栋，水利、交通、电力、通信等基础设施破坏严重。造成直接经济损失约 2.25 亿元。

湟中、大通、贵南、互助、贵德、化隆、河南地区为暴雨洪涝灾害高风险区，环青海湖大部、黄南大部及西宁、民和、囊谦、班玛、玛沁等地区为暴雨洪涝灾害较高风险区。

2.4.5 大风

大风是指由于风速过大，造成耕层表土及种子刮走、幼苗被沙土掩埋、作物倒伏、植株折断、花果脱落以及部分建筑物、架空线路倒塌的灾害。

1984—2018 年，青海省共发生大风灾害 75 次。大风灾害一年四季均有发生，但主要集中在春季。从分布区域来看，大风灾害主要发生在海东、果洛、玉树、黄南、海南、海西等地区。如：2010 年 6 月 26 日，玉树县结古镇出现大风天气，造成扎西科赛马场群众集中安置点 140 顶救灾帐篷不同程度受损，部分活动板房损毁，3 人重伤，1 人轻伤。

环青海湖地区的刚察、天峻、茶卡以及柴达木盆地的诺木洪、都兰、乌兰为大风灾害的高风险区，柴达木盆地大部以及德令哈、共和、兴海等地为大风灾害较高风险区。

2.4.6 连阴雨

连阴雨是指持续较长时间的阴雨天气，寡日照，空气湿度大，影响作物的播种生长发育、开花授粉、成熟以及收获、晾晒等农事活动。

1984—2018 年，青海省共发生连阴雨灾害 28 次，春、夏、秋三季均有发生，其中秋季发生的概率最大，其次是夏季，春季最少。秋季连阴雨灾害主要发生在 9—10 月上旬；夏季连阴雨灾害主要发生在 6 月。从分布区域来看，秋季连阴雨天气主要出现在西宁、海东、黄南、海南和果洛地区；夏季连阴雨天气主要出现在玉树、果洛、黄南南部和海南南部；春季连阴雨天气主要出现在西宁和海东地区。如：2004 年 9 月 2—7 日，乐都、湟源两县出现连阴雨天气，因持续阴雨寡照，影响作物灌浆，导致作物的结实率和千粒重下降，且不能及时收割、打碾和晾晒，部分发芽霉烂。据不完全统计，连阴雨造成湟源县九乡两镇 969.7 hm^2 农作物受灾，成灾面积 969.7 hm^2，减产粮食 360 万 kg，受灾人口 4.8 万人，倒塌房屋 15 户 63 间，直接经济损失约 282.6 万元。

青海省东北部及青南牧区南部连阴雨风险总体较大，尤其是农业区大部、果洛南部、玉树南部及门源、西宁等地为连阴雨高风险区，青南牧区中部及东部、环青海湖大部、农业区部分地区及祁连山中段为连阴雨较高风险区。

2.4.7 沙尘暴

沙尘暴指由于强风将地面大量尘沙吹起，使空气浑浊，水平能见度小于 1000 m 的天气现象。水平能见度小于 500 m 为强沙尘暴，水平能见度小于 50 m 为特强沙尘暴。沙尘暴是干旱地区特有的一种灾害性天气。可造成房屋倒塌、交通受阻、火灾、人畜伤亡等，污染自然环境，破坏植物生长，给国民经济建设和人民生命财产造成严重的损失。

1984—2018 年，青海省发生沙尘暴灾害 30 次，一般发生在每年 12 月—翌年 5 月，集中在 3—4 月份。从分布区域来看，沙尘暴灾害主要发生在海西、海南、黄南等地区。如：2008 年 5 月 2 日，茫崖、冷湖出现沙尘暴天气，造成茫崖石棉矿停电，影响了生产。青海油田停电，直接影响产量 465 t。

环青海湖地区的天峻、刚察、共和、贵南、柴达木盆地的茶卡以及青南牧区的兴海为沙尘暴高风险区，柴达木盆地中东部、环青海湖地区的海晏以及青南牧区的同德为沙尘暴较高风险区。

2.4.8 低温冷(冻)害

低温冷(冻)害包括低温冷害、霜冻害和冻害。低温冷害是指农作物生长发育期间，因气温低于作物生理下限温度，影响作物正常生长发育，引起农作物发育期延迟，或使生殖器官的生理活动受阻，最终导致减产的一种农业气象灾害。霜冻害指在农作物、果树等生长季节内，地面最低温度降至 0 ℃以下，使作物受到伤害甚至死亡的农业气象灾害。冻害一般指冬作物和果树、林木等在越冬期间遇到 0 ℃以下(甚至－20 ℃以下)或剧烈变温天气引起植株体冰冻或丧失一切生理活力，造成植株死亡的现象。

1984—2018 年，青海省共发生低温冷(冻)害 126 次，年平均 3.8 次，主要发生在 1—2 月和 4—6 月，5 月最多。从分布区域来看，低温冷(冻)害主要发生在海西东部、海南、海北、海东、西宁市等地区。如:2004 年 5 月 2—4 日，西宁市湟中区发生严重霜冻灾害。据不完全统计，霜冻灾害造成 15 个乡镇的 195 个村 7646.7 hm^2 农作物遭灾，其中粮食作物 732.8 hm^2，油料作物 6914.1 hm^2，直接经济损失约 1865.7 万元。

化隆、贵南、互助、湟源、大通为低温冷(冻)害高风险区，湟中、共和、德令哈、海晏、门源、兴海为低温冷(冻)害较高风险区。霜冻的高风险区在兴海、贵南及门源一带，霜冻的较高风险区在小灶火、都兰、共和、海晏及大通地区。

2.4.9 雷电

雷电是在雷暴天气条件下发生于大气中的一种长距离放电现象，具有大电流、高电压、强电磁辐射等特征。雷电多伴随强对流天气产生，常见的积雨云内能够形成正负的荷电中心，当聚集的电量足够大时，形成足够强的空间电场，异性荷电中心之间或云中电荷区与大地之间就会发生击穿放电，这就是雷电。雷电导致人员伤亡，建筑物、供配电系统、通信设备、民用电器的损坏，引起森林火灾，造成计算机信息系统中断，致使仓储、炼油厂、油田等燃烧甚至爆炸，危害人民财产和人身安全，同时也严重威胁航空航天等运输工具的安全。

1984—2018 年，青海省共发生雷电灾害 164 次，年平均 4.7 次。主要发生在 4—10 月，其中 6—7 月占雷电灾害发生总次数的 50%以上。从分布区域来看，雷电灾害全省大部地区均有发生，主要发生区域为西宁、海东、黄南、海南、果洛、玉树等地区。如:1999 年 7 月 23 日，黄南州泽库县恰科日、多福顿两乡的而尖、哈藏两村发生雷电灾害，据不完全统计，雷电击死 2 人，击伤 2 人。

雷电高风险区主要分布在玉树中南部及西宁、共和、大通等地，雷电较高风险区主要分布在玉树东部和西部、果洛东部、海北大部及环青海湖部分地区。

2.4.10 气象地质灾害

气象地质灾害指因气象因素引起的山体滑坡、泥石流等灾害。泥石流灾害是指在山区或者其他沟谷深壑，地形险峻的地区，因为暴雨引发的携带有大量泥沙以及石块的特殊洪流。发生泥石流常常会冲毁公路铁路等交通设施甚至村镇等，造成巨大损失。

1984—2018 年，青海省共发生气象地质灾害 128 次，年平均 3.7 次。主要发生在 6—9 月。从分布区域来看，气象地质灾害主要发生在海南、黄南、果洛、玉树、海东、西宁市等地区。如:2009 年 9 月 13 日 19 时 40 分，因连日降雨引发同仁县年都乎乡尕沙日村西山大面积山体滑坡，造成年都乡尕沙日村 9 户 32 人严重受灾，死亡 1 人，倒塌房屋 113 间。对 232 户 1142 人造成威胁，产生危房户 37 户 445 间，并对水利、电力、交通、耕地、果园等造成了不同程度的破坏，直接经济损失约 1256.4 万元。1995 年 9 月 6 日，西宁市城东区中庄乡泮子山村发生山体滑坡，引发土崖塌方，压死羊 28 只，砸毁房屋 35 间，损坏 271 间，压死 11 人。

青海省地质灾害风险区划分为崩塌、滑坡、泥石流灾害易发区、冻土冻胀沉陷灾害易发区、盐湖盐溶塌陷灾害易发区和沙漠风蚀沙埋灾害易发区。其中，崩塌、滑坡、泥石流灾害易发区：包括东部河湟谷地区，西部环柴达木盆地山前带、南部高原峡谷区和北部山地区四个易发区（带）；冻土冻胀沉陷灾害易发区：主要分布于青南高原和祁连山地；盐湖盐溶塌陷灾害易发区：主要分布于柴达木盆地，共和盆地、黄河源区和可可西里地区；沙漠风蚀沙埋灾害易发区：青海沙漠区沙丘的移动，一方面掩埋沙漠绿洲的农田、牧草地和村舍、渠道、公路，另一方面使穿越其间的国道、省道和青藏铁路普遍出现沙埋线路、沙蚀路基、线路积沙、扬沙、阻塞桥涵等沙害现象。共和盆地沙丘的移动，对龙羊峡水库淤积产生较大影响。

第 3 章　影响青海的主要天气系统

天气系统通常是指引起天气变化和发展的高压、低压和高压脊、低压槽等具有典型特征的大气运动系统。一个地区的天气和天气变化是同天气系统及其发展阶段相联系的，是大气的动力过程和热力过程综合作用的结果（李爱贞和刘厚凤，2004）。本章主要介绍影响青海的高空天气系统，地面天气系统在第 12 章介绍。

3.1　影响系统概要

根据影响青海的大气环流特点，将高空天气系统划分为西风带天气系统（图 3.1），低纬度或副热带天气系统和高原季风系统。西风带天气系统主要来自北半球中高纬度地区，以高空槽、低压槽、冷涡、气旋、横槽等形式影响青海，常常伴随冷空气的活动。副热带和低纬度天气系统主要来自中、低纬度地区，以高空槽、季风低压（槽）、风暴（孟加拉湾）、副热带高压等形式影响青海，常常伴随活跃的暖湿气流。高原季风系统是指在青藏高原大地形的动力和热力作用下产生的系统（参阅第 1 章），主要有高原低涡、横切变线、竖切变线等，常常表现出暖性特征。

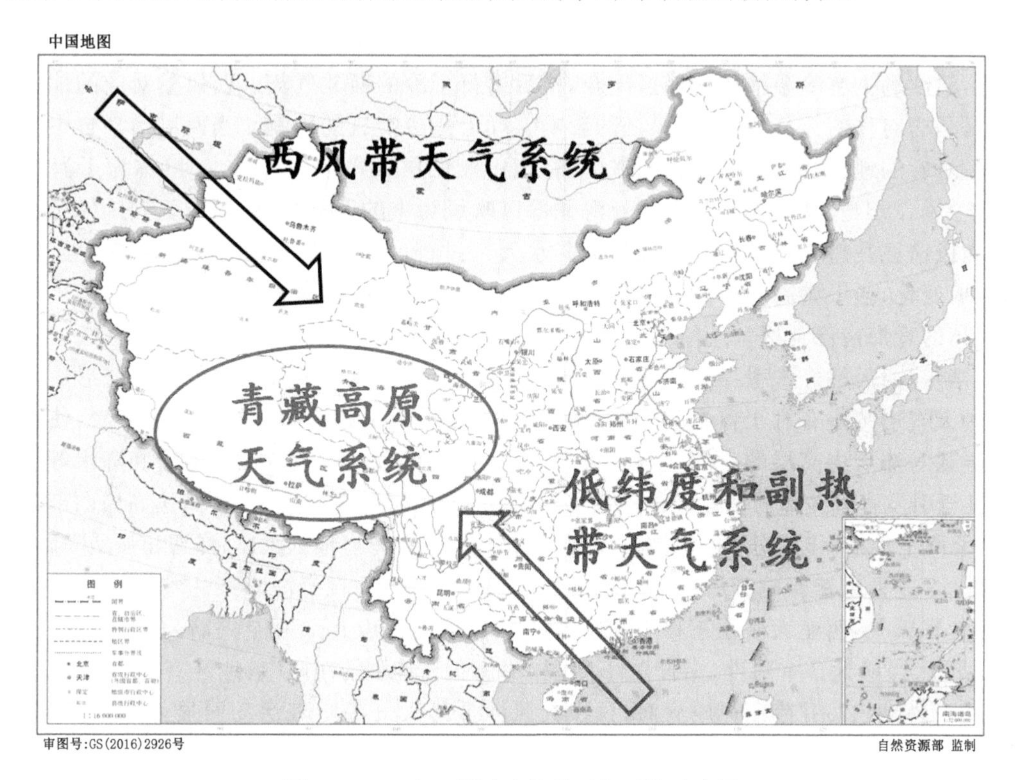

图 3.1　500 hPa 影响青海的天气系统示意图

（黑色箭头：西风带天气系统，蓝色椭圆：高原天气系统，红色箭头：低纬度或副热带天气系统）

3.2 西风带天气系统

在北半球,中高纬度对流层中高层,基本上是沿着纬圈方向的西风气流,西风气流在运动过程中会形成大小不同的波,这种波动在对流层中高层表现为槽、脊的变化,在对流层底层表现为闭合的高压、低压。夏半年(5—9 月)由于西风带的北撤,青海位于西风带的南缘地区,当西风带环流盛行经向环流时,西风带中的长波槽(脊)影响到青海地区,盛行纬向环流时,西风带中的短波槽(脊)影响青海北部地区。冬半年(10 月—翌年 4 月)由于西风带的南压,尤其冬季整个高原处在西风带控制下,受到高原大地形的分支作用,有时将西风带中的槽分成北支西风槽和南支西风槽(杨鉴初 等,1960)。

3.2.1 西风槽(新疆槽)

西风槽是指在 500 hPa 高空图上 70°—100°E,35°—50°N 范围内出现的具有气旋性弯曲的槽,包括新疆槽、巴尔喀什湖槽等,也有称为西北槽、北支槽。西风槽是影响青海的主要天气系统之一。西风槽的形成一般有以下几种情形:一是西亚大槽在东移过程中遇新疆地形阻挡分裂成南北两段,北段沿高纬地区东移到亚洲东部(140°E 附近)形成东亚大槽,南段在巴尔喀什湖短暂停留后进入新疆,东移过程中逐步南压影响青海。二是中亚低压(槽)遇高原停滞,低压槽北部分裂小槽到新疆,东移过程中影响青海。三是乌拉尔山高压脊或乌拉尔山以东有阻塞高压,沿脊前西北气流不断有高空槽下滑到新疆形成新疆槽。四是,当亚洲中高纬度盛行纬向环流或蒙古有横槽时,从新疆东移南压到青海的高空槽。五是,巴尔喀什湖低压槽东移至新疆。西风槽一年四季影响青海的天气,夏季强度弱,冬春季强度强,在 500 hPa 的高度场上表现清晰,温度场上有冷温槽或有锋区配合,槽后盛行干冷的西北气流。西风槽对应的地面主要为高压,是非对称的天气系统,西风槽的影响实际上是冷空气的影响。当西风槽来自中亚低压(槽)时,对应的地面往往会形成低压或倒槽,当中亚低压(槽)水汽含量少时(称为干涡)(张家宝和邓子风,1984),这种西风槽造成青海北部以吹风为主的天气过程,当中亚低压(槽)水汽含量大,西风槽往往造成青海北部比较大的降水天气过程。西风槽的强弱变化取决于上游高压脊的强弱变化,当上游高压脊发展时会引导高纬度的冷空气南下,促使西风槽南压甚至影响到高原主体的青海南部地区。

夏半年,西风槽经常引导弱的冷空气影响青海,当高原主体或青海有低值系统形成或活跃时,这种天气形势是有利于青海的天气过程。有时西风槽上游的高压脊会强烈发展,使得振幅加大,导致对流层中高层的高空冷平流影响青海,造成青海夏季大范围的降温和降水等灾害性天气,甚至引发青海北部的霜冻天气。冬半年,由于高原的阻挡作用长波槽到达高原西部时常分裂成南北两个小槽,移入高原的短波槽与西风槽合并,造成青海地区大风、降雪和强烈降温天气。

图 3.2 是西风槽影响青海天气的例子。2011 年 3 月 14 日青海省柴达木盆地出现了一次大风沙尘暴天气,西亚大槽在东移至新疆时(12 日 08 时 500 hPa 高空图略)分裂成南北两段,14 日北段已经移到日本附件,南段位于新疆,槽后位于乌拉尔山以东地区有强烈发展的高压脊,促使西风槽东移并南压影响青海,这次大风沙尘暴天气冷空气活动明显,过程期间全省出现寒潮天气。

3.2.2 蒙古横槽

蒙古横槽是指在 500 hPa 高空图上 80°—120°E,40°—50°N 范围内出现的接近东—西方

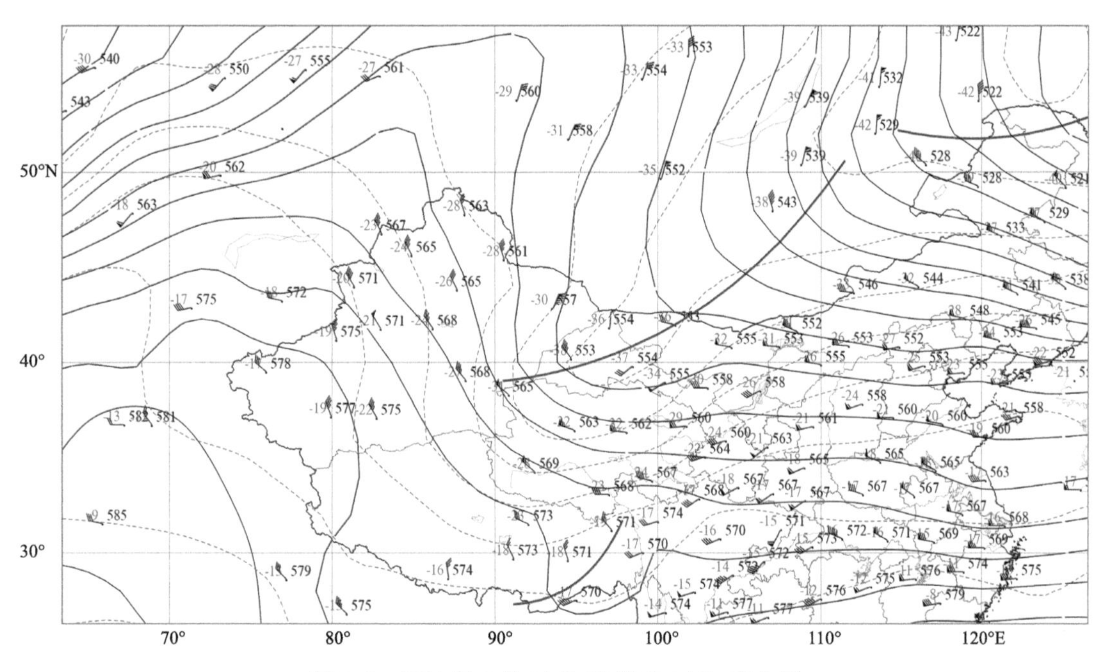

图 3.2　2011 年 3 月 14 日 08 时 500 hPa 高空图

向的槽，横槽的北部是偏东风，横槽的南部是偏西风。蒙古横槽的形成与亚洲中高纬度的阻塞高压环流和停滞在东北的冷涡有关，横槽的北部有较强的冷平流，不断分裂小槽影响到青海东部地区，冬春季造成青海东部的阴雨雪天气，当横槽转竖时，造成青海东部地区的寒潮降温天气。夏季横槽底部分裂的冷空气经常造成青海东北部地区强对流天气。

图 3.3 是蒙古横槽影响青海天气的例子。2012 年 12 月 28 日青海省北部出现一次强降温天气过程，日平均气温下降 10 ℃左右，达到寒潮标准，主要受到来自蒙古横槽不断分裂冷空气的影响，当横槽转竖东移时降温幅度达到最大。

3.2.3　南支槽

南支槽是指在 500 hPa 高空图上 70°—100°E，18°—28°N 范围内出现的高空槽，有称为副热带南支西风槽(或称南支西风槽或称高原南支槽)。南支槽是冬半年副热带南支西风气流在高原南侧孟加拉湾地区产生的半永久性低压槽，其形成与高原大地形对西风带气流的分支有关，一般出现在 10 月—翌年 5 月，10 月在孟加拉湾北部建立，冬季(12 月—翌年 2 月)加强，春季(3—5 月)活跃，6 月随着西风带的北撤和印度季风的暴发，南支槽消失并转换为印度季风低压(槽)。南支槽年际变化和季节变化不明显(索渺清和丁一汇，2009；段旭 等，2012；林志强，2015b)，1 月和 5 月的频次最高，其他月份活动频次相近，5 月活动频次高的原因是既有南支槽的活动又有季风槽的活动。南支槽的作用主要是将孟加拉湾暖湿的水汽的输送到高原地区，是青海南部冬春季降雪的主要天气系统(参阅第 6 章)。

图 3.4 是南支槽影响青海的例子。2006 年 3 月 12 日受到南支槽影响青海南部的玉树和果洛地区出现大到暴雪天气，其中杂多 16.8 mm，玉树 14.8 mm，囊谦 12.3 mm。南支槽前的西南暖湿气流与河西走廊横槽中不断分裂的冷空气在青海南部交汇形成大到暴雪天气。

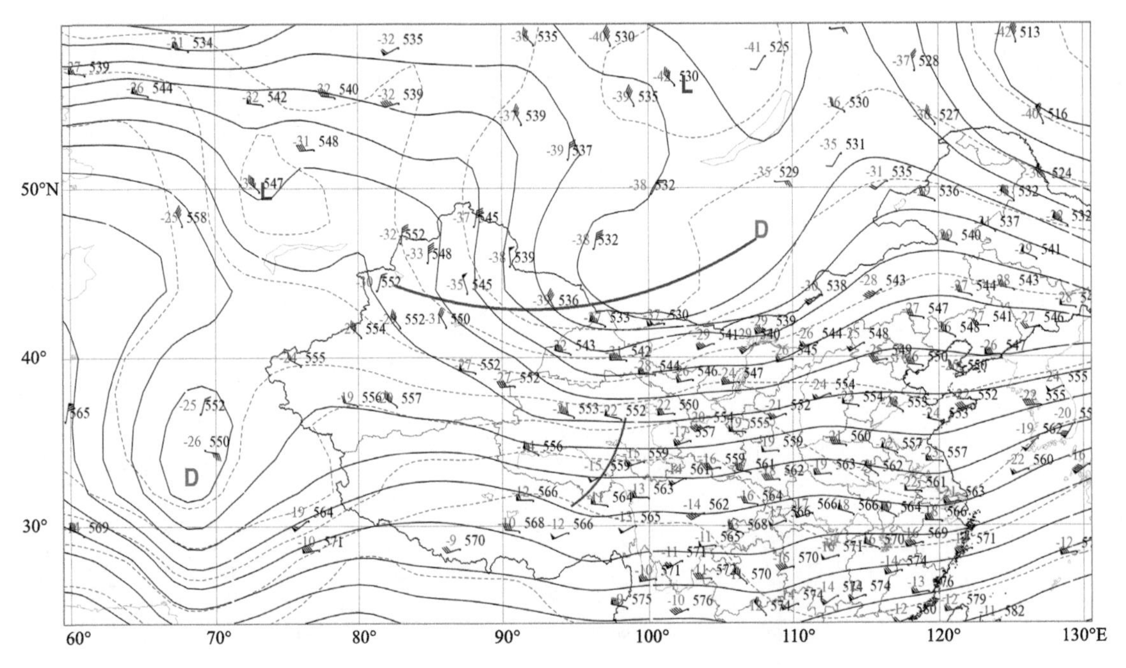

图 3.3 2012 年 12 月 28 日 08 时 500 hPa 高空图

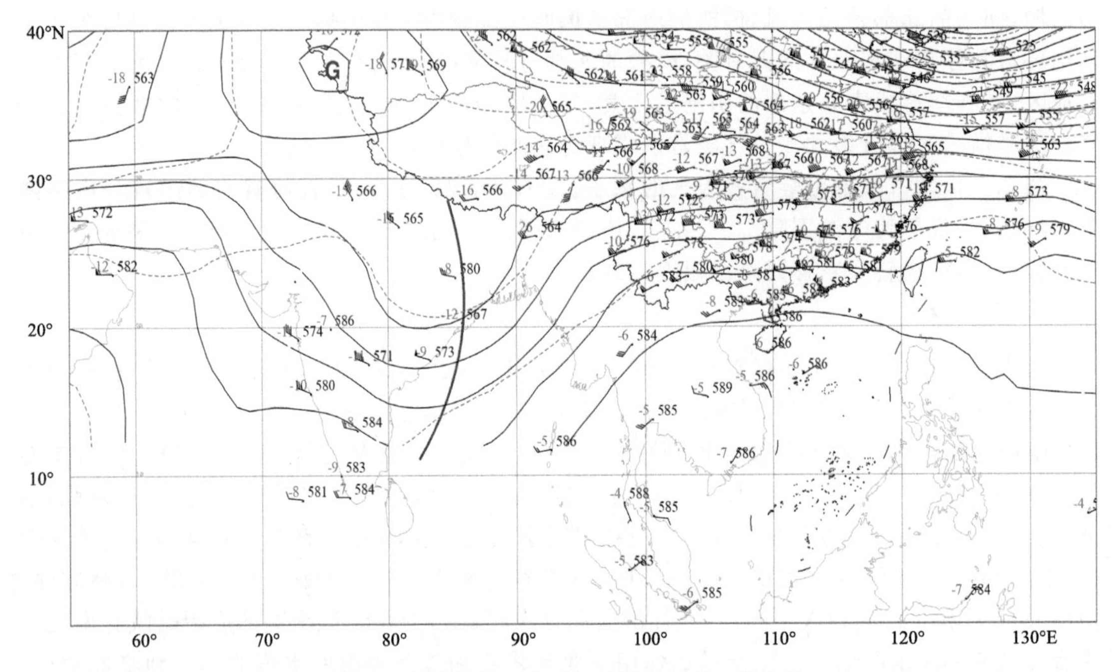

图 3.4 2006 年 3 月 12 日 08 时 500 hPa 高空图

3.2.4 高原槽

高原槽是指在 25°—40°N 之间东移的西风槽，高原槽有近一半是自 70°E 以西进入高原的西风槽(戴加洗，1990)，这种槽在温度场有温度槽配合，槽前升温减压，槽后降温升压，可以引起高原地面上的锋生现象。它可造成青海局地的雨雪和降温天气，当与西风槽(新疆槽)或南支槽结合时会造成青海东部中到大雨雪和中等强度的寒潮天气。另一半高原槽是在高原形成的新生槽，这种新生的高原槽大部分生成于高原 90°E 以西，小部分生成于高原 90°E 以东地区。盛夏，随着西风槽北撤这种高原槽显著减少，高原地区低涡或切变线活动频繁。

图 3.5 是高原槽影响青海南部降雪并伴有降温天气的例子。2015 年 1 月 5 日青海的玉树、果洛、黄南南部出现了大雪天气，其中河南县达到暴雪量级，高原槽中的温度槽落后高度槽，槽后有较强的冷平流，降雪后青海南部出现了寒潮天气。

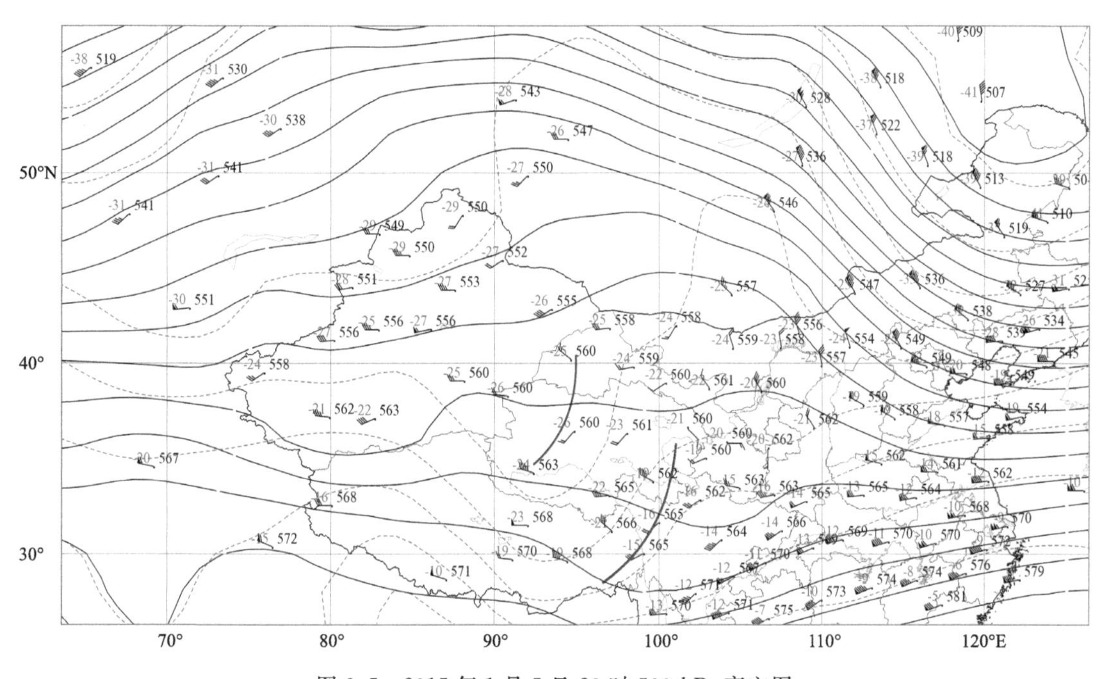

图 3.5　2015 年 1 月 5 日 20 时 500 hPa 高空图

3.3　低纬度和副热带天气系统

低纬度或副热带天气系统是夏半年影响青海的重要天气系统，它对青海天气的影响主要是将来自洋面充沛的水汽输送到高原地区，另外，当副热带高压控制高原地区时，高原雨季中断，进入高温少雨时期。

3.3.1　副热带高压

副热带高压通常指西太平洋副热带高压和伊朗高压。在北半球的副热带地区，有一明显的高压带，由于高原的大地形作用，副热带高原带断裂成两个高压单体，位于太平洋上的高压称之为西太平洋副热带高压，一般简称副高。位于中东地区的高压称之为伊朗高压或中东高压。副热带高压一般呈东—西方向的带状，属于动力性暖高压，是北半球永久性天气系统，高压控制区域盛行下沉气流，天气晴好闷热，一般将 588 dagpm 等高线作为副热带高压控制区域，以副热带高压脊线的南北移动来表示副热带高压的南撤或北抬，对于西太平洋副热带高压来讲，以西脊点的移动表示西伸东退。西太平洋副热带高压对青海的天气影响主要是将洋面上的暖湿气流输送到高原地区，当高压西伸控制青海的东部地区时，会出现闷热天气，当减弱东退时一般在青海东部出现明显的降水天气过程，局部地区可达到暴雨量级。伊朗高压加强东进时可控制青海的大部分地区，造成青海中西部地区高温干热天气，同时伊朗高压引导西风带低压槽或冷空气南下，造成青海东部或东北部地区的强对流天气。

图 3.6 是西太平洋副热带高压影响青海天气的例子。前期西太平洋副热带高压控制青海省大部分地区，全省维持晴好闷热天气，随着西太平洋副热带高压东退 2007 年 8 月 25 日全省出现了一次明显降水天气过程，其中青海东北部普降大到暴雨，西宁日降水量达到 76.7 mm，互助日降水量达到 51.8 mm，尖扎日降水量达到 78.9 mm。

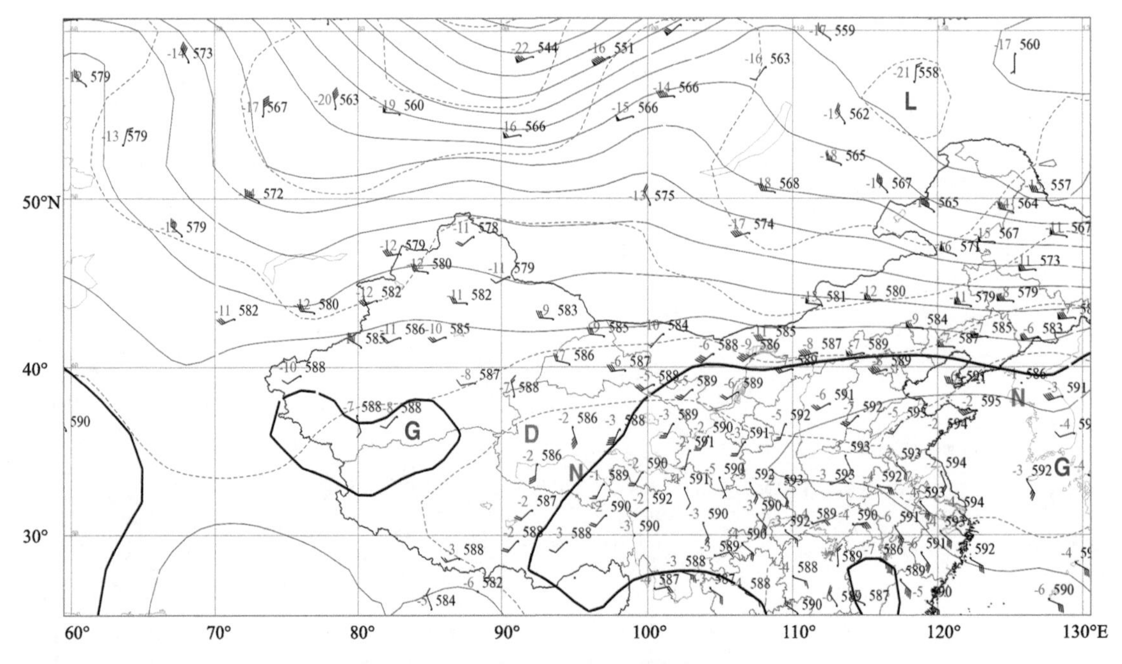

图 3.6　2007 年 8 月 25 日 08 时 500 hPa

3.3.2　青藏高压

青藏高压是指 500 hPa 高空图上出现在青藏高原地区的反气旋环流，一般出现在对流层中下部，属于暖性结构，日变化特征明显。冬半年青藏高原 500 hPa 为西风气流控制，多槽脊活动，因而很少出现闭合的高压系统。夏半年明显多于冬半年，一般维持时间 2～3 d，在沿 37°N 有一东西狭长的高频带（段廷杨 等，1992），两个高频中心，一是新疆的民丰，二是柴达木盆地。青藏高压的形成主要有以下三种情形：一是伊朗副热带高压东伸上高原分裂小高压，或者分裂小高压东移上高原，这种高压是由西部进入高原，一般都是暖性的；二是西风带小高压伴随冷空气入侵进入高原，一般是冷性的；三是西太平洋副热带高压分裂小高压移上高原，一般是暖湿性的。青藏高压大多数来自伊朗副热带高压分裂的高压单体，高压单体中心附近有暖温度脊或闭合暖中心配合。盛夏，当青藏高压控制高原时，在青藏高原上空形成“上高下高”的天气形势，高原雨季会出现暂时的中断（例如 2000 年 7 月 19—26 日，2010 年 7 月 26 日—8 月 2 日期间）。

图 3.7 是青藏高压天气系统影响青海天气的例子。2000 年 7 月 19—26 日，受到青藏高压的影响青海北部出现了一次高温天气过程，高温天气出现的范围、持续时间及极端最高温度值都创有气象资料以来的历史记录。

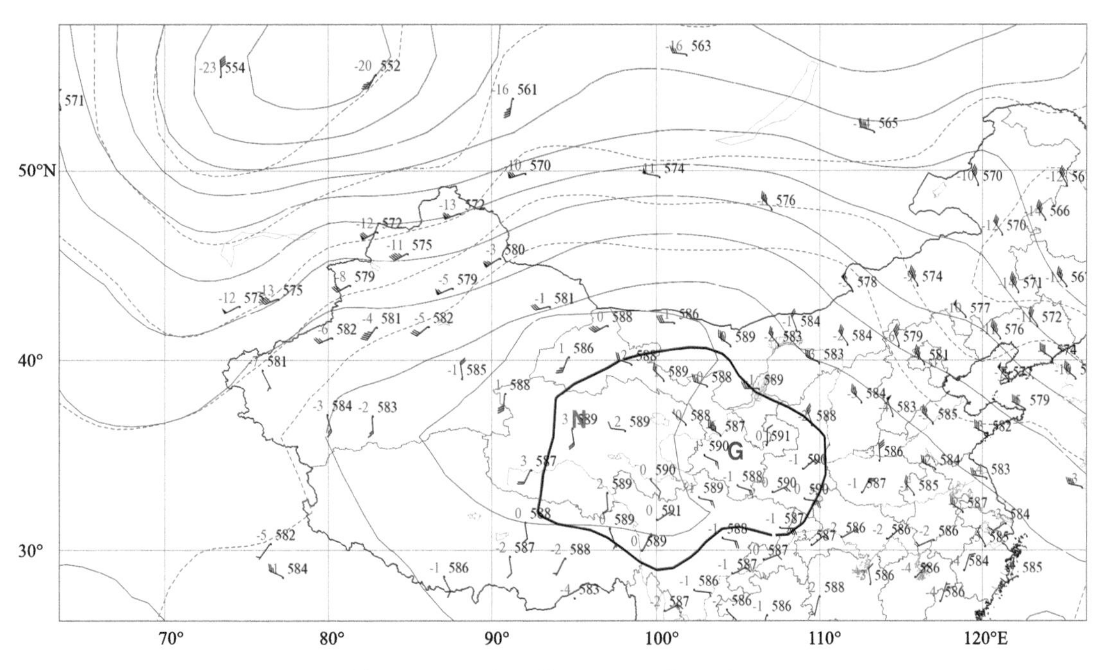

图 3.7　2000 年 7 月 25 日 08 时 500 hPa

3.3.3　南亚高压

南亚高压是指在 100 hPa(或 200 hPa)高空图上出现在青藏高原及邻近地区上空的反气旋环流，一般出现在对流层上部属于暖性结构。位于青藏高原的南亚高压具有独特的温压和环流结构，上层高压对应下层低压并与高温区配合，整层为上升运动，南亚高压控制的区域内多对流活动。这种高层辐散底层辐合有利于水汽向青藏高原地区汇集，南亚高压进入高原到退出高原之间的时期恰好是高原的雨季。南亚高压的活动有明显的季节变化，5 月从菲律宾东南沿岸附件移到中南半岛，6 月跳上高原，7—8 月在高原上空最为强盛，9 月以后又逐渐转移到海上。当南亚高压中心位置处在 90°E 的以东和以西时分为东部型和西部型，南亚高压为东部型时，500 hPa 西太平洋副热带高压西伸北跳，为西部型时，西太平洋副热带高压位置偏东偏南(陈永仁 等，2011)，南亚高压位置的每一次东西转换与西风带长波调整有关。

图 3.8 是南亚高压影响青海天气的例子。2016 年 8 月 24 日 21 时河南站出现短时强降水天气，降水强度达到 58.5 mm/h，同德、玛多、玛沁县出现冰雹天气，200 hPa 高空图上南亚高压控制全国大部分地区，高压中心位于强对流天气发生上空，强度达到 1271 dagpm，由于南亚高压在对流层高层产生较强的辐散，起到了“抽吸”作用，有利于中尺度天气系统的发生发展，为强对流天气的发生提供了有利的环境场。

3.3.4　孟加拉湾风暴

孟加拉湾风暴是指 500 hPa 高空图上在孟加拉湾洋面形成的风速≥17.5 m/s 的气旋(王友恒和王素贤，1988)。孟加拉湾风暴是造成高原地区降水的重要天气系统，最活跃的时段集中在 5 月和 10—11 月(段旭和段玮，2015)，影响青海的孟加拉湾风暴主要在 10 月。当孟加拉湾风暴形成后向北移动时，将大量暖湿气流输送到高原地区，尤其在高原南侧由于地形的抬升作用降水量级可以达到 100 mm 以上(德庆 等，2015；康志明 等，2007)，如果有南支槽结合，槽

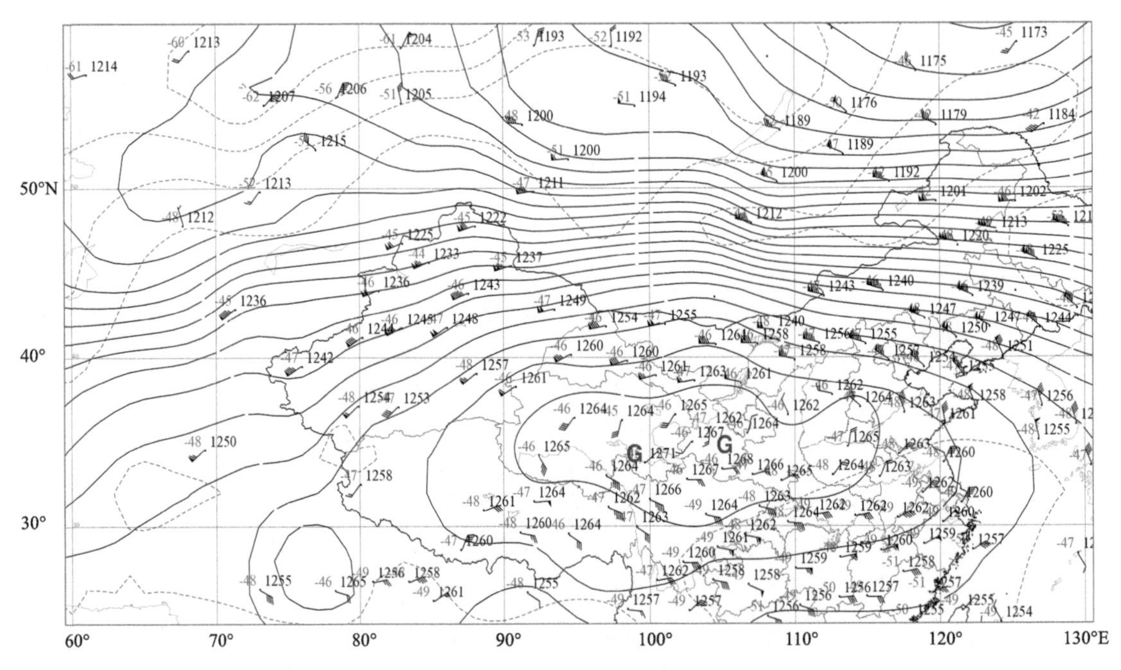

图 3.8　2016 年 8 月 24 日 20 时 200 hPa

前西南气流会将孟加拉湾风暴中的暖湿气流输送到更加偏北的高原中部地区(索渺清和丁一汇,2014)。

孟加拉湾风暴天气系统移动到高原南侧时会逐渐减弱或者填塞,主要是风暴扩展云系向北伸展并与南支西风槽或副热带急流云系结合影响到青海,高空图上(图 3.9)西太平洋副热带高压位于中南半岛,孟加拉湾风暴处在高压西侧的西南气流中,受到孟加拉湾风暴外围扩展云系影响(参阅第 6 章),2005 年 10 月 20 日青海南部出现大到暴雪天气,囊谦等多个气象站降雪量级在 10 mm 以上,再如 1985 年 10 月 18 日青海省沱沱河气象站出现的 50.2 mm 特大暴雪天气。

3.3.5　印度季风低压(槽)

印度季风低压(槽)是指 500 hPa 高空图上 70°—110°E,10°—28°N 范围内出现的低压槽(或称孟加拉湾槽、或印缅槽),位于青藏高原南侧的印度半岛至中南半岛之间,一般出现在 5—9 月。印度季风低压(槽)是来自对流层低层的越赤道气流在青藏高原南侧由于青藏高原大地形阻挡汇合形成(有称地形槽),出现在对流层中低层,有 64%出现在赤道西风气流里,36%出现在南海副热带高压西侧的西南气流里(王荫桐和吴恒强,1985)。

印度季风低压(槽)对我国华南沿海前汛期暴雨影响明显(包澄澜,1979),偏强时期影响到我国西南地区,尤其是云贵高原(董海萍 等,2004)。印度季风低压(槽)对青海天气的影响主要是水汽输送,例如 2021 年 6 月中旬果洛州出现持续性降水天气过程(图 3.10),15 日 08 时—16 日 08 时果洛玛沁站降水量为 39.3 mm,久治站为 30.5 mm,同德站为 26.9 mm,由于印度季风低压(槽)稳定在孟加拉湾地区,使得果洛地区 6 月中旬降水量超过历史同期,其中久治站旬降水量达到 144 mm(历史同期旬降水量 48.3 mm),玛沁站旬降水量达到 137.3 mm,出现短时降水引发局地洪涝和地质灾害。

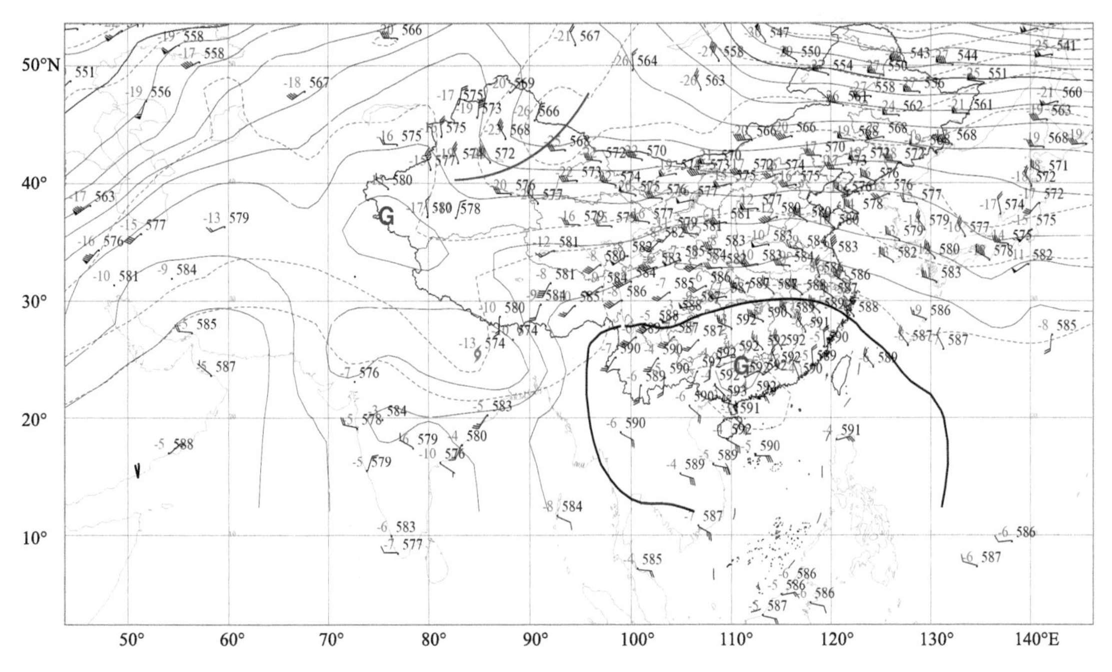

图 3.9　2005 年 10 月 20 日 08 时 500 hPa

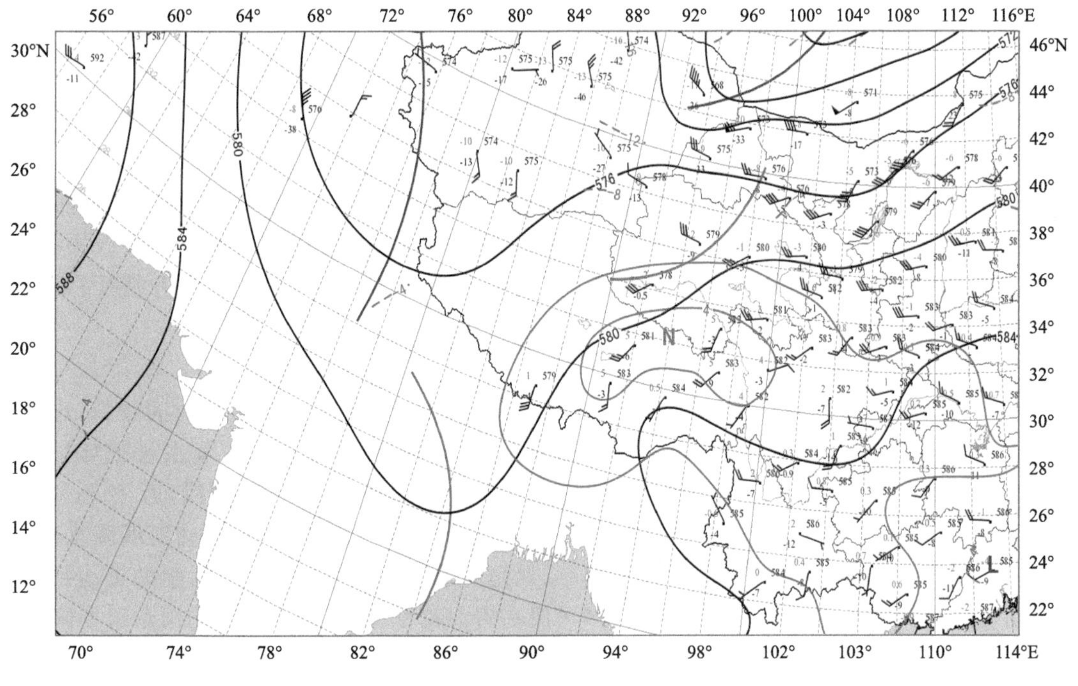

图 3.10　2021 年 6 月 15 日 20 时 500 hPa

3.4　高原天气系统

高原在其动力和热力作用影响下，是北半球同纬度地区气压系统出现最频繁的地区，夏季生成于高原上的低气压系统称为高原低值系统，高原低值系统主要包括高原低涡和切变线，高原低值系统在一定的环流背景下会发展加强造成高原及下游地区的灾害性天气。

3.4.1 高原切变线

(1)高原切变线的定义

高原切变线是指在 500 hPa 高空图上 70°—105°E，27°—40°N 范围内风速有气旋式旋转的不连续线。

(2)高原切变线的分类

切变线是夏半年高原地区的主要降水系统，根据高原切变线的走向，分为东—西向的横切变和南—北向的竖切变。横切变线多出现在 30°—35°N 之间的高原地区，横贯整个高原，高频中心在西藏那曲附近，竖切变线在高原中部和 103°E 陡坡地区分别有两条高频带(郁淑华 等，2013)，呈南(西南)—北(东北)走向。根据高原切变线热力特征，可分为暖性、斜压性和冷性三类(乔全民和谭海清，1984)。鲍玉章等(1990)将高原切变线可分为暖性、斜压性和中性三类，分别与无风带、西风带和东风带相对应。高原横切变线和竖切变线之间有时会相互转换(赵大军 等，2018；刘新伟 等，2020)。高原切变线年际变化不明显，月际变化明显，夏半年占到全年的四分之三，8 月最多，其次是 5 月和 7 月，最少 6 月和 9 月。冬半年 10 月—翌年 4 月，主要在 2—4 月，高原切变线以横切变线形态出现，竖切变出现概率非常小。

(3)高原切变线的形成及结构

高原横切变线是唯一能够在平均流场上清楚地表现出来的高原低值系统(徐国昌，1984)。在 500 hPa 高空图上，高原横切变线形成在高原北部偏东气流与高原南部西南气流之间，横切变线的形成关键就在于高原东北部偏东气流的出现。在冬半年横切变线常常称之为辐合线，辐合线以北是西北气流，辐合线以南是西南气流，横切变的形成不仅与高原加热场有关，同时与高原大地形有关。高原竖切变线形成于伊朗高压和西太平洋副热带高压之间。

在垂直方向上，横切变线位于高原暖性热低压上空，可达 400 hPa 高度，横切变线所在气层为辐合区，再向上变为暖性高压，是辐散层。横切变线一般与等温度线和等露点线平行，温度梯度弱，湿度梯度大(何光碧和师锐，2011)。竖切变线上呈现一致的辐合上升特征，辐合区比较浅薄，上升运动更为深厚，切变线附件水汽含量较大。

(4)高原切变线与降水

在切变线附近总会有云区及雨区配合，横切变线的雨区在它的南侧维持时间较长，过程雨量也大，竖切变线的雨区偏在切变线后面并随切变线东移。切变线造成的降水量级与切变线的深厚尺度和生命史有关。只出现在 500 hPa 的切变线称为底层切变线，存在于 400～300 hPa的称为高层切变线，出现在整层的称为深厚切变线。一般来讲，低空切变线降水最弱，深厚切变线降水最强，高层切变线降水范围小，局地降水大。夏半年 5—9 月，生命史达到 12 h 的横切变线占到整个切变线总数的一半，多形成在青海南部地区，造成小到中雨量级的降水天气。随着切变线生命史的增加，切变线出现的位置略偏南，造成的降水量级增大。36 h 以上活动时间的横切变线不仅可造成高原地区大到暴雨天气，同时移出高原的横切变线可影响到下游地区造成暴雨或大暴雨天气。竖切变线一般活动时间为 12～24 h，可造成高原地区的雷暴天气。冬半年的 2—4 月，横切变线活动时间多在 24 h 以上，造成高原及其周边地区的小到中雨雪天气，竖切变线活动时间大多在 12 h。高原切变线的北抬、南压或源地消失、东移不仅与周边大气环流和大尺度的天气系统的变化有关，同时与高原地区地面热力过程的变化有关

(姚秀萍 等,2014)。

图 3.11 是高原切变线影响青海天气的例子。2008 年 5 月 15 日受到切变线影响青海省玉树地区出现降水,其中囊谦降水量为 20 mm。前期我国东北地区在冷低压控制下,我国西部地区处在冷低压槽后的西北气流下,500 hPa 高原北部由于受到高原地形影响出现反气旋环流,有明显的偏东风,高原南部有西南气流,在高原 32°N 附近切变线形成。

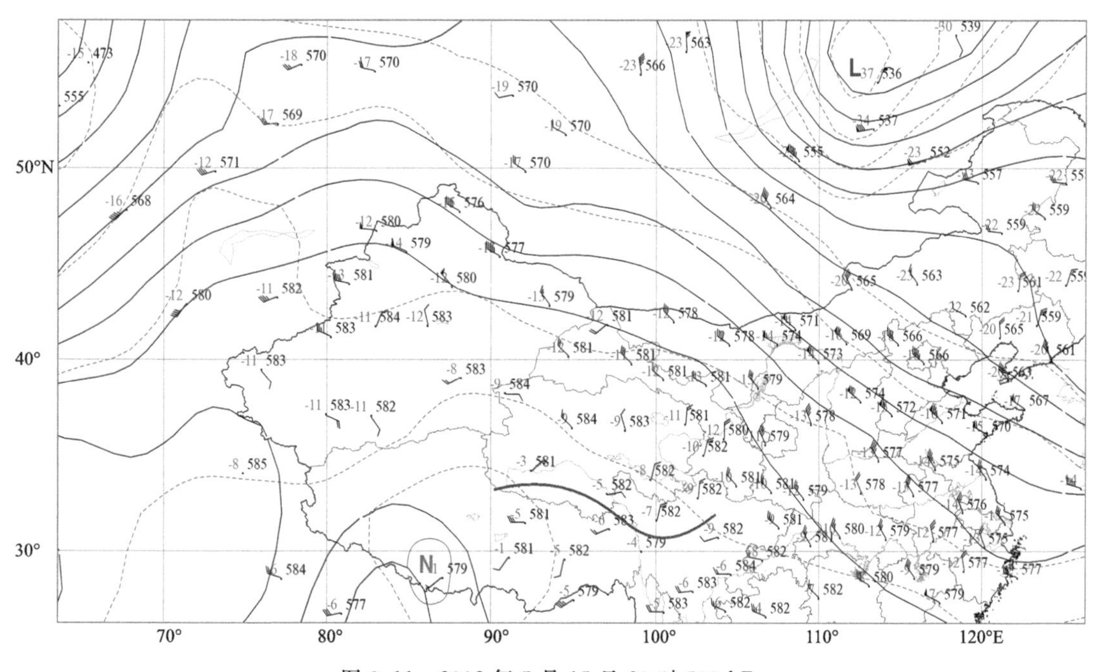

图 3.11　2008 年 5 月 15 日 20 时 500 hPa

3.4.2　高原低涡

夏半年,在 500 hPa 高空图上,高原主体地区经常有低涡活动。它的水平尺度约 500 km,垂直厚度约 2～3 km,是造成高原地区降水的主要天气系统(叶笃正和高由禧,1979)。

(1)高原低涡的定义

高原低涡是指在 500 hPa 天气图上 70°—105°E,27°—40°N 范围内,凡有闭合等高线的低压或三站风向呈气旋性环流的均称为高原低涡(青藏高原气象科学研究拉萨会战组,1981)。

(2)高原低涡的分类

高原低涡的分类是根据低涡形成的地理位置和性质进行划分。根据地理位置,戴加洗(1990)将低涡划分为羌塘涡、那曲涡、柴达木涡、松潘涡和西南涡。李江萍等(2012)将高原低涡划分成三类:高原涡,指青藏高原主体地区的低涡;西南涡,指青藏高原东侧的低涡;西北涡,指柴达木盆地的低涡。根据低涡性质,青藏高原气象科学研究拉萨会战组(1981)将其划分为暖性涡,低涡位于温度脊区,地面无冷空气入侵,且 $\Delta P_{24} \leqslant 0$ hPa 的低压;冷性涡是指低涡位于温度槽或其前沿的锋区中,地面有冷空气侵入低涡,出现大片 $\Delta P_{24} \geqslant 0$ hPa。

(3)高原低涡发生频率

青藏高原气象科学研究拉萨会战组(1981)利用 1961—1976 年 5—9 月格点资料(2.5°×2.5°)统计结果发现,低涡出现概率最多在 30°—35°N 纬带内,轴线在 32.5°N 附近。产生低涡的源地(即第一次出现)有 4 个地区,即羌塘、那曲、柴达木盆地及松潘(也有称武都的),其中以那曲产生的频率最高。王鑫等(2009)利用 1980—2004 年 5—9 月的 500 hPa 天气图资料统计结果发现,高原低涡活动的高频区域主要在 30°—35°N 之间,集中在 92.5°E 以东的高原中、东部地区,轴线在 32.5°N,表现为两个强高频中心,一个位于那曲及其东北部,另一个位于德格附近。李国平等(2014)利用 1981—2010 年 6—8 月 NCEP/NCAR 资料,统计了低涡出现的频数,夏季高原低涡生成源地主要集中在西藏双湖、那曲和青海扎仁克吾一带,高原中部涡占 50.8%,高原西部涡占 27.0%,高原东部涡占 22.2%。6 月份,高原低涡源地位置偏北,主要分布在双湖—扎仁克吾以北地区;而 7 月份高原低涡源地位置较 6 月份偏南,主要分布在班戈—那曲一带;8 月份高原低涡源地和 7 月份基本一致,也分布于班戈—那曲一带,但累积频数不及 7 月。6—8 月各月生成的高原低涡占夏季高原低涡总数的比例为:6 月最多,达 44.7%,7 月份为 29.9%,而 8 月最少,占 25.4%。高原涡的出现有明显的年际和月际变化特征,最多年份和最少年份相差 3 倍多。

由于青藏高原西部没有探空和地面测站稀少,上述工作统计会有差别(林志强,2015a),虽然统计的时间序列不一样,但西藏的那曲和青海的玉树是高原低涡主要形成地区,高原低涡活动的频繁地区与夏季高原的准定常的横切变线位置基本重合。

(4)高原低涡结构

高原低涡初期以暖性涡为主,占总数的 90%。高原主体的低涡为浅薄的暖性系统,500 hPa上的闭合低压到了 400 hPa 逐渐消失,到 300 hPa 为高压控制。正涡度位于 400 hPa 以下,500 hPa 最大,涡区内整层为上升气流,最大为 350～400 hPa,低空辐合,高空辐散,无辐散层在 400 hPa 附近(罗四维 等,1992b)。暖中心与低压中心并不重合,随着低涡的发展,中心附近底层是冷中心,高层是暖中心,在近地面为涡心逆时针旋转的辐合气流,300 hPa 以上为顺时针旋转的辐散气流,无辐散层在 400～300 hPa 之间,这种上下辐散辐合的配置有利于质量补偿,对低涡的维持和发展有重要作用。

(5)高原低涡维持时间及强度

高原涡形成后大多在源地附近维持 12～24 h,然后减弱消失。图 3.12(a)(李国平 等,2014)所示,低涡维持 6 h 的占到将近 50%,维持 12 h 达到 20%,低涡中心均值为 582 dagpm(图 3.12b)。高原低涡是高原雨季中的一个重要的降水系统,当低涡处在高原主体上空时多为阵性小雨,降水量级与低涡维持的时间有关,生命史为 12 h 的低涡会造成中雨以上降水,生命史为 24 h 以上的低涡可造成大雨量级的降水,持续 60 h 以上的低涡可造成暴雨(郁淑华和高文良,2006)。在青海南部地区还未出现过由低涡造成暴雨量级降水天气例子,低涡降水主要集中在低涡中心附近 400 km 范围内,初生涡降水中心偏在低涡中心的东南侧,成熟涡降水中心偏在低涡中心东侧。

(6)高原低涡移动发展

高原低涡大多数在高原上减弱消失,只有少数低涡能够持续发展,最后移出高原。高原低涡移动路径主要是东北路径,一般沿切变线移动。其次是东南和偏东路径,经常伴随着低槽活动,只有少数的是偏北路径。移出高原前多数为暖性低涡,移出高原后多数为斜压性低涡,移出高原的低涡涡源通常在曲麻莱及德格附近(郁淑华 等,2012)。高原低涡的东移发展受到大尺度环流的影响(孙国武 等,1987;郁淑华 等,2008),在 200 hPa,南亚高压及副热带西风急流位置影响高原低涡的东移发展。在 500 hPa,高原盛行西南气流,高原北部有冷空气活动都影

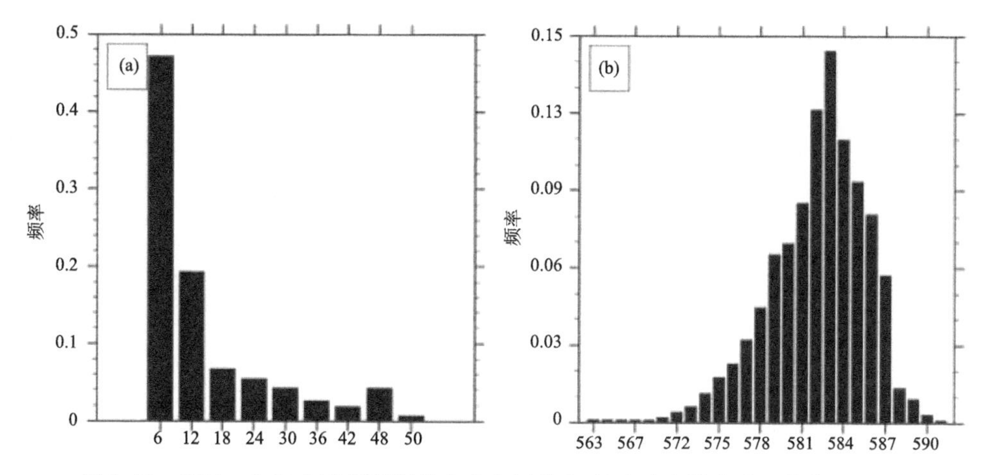

图 3.12 1981—2010 年高原低涡生命史(a)(单位:h)和中心数值(b)(单位:dagpm)
(李国平 等,2014)

响着低涡的东移和发展。

高原涡具有明显阶段性活动特征,会集中在某些时段重复发生,而在另一些时段无低涡发生的特征,称之为低涡的群发性和间断性(孙国武和陈葆德,1994)。根据数值模拟(陈伯民等,1996;罗四维,1992a),高原涡是一种强烈依赖于海拔高度的地形因子,同时受到高原上强不稳定层结、强烈的地面加热和凝结潜热热力因子控制。低涡由非绝热过程引起,积云对流及湍流所引起的地表热通量在低涡初期贡献率大。

高原低涡与高原切变线之间具有密切联系,两者的协同作用是西南地区强降水天气的一种基本形式(林厚博 等,2016),预报员常将其简称为低涡切变(线)。高原低涡和高原切变线既是独立的天气系统,又是相互影响、相互作用、相伴相随的系统,两者相随出现时,高原切变线往往先于高原低涡生成,当高原低涡伴随高原切变线出现时,高原切变线的维持时间较长(何光碧 等,2009;刘自牧 等,2018)。

图 3.13 是低涡影响青海天气的例子,2010 年 6 月 6—7 日受到高原低涡影响青海省北部地区出现了一次降水天气过程,柴达木盆地普降大雨,其中诺木洪站日降雨量达到 52 mm,这种天气形势也称为北槽南涡型,是青海省产生大到暴雨天气的典型天气形势。

3.4.3 柴达木热低压

柴达木热低压指的是在 700 hPa 高空图上 90°—100°E,35°—40°N 范围内生成的暖性低气压或暖性气旋环流。柴达木热低压主要出现在每年的 4—9 月,尤其 7—8 月最多,暖中心与低压中心重合是个浅薄、近似正压大气的天气系统。柴达木热低压的形成与柴达木盆地的下垫面加热和柴达木盆地的地形有关,一般在 20 时 700 hPa 高空图上表现清晰,08 时减弱或消失,日变化特征明显,属于地方性比较浅薄的天气系统,在 500 hPa 高空图上看不到低压或气旋性环流。占比近一半的柴达木热低压在盆地减弱消失,不会造成当地的降水天气。但是,当柴达木热低压发展东移出盆地时,可造成周边及下游地区的降水天气甚至大到暴雨等灾害性天气,对移出盆地的柴达木热低压也有称之为西北涡。

柴达木热低压在源地维持的条件是柴达木盆地有一个暖温度脊或暖中心,当 500 hPa 高空图上有槽移来时,槽前的高空正涡度平流能促使柴达木热低压加强和发展。冷平流对柴达

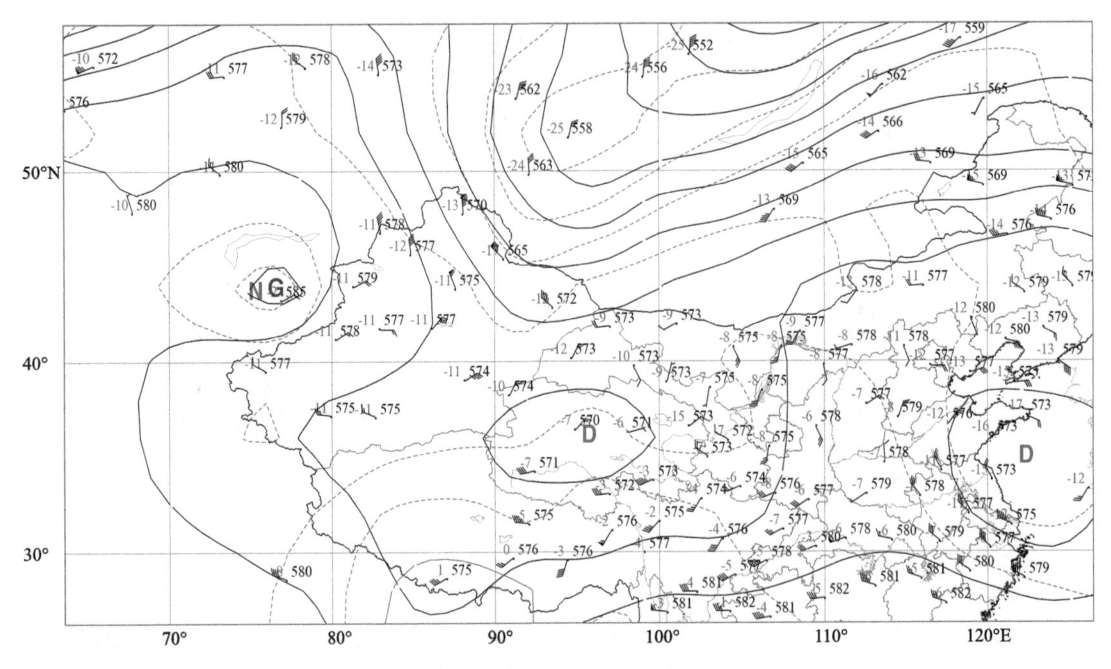

图 3.13　2010 年 6 月 6 日 20 时 500 hPa

木热低压的东移发展起到非常重要的作用，冷空气一般从柴达木热低压的西部和西北部侵入，沿昆仑山北侧作气旋性旋转，促使柴达木低压加强，90%的柴达木热低压发展东移都与冷空气有关(荣涛，2004)。当西太平洋副热带高压西伸加强时，发展东移的柴达木热低压其北侧河西走廊的东南风随之较大，将造成青海东部大到暴雨天气。如果在河套地区有稳定的高压维持，或有“拐脖子”高压存在，发展的柴达木热低压将会维持在源地，造成柴达木盆地东部的中到大雨天气。移出发展的柴达木热低压移动路径有三种：东移类，经青海的海北、西宁、海东移出青海，影响西北地区东部，这类占比最多达到 80%；东南移向类，经青海的海南、果洛、黄南移出青海；北抬东移类的占比 1%，由柴达木盆地北抬到河西走廊的西部然后东移(贺勤 等，1998)。

图 3.14 是柴达木热低压东移影响青海天气的例子。2007 年 8 月 7—8 日，青海东北部出现了一次明显降水天气过程，普遍达到中雨，湟中、湟源、门源站达到大雨量级。7 日 20 时 700 hPa高空图上(图略)，柴达木盆地热低压发展明显，格尔木西北风风速为 10 m/s，西宁东南风 4 m/s，低压环流清晰，格尔木温度为 24 ℃，比同纬度的我国东部地区高出 12 ℃，在 500 hPa高空槽引导下，低层柴达木盆地热低压加强东移，造成青海东北部地区中到大雨天气过程。再如 2013 年 8 月 21 日 08 时 700 hPa 高空图(图略)，柴达木盆地低压环流清晰，16 ℃的暖中心位于格尔木，在 500 hPa 西风急流系统的作用下，柴达木热低压加强东移，造成西宁大通地区的暴雨天气。北抬东移的例子有 2012 年 6 月 4 日，柴达木盆地处在暖温度脊控制下，格尔木西北风风速达到 12 m/s，柴达木热低压与高原低涡耦合并北抬东移造成河西走廊暴雨天气，类似的例子还有 2011 年 6 月 15 日。2013 年 6 月 18 日是柴达木热低压与高原切变线结合造成茶卡暴雨天气的例子，这是一次柴达木热低压原地维持的例子，格尔木 700 hPa 温度比同纬度平原地区温度高 1 倍，风速达到 8 m/s，并柴达木盆地有完整的低压环流时，标志着柴达木热低压发展强，一旦与 500 hPa 低值系统结合，热低压会发展造成明显的天气过程。

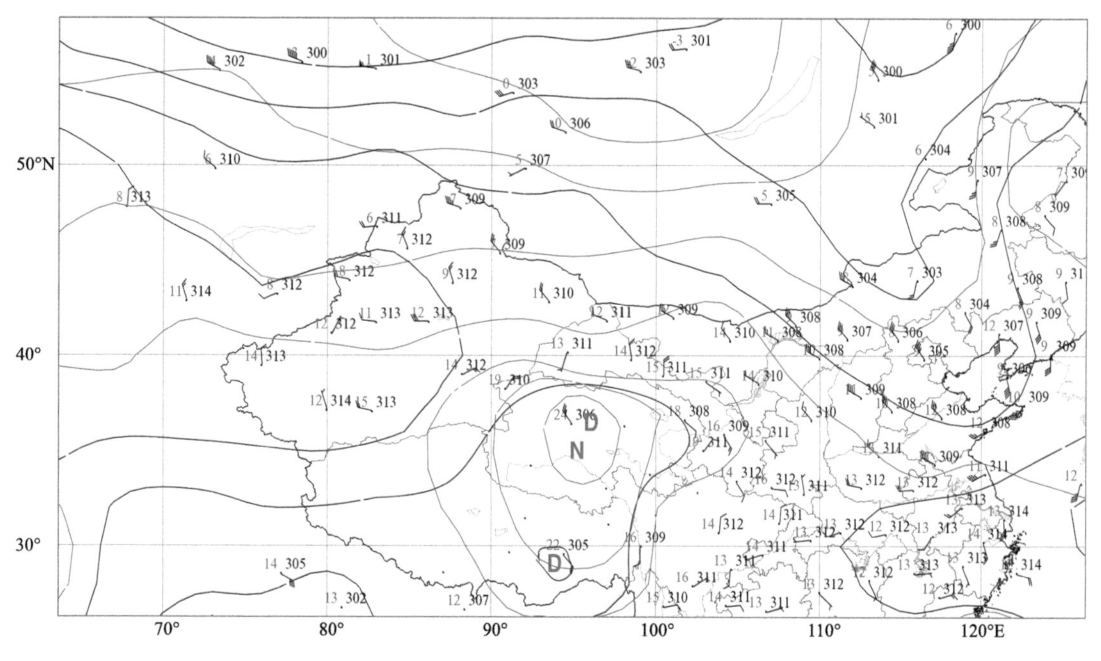

图 3.14　2007 年 8 月 7 日 20 时 700 hPa 图

第4章　青海降水特征

青海的降水主要集中出现在5—9月，呈单峰型变化，雨季和干季分明，全年80%以上降水出现在雨季（戴加洗，1990）。年降水量自东南向西北减少，年降水量最大值出现在久治站，最小值位于冷湖站，35°N是降水梯度最大的地区，也是干旱和半干旱地区的分水岭（李生辰等，2007）。

4.1　降雨日数时空分布特征

4.1.1　时间分布

1961—2019年青海累计年平均降雨日数为3817 d（图4.1a），最多出现在1989年，达4503 d；最少出现在1962年，为3125 d，整体呈现增加趋势，59年来以81 d/(10a)的速率增加了487 d。月分布来看（图4.1b），4—9月累计降雨日数为37537 d，主要集中在5—9月，峰值出现在7月，达46019 d，最少月为4月20354 d。

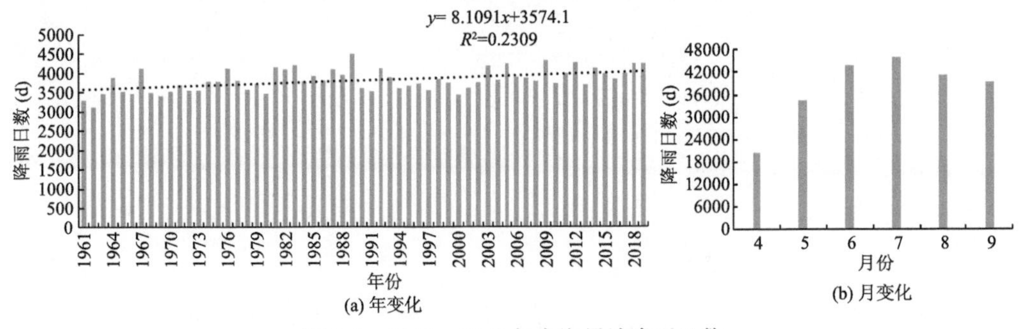

图4.1　1961—2019年青海累计降雨日数

4.1.2　空间分布

1961—2019年青海累计降雨日数的空间分布特征极不平衡（图4.2），总体上表现为玉树、果洛南部、海东地区降雨日数多，海西降雨极少的空间分布格局。累计降雨日数最多出现在久治、清水河、达日一线，降雨日数分别为7245 d、7171 d和6776 d，最少出现在柴达木盆地的冷湖为519 d。

4.2　降雪日数时空分布特征

4.2.1　时间分布

1961—2019年青海累计年平均降雪日数为1205 d，最多出现在1989年，达1784 d；最少出现在1963年，为737 d，59年来以29 d/(10a)的速率增加了172 d，整体呈现弱增加趋势（图4.3a）。月变化来看（图4.3b）1—3月、10—12月累计降雪日数为11847 d，主要集中在3月和

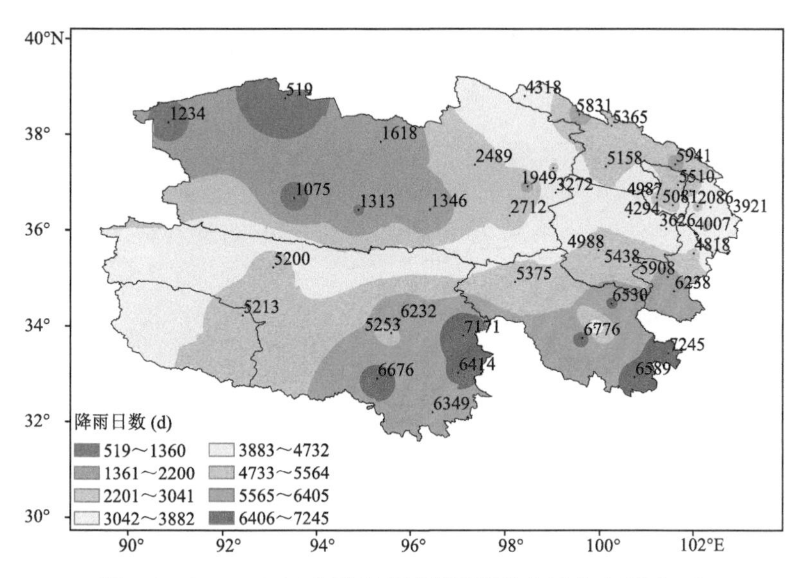

图 4.2　1961—2019 年青海累计降雨日数空间分布(单位:d)

10 月,峰值出现在 10 月,达 22639 d,最少月为 12 月为 5728 d。

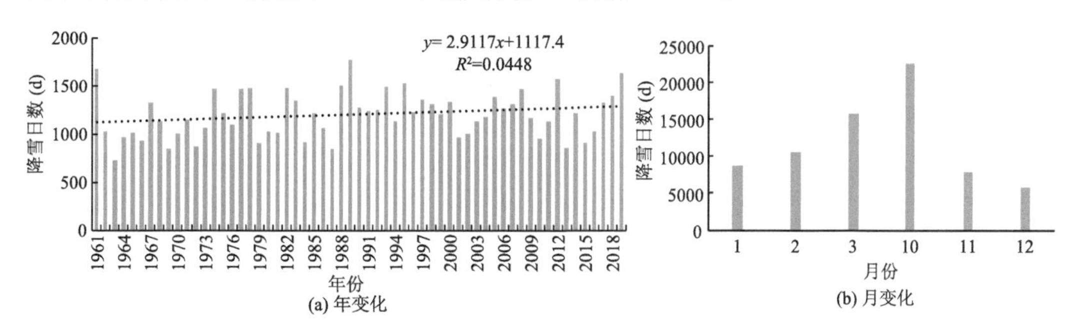

图 4.3　1961—2019 年青海累计降雪日数

4.2.2　空间分布

总体来看(图 4.4),玉树、果洛北部降雪日数多,海西、海东降雪少的空间分布格局。1961—2019 年累计降雪日数最多出现在久治、清水河、达日一线,降雪日数分别为 2954 d、3145 d 和 2934 d,最少出现在柴达木盆地的冷湖站为 103 d。

4.3　大雨日数时空分布特征

4.3.1　时间分布

1961—2019 年,青海年平均大雨日数为 37 d,最多出现在 1961 年为 84 d,最少出现在 1965 年为 10 d(图 4.5a)。59 年来以 2.4 d/(10a)的速度增加了 14 d。月分布来看,主要出现在 6—9 月(图 4.5b),最多出现在 8 月为 802 d,最少出现在 10 月为 13 d。

4.3.2　空间分布

1961—2019 年,全省共出现大雨天气 2201 d,主要分布在青海东部地区(图 4.6),最多出现在湟中站 129 d,其次大通站 115 d、久治站 104 d、互助站 102 d,柴达木盆地发生次数最少,其中茫崖、冷湖、小灶火站59年来未出现过大雨天气。

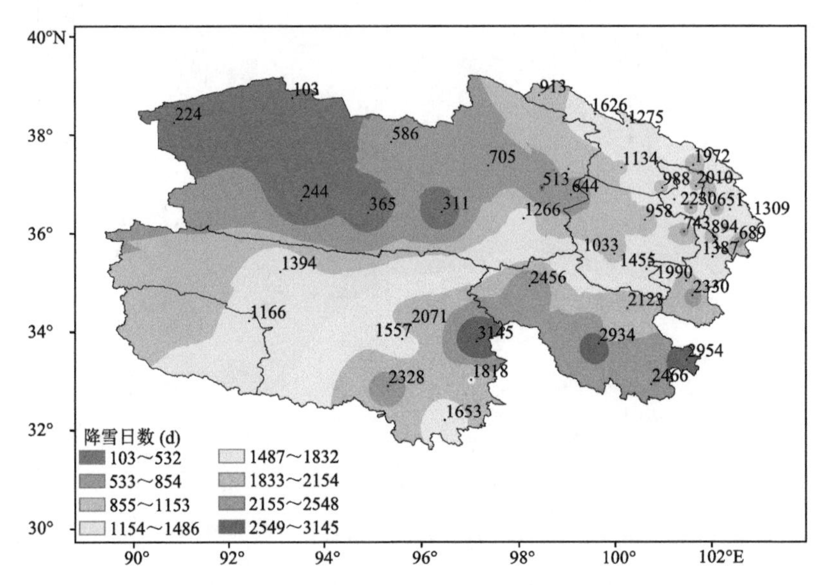

图 4.4　1961—2019 年青海累计降雪日数空间分布(单位:d)

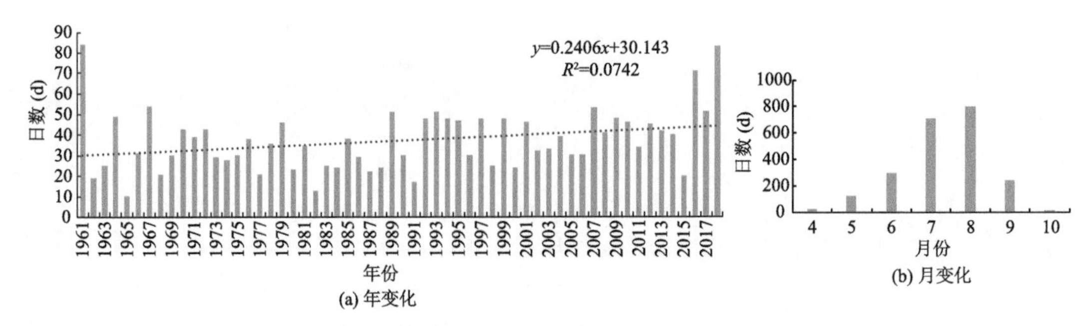

图 4.5　1961—2019 年青海累计大雨日数

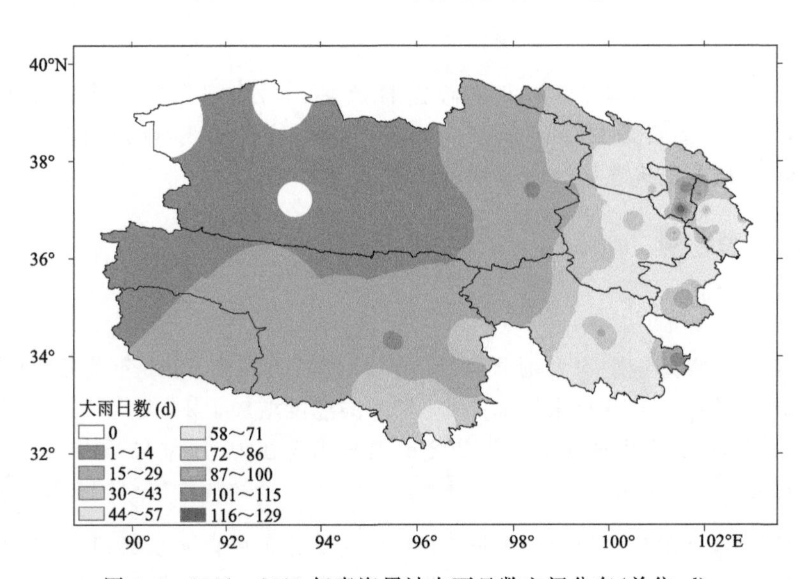

图 4.6　1961—2019 年青海累计大雨日数空间分布(单位:d)

4.4　大雪日数时空分布特征

4.4.1　时间分布

1961—2019 年大雪日数年际变化来看(图 4.7a),年平均日数为 136 d,最多出现在 2016 年为 222 d,最少出现在 1979 年为 73 d。59 年共出现 8007 d,以 6.7 d/(10a)速率增加了40 d。1961—2019 年大雪日数月际变化来看(图 4.7b),全年均出现大雪天气,主要分布在 4 月、5 月、10 月,最多出现在 5 月累计日数为 2103 d,4 月、10 月累计日数分别为 1686 d、1502 d,最少出现在 12 月累计日数为 40 d。7 月、8 月大雪主要出现在祁连山区、唐古拉山区及青南地区。

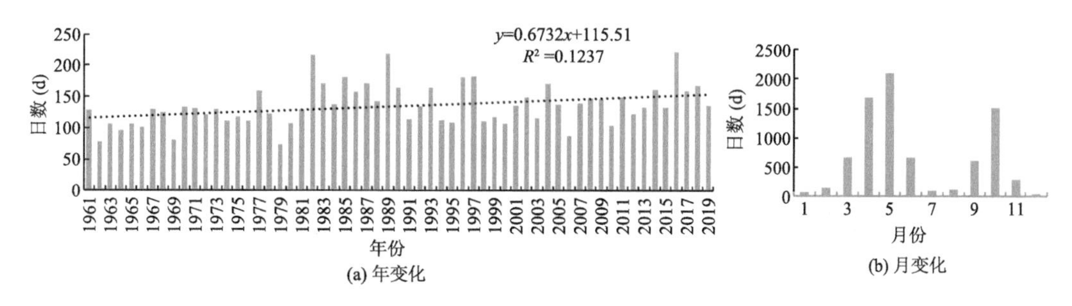

图 4.7　1961—2019 年青海累计大雪日数

4.4.2　空间分布

1961—2019 年,青海共出现 8007 d 大雪天气,从地区分布来看主要分布在三江源地区及祁连山区,累计大雪日数最多出现在清水河站 668 d,其次久治站 530 d、达日站 451 d、泽库站 341 d、甘德站 335 d,柴达木盆地出现次数最少,冷湖、小灶火、民和、循化站 59 年来未出现过大雪天气(图 4.8)。

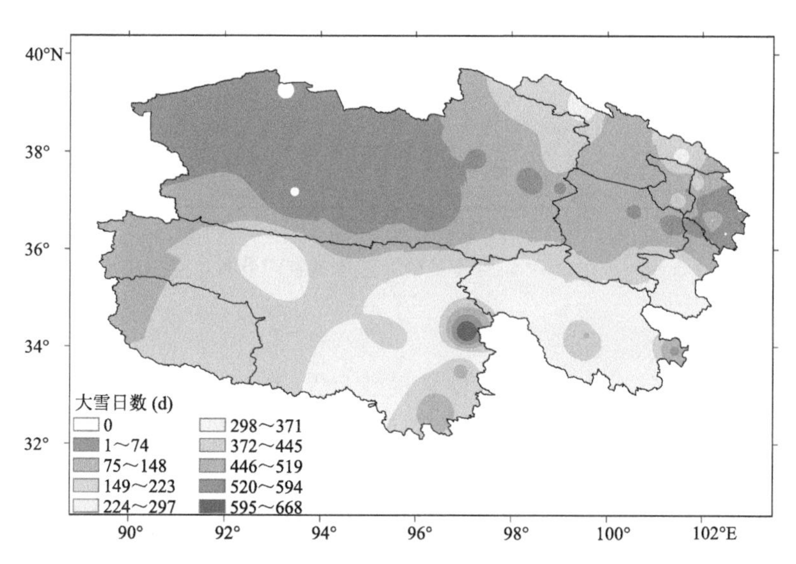

图 4.8　1961—2019 年青海累计大雪日数空间分布(单位:d)

总之，青海不同量级降雨呈现多中心的特点，暴雨中心（见第5章）出现在民和站，大雨中心出现在湟中站，降雨日数中心出现在久治站；青海不同量级降雪中心集中出现在玉树州清水河站，青海降雨比降雪的情况更加复杂。

4.5 降水极值

4.5.1 降雨极值

统计了1961—2019年青海各站点日降雨量最大值（图4.9），可看出，日降雨量极值分布不同于年平均降雨量空间分布（图2.4），总体上表现为海西东部、海东、黄南、海南日降雨极值较大，海西西部降雨极值小的空间分布格局，日降雨量极值超过100 mm的有大通站，2013年8月22日降雨极值达到119.9 mm/d（统计资料是20:00—20:00，大通24 h内08:00—08:00降水量为144.9 mm），日降雨量极值超过50 mm以上的站点主要分布在：(1)海西东部部分站点；(2)黄南、海南；(3)西宁及海东部分站点；(4)海北部分站点；(5)玉树（清水河），果洛（久治）。具体而言，日降雨极值站点分布在青海为19～120 mm，其中大通日降雨极值最大，其次为海西，黄南；日降雨极值最小的地区茫崖，为19 mm，其次为冷湖(22.7 mm)，小灶火(24.6 mm)。

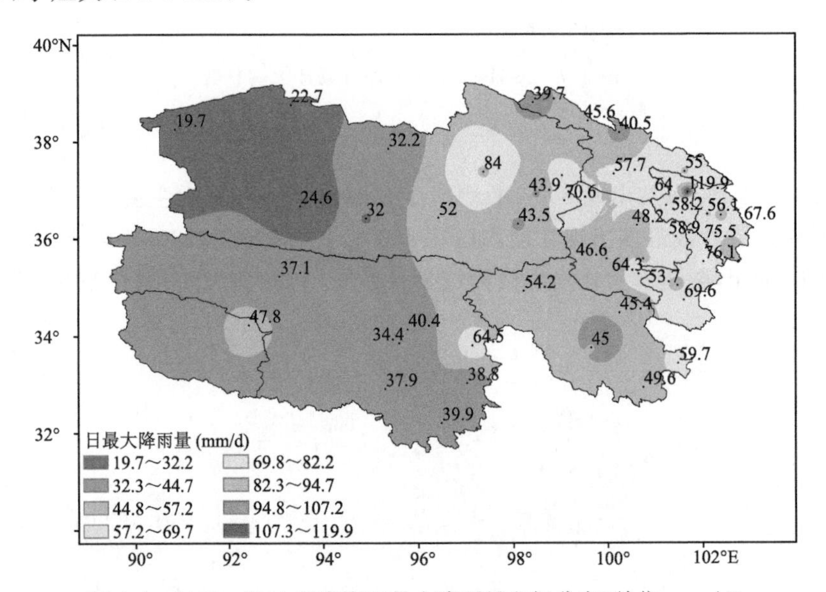

图4.9 1961—2019年青海日最大降雨量空间分布(单位:mm/d)

4.5.2 降雪极值

统计了1961—2019年青海各站点日降雪量最大值（图4.10），可看出，日降雪量极值总体上表现为海西东部、玉树日降雪极值较大，海西西部降雪极值小的空间分布格局。日降雪极值站点分布在青海为3～23 mm，日降雪量极值超过20 mm的有沱沱河(50.2 mm)，天峻(23.3 mm)，治多(21.6 mm)，湟中(21.4 mm)，日降雪量极值超过10 mm以上的站点达36个，主要分布在：(1)海西东部；(2)玉树、果洛；(3)黄南、海南；(4)西宁及海东；(5)祁连山区。日降雪极值最小的地区为冷湖(3.3 mm)。

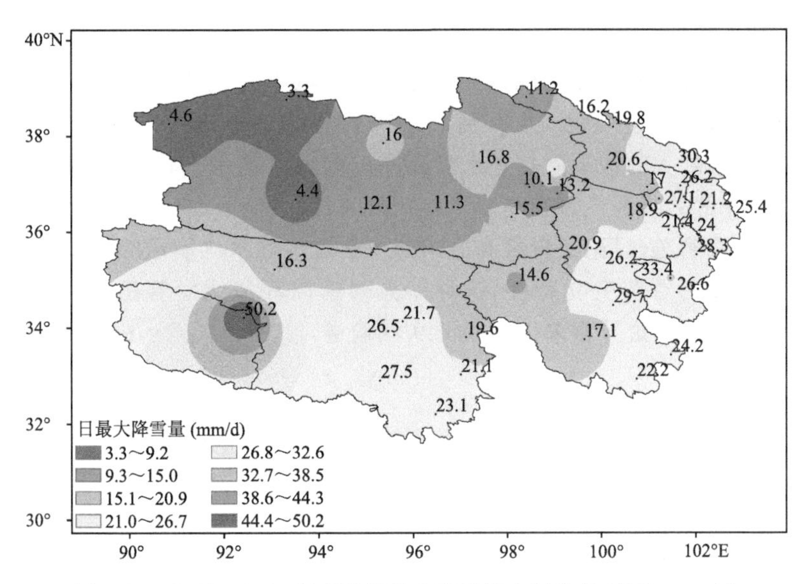

图 4.10 1961—2019 年青海日最大降雪量空间分布(单位:mm/d)

4.6 降水形成条件

4.6.1 降水形成过程

图 4.11 所示某一地区降水的形成有三个条件(朱乾根 等,2000),首先是水汽条件,即水汽由源地水平输送到降水区域;其次是上升运动条件,水汽在降水地区辐合上升,在上升中加热膨胀冷却凝结成云;最后是云滴增长的条件。前两个属于天气学条件,第三个属于云物理条件。在降水预报中,通常分析水汽条件和垂直运动条件。

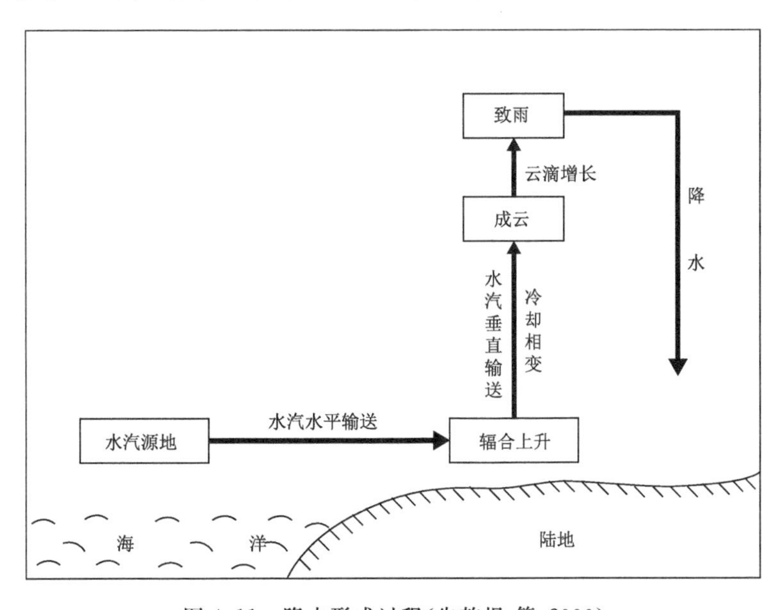

图 4.11 降水形成过程(朱乾根 等,2000)

4.6.2 水汽输送条件

一个地区降水的变化和分布与输送到该地区的水汽有着直接关系(Liu et al.,2003;陈艳等,2006)。水汽的水平输送与大尺度环流和季风的活动密切相关(Zhang,2001;黄荣辉 等,1998),高原地区由于巨大的地形阻挡了来自高原以南地区的水汽输送,根据徐祥德等(2002)的研究,来自低纬异常的暖湿气流在高原东南部转向长江流域,周长艳等(2005)采用从地表面开始垂直积分的水汽输送,讨论了青藏高原东部及邻近地区水汽输送的气候特征,提出该区域的水汽输送具有明显的季节变化特征,这种差异与季风环流演变有密切的关系。苗秋菊等(2005)分析了青藏高原周边异常多雨中心的水汽输送,这些异常降水中心具有水汽输送多通道交叉的综合特征。

(1)整层水汽通量

图 4.12(a)为青海夏季(6—9 月,下同)40 年平均的整层水汽通量矢量场(李生辰 等,2009)。从中明显看到,来自南半球较大的水汽通量矢量在索马里越赤道后转为西南气流,经阿拉伯海向东到达印度洋,一部分与菲律宾越赤道气流汇合后向我国大陆地区延伸,另一部分水汽通量在孟加拉湾转成偏北方向后向青藏高原地区输送,形成最强的偏南水汽输送带。青海(图中方框区域)南部有较强的偏南水汽通量矢量,并形成明显的水汽通量矢量梯度,表明了在该地区有明显的水汽辐合,西风带的水汽通量矢量相对要小得多。图 4.12(b)为雨季 40 年平均的整层流场,明显看到有三股气流汇集到青海,一股是由孟加拉湾经西藏到达青海的偏南气流,由南边界输送到青海;一股来自中亚咸里海经高原西部到达的偏西气流,由西边界进入青海;还有一股来自高纬地区的西风带,经新疆和青海北部到达的西北气流,从北边界进入青海。这三股气流与大尺度环流的天气系统有关,偏南气流源自西太平洋副热带高压西部和印度季风低压(槽)东北部的偏南气流,偏西气流来自中东高压的西北部,西北气流来自西风带,三种不同性质的气流汇集在高原的 35°N 附近。同时由于高原大地形的动力作用,使该地区 6—9 月经常维持切变线,低涡等天气系统,加上有源源不断的水汽输送,降水频繁产生。

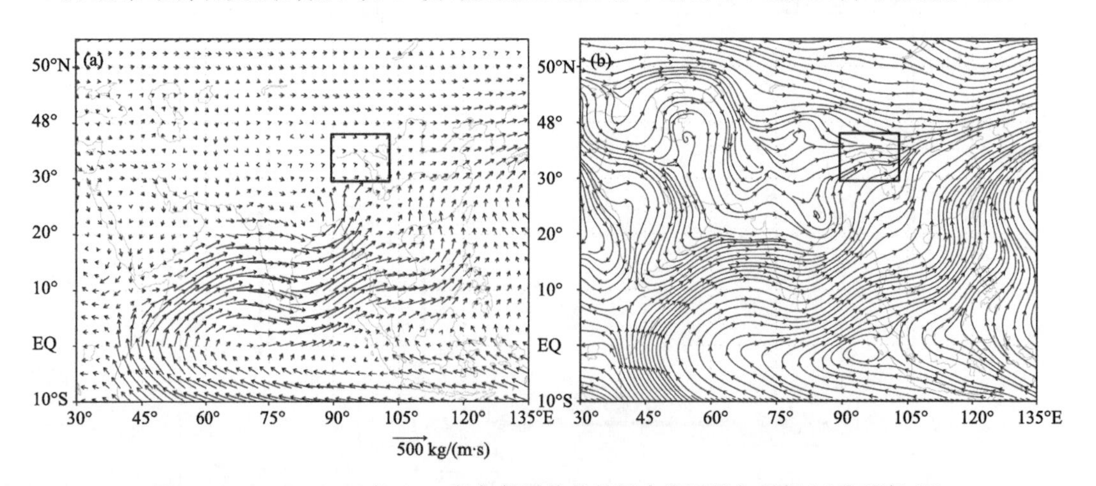

图 4.12 1965—2004 年 6—9 月气候平均的整层水汽通量矢量场(a)和流场(b)

通过上述分析可以看到,不同背景下大尺度环流系统带来的水汽交汇是青海水汽输送的基本特征。南边界是来自低纬度地区的暖湿气流,西边界是来自中纬度地区的气流,北边界是来自高纬度地区的干冷气流,三种不同性质的气流汇集构成了夏季青海地区特殊的水汽结构及水汽输送特征。

(2)水汽通量的季节变化特征

图4.13为青海地区40年各边界平均逐月整层水汽通量的收支演变图。南边界，水汽是输入的，1—2月南边界几乎没有水汽输入，3—4月有少量净水汽输入，5月明显增加，6月达到次高值，7—8月略减少，9月达到全年的最大值，11月净水汽输入量迅速减少，到12月净输入量为零。西边界，水汽全年是输入的，没有明显的季节变化，9月份是全年的最大值。北边界，水汽也是输入的，1—2月净水汽输入量小，3—5月开始增加，6月达到全年的最大值，7月份开始减小。东边界，全年的净水汽输入量为负，即水汽是输出的。净水汽输入主要是南边界，西边界和北边界，其中南边界的净水汽输入量在夏季贡献最大，与青海地区降水的季节变化一致，高原南侧的偏南气流的强弱变化对青海地区的降水影响明显，与中国长江中、下游地区的水汽输入以南边界为主是一致的(周玉淑 等，2005；谢安 等，2002)，这股偏南气流与东亚和印度洋季风的强弱变化关系密切。其次是西边界的净水汽输入量，虽然年变化特征没有南边界明显，但一年四季有持续稳定的水汽输送，尤其春、冬季贡献最大。北边界的净水汽输入量最小，季节变化明显。东边界主要是水汽输出。从各边界总体的输入(出)量来看，1—4月的净水汽输送量是负的，5月份收支平衡，6—9月净水汽输送量是正的，10—12月净水汽输送量是负的。从水汽输送量的季节来看，冬、春季以西边界的水汽输入为主，夏、秋季以南边界的水汽输入为主。

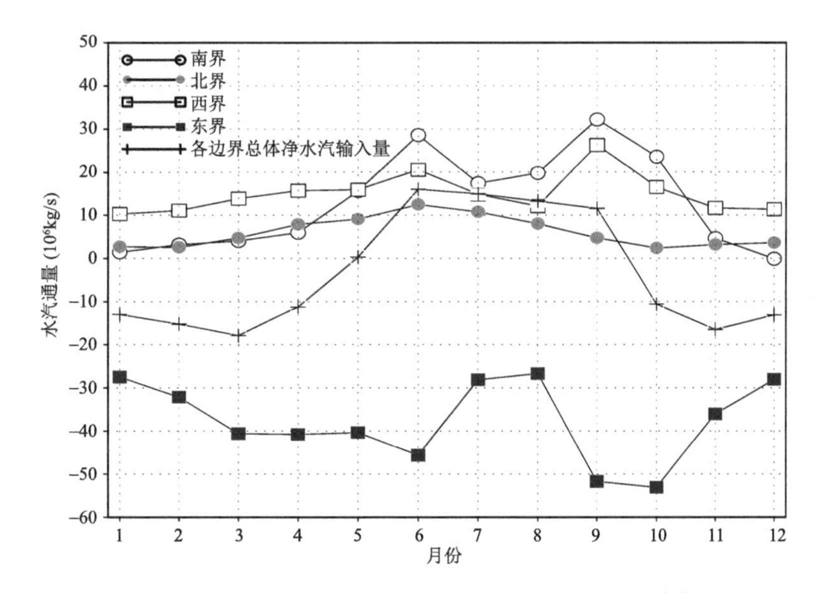

图4.13　1965—2004年各边界40年平均逐月整层水汽通量(单位：10^6 kg/s)

(3)小结

青海地区的水汽输送主要来自南边界的偏南气流，其次是西边界的偏西气流和北边界的西北气流，这三种不同性质的气流带来的水汽汇集到青海地区构成了青海地区的水汽输送特征。偏南气流是在东亚和印度洋季风的驱动下进入青海地区的，表明东亚和印度洋季风的强弱变化将影响青海地区的降水量。在水汽输入的各边界中，南边界季节变化特征显著，冬、春季水汽输入量小，夏、秋季水汽输入量大，9月份达到全年的最大值。西边界的水汽输入量季节变化特征不明显，一年四季有水汽输入。北边界冬、春季水汽输入量小，夏、秋季水汽输入量大，6月份达到全年的最大值。水汽输出主要在东边界。冬、春季以西边界的水汽输入为主，夏、秋季以南边界的水汽输入为主。

4.6.3 上升运动条件

上升运动基本上可以分为两类，一类是属于大范围的系统性的上升运动，例如锋面抬升、辐合上升、地形影响等。另一类是与大气层结不稳定相联系的对流上升。

(1)锋面抬升作用

锋面的形成是冷暖空气不断交汇的结果，冷平流引起的是强迫下沉，暖空气引起的是强迫抬升，锋面降水过程中被抬升凝结的是暖空气中的水汽而不是冷空气中的水汽(孙继松和陶祖钰，2012)，所以暖平流的强度和落区是大尺度降水预报重要的预报因子之一。锋面降水不仅与锋面空气的暖湿程度有关，还取决于锋面抬升作用的大小，锋面抬升作用又取决于锋面坡度和移动速度。坡度越大，抬升作用越强；移速越快，锋面抬升作用就越大。

(2)低层辐合气流作用

低层辐合气流是指风向和风速的辐合抬升作用(姚学祥，2015)。一种是单纯的风速辐合，即在一个地区内风向相同，风速上游大于下游，其辐合量的大小可用前后风速差来判断，差值越大辐合越强。另一种是风向的辐合，其辐合量的大小可用两侧风速之和来判断，两侧风速越大辐合越强，这种辐合造成的上升运动较强，容易形成强降水，最大降水区常出现在辐合线的暖湿气流一侧。风向辐合一般有三种情形：准静止锋式切变，这种切变多呈东西走向，北面为偏东风，南面为偏西风，如有低涡沿切变线东移可造成较强降水；冷锋式切变，一般切变线北侧为偏北风，南侧为西南风，它通常与高空槽联系，自偏北向偏南移动，降水区多位于切变线南侧；暖锋式切变，一般切变线北面为东南风，南面为西南风，通常与低涡或地面热低压中的倒槽相联系。在青海主要有青海湖切变线、青海南部高原切变、柴达木热低压切变线和青海东部的暖式切变线。

(3)高层辐散气流作用

高层辐散气流是指在南亚高压或副热带西风急流影响下的气流辐散，当高层辐散气流较强时空气可起到抽吸作用，维持上升运动，如果低层有强辐合配合时便造成短时强降水天气。

(4)地形作用

在山丘或丘陵地带，有时气流被迫沿山坡抬升有利于产生上升运动。当气流进入河谷地带，由于气流的汇聚及沿坡抬升作用，上升运动强烈，降水量往往比附近地区要大。

山脉对降水的影响很大，它能减缓或阻止天气系统的移动，使山脉迎风地带降水时间延长，同时在山脉的迎风坡上，气流被迫抬升使降水强度增大，例如青海南部高原地区大到暴雪的空间分布与巴颜喀拉山脉及阿尼玛卿山脉的地形作用有关。

(5)对流上升运动

对流上升运动不是来自天气尺度系统扰动，是中尺度过程，产生上升运动的机制来源于大气中的各种不稳定(重力波不稳定、对称不稳定)，结构不连续(干线、出流边界、风向风速辐合线等)，对流运动的主要作用是浮力，浮力越强产生的上升运动越强。

4.7 青海东部第一场透雨

4.7.1 第一场透雨的定义

第一场透雨是指青海东部农业区春季 24 h 降水量≥10.0 mm 或 48 h 过程降水量

≥15.0 mm的降水天气过程。东部农业区:包括西宁、大通、湟中、湟源、互助、乐都、民和、平安、循化、化隆、同仁、尖扎、共和、贵德、门源。第一场透雨是青海东部农业区春季最重要的降水过程,东部农业区春季平均降水量中心在湟中站,达到 100 mm 以上(李生辰 等,1998),其次是沿祁连山东段的互助和大通站。由于特殊的气候条件,农业区春季降水较少,容易形成春旱,而这个时期正是农作物的播种至分蘖期,春季降水的多寡、第一场透雨出现的迟早,是影响农业区春季干旱是否发生的关键因素。

4.7.2 第一场透雨出现概率

对东部农业区 14 个站(平安站因资料年限与其他站相差太多,因此不在统计范围)1961—2019 年的资料进行统计分析,59 年间春季出现透雨的站次为 713 站,即 86.3%的台站在 3—5 月出现第一场透雨。从透雨出现的时间变化可以看出透雨出现时段分散且时间跨度比较大(图 4.14),最早的透雨出现在 3 月第 1 候,门源站 2005 年 3 月 1 日 24 h 降水量 13.6 mm 达到透雨标准,最晚的出现在 6 月以后。透雨出现频率最多的时段是 5 月第 1 候(总第 25 候)为 87 站次,占第一场透雨总站次的 12.2%,其次是 4 月第 4 候(总第 22 候)为 83 站次,占第一场透雨总站次的 11.6%,4 月第 6 候(总第 24 候)和 5 月第 3 候(总第 27 候)透雨出现占比在 10%以上,而 3 月的第 1—4 候(总第 13—16 候)出现透雨的站次均在 10 站以下,占比不足 2%。

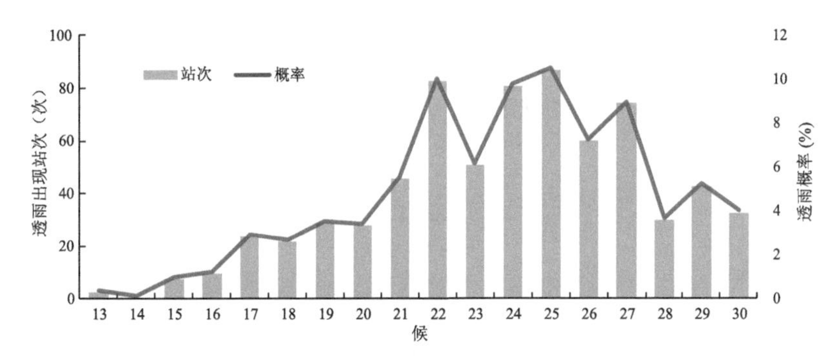

图 4.14 1961—2019 年青海东部农业区 3—5 月逐候透雨出现概率

4.7.3 农业区各站第一场透雨出现概率

从春季第一场透雨发生概率的空间分布看,各地在春季出现透雨的概率也不尽相同(图 4.15)。59 年间,大通站春季出现第一场透雨概率为 100%,湟中、互助、门源和同仁站春季出现第一场透雨的概率在 95%以上,西宁、化隆和湟源站春季出现第一场透雨的概率在 90%~86%,尖扎、民和、乐都和共和站春季出现第一场透雨的概率在 80%~85%,贵德和循化站春季出现第一场透雨的概率则在 70%以下。春季第一场透雨发生概率总体呈现北部多,南部次之,中间少的分布特点,与各地年降水量关系密切。

4.7.4 农业区各站第一场透雨出现时间

各站春季出现第一场透雨的最早时间也有明显差异:门源、同仁和民和 3 站有 3 月第 1 候(总第 13 候)出现透雨的记录,是透雨出现最早的台站,大通、湟中和湟源第一场透雨出现的最早记录在 3 月第 3 候,互助、化隆、乐都、贵德和循化第一场透雨的最早记录在 3 月第 4 候,西宁和共和则在 3 月第 5 候开始有透雨,尖扎春季第一场透雨出现时间最晚,4 月第 2 候才有第一场透雨的记录(图 4.16)。

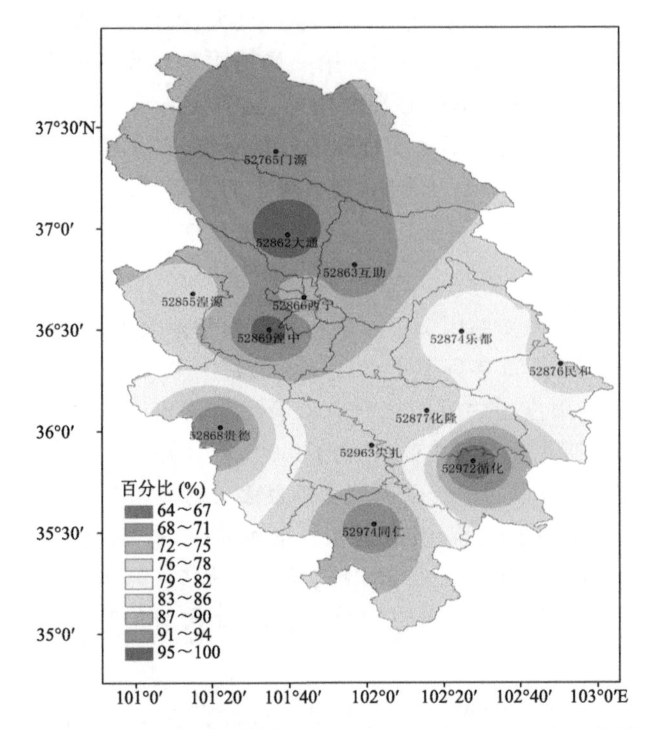

图 4.15 1961—2019 年青海东部农业区各站春季透雨出现概率发布图(单位:%)

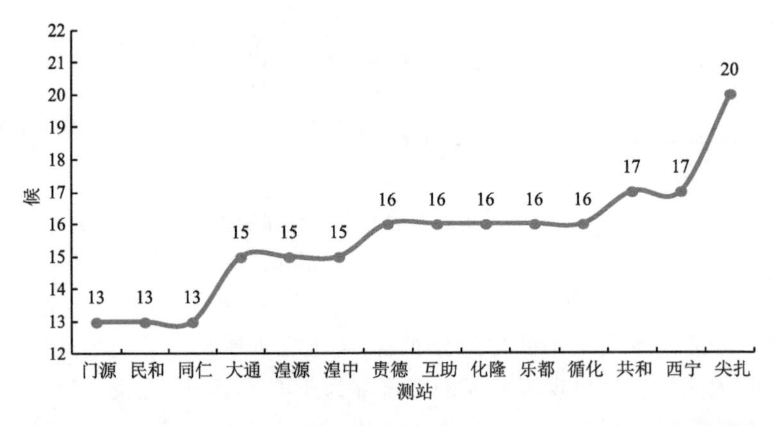

图 4.16 1961—2019 年青海东部农业区各站最早出现春季第一场透雨时间

总体而言,3—6 月东部农业区出现第一场透雨的概率为 96%。湟中、湟源、大通和化隆 4 个站每年 3—6 月都会出现第一场透雨,西宁、互助、门源、共和和同仁站有近 2%的年份透雨推迟到 6 月以后,民和、乐都、尖扎站有 4%～5%的年份透雨推迟到 6 月以后,而贵德和循化站高达 15%以上的年份透雨推迟至 7 月。

4.8 高原雨季

高原旱季、雨季分明,年内降水主要集中在 5—9 月,占全年总雨量 80%以上,尤其在高原腹地雅鲁藏布江流域甚至可达 90%以上(李生辰 等,2007;杨玮 等,2011),高原雨季也是全年中气温高、湿度大、风速小的时段，是农作物、牧草等生长发育的最佳时期，因而雨季是一年中高原地区非常重要的阶段，关注高原雨季是研究高原气候的一项重要内容。

4.8.1　高原雨季划分方法

本节采用候雨量稳定通过临界阈值法并结合有序样本最优分割法（张强 等，1977；黄琰 等，2014），对高原地区雨季进行客观定量划分，结果能够体现高原干—湿季的转变特征。

4.8.2　高原雨季起讫期变化特征

（1）空间分布特征

高原雨季开始最早的是藏东南、滇西北的横断山脉中西部（波密、察隅、八宿）地区，在 3 月下旬至 4 月上旬，这与此时低层西风、南风迅速增强，特别是西风增强有关（肖潺 等，2013），西风、西南风增强后在横断山脉地形作用下辐合抬升，形成丰沛降水有关，当地称之为“桃花汛”；雨季开始次早的地区为普兰、聂拉木、错那，为 4 月上中旬，其次为高原东缘的四川松潘、若尔盖，一般在 4 月下旬—5 月下旬进入雨季；最晚进入雨季的区域在高原西部（90°E 以西）和青海柴达木盆地西北部，6 月上中旬以后才进入雨季。雨季结束期与开始期正好相反，高原西部和柴达木盆地北部雨季结束最早，9 月上中旬结束，整个高原中部大部分地区 10 月上旬雨季基本结束，同时，雨季开始最早的藏东南、滇西北的横断山脉西部、高原东部和南部边缘地区，在 10 月中下旬雨季相继结束。整体而言，高原雨季是自东南至西北开始，结束正好与此相反，因而雨季具有西部短、东部长的特点。藏东南雨季自 3 月开始，与长江中游江南一带同为我国雨季开始最早的地方，但雨季结束 10 月，长达 8 个月，是高原雨季最长的地方。高原西部的狮泉河、柴达木盆地西北部的冷湖、茫崖地区雨季开始于 6 月底，结束于 9 月上旬，雨季持续期不足 3 个月是高原雨季最短的地方。

对于青海地区，雨季开始期自东向西推进，由黄河上游—柴达木盆地东部—玉树东部—青海西部依次开始，开始最早的站点为同仁，为 5 月第 1 候，且持续时间最长，可长达 5 个月；雨季结束期自西北向东南逐渐撤退，结束最晚的地区为果洛东南部和东部农业区，湟中最晚为 10 月第 2 候。

（2）高原雨季气候变化趋势

从高原雨季开始期的变化趋势来看（余迪 等，2021），大部分台站雨季开始期有提前的趋势，青海南部和西藏中东部大部分地区雨季开始期每 10 年提前 3～5 d，西藏察隅、青海德令哈气候倾向率最大每 10 年提前 6 d，其次，西藏波密、西藏错那、西藏那曲、青海玛多为每 10 年提前 5 d，高原整体平均气候倾向率为每 10 年提前 2 d（冯晓莉 等，2020）。

从高原雨季结束期的变化趋势来看，大部分台站的雨季结束期为推后趋势，最为明显的区域在西藏东北部和四川的西北部。狮泉河、青海东北部少部分站点和西藏左贡雨季结束期呈提前趋势，西藏左贡、狮泉河雨季结束期提前趋势较明显。高原雨季开始期总体上是自东南至西北推进，结束期正好与此相反，自西北至东南雨季逐渐结束。

青海地区，雨季开始期最早为 5 月 4 日，最晚为 6 月 16 日，结束最早为 8 月 28 日，最迟为 10 月 8 日，持续期最长为 153 d，最短为 73 d（李红梅 等，2021）。柴达木盆地和祁连山区雨季开始期提前趋势不明显，雨季结束期推迟，持续期平均变化率为 2.1 d/(10a)，但雨季降水量增加趋势最明显，变化率为 7.9 mm/(10a)。三江源区雨季开始期明显提前，变化率为 －2.2 d/(10a)，结束期有所推迟，持续期增加明显，变化率为 3.2 d/(10a)，降水量略有增加。青海东部，雨季开始期略有推迟，结束期变化不明显，持续期总体略有缩短，降水量增加幅度较小。

4.8.3 高原雨季起讫期的环流特征

高原雨季是天气季节特征的反映，因此雨季起讫的早晚也必然与大气环流的季节性转换联系密切(黄福均 等,1980)，在一定程度上反映了东亚大气环流从冬季型环流向夏季型环流转变在时间进程上的差异。汤懋苍等(1984)最早用 600 hPa 高度场距平图定义了高原季风指数，指出高原近地层气压场上冬、夏具有相反性年变化是高原季风最主要的特征之一，反映在 600 hPa 高度场上最为清楚。在此选取 600 hPa 高度场和风场来分析雨季起讫前后不同的大气环流型及其与高原季风、东亚季风之间的关系。

(1)600 hPa 高度场和风场

图 4.17 分别为高原雨季开始(28 候)前后组合的 600 hPa 多年气候平均高度场、风场，表明了高原雨季开始前后低层风场明显不同的变化特征。雨季开始前(图 4.17a)，受北印度洋反气旋影响，高原季风尚未建立，高原上空为浅槽区，高原东北部为偏西北气流，南部为西南气流，高原上风场没有出现气旋性切变，低纬 10°N 附近为东风气流，孟加拉湾为由陆地向海洋的偏北风，中南半岛—西北太平洋地区为反气旋性环流；雨季开始后(图 4.17b)，高原夏季风已经建立，高原主体为低压控制，中心强度为 4345 gpm，对应风场上表现为明显气旋式切变，以 32.5°N 为界，其南侧为西南风，北侧为东北风，高原上空气流辐合，为高原提供了利于降水的气流上升条件，随着高原夏季风加强及东亚夏季风建立，西南暖湿气流逐步进入高原，为降水提供了水汽条件。

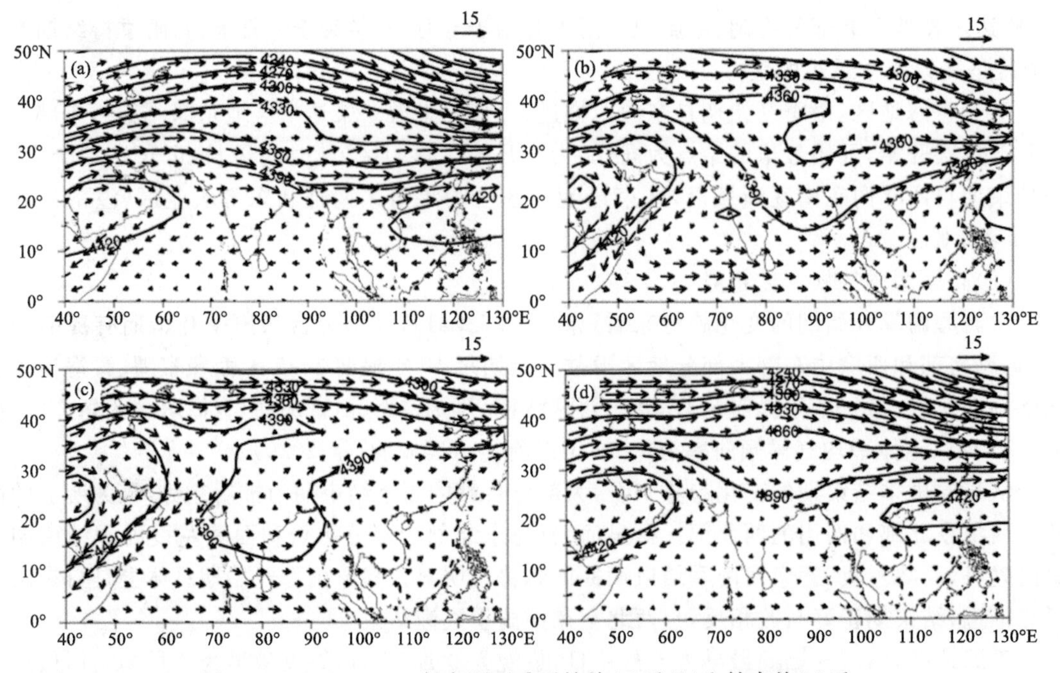

图 4.17　1981—2010 年高原雨季开始前(a)后(b)和结束前(c)后(d)600 hPa 气候平均高度场和风场(单位:风场:m/s;高度场:gpm)

图 4.17(c)和图 4.17(d)分别为雨季结束(54 候)前后 600 hPa 多年气候平均高度场和风场，雨季结束之前(图 4.17c)，可以看到高原上空仍然为夏季风环流形势，高原上空仍然为低

压控制，其强度约为4375 gpm，风场上气旋式环流逐渐减弱，印度半岛气旋性环流使孟加拉湾进入高原的西南气流减弱，高原上空辐合减弱，此时华南地区已出现东风气流。雨季结束之后（图4.17d），高原冬季风逐步建立，整个高原以偏西气流为主，无明显对流，副热带高压南移、东退105°E以东洋面，阿拉伯海—孟加拉湾10°—25°N范围为明显的东风气流控制。

综上分析表明，高原夏季风的建立为高原低层气流提供了辐合上升条件，伴随东亚夏季风暴发，孟加拉湾西南暖湿气流加强，为高原雨季降水提供更有利的水汽条件，高原雨季起讫期对高原夏季风、东亚夏季风暴发与结束具有一定的响应。所以说，高原季风的强弱及东亚夏季风建立早晚对高原雨季起讫有重要影响，这与白虎志等(2001)的结果一致，王奕丹等(2019)指出，高原夏季风从4月开始形成，暖性低值系统在高原上形成，6月达到最强，10月向东北方向移动且强度减弱并退出，高原夏季风结束。

(2)垂直速度场特征

图4.18为1981—2010年高原雨季起讫过程中80°—105°E经向平均垂直速度分布图。雨季开始前(图4.18a)，在高原南侧(25°—27.5°N)低层为明显上升运动，而中高层为弱下沉运动，大气不稳定性增强，为雨季开始提供了一定的动力条件。雨季开始时(图4.18b)，高原主体上空上升运动开始增强，且在28°—38°N上升运动向上伸展至250 hPa，南亚高压刚在中南半岛建立，高原南部高层为下沉运动，这与图4.18a分析结果一致，随着南亚高压、西风急流轴西北移，孟加拉湾、北印度洋暖湿气流输送至高原上空，南亚高压东部以上升运动为主，而西部以下沉运动为主(魏维 等，2012，2015)，降水逐渐增强，整个高原自南向北整层均以上升增温运动为主且不断加强(图4.18c,d)，36候整个高原上气流以上升运动为主(图4.18e)，在40候(7月下旬)南亚高压处于更暖的位置，中心所在位置北边为加强的偏南风，南边是减弱的偏北风，辐合带移到高原上空(张宇，2012)，达到最强；随着南亚高压、西风急流东移南退，垂直速度上升大值区逐步南移至高原南部，影响高度缩减至最开始的600 hPa以下(图4.18f—i)。

雨季结束后，高原自北向南以下沉运动为主，无明显上升运动。可见，雨季开始前对流上升运动，最先在高原南部中低层出现，雨季开始时，南亚高压在中南半岛刚建立，高原南部高层为下沉运动，随着雨季推进，高原自南向北整层均为不断增强的对流上升运动，雨季结束后，高原自北向南以下沉运动为主，无明显上升运动。

(3)雨季起讫异常环流场特征

以雨季起讫候标准化序列大于正负1作为标准，选取历史上雨季开始/结束偏早和偏晚年的典型年份，分别进行合成，并对二者进行差值及检验。从高原雨季开始偏早与偏迟年200 hPa纬向风、高度场和600 hPa风场、高度场及500 hPa高度场差值场来看，中高层200 hPa上(图4.19a)，高原南部为显著西风异常，北部为显著东风异常，高原上为显著异常气旋性气流，中心位于高原东部，高原上位势高度显著负异常，可见，南亚高压偏南偏弱有利于高原雨季开始。中低层(图4.19b)，500 hPa上，高原西部为高度正异常，东部为显著负异常，西北太平洋副热带高压为正异常，位置西伸至127°E，600 hPa上高原南部为显著异常气旋性环流，在中南半岛异常反气旋影响下，有利于孟加拉湾地区的西南气流到达高原，气旋性切变显著，高原南部气流辐合上升随之显著。齐冬梅(2008)的研究表明，高原夏季风强年，高原上低压强，胡梦玲和游庆龙(2019)也指出，夏季季风环流增强时，高原南侧上升支增强，高原南部降水增加，而高原北部降水出现减少。可见，西太平洋副热带高压位置偏西偏强、高原夏季风偏强有利于高原雨季开始；反之，高原雨季开始偏迟。

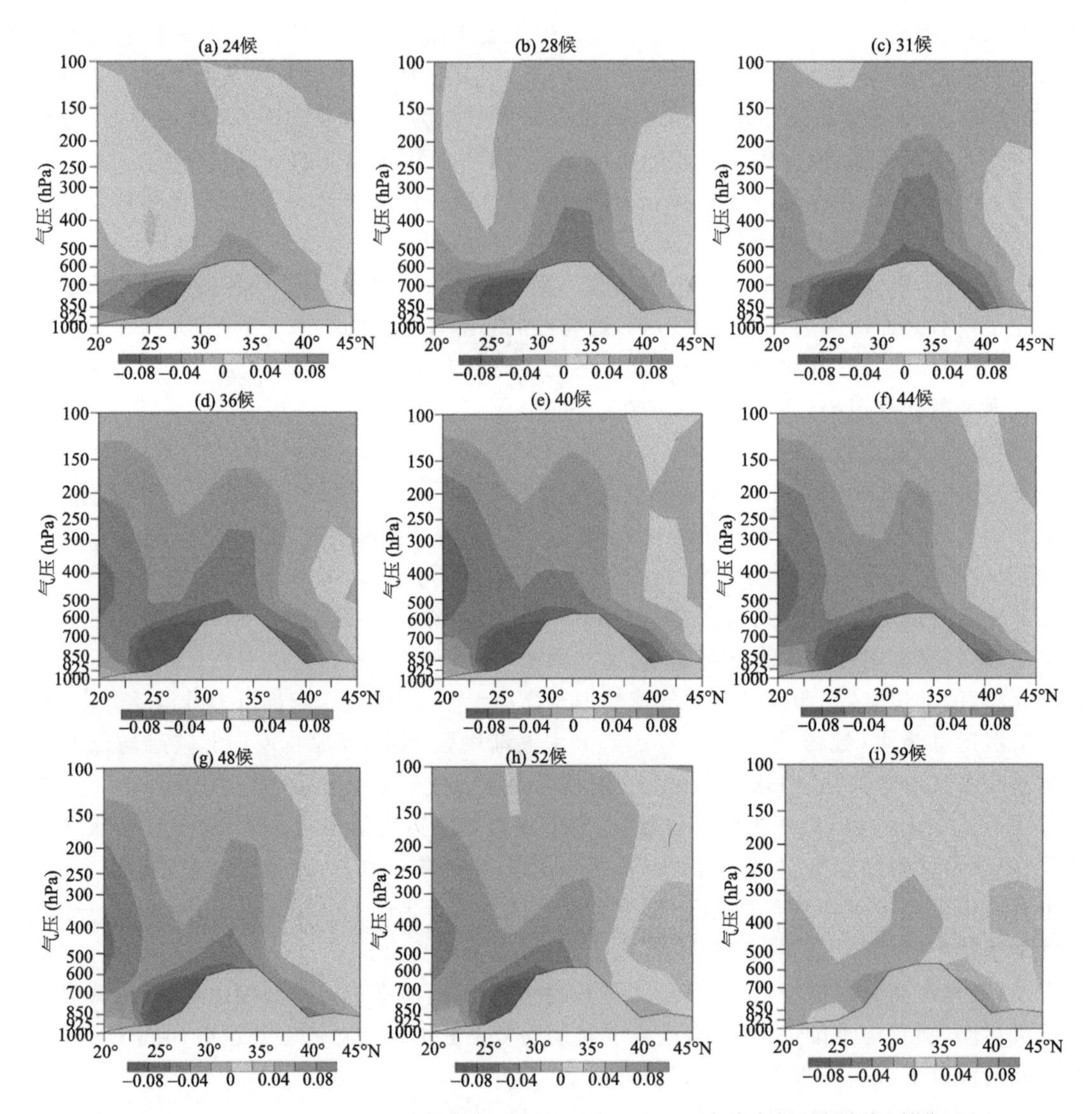

图 4.18　1981—2010 年雨季起讫期间高原经向平均(80°—105°E)垂直速度演变(单位:Pa/s)

从高原雨季结束偏早与偏迟年 200 hPa 纬向风及高度场和 600 hPa 风场、高度场及 500 hPa高度场差值场来看,中高层 200 hPa 上(图 4.19c),高原南部为东风异常,高原北部为西风异常中心,高原上为显著的异常反气旋性气流,中心位于高原北端柴达木盆地,亦为位势高度正异常中心所在,可见,南亚高压偏北偏强会加快高原雨季结束;中低层(图 4.19d),500 hPa上,高原整体为位势高度正异常,西北太平洋副热带高压为负异常,位置东移至 140°E 以东,600 hPa 上,高原上风场为异常反气旋,可见,西太平洋副热带高压位置偏东偏弱、高原夏季风偏弱会加速雨季结束;反之,雨季结束偏迟。

4.8.4 小结

(1)高原雨季开始最早的地方是藏东南、滇西北的横断山脉中西部,出现在 3 月下旬至 4 月上旬,次早区为高原东缘区,一般在 4 月下旬—5 月下旬,最晚进入雨季的区域在高原西部(90°E)以西和青海柴达木盆地西北部,6 月上中旬才进入雨季,高原雨季结束期与开始期正好

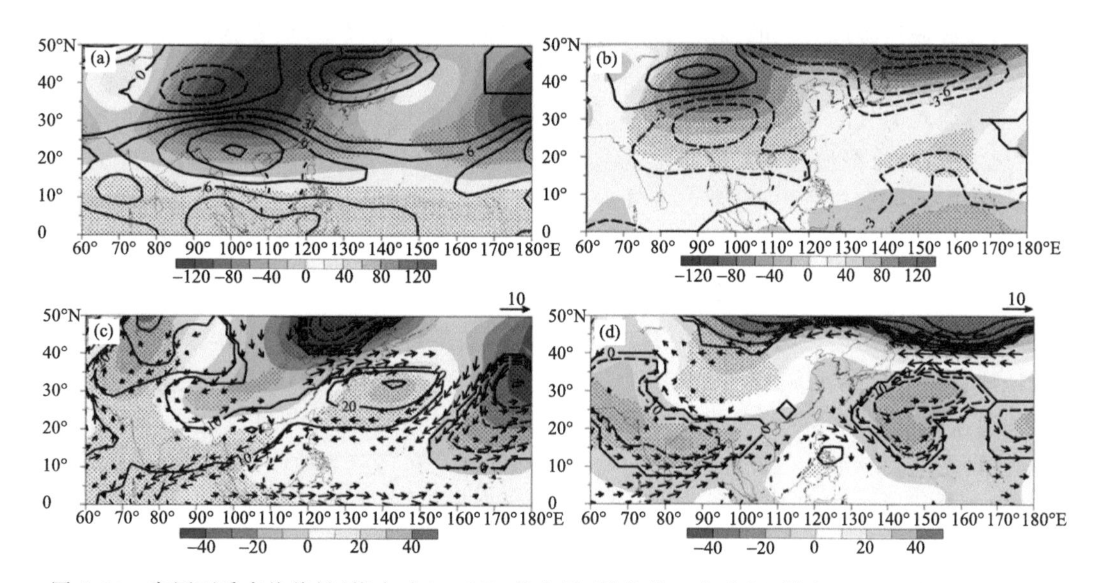

图 4.19 高原雨季来临偏早/偏晚时 200 hPa 纬向风(等值线)、高度场(填色)(a)(c)和 600 hPa 风场、高度场(等值线)、500 hPa 高度场(填色)(b)(d)的差值检验场(单位:风场:m/s;高度场:gpm)(填色图打点部分通过 95%显著性检验;等值线及风场只显示通过 95%显著性检验值)

相反。青海雨季开始期自东向西推进,雨季结束期自西北向东南逐渐撤退,结束最晚的地区为果洛东南部和东部农业区。

(2)600 hPa 高度场、风场在高原雨季起讫前后的对比可见,雨季开始前后,高原上空由浅槽发展为明显气旋式切变,高原上空气流辐合,随着高原夏季风加强及东亚夏季风建立,西南暖湿气流进入高原;雨季结束前后,高原主体由弱气旋式环流转为脊前西北气流。高原夏季风的建立为高原低层气流提供了辐合上升条件,伴随东亚夏季风暴发,孟加拉湾西南暖湿气流加强,为高原雨季降水提供更有利的水汽条件。因此,高原雨季起讫期对高原夏季风、东亚夏季风暴发与结束具有一定的响应。

(3)从 80°—105°E 经向平均垂直速度逐候演变可见,雨季开始前对流上升运动,最先在高原南部中低层出现,雨季开始时,南亚高压在中南半岛刚建立,高原南部高层为下沉运动,随着雨季推进,高原自南向北整层均为不断增强的对流上升运动,雨季结束后,高原自北向南以下沉运动为主,无明显上升运动。

(4)雨季来临/结束早晚的合成差值表明:南亚高压偏南偏弱、西太平洋副热带高压位置偏西偏强、高原夏季风偏强有利于高原雨季开始偏早、结束偏迟,反之雨季开始偏迟、结束偏早。

4.9 地形对降水的影响

复杂多样的地形地貌,使得青海省各地年降水量差异较大,基本呈自东南向西北递减的趋势。

4.9.1 高原

青海省地处青藏高原,受高原的热力作用影响明显。夏季起热源作用、冬季起热汇作用。夏季热力效应使得大气在高原及周边地区的上升运动增强,下层辐合、上层辐散变化明显,加强了周边地区低层暖湿空气的抽吸效应和高层大气向周边地区的排放作用，同时影响水汽输送，容易诱发降水。

青藏高原对大气的动力作用主要是迫使气流绕流和爬坡。绕流和爬坡都对东亚大槽的形成有一定贡献，通常绕流起主要作用。夏季西风带北移，由于高原地形的摩擦作用，使得在靠近高原边缘的偏西北气流中，经常有反气旋性涡度向下游输送，从而在高原东侧形成辐合线。东亚大槽和高原东侧辐合线的形成，为青海省东部降水的产生提供动力抬升条件。

4.9.2 盆地

柴达木盆地属封闭性的巨大山间断陷盆地，四周被昆仑山脉、祁连山脉与阿尔金山脉所环抱，盆地地势较低且多沙漠、戈壁地貌。一般情况下，冷空气翻越盆地西北部的阿尔金山侵入盆地，使得盆地西北部的冷湖和茫崖等地区经常处在下沉气流影响下，进入盆地的冷空气在地形影响下沿昆仑山脉形成气旋性环流，在盆地东部的都兰和乌兰等地区经常有上升运动，盆地西部与盆地东部比较，以下沉气流为主，水汽抬升凝结困难，难以形成降水，盆地东部则以上升气流为主，有利于降水的产生，柴达木盆地的地形及地势对柴达木盆地降水的分布有显著的影响。

4.9.3 山脉

青海省境内山脉众多，昆仑山横贯中部，唐古拉山峙立于西南，祁连山矗立于北境。地形的高度变化有利于迎风坡附近水平风场的辐合和垂直上升运动的发展，对云系的发展有明显影响，从而引起降水分布的改变。迎风坡由于气流遇地形被迫抬升，形成降水（地形雨），从而对降水本身有增幅作用，背风坡则由于气流下沉导致少雨而变得异常干燥。所以山脉两侧的气候常出现极大的差异。

受海拔高度和山脉地形的影响，在山地地区有明显的山地气候。随着高度的增加，大气中的二氧化碳、水汽、微尘和污染物质等逐渐减少，气压降低，风力增大，日照增强，气温降低，干燥度减小，气候垂直变化显著。在固定坡向（迎风坡或背风坡）的一定高度范围内，湿度大、多云雾、多降水。在此高度以下，降水量随高度而加大，过了最大降水带之后，降水又随高度而减小。山地气候还因坡向、坡度及地形起伏、凹凸等局地条件不同，而具有“一山有四季，十里不同天”的显著差异性。

4.9.4 青海湖

青海湖位于青海省东部，既是中国最大的内陆湖泊，也是中国最大的咸水湖。青海湖周围地势西北高东南低，北部大通山，东部日月山，南为青海南山，西为天峻山，地势陡峭，沟谷密布，并多有冰蚀地形。

青海湖地区的水汽主要来源是孟加拉湾及东南沿海的暖湿气流。因深处高原内陆，远来的暖湿气流沿途受到山脉的阻扰、截留，以至于进入青海湖地区的水汽所剩无几，故降水并不充沛。但是巨大的青海湖本身就是一个水汽源，水陆表面的热力差异驱动青海湖湖陆风的生成，使得白天吹湖风，夜间吹陆风。湖风携带水汽沿四周山脉爬升，加之高原自身的热力作用，使得环湖地区夏季午后多对流性降水。

4.9.5 河谷

青海省东部的河湟谷地和黄河谷地，对东部地区降水有重要影响。

河湟谷地是指黄河支流湟水流域，位于青海省东部农业区，自东向西依次覆盖民和、乐都、平安、互助、西宁市、大通、湟中、湟源、海晏。

黄河谷地指黄河在青海省东部贵德以下至青甘交界处的黄河干流沿岸地区，覆盖循化、化隆、尖扎、贵德。

谷地两岸群山起伏，河谷内地势相对平坦，夏季暖湿气流多自东向西进入河谷，遇迎风坡爬升，降水增幅明显。

冬季影响青海的低层冷空气一般来自两股。一股是强冷空气进入南疆盆地后，逐渐堆积，后自高原西侧阿尔金山山口进入柴达木盆地，自西向东影响青海省北部地区。另一股来自同一气团的冷空气则在祁连山北侧堆积，随后沿河西走廊迅速东移南下，在高原东北部沿河谷地带倒灌，自东路进入高原，成为影响青海东北部地区的另一股冷空气。倒灌冷空气不仅对东部地区降水开始、结束时间有明显影响，更可能在与西路冷空气在青海湖附近形成锢囚锋，从而与其他天气系统配合在锢囚锋附近形成降水。

复杂多样的地形对降水的影响不能忽视，因此在降水预报过程中，除了考虑天气系统本身的作用，也要结合地形对降水的影响，综合考虑，开拓适合本地的预报思路。

第 5 章　青海暴雨及预报

暴雨是影响青海的重要天气，近年来在全球气候变暖的背景下青海暴雨天气明显增加，因暴雨天气引发的洪涝灾害以及次生灾害严重影响青海省社会和经济发展。本章主要介绍青海暴雨的时空分布、暴雨的大尺度环流和影响系统、暴雨的形成条件、暴雨预报着眼点。

5.1　暴雨时空分布特征

按照中国气象局规定，24 h 降水量达到 50～99.9 mm 为暴雨，100～249.9 mm 为大暴雨，250 mm 及其以上为特大暴雨。目前青海省的最大 24 h 降水量是 2013 年 8 月 21 日大通出现的 144.9 mm，达到大暴雨量级。

5.1.1　时间分布

(1)年变化

近 59 年(1961—2019 年)全省共计出现 59 个站次的暴雨天气(图 5.1a)，平均每年 1 站次。1961—1982 年和 1991—2011 年暴雨出现频次在 3 站次之间。1983—1990 年，暴雨出现的站次相对较少。最多出现在民和站 7 d，其次尖扎、河南站 5 d，西宁、大通、互助站 4 d，天峻、湟中、化隆站 3 d，门源、平安、同德、久治站 2 d，德令哈、刚察、诺木洪、茶卡、海晏、湟源、贵德、乐都、贵南、泽库、同仁、玛多、清水河站 1 d，其余地区未出现过暴雨天气。近年来暴雨出现的频次有增加趋势。

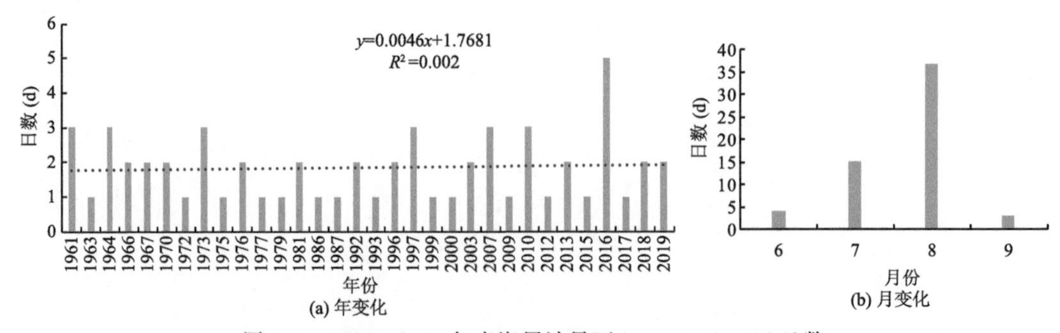

图 5.1　1961—2019 年青海累计暴雨(20:00—20:00)日数

(2)月变化

在月际分布中(图 5.1b)，青海的暴雨出现在 6—9 月，7—8 月出现频率最高。8 月是出现暴雨最多的月份，达到 37 站次占比 62%，其次是 7 月出现暴雨站次 16 次，占比 27%，6 月出现暴雨站次为 4 次，9 月为 3 站次。总体来看青海的暴雨主要出现在盛夏的 7—8 月，与我国北方地区暴雨的月份变化基本一致。

5.1.2　空间分布

空间分布来看集中在三个区域(图 5.2)，一个是青海的黄南和海南南部及果洛东部，多出现在 8 月，主要受到西太平洋副热带高压带来的暖湿气流及高原暖性结构的低值系统相互作用出现暴雨天气。另一个是祁连山东段的河湟谷地，出现在 7—9 月，主要受到西太平洋副热带高压暖湿气流、西风带冷空气及高原低涡切变系统相互作用出现暴雨天气。还有一个是柴达木盆地东部，大多数出现在 6 月，个别情况下出现在 7 月，主要受到高原低涡切变系统和西风带系统相互作用出现暴雨天气。玉树清水河和果洛玛多站分别出现 1 次。

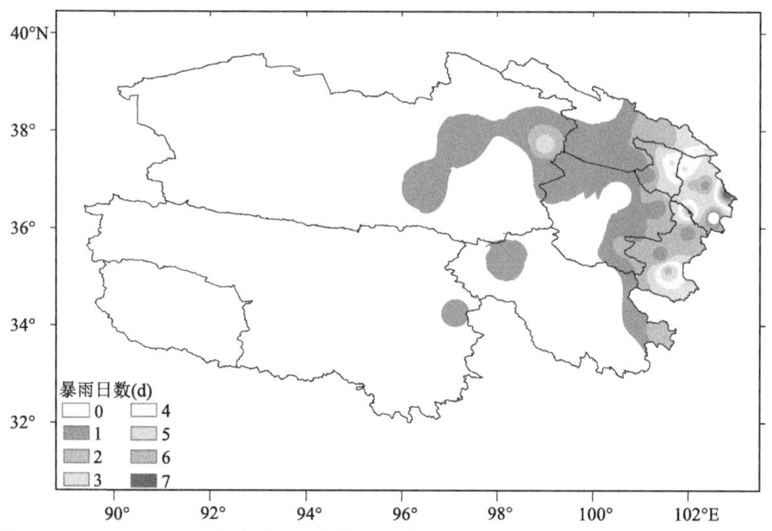

图 5.2 1961—2019 年青海累计暴雨日数(20:00—20:00)空间分布(单位:d)

5.2 暴雨标准及类型划分

5.2.1 暴雨概要

(1)中国暴雨特点

我国位于世界上著名的季风气候区域，夏季风暴发和盛行时期是我国的暴雨季节(陶诗言 等,1980)。华南、江淮、华北、东北是我国暴雨日数相对集中地区(林建和杨贵名,2014)，这些地区的暴雨具有区域性和持续性特点(陶诗言 等,2001;鲍名,2007;包澄澜,1986;丁一汇,1993;张丙辰,1990;王东海 等,2007)。高原东侧的四川盆地和云贵高原也是我国局地性和持续性暴雨出现的区域(何光碧 等,2016)，高原周边甘肃西部和新疆地区的暴雨以局地性和突发性为主(西北暴雨编写组,1992;张家宝和邓子风,1984)，暴雨分布在 6—9 月，主要集中在 7—8 月。高原地区暴雨分布在雅鲁藏布江流域、长江流域的西藏地区和黄河流域的青海地区，西藏主要发生在 7 月，青海主要发生在 8 月(戴加洗,1990)。

(2)暴雨标准问题

在我国西北和高原地区由于暴雨日数偏少，暴雨量级的标准偏低，青海和西藏将 25 mm 以上降水定义为高原地区的暴雨(青海省气象科学研究所天气室,1986;谌芸和李泽椿,2005;杨勇 等,2013)，新疆地区将 20 mm 以上降水定义为干旱区暴雨，将 25 mm 以上降水定义为半干旱区暴雨(马淑红和席元伟,1997)。总体来看高原地区受到水汽条件限制和海拔高度影响，出现暴雨的概率小，区域性暴雨的概率更低，但近十年来青海地区暴雨发生频率增加明显，甚至频繁出现在高原北部边缘的河西走廊(李江林 等,2014;孔祥伟 等,2015)和柴达木盆地，冯晓莉等(2020)统计表明进入21世纪后高原地区暖湿季节的降水向日数更多、强度更强、极值更大、时间更集中的方向发展,意味着在全球变暖的背景下高原地区暴雨事件将增多,因此有必要对50 mm及以上暴雨进行专门的介绍。

5.2.2 暴雨类型划分

(1)暴雨的环流背景

近年来研究表明:副热带和低纬度天气系统、高原低涡切变系统、西风带天气系统及其相互作用有利于高原地区暴雨的形成(李生辰 等,2010;林志强 等,2014a;李强 等,2020;刘新伟等,2020)。高原低涡切变是高原地区产生降水的主要天气系统,当其与副热带天气系统或西风带天气系统相互作用时易产生大到暴雨天气,甚至引发干旱地区的暴雨天气(李江林 等,2014;孔祥伟 等,2015)。尤其在高原地面加热场偏强时,有利于高原地区低涡切变系统的频繁产生(李国平 等,2016),同时地面加热容易触发高原低涡切变系统中的中尺度对流系统(田珊儒 等,2015;Sugimoto and Ueno,2010),当中尺度对流系统与副热带或西风带系统相互作用时,使得暴雨出现的概率增大。西太平洋副热带高压偏强时西北地区暴雨过程偏多(赵庆云 等,2014),每年随着西太平洋副热带高压的北抬西伸,当其西脊点位于100°E时高原上西南暖湿气流活跃(杨志刚 等,2014),在西风带或高原低涡切变系统相互作用时,低层辐合和气旋性涡度的加强产生的强上升运动(谌芸和李泽椿,2005),有利于青海地区暴雨天气产生。

(2)青海暴雨类型

对暴雨进行类型划分有助于暴雨形成条件的研究,20世纪80年代陶诗言等(1980)指出:我国东部大陆暴雨主要是由两类天气系统造成的,一类是台风暴雨,另一类是静止锋、切变线低涡暴雨。丁一汇(2005)根据影响暴雨的天气系统特征将我国暴雨分为四种类型,第一类型是台风暴雨或台风残余及由台风转变成的温带气旋引起的暴雨,第二类暴雨是由低涡或与这些低涡有关的切变线引起的,第三类暴雨由高空槽和相应的冷锋引起,第四类暴雨系统是地方性的雷暴群。我国暴雨地域特色明显,不同地区有着不同类型的暴雨,寿绍文(2019)根据我国不同地区的暴雨按产生暴雨的影响系统分为台风暴雨、冷(暖、静止、梅雨)锋暴雨、气旋暴雨、西南涡暴雨、冷涡暴雨、锋前暖区暴雨等类别。从表5.1看到青海的暴雨具有明显的局地性,每年随着东亚夏季风的暴发西太平洋副热带高压随之西伸北抬青海进入多雨时期,为暴雨的发生提供了条件,甚至在高压系统控制下出现暴雨,例如2016年8月23—24日连续两日青海东部出现的暴雨。结合青海暴雨发生的环流背景,因此,将青海暴雨类型划分为西太平洋副热带高压影响类型和高原低涡切变类型,将西太平洋副热带高压影响类型进一步划分为西太平洋副热带高压边缘型和西太平洋副热带高压控制型,简称副高边缘型和副高控制型。高原低涡切变型,简称低涡切变型。

5.2.3 暴雨个例统计

根据暴雨发生和影响范围的大小将暴雨划分为局地暴雨、区域性暴雨、大范围暴雨和特大范围暴雨(姚学祥,2015),青海的暴雨属于局地性暴雨。一般用08:00—08:00或20:00—20:00累计降水量统计暴雨日,但在高原地区受到天气系统演变快和降水的日变化影响,会出现同一个天气系统造成的降水分割成两个日数达不到暴雨日标准,或不同天气系统的降水量被累计统计到同一日,因此,本章介绍暴雨时,对暴雨日定义为:24 h之内,小时连续有效降水量(即≥0.1 mm)累计≥50 mm 为暴雨日，利用青海省 52 个自动气象站(图 5.3a)2007—2017 年 5—9 月小时降水量资料，统计了青海暴雨日，统计结果见表 5.1。

表 5.1 青海暴雨类型

分类	日期和测站	降水时段	量级(mm)	1 h 最大降水量(mm)	3 h 最大降水量(mm)
副高边缘型	2007 年 8 月 25 日西宁站 101°E,36°N	25 日 19 时—26 日 06 时	80.1	28.0	54.5
	2007 年 8 月 25 日尖扎站 102°E,36°N	25 日 20 时—26 日 09 时	79.3	24.0	59.9
	2007 年 8 月 25 日互助站 102°E,37°N	25 日 19 时—26 日 10 时	53.3	14.3	29.9
	2009 年 7 月 20 日河南站 101°E,34°N	20 日 17 时—20 日 18 时	52.3	49.1	52.3
	2010 年 8 月 02 日门源站 101°E,37°N	02 日 19 时—03 日 07 时	64.1	18.1	30.5
	2010 年 9 月 20 日同仁站 102°E,35°N	20 日 20 时—21 日 10 时	78.9	36.6	57.7
	2013 年 8 月 21 日大通站 101°E,36°N	21 日 19 时—22 日 07 时	144.9	29.9	72.6
	2015 年 6 月 29 日贵南站 100°E,35°N	29 日 16 时—30 日 11 时	61.4	21.6	41.7
	2016 年 8 月 18 日湟源站 101°E,36°N	18 日 08 时—18 日 10 时	55.1	52.4	55.1
	2017 年 8 月 05 日泽库站 101°E,35°N	05 日 16 时—05 日 22 时	53.3	39.3	48
副高控制型	2012 年 8 月 15 日同德站 100°E,35°N	15 日 18 时—15 日 20 时	55.6	35.6	55.6
	2016 年 8 月 23 日同德站 100°E,35°N	23 日 21 时—24 日 02 时	58.7	34.5	54.5
	2016 年 8 月 23 日河南站 101°E,34°N	23 日 22 时—24 日 05 时	50.2	24.6	43.7
	2016 年 8 月 24 日河南站 101°E,34°N	24 日 20 时—25 日 01 时	66.8	58.5	64.2
低涡切变型	2007 年 8 月 29 日互助站 102°E,37°N	29 日 20 时—30 日 17 时	67.7	10.5	26
	2009 年 8 月 02 日尖扎站 102°E,36°N	02 日 14 时—03 日 08 时	57.2	27.1	31.7
	2010 年 6 月 06 日诺木洪站 96°E,36°N	06 日 20 时—07 日 20 时	52.8	5.7	12.3
	2010 年 6 月 18 日都兰站 98°E,36°N	18 日 17 时—19 日 08 时	51.3	12.9	18
	2013 年 6 月 19 日茶卡站 99°E,36°N	19 日 00 时—19 日 05 时	71.5	22.8	63.9

5.2.4 不同类型暴雨的降水特征

2007—2017 年青海共计出现了的 16 个暴雨日、19 个站次的暴雨，如图 5.3(a)所示，暴雨主要出现在青海东部及柴达木盆地东部，总体来看与图 5.2 分布基本一致。其中副高边缘型暴雨出现在西宁、海东、海北东部、海南和黄南地区(红色圆)，副高控制型暴雨出现在海南、黄南地区(蓝色圆)，低涡切变型暴雨出现在柴达木盆地东部和西宁、海东地区(黑色圆)。从季节变化来看副高影响下的暴雨出现在 6—9 月，尤其 8 月最多，高原低涡切变影响下的暴雨主要出现在 6 月和 8 月。

以 2016 年 8 月 24 日河南站暴雨代表副高控制型暴雨(图 5.3b)，2013 年 8 月 21 日大通站暴雨代表副高边缘型暴雨(图 5.3c)，2010 年 6 月 18 日都兰站暴雨代表低涡切变型暴雨(图 5.3d)为例，可以看到：不同类型暴雨的降水特征有明显差异。副高控制型暴雨以短时强降水为主，暴雨形成过程中小时雨强占比大，降水维持时间短；副高边缘型暴雨以混合降水为主，有对流性的短时强降水(降水量≥20 mm/h)，也有稳定性降水，降水持续时间大约 10 h 左右；低涡切变型暴雨以稳定性降水为主，对流性降水弱，降水持续时间较长。

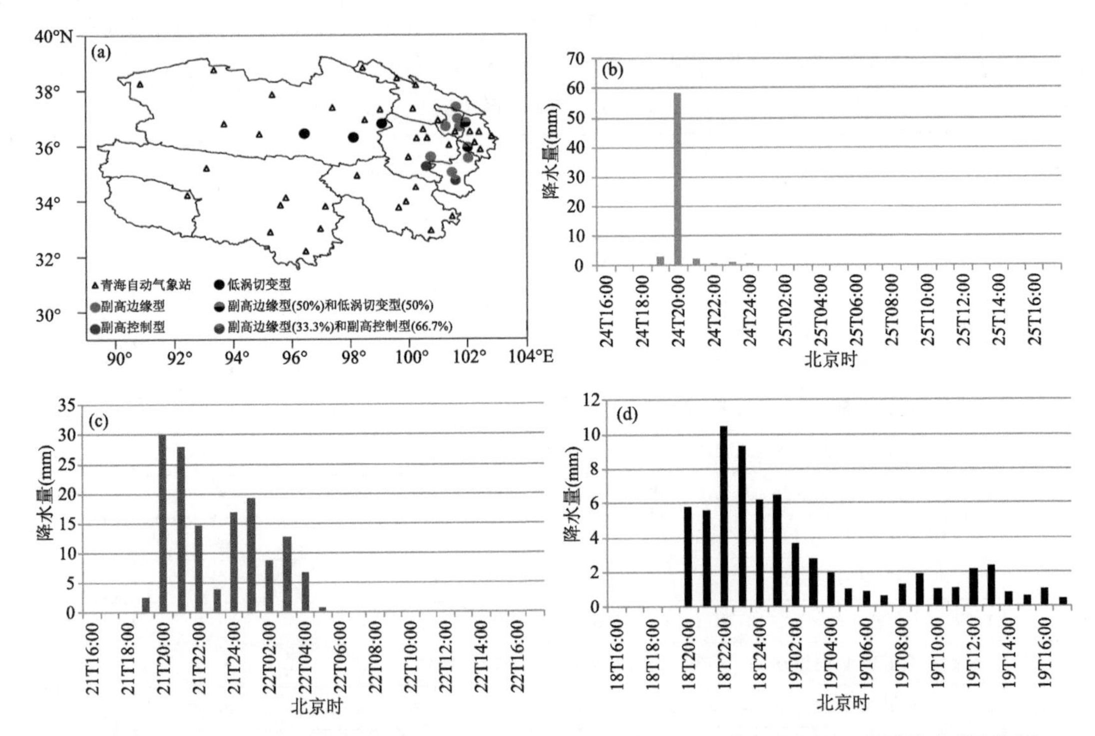

图 5.3　(a)2007—2017 年不同暴雨类型发生区域;(b)河南站 2016 年 8 月 24 日小时降水量(蓝色);(c)大通站 2013 年 8 月 21 日小时降水量(红色);(d)都兰站 2010 年 6 月 18 日小时降水量(黑色)

5.3　暴雨主要影响系统

5.3.1　高空和地面天气系统

暴雨的形成是不同天气尺度系统相互作用的结果,影响高原地区大尺度的天气系统主要有南亚高压和西太平洋副热带高压(以下简称副高),图 5.4 给出了青海暴雨形成时的南亚高

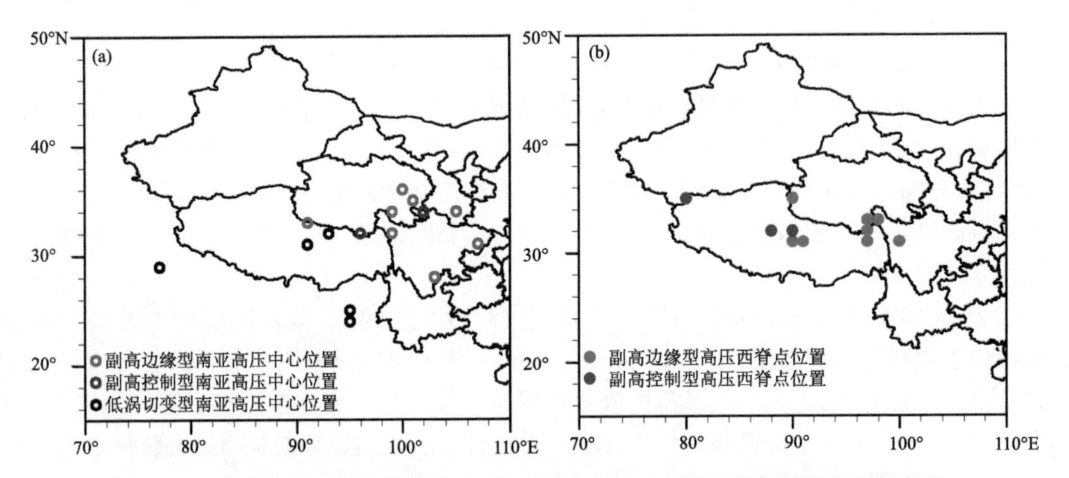

图 5.4　不同暴雨类型南亚高压中心位置(a)和西太平洋副热带高压西脊点位置(b)
(蓝色:副高控制类型暴雨;红色:副高边缘类型暴雨;黑色:低涡切变类型暴雨)

压中心及副高西脊点位置。副高边缘型和副高控制型暴雨(图 5.4a),南亚高压中心位于 95°—105°E 附近,32°—35°N 之间,即青海南部和四川;低涡切变型暴雨,南亚高压中心位于 90°—95°E 附近,25°—30°N 之间,即西藏和印度北部,暴雨一般出现在南亚高压北部。副高边缘型暴雨,副高西脊点位于 90°—100°E,32°N 附近(图 5.4b),多数暴雨是在副高东退过程中出现,副高控制型暴雨的西脊点位于 90°E 以西,暴雨一般在高压西伸过程中出现。由于南亚高压与副高之间的位置变化存在显著的反相关关系(陈永仁 等,2011),因此当副高西伸北抬时有利于南亚高压中心位置东伸北抬到达青海南部和四川北部,形成有利于暴雨形成的大尺度环流背景。

表 5.2　环流背景及影响系统

类型	个例	500 hPa 高空系统	700 hPa 高空系统	地面系统
副高边缘型	2007 年 8 月 25 日	西南急流、高原切变线	青海湖冷温度槽	冷锋
	2009 年 7 月 20 日	高原切变、西南急流、4℃暖中心	青海东北部冷温度槽	切变线
	2010 年 8 月 02 日	西风急流、两高之间切变线、0℃暖中心	柴达木热低压、锋区	冷锋
	2010 年 9 月 20 日	西南急流、短波槽、0℃暖中心	青海东北部冷温度槽	中尺度辐合
	2013 年 8 月 21 日	西风急流与西南气流辐合	柴达木热低压	切变线
	2015 年 6 月 29 日	暖温度脊、0℃暖中心	锋区	中尺度辐合
	2016 年 8 月 18 日	西风急流与西南气流辐合、0℃暖中心	锋区	青海湖锢囚锋
	2017 年 8 月 05 日	两高之间切变、0℃暖中心	锋区	切变线
副高控制型	2012 年 8 月 15 日	风向水平辐合、0℃暖中心	中尺度气旋	中尺度辐合
	2016 年 8 月 23 日	风向水平辐合、0℃暖中心	高原热低压、锋区	切变线
	2016 年 8 月 24 日	风向水平辐合、0℃暖中心	高原热低压、锋区	中尺度气旋
低涡切变型	2007 年 8 月 29 日	高原低涡切变、短波槽、西风急流	柴达木低压	青海湖锢囚锋
	2009 年 8 月 02 日	高原低涡切变	青海东北部冷温度槽	冷锋
	2010 年 6 月 06 日	高原低涡、西南急流、短波槽	柴达木低压	青海湖锢囚锋
	2010 年 6 月 18 日	高原低涡、西南急流	柴达木低压	青海湖锢囚锋
	2013 年 6 月 19 日	高原低涡切变、0 ℃暖中心、西南急流	柴达木热低压、锋区	青海湖切变线

表 5.2 列出了青海暴雨的主要影响天气系统。副高边缘型暴雨,500 hPa 影响天气系统有急流、高原切变线、高原温度场 0 ℃暖中心、西风带短波槽。急流包括西南急流和西风急流,由于高原地区 500 hPa 距离地面的实际高度,相当平原地区的 850 hPa,这种急流在高原地区可以认为是低空急流,是一种动量、热量和水汽的高度集中带。西南急流形成在副高的边缘或低涡切变的南侧,西风急流一般产生在高空槽底部或是短波槽东移的结果。500 hPa 高原地区温度场 0 ℃暖中心的形成与高原加热场密切相关,加热场有利于锋生和高原低涡的形成,暖中心控制区域的近地面一般有高原气旋波发展(尹道声,1979),暖中心日变化特征明显,其控制区域也是高原对流云形成的地区。700 hPa 影响系统是冷温度槽和锋区,冷温度槽在 700 hPa表现比 500 hPa 明显,这是因为冷空气较弱仅仅影响到对流层低层。700 hPa 锋区的形成往往是弱冷空气南下或暖空气北上促使暴雨区等温线相对密集,地面系统主要是冷锋和切变线。副高控制型暴雨,一般在高压中心附近有风向的水平辐合和切变线,配合 500 hPa 温度场 0 ℃暖中心午后出现的对流云不断加强造成对流性暴雨天气,冷空气活动不明显,暖湿

气流活跃。700 hPa 锋区的形成不仅与对流层低层暖湿气流活跃有关，还与高原近地面加热引起的热低压异常发展有关，地面主要是中尺度辐合和气旋系统。高原低涡切变型暴雨，当低涡切变系统南侧有西南急流，或有西风槽侵入系统西部时，促使高原低涡切变系统加强并北上，由于冷空气的侵入 700 hPa 有冷温度槽，地面冷空气较强时往往在青海湖附近有锢囚锋生成。

5.3.2 中尺度对流系统(MCS)

鉴于青海暴雨的局地性特征，合成分析方法可能显著影响暴雨过程中的中尺度特征信息，以下将以不同类型暴雨过程的典型个例进行对比分析。−32 ℃和−52 ℃为辐射亮温(black body temperature，TBB)的阈值来追踪中尺度对流系统的演变与移动是卫星监测的显著优势之一(Maddox，1980；郑永光 等，2008)，图 5.5、图 5.6 和图 5.7 分别给出了三类典型暴雨过程的卫星云图亮温演变图。副高边缘型暴雨既可以由某一个强对流单体造成，也可能由多单体发展合并过程形成。2007 年 8 月 25 日较大范围的暴雨过程(表 5.1)是西南急流作用下的强对流单体沿副高外围向北移动过程造成的：08 时 500 hPa 高空图上(图略)高原 95°E 附近有一支西南风的强风速带，其中青海都兰站西南风 16 m/s，随着副高的东退西南急流随之东移，午后在西南急流带中有对流云出现，16:15 在青海东南部形成强对流单体(图 5.5a)，亮温 ≤−52 ℃并沿副高边缘由南向北运动，20:15 到达暴雨测站(图 5.5b)。2009 年 7 月 20 日是高原切变线作用下多单体合并造成的典型例子，20 时 500 hPa 高空图上(图略)沿 35°N 是切变线(偏西风和西南风)，与切变线配合的暖中心达到 4 ℃，午后沿切变线对流云形成并不断加强，16:15 多单体对流系统沿 35°N 排列其中暴雨测站附近有 3 个对流单体(图 5.5c)，2 个 TBB 达到−32 ℃，另一个对流单体 TBB 达到−52 ℃，18:15 多单体合并对流进一步发展为 TBB 小于−70 ℃(图 5.5d)的中尺度对流系统。

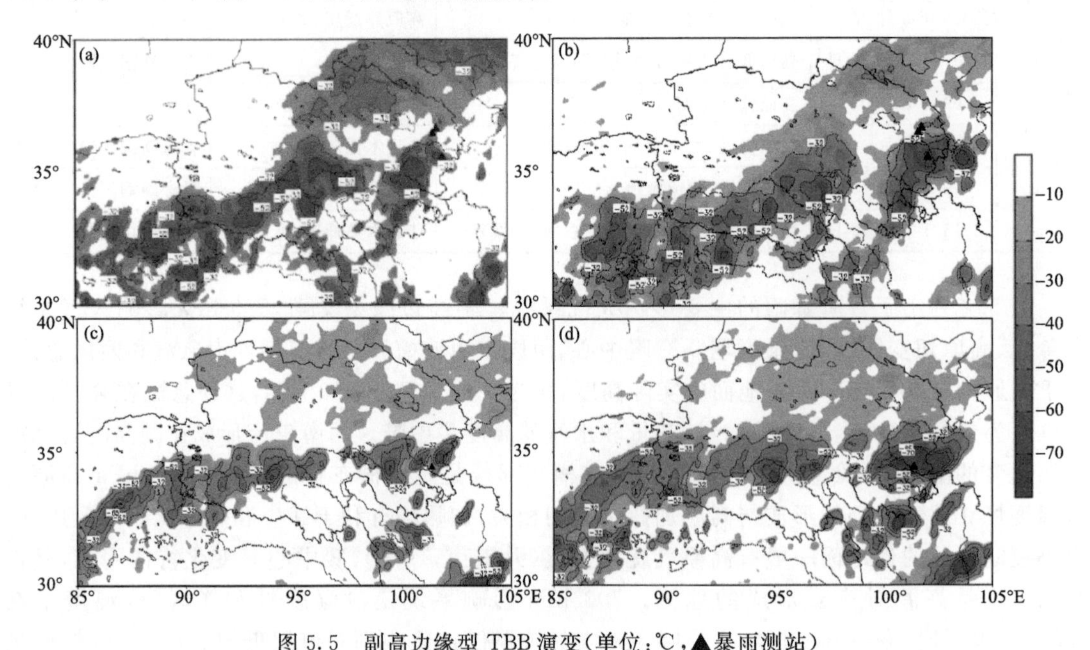

图 5.5 副高边缘型 TBB 演变(单位：℃，▲暴雨测站)

(a)2007 年 8 月 25 日 17:15，(b)20:15；(c)2009 年 7 月 20 日 16:15，(d)18:15

副热带高压控制型暴雨一般与午后到傍晚的局地热对流发展有关，对流系统原地少动，具有明显的日变化特征。例如，2012 年 8 月 15 日、2016 年 8 月 23—24 日 500 hPa 高空图上（图略）暴雨测站位势高度达到 588 dagpm 以上，在高压控制下有偏西风和偏南风的辐合，高原地区暖中心达到 4 ℃，暴雨测站在 0 ℃以上。在 TBB 图上一般午后沿 33～35°N 出现大范围的对流云，暴雨测站附近的对流单体 TBB 达到－52 ℃（图 5.6a，c，e），傍晚前后对流进一步在原地发展 TBB 达到－70 ℃（图 5.6b，d，f），对流单体稳定少动，强度不断增强，如图 5.6(d) 和图 5.6(f)，－70 ℃辐射亮温维持 6 h 以上。

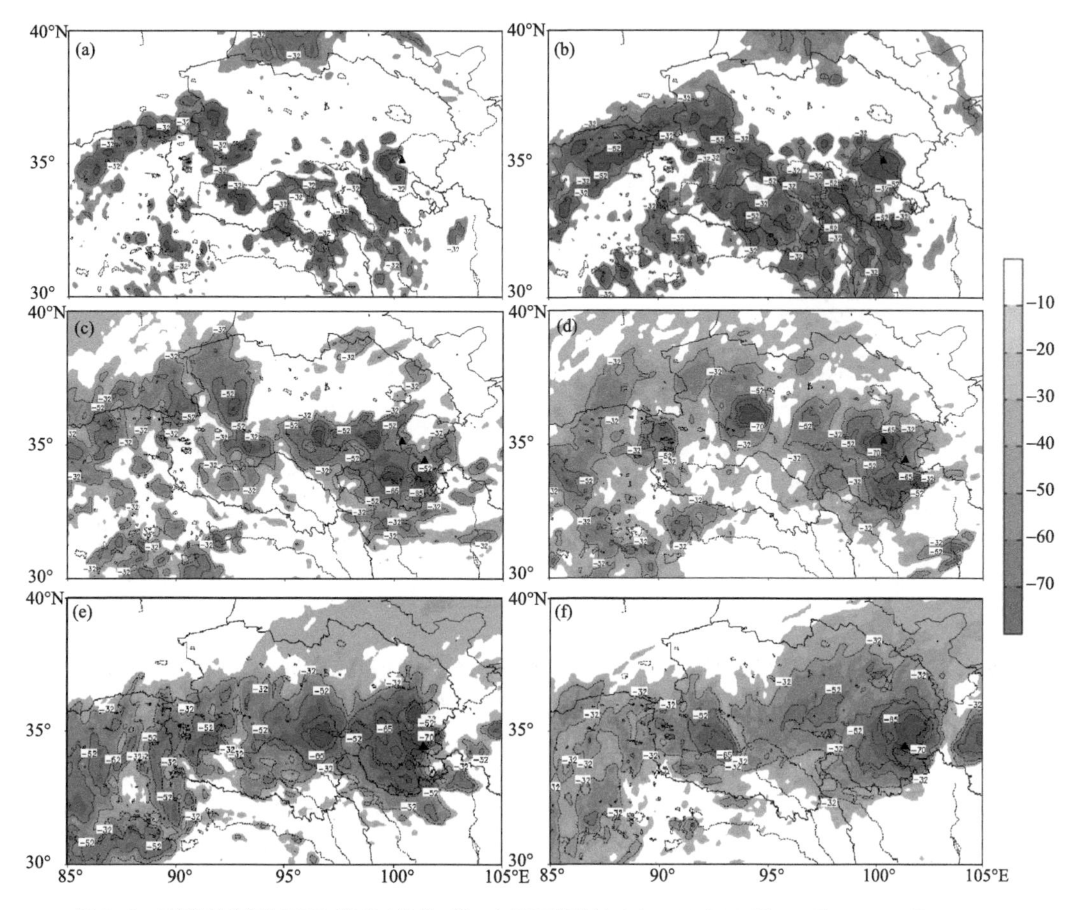

图 5.6　副高控制型 TBB 演变（单位：℃，▲暴雨测站）(a)2012 年 8 月 15 日 15:15，(b)17:15；(c)2016 年 8 月 23 日 18:30，(d)21:30；(e)2016 年 8 月 24 日 18:30，22:30(f)

低涡切变影响下的暴雨过程主要是两种情形，一种是高原低涡切变线与西风带短波槽相互作用，对流活动较弱，以层状云造成的稳定性降水为主，例如 2007 年 8 月 29 日 TBB≥－20 ℃（图 5.7a，b），对应的最大小时雨强仅 10.5 mm（表 5.1）。另一种情形是 500 hPa 高空图上（图略）高原低涡切变线东侧或南侧有西南急流，并配合 500 hPa 温度场 0 ℃暖中心，午后在西南急流中对流被触发并不断加强为中尺度对流系统，TBB 达到－52 ℃（图 5.7c，e）且沿西南急流移动至暴雨测站（图 5.7d，f）。

上述结果表明，造成青海暴雨的中尺度对流系统一般表现为移动加强型和原地发展型。其中，副高影响类型暴雨的中尺度对流系统对流发展旺盛，云顶 TBB 为－52～－70 ℃，这类暴雨过程中如果伴随有西南急流系统，一般以对流性降水为主，其中尺度对流系统具有明显的

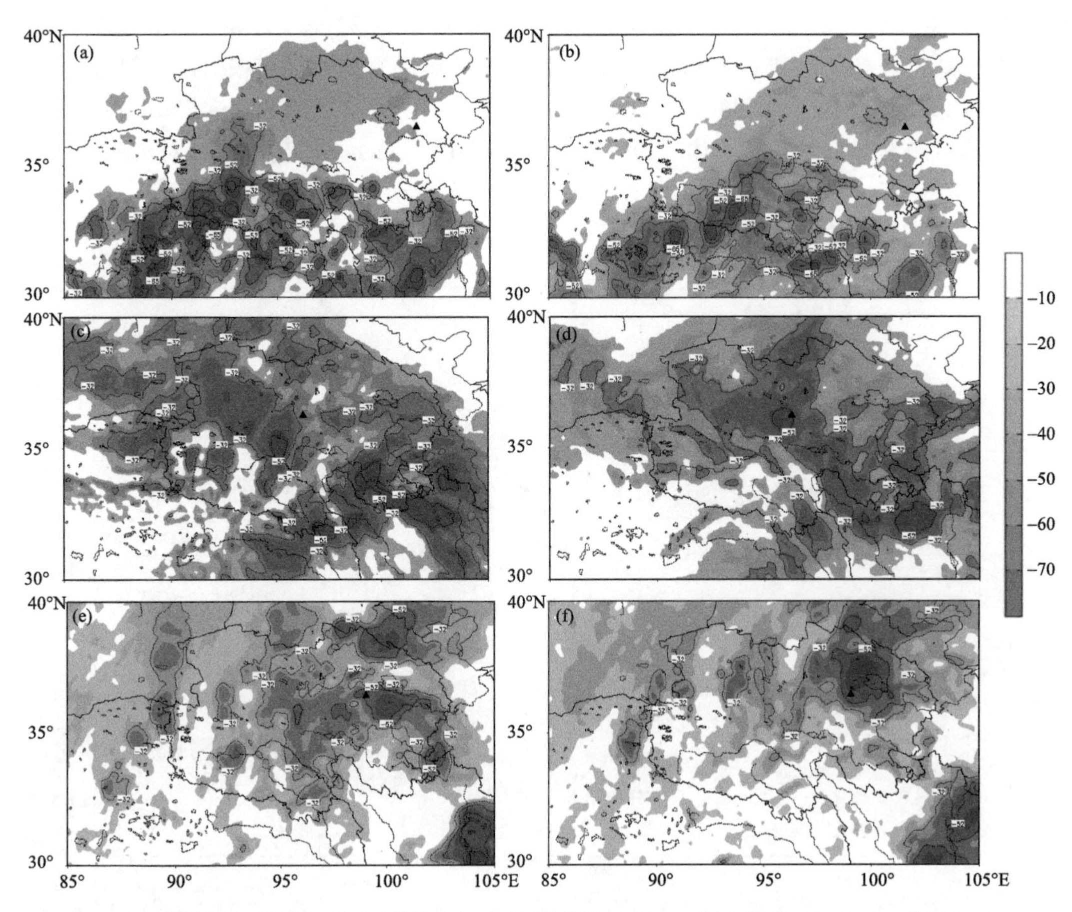

图 5.7 低涡切变型 TBB 演变(单位:℃,▲暴雨测站)(a)2007 年 8 月 29 日 19:30,(b)22:30;(c)2010 年 6 月 06 日 18:15,(d)23:15;(e)2013 年 6 月 18 日 23:30,(f)19 日 02:30

日变化特征;低涡切变类型暴雨的中尺度对流系统活动相对较弱,云顶 TBB 为－32～－52 ℃,甚至以稳定性层云降水为主的暴雨过程。总体来看,造成青海暴雨的中尺度对流系统为低空急流影响下的移动性对流单体,副高控制下原地生消的非移动性对流单体以及高原切变线维持下的多单体合并。

5.3.3 500 hPa 温度场暖中心

夏季由于高原地面显著的加热作用,高原地区对流层中低层常常有暖中心存在,其控制区域易出现对流云。副高边缘型暴雨,500 hPa(图 5.8a)温度场 0 ℃暖中心控制高原大部和孟加拉湾北部,4 ℃中心位于西藏中部,中尺度对流云易出现在暖中心北侧的 0～－4 ℃之间,700 hPa(图 5.8b)高原东部地面有暖中心,数值达到 24 ℃,比同纬度平原地区温度高 1 倍,中尺度对流云出现在暖中心的东北侧。副高控制型暴雨,500 hPa(图 5.8c)温度场 0 ℃暖中心控制高原和长江中下游地区,西藏中部有 4 ℃的中心,中尺度对流云出现在 0 ℃暖中心内,700 hPa(图 5.8d)高原东部有强烈发展的暖中心,中心数值达到 24 ℃,比同纬度平原地区温度高 1 倍,中尺度对流云出现在暖中心东北部。高原低涡切变型暴雨,500 hPa(图 5.8e)温度场 0 ℃暖中心位置偏南,控制西藏地区,对流云出现在－4 ℃等温线附近,700 hPa(图 5.8f)暴雨测站处在温度槽中。

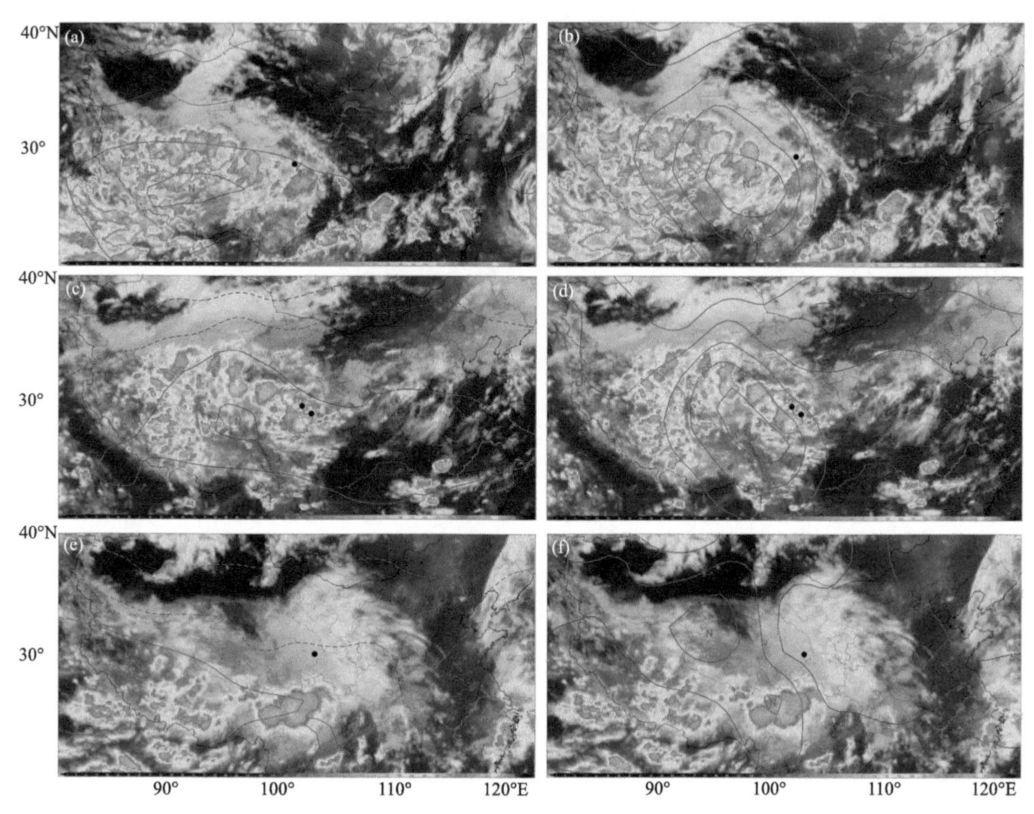

图 5.8　不同暴雨类型温度场和卫星云图(温度单位:℃;●:暴雨测站)
副高边缘型:2017 年 8 月 05 日 20 时 500 hPa(a),700 hP(b);
副高控制型:2016 年 8 月 23 日 20 时 500 hPa(c),700 hPa(d);
低涡切变型:2009 年 8 月 02 日 20 时 500 hPa,(e)700 hP(f)

500 hPa 和 700 hPa 暖中心能够反映高原地面加热情况,其控制范围有明显的日变化,分析表明三种不同暴雨类型在温度场上是有区别的,副高边缘型和副高控制型暴雨的中尺度对流系统形成在 500 hPa 温度场 0 ℃附近,高原低涡切变型暴雨的中尺度对流系统弱,形成在 500 hPa 温度场−4 ℃等温线附近。

5.4　暴雨不稳定条件

5.4.1　层结状态与锋区结构对比分析

图 5.9 给出了不同暴雨类型沿暴雨测站经度的假相当位温和相对湿度剖面图,图 5.9a 和图 5.9b 是副高边缘型暴雨,θ_{se}等值线密集位于暴雨测站上空并向北倾斜,呈现为典型的锋面暴雨特征,对流不稳定在 600 hPa 及以下的边界层,相对湿度 70%以上出现在近地面,饱和区(相对湿度≥90%)在 500hPa。副高控制型(图 5.9c,d),暴雨测站处在θ_{se}的高值区,500 hPa 以下对流不稳定明显,且与饱和区重合,垂直方向上θ_{se}梯度大,水平方向上θ_{se}梯度小,呈现 Ω 形状。低涡切变型暴雨(图 5.9e,f),θ_{se}等值线也具有一定的斜压锋区特征,但是相较于副高边缘类型暴雨,锋区强度较小,对流不稳定弱,近地面相对

湿度≤70%。

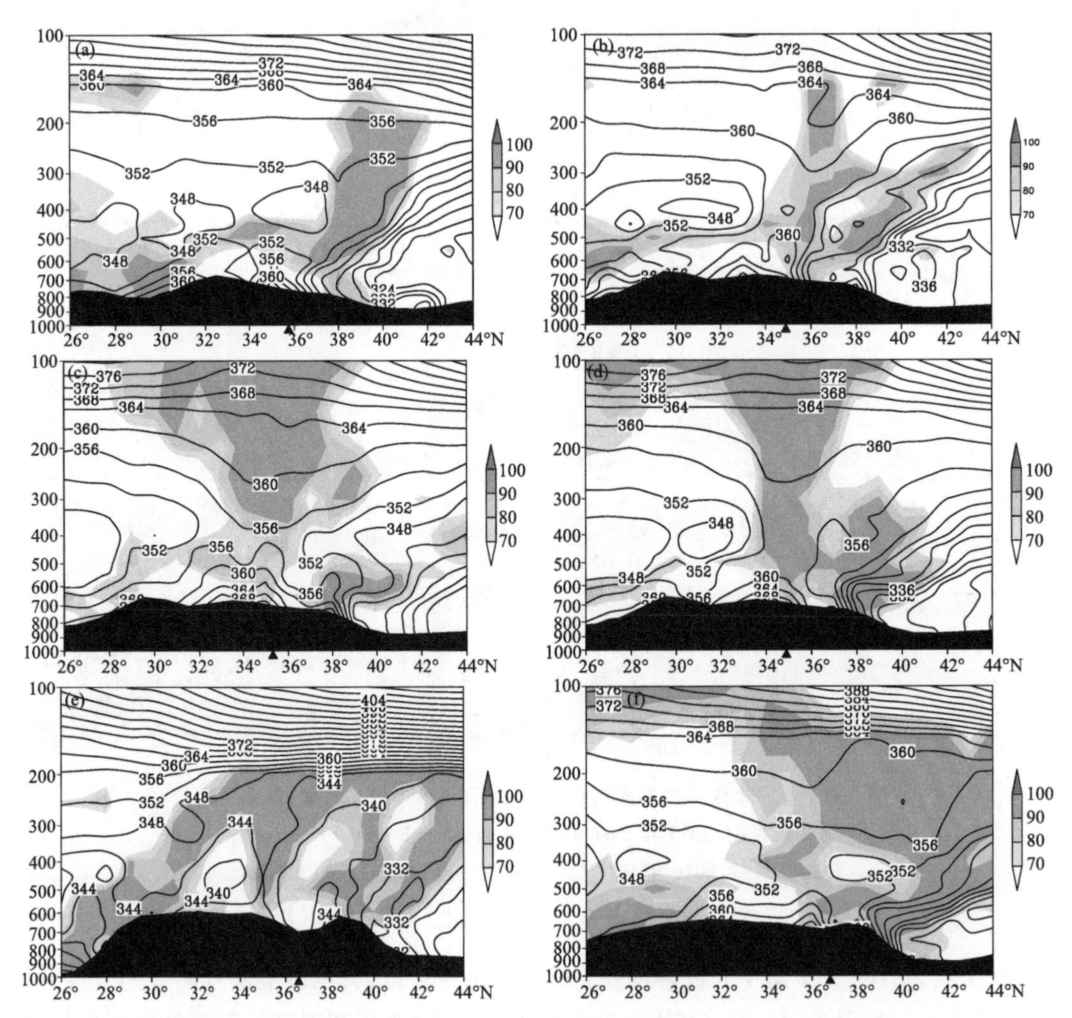

图 5.9　不同暴雨类型沿暴雨测站 θ_{se}(单位:℃)和相对湿度(色斑,单位:%)经向剖面图(▲:暴雨测站)

副高边缘型:2007 年 8 月 25 日 20 时(a),2009 年 7 月 20 日 14 时(b);

副高控制型:2016 年 8 月 23 日 20 时(c),2016 年 8 月 24 日 20 时(d);

低涡切变型:2010 年 6 月 6 日 20 时(e),2013 年 6 月 19 日 08 时(f)

与我国典型暴雨区锋区结构对比:副高边缘型暴雨类似我国华北地区斜压锋区暴雨(刘还珠 等,2007),对流不稳定层结是由副高西侧偏南暖湿气流与西风带短波槽带来的冷空气相互作用引起的。副高控制型暴雨类似华南及我国北方地区暖区暴雨(林良勋,2006;雷蕾 等,2020),暴雨测站上空具有高温高湿特征,垂直方向对流不稳定强,对流性降水显著。低涡切变型暴雨类似江淮梅雨中的气旋锋生产生的暴雨(柳俊杰,2013;陈涛 等,2020),低层柴达木盆地热低压的加强伴随西南风与偏东风辐合增强形成暴雨,但对流不稳定弱。

5.4.2　假相当位温

图 5.10 是暴雨测站 500 hPa 和 700 hPa 假相当位温 θ_{se}图,副高边缘型,500 hPa 暖湿中心

位于青海(图 5.10a),假相当位温中心数值为 80 ℃,暴雨测站处在暖湿舌中,数值为 78 ℃,700 hPa 为 82 ℃(图 5.10b)。副高控制型,500 hPa 暖湿中心位于西北地区东部(图 5.10c),假相当位温中心数值为 84 ℃,暴雨测站出现在暖湿中心附近,具有明显的高温高湿特征,数值为 82 ℃,700 hPa 为 90 ℃(图 5.10d)。低涡切变型,500 hPa 暖湿中心位于西藏东部(图 5.10e),暴雨测站处在假相当位温梯度较大的区域,数值为 68 ℃,700 hPa 为 62 ℃(图 5.10f)。总体来看,副高边缘型暴雨出现在暖湿舌中,副高控制型暴雨出现在暖湿中心附近,低涡切变型暴雨出现在假相当位温梯度较大的区域。

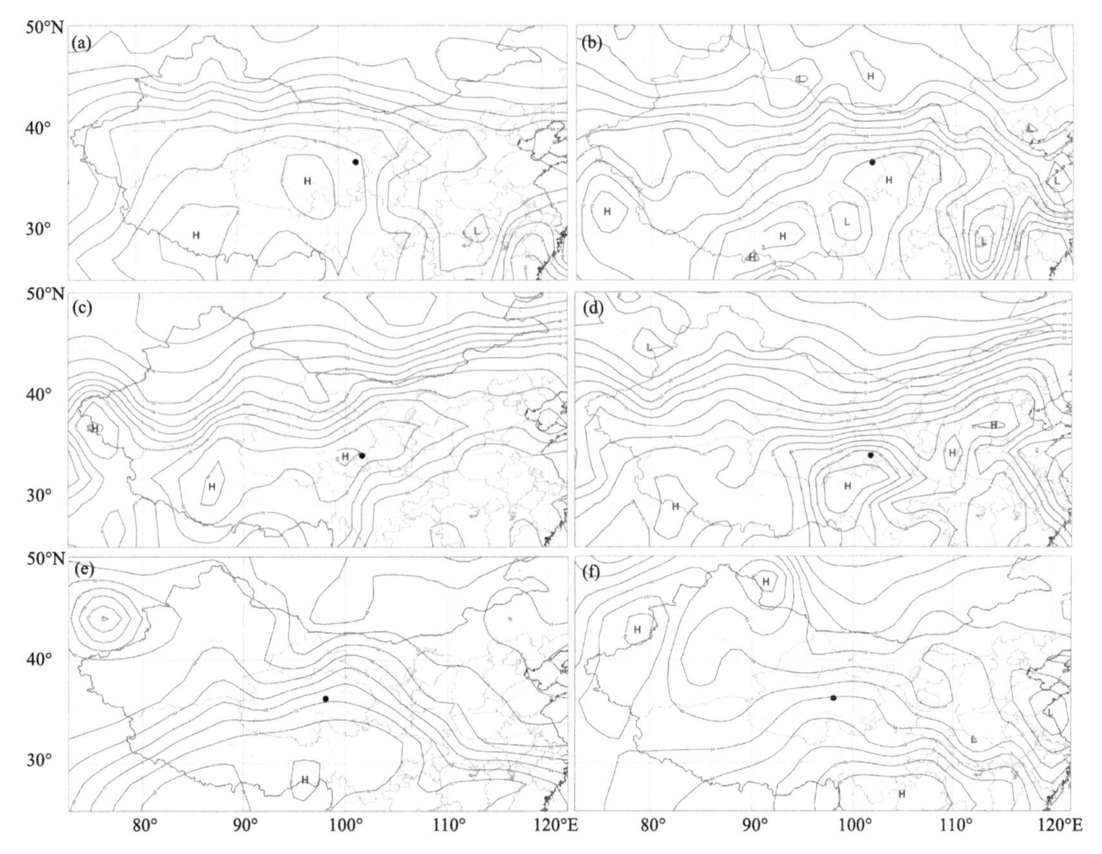

图 5.10 不同暴雨类型假相当位温图(单位:℃;●:暴雨测站)
副高边缘型:2013 年 8 月 21 日 20 时 500 hPa,(a)700 hPa(b);
副高控制型:2016 年 8 月 24 日 20 时 500 hPa(c),700 hPa(d);
低涡切变型:2010 年 6 月 18 日 20 时 500 hPa(e),700 hPa(f)

5.4.3 暴雨测站各层风向风速

如表 5.3 所示,副高边缘型暴雨对流层中低层风速较大,例如 2010 年 8 月 2 日门源 700 hPa风速达到 10 m/s,2013 年 8 月 21 日大通 400 hPa 达到 12 m/s,700 hPa 达到 10 m/s,对流层高层风速最大达到 20 m/s,最小为 4 m/s,中低空急流非常活跃。副高控制型暴雨整层的风速较小,风速垂直切变较弱,对流层中低层为西南风,对流层高层为西北风,上下层有风向切变。低涡切变型暴雨的风速垂直切变明显,例如 2010 年 6 月 18 日都兰站 200 hPa 风速达到 42 m/s,500 hPa 风速仅为 2 m/s,对流层中高层急流活跃。

表 5.3 暴雨测站各层的风向风速

类型	日期和测站	200 hPa	300 hPa	400 hPa	500 hPa	700 hPa
副高边缘型	2007 年 8 月 25 日西宁站	18 m/s(西风)	4 m/s(西南)	10 m/s(东南)	14 m/s(东南)	6 m/s(西南)
	2007 年 8 月 25 日尖扎站	18 m/s(西风)	4 m/s(西南)	10 m/s(东南)	14 m/s(东南)	6 m/s(西南)
	2007 年 8 月 25 日互助站	18 m/s(西风)	4 m/s(西南)	10 m/s(东南)	14 m/s(东南)	6 m/s(西南)
	2009 年 7 月 20 日河南站	12 m/s(西南)	12 m/s(西风)	12 m/s(西南)	6 m/s(西风)	
	2010 年 8 月 02 日门源站	6 m/s(东北)	4 m/s(西南)	6 m/s(西南)	4 m/s(西南)	10 m/s(东南)
	2010 年 9 月 20 日同仁站	8 m/s(西北)	8 m/s(西南)	10 m/s(西南)	8 m/s(西南)	6 m/s(东北)
	2013 年 8 月 21 日大通站	4 m/s(西北)	4 m/s(西北)	12 m/s(西风)	6 m/s(西南)	10 m/s(东南)
	2015 年 6 月 29 日贵南站	16 m/s(西风)	10 m/s(西风)	8 m/s(西北)	6 m/s(西北)	
	2016 年 8 月 18 日湟源站	20 m/s(西南)	14 m/s(西南)	10 m/s(西南)	8 m/s(西南)	4 m/s(东南)
	2017 年 8 月 05 日泽库站	20 m/s(西北)	16 m/s(西风)	8 m/s(西风)	4 m/s(南风)	
副高控制型	2012 年 8 月 15 日同德站	14 m/s(西北)	10 m/s(西北)	6 m/s(西南)	6 m/s(西南)	
	2016 年 8 月 23 日同德站	8 m/s(西风)	4 m/s(西北)	8 m/s(西南)	4 m/s(西南)	
	2016 年 8 月 23 日河南站	8 m/s(西风)	4 m/s(西北)	8 m/s(西南)	4 m/s(西南)	
	2016 年 8 月 24 日河南站	C	4 m/s(西南)	6 m/s(西南)	4 m/s(西南)	
低涡切变型	2009 年 8 月 02 日尖扎站	30 m/s(西风)	22 m/s(西风)	14 m/s(西风)	6 m/s(南风)	
	2007 年 8 月 29 日互助站	16 m/s(西北)	24 m/s(西风)	10 m/s(西风)	4 m/s(西北)	8 m/s(东南)
	2010 年 6 月 06 日诺木洪站	26 m/s(西南)	12 m/s(西南)	6 m/s(西风)	4 m/s(东风)	
	2010 年 6 月 18 日都兰站	42 m/s(西北)	22 m/s(西北)	12 m/s(西北)	2 m/s(东风)	
	2013 年 6 月 19 日茶卡站	12 m/s(西南)	6 m/s(西南)	4 m/s(东北)	4 m/s(东)	

5.5 暴雨水汽条件

5.5.1 水汽来源

充沛水汽输送是暴雨形成的重要条件之一，大尺度环流和天气尺度系统制约和影响暴雨的水汽来源及水汽供应（丁一汇，2015）。副高边缘型暴雨的水汽来源地是西太平洋地区（图 5.11a），来自西太平洋的偏东气流输送到高原东侧，大气可降水量大值区伸向青海东北部，近地面 600 hPa 在暴雨区有东南风强水汽输送带（图 5.12a）。图 5.11b 是来自西太平洋的水汽沿高原东侧绕流和来自孟加拉湾地区的水汽越上高原输送到暴雨区，近地面有偏南强水汽输送带（图 5.12b）。副高控制型暴雨，图 5.11c 是来自西太平洋的水汽沿高原东侧向北输送和来自中纬度西风带系统的水汽输送到暴雨区，在近地面暴雨区有西北风和偏南风强水汽输送带辐合（图 5.12c）。2016 年 8 月 24 日的暴雨过程来自西太平洋的偏东风强水汽输送带主要沿高原南侧到达印度北部，另一部分遇高原以东南风强水汽输送带到达青海东部（图 5.11d），近地面（图 5.12d）暴雨区位于东南风强水汽输送带中。低涡型暴雨的水汽主要来自孟加拉湾地区，其次是中纬度西风带地区，2010 年 6 月 6 日的例子（图 5.11e）孟加拉湾水汽主要沿高原绕流，低层（图 5.12e）来自西风带偏北气流的水汽输送也非常明显。图 5.11f 揭示了 2013 年 6 月 19 日暴雨的水汽通道，来自孟加拉湾的水汽甚至可以达到河西走廊西部这样极端的例子，在这种类型中部分孟加拉湾的水汽是越上高原输送到暴雨区的(图 5.12f)，越上高原的水汽在 500 hPa 更加明显(图略)，低涡切变型暴雨多发生在 6 月，且柴达木盆地发生频率高(表 5.1)，其原因与西风带水汽输送的季节变化及孟加拉湾地区水汽异常输送有关(李生辰 等，2009；陶健红 等，2016；杨莲梅 等，2012)。

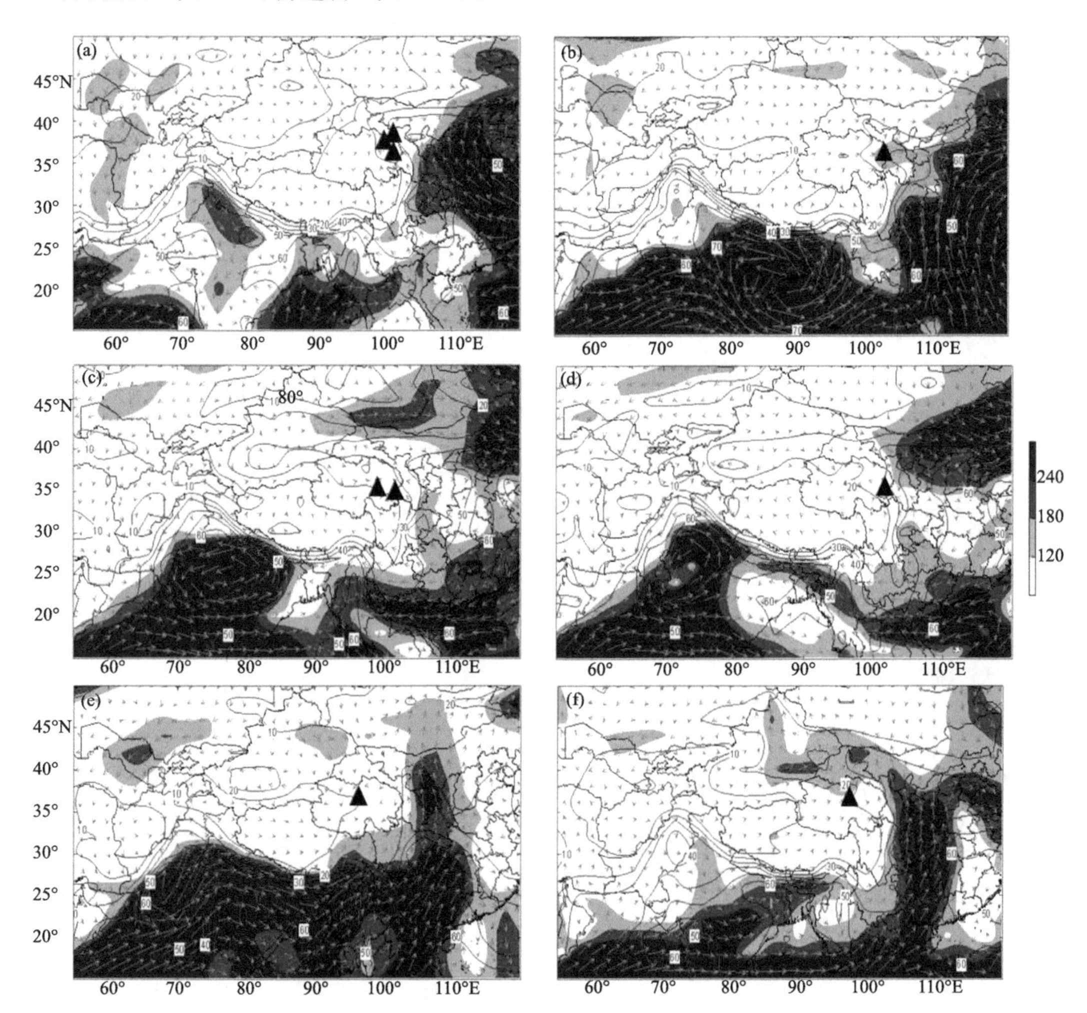

图 5.11 不同暴雨类型地面至 300 hPa 水汽通量散度的垂直积分(单位：g · cm^{-2} · s^{-1}；阴影部分)和大气可降水量(单位：mm；红线)(▲：暴雨测站)

副高边缘型：2007 年 8 月 25 日 20 时(a)，2009 年 7 月 20 日 14 时(b)；

副高控制型：2016 年 8 月 23 日 20 时(c)，2016 年 8 月 24 日 20 时(d)；

低涡切变型：2010 年 6 月 6 日 20 时(e)，2013 年 6 月 19 日 14 时(f)

5.5.2 强水汽输送带

强水汽输送带与低空急流活跃密不可分，来自太平洋的水汽受制于副高活动，当西太平洋副热带高压西伸至 100°E 时，由于青藏高原大地形作用，500 hPa 上强水汽输送带多与西南急流有关，600 hPa 上强水汽输送带与偏南急流有关，700 hPa 上强水汽输送带与东南或偏东急流有关。随着西太平洋副热带高压进一步加强并西伸控制高原大部分地区时，强水汽输送带从高原南侧越上高原影响青海地区。来自孟加拉湾的水汽受制于孟加拉湾地区深厚的水平风向和水汽辐合系统，该系统中心附近大气可降水量达到 70 mm(图 5.12)，这个深厚的辐合系统便是印度季风低压(槽)天气系统，作为对流层中层气旋活跃于 800～400 hPa 的气层中(厚度5 km)，这个层次可以克服喜马拉雅山脉(平均高度 6000 m)的地形阻挡，把水汽输送到高原地区(王江山和李锡福，2004)，当高原低涡切变系统南侧的西南气流加强或 500 hPa 副高西脊点到达 90°E 时，强水汽输送带越上高原将孟加拉湾水汽输送到青海地区，在环流异常且极端的情况下孟加拉湾水汽在对流层低层通过绕流输送到中纬度地区。西风带的强水汽输送带与西风急流东移有关。

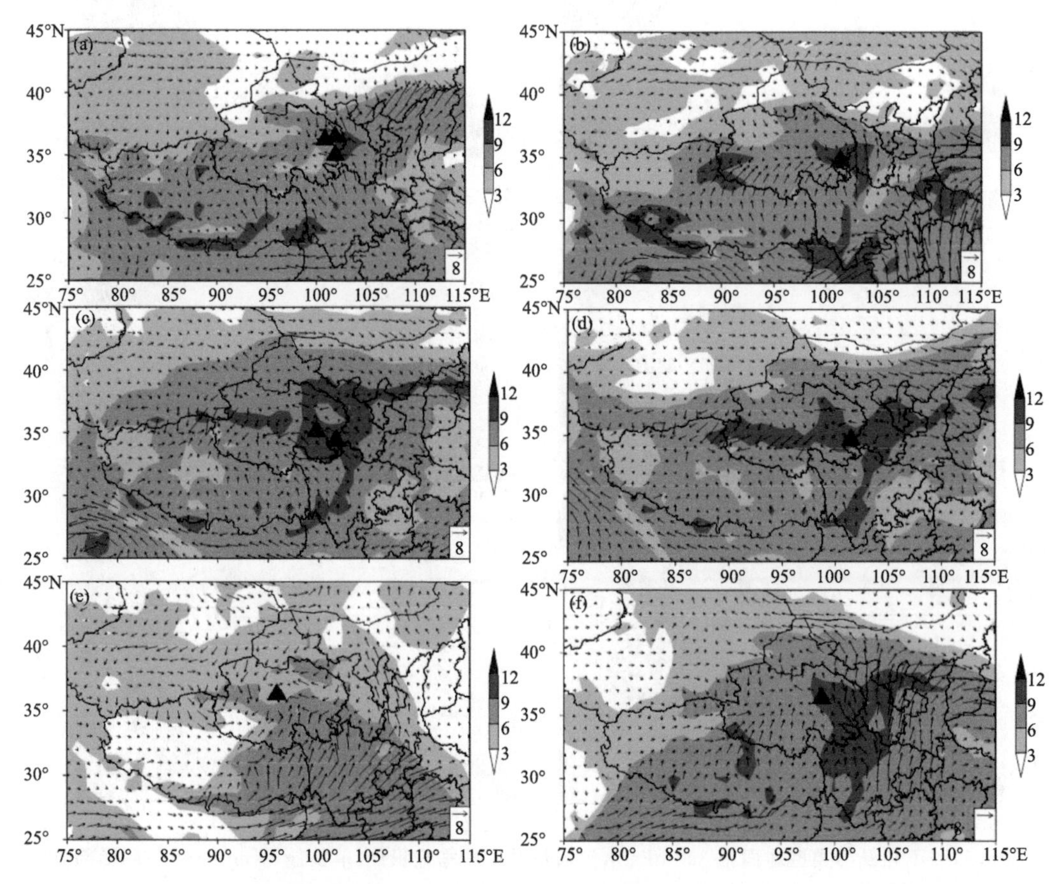

图 5.12　不同暴雨类型 600 hPa 水汽通量散度(单位：g·cm^{-2}·s^{-1}；▲：暴雨测站)
副高边缘型：2007 年 8 月 25 日 20 时(a)，2009 年 7 月 20 日 14 时(b)；
副高控制型：2016 年 8 月 23 日 20 时(c)，2016 年 8 月 24 日 20 时(d)；
低涡切变型：2010 年 6 月 6 日 20 时(e)，2013 年 6 月 19 日 14 时(f)

5.6　降水强度和持续性

5.6.1　降水强度

降水的强度和持续性是影响暴雨形成的重要因素，降水强度取决于水汽的垂直通量(孙继松，2017)。图 5.13 是 300 hPa 以下比湿垂直梯度与垂直速度的乘积，揭示了不同类型暴雨过程的水汽垂直输送强度。副高边缘型，大多数暴雨个例的最大水汽垂直输送出现在近地面层（600～550 hPa），且强度最强，其中，2009 年 7 月 20 日河南暴雨对应的水汽垂直输送最大，在 500 hPa 达到－2.18(g/kg)・(Pa/s)，对应的最大降水强度为 49.1 mm/h。副高控制型的暴雨有两例（2012 年 08 月 15 日，2016 年 08 月 23 日）的水汽垂直输送较弱，这可能与这两次暴雨过程对应的风暴尺度更小有关，2016 年 8 月 24 日出现了 2 个水汽垂直输送中心，一个在 500 hPa，另一个在 600 hPa，中心值都达到－1(g/kg)・(Pa/s)以上，对应的最大降水强度为 58.5 mm/h。低涡切变型暴雨中，水汽垂直输送较弱，对应的短时雨强也是相对较弱（表 5.1）。

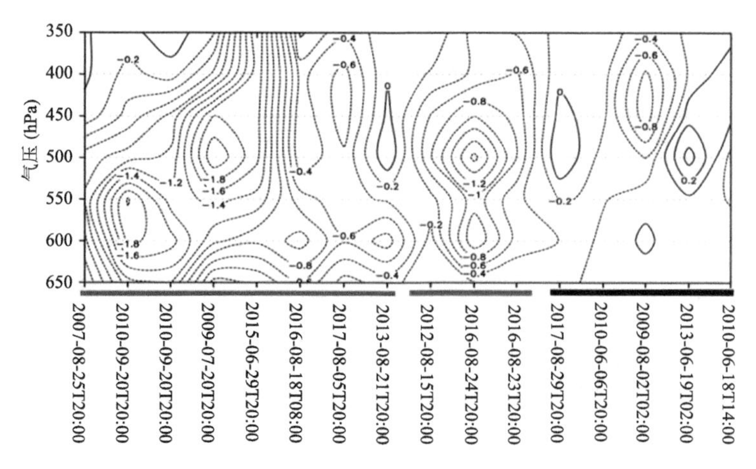

图 5.13 比湿梯度与垂直速度的乘积随高度的变化

（竖轴是高度，横轴是北京时间；红色线段是副高边缘类型暴雨，蓝色线段是副高控制类型暴雨，黑色线段是低涡切变类型暴雨；单位：(g/kg)・(Pa/s)）

5.6.2 降水的持续性

表 5.4 给出了各种类型暴雨过程中降水的持续时间。副高控制型暴雨，降水持续时间最短，累积降水主要通过短历时降水形成，无论是 1 h 还是 3 h 降水量占到暴雨总降水量的比值都分别达到 65％和 94％，降水平均持续时间不到 6 h，与华北（雷蕾 等，2020）和华南（田付友 等，2018）地区极端暴雨比较，副高控制型暴雨的降水效率高于华北地区暴雨，与华南地区暴雨相当。副高边缘型暴雨平均持续时间为 12 h，低涡切变型暴雨累积降水量主要通过长历时层状云降水形成，降水平均持续时间长达 18 h。

表 5.4 青海暴雨形成过程中降水的持续性

类型	1 h 降水量与暴雨总降水量占比(％)	3 h 降水量与暴雨总降水量占比(％)	暴雨平均持续时间(h)
副高边缘型	48.5	72.9	11.5
副高控制型	65	94	5.8
低涡切变型	23.6	47.6	17.8

5.7 暴雨热力和动力特征

5.7.1 温湿场特征(热力特征)

图 5.14 给出了不同暴雨类型发生时近地面温度场和比湿场，副高边缘型（图 5.14a，b），

比湿达到 10 g/kg 以上，暴雨发生在湿舌中等温线密集区（锋区），具有湿斜压特征。副高控制型（图 5.14c，d），比湿达到 10 g/kg 以上，暴雨发生在高湿区并配合暖温度中心，具高温高湿特征。低涡切变类型（图 5.14e，f），比湿达到 6 g/kg 以上，暴雨发生在温度和湿度梯度较大的区域，具有干斜压特征。

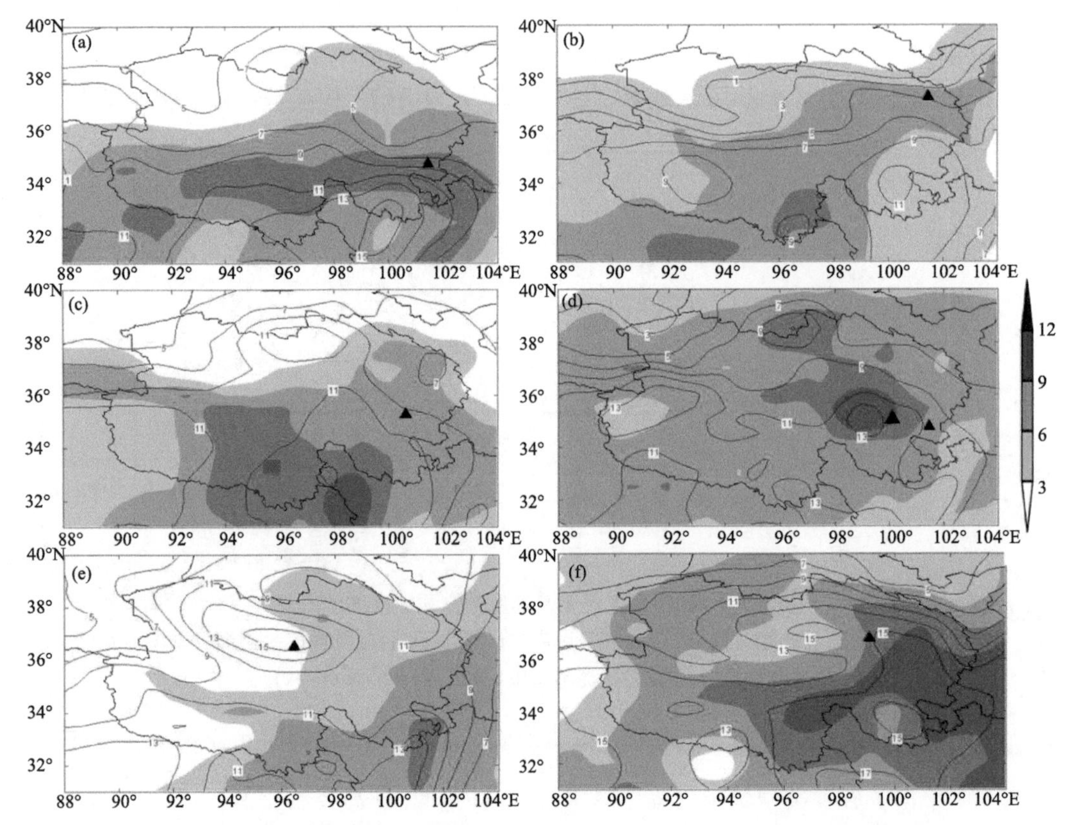

图 5.14 不同暴雨类型温度场（单位：℃）和比湿场（单位：g/kg）（▲：暴雨测站）
副高边缘型：2009 年 7 月 20 日 14 时 600 hPa(a)，2013 年 8 月 21 日 20 时 600 hPa(b)；
副高控制型：2012 年 8 月 15 日 14 时 600 hPa(c)，2016 年 8 月 23 日 20 时 600 hPa(d)；
高原低涡切变型：2010 年 6 月 6 日 20 时 700 hPa(e)，2013 年 6 月 19 日 08 时 700 hPa(f)

5.7.2 散度和风场特征（动力特征）

图 5.15 是不同类型暴雨沿暴雨测站的散度和 v 分量的纬向垂直剖面图，副高边缘型暴雨，低层辐合区控制范围大（图 5.15a），辐散区位于 500 hPa，低层辐合大于高层辐散，300 hPa 以下（图 5.15b）暴雨测站低层南北风切变达到 16 m/s，350 hPa 南北风切变达到 16 m/s。副高控制型暴雨（图 5.15c），暴雨测站上空为辐合区，延伸到 450 hPa，中心数值为 -20 g・cm^{-2}・s^{-1}，高层 150 hPa 辐散区，数值为 60 g・cm^{-2}・s^{-1}，辐散值是辐合值的 3 倍，高层抽吸作用明显，地面到 300 hPa 有显著的南风（图 5.15d）。低涡切变型暴雨，地面是辐合区，400 hPa是辐散最强区（图 5.15e），550 hPa 南北风切变最强，最大风速切变值为 16 m/s（图 5.15f）。综上所述，副高边缘型暴雨表现出在低层有范围较大，较强的辐合区，暖湿平流被强迫抬升是暴雨形成的动力机制。副高控制型暴雨是在高层南亚高压控制下产生的强辐散，低

层暖湿气流活跃形成的辐合背景下出现暴雨，高层强辐散低层弱辐合形成的抽吸作用是暴雨产生的动力机制。高原低涡切变型暴雨是冷暖空气不断交汇产生的暴雨，辐合辐散区和南北风切变最大区都出现在对流层中高层，冷空气的干侵入和风的垂直切变造成的动力不稳定是形成暴雨的关键。

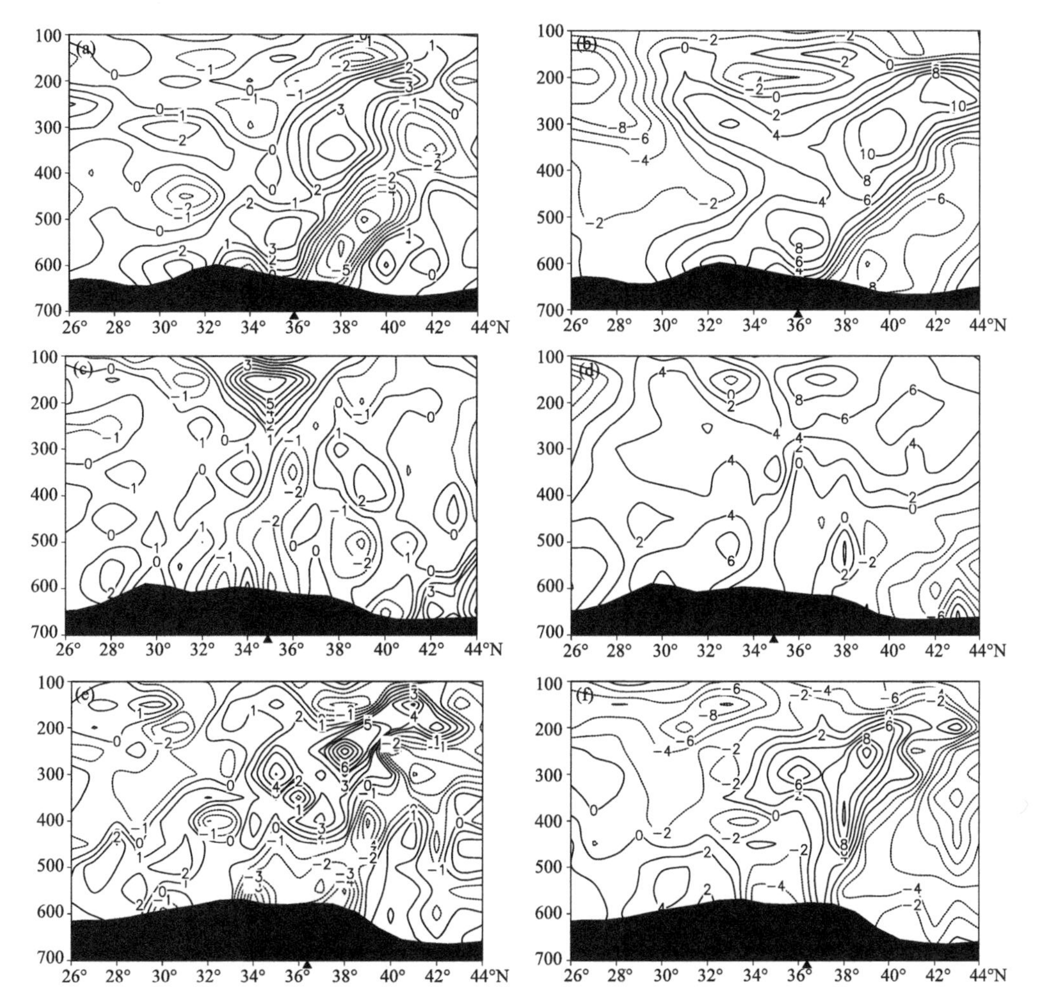

图 5.15　不同暴雨类型沿暴雨测站纬向剖面图（▲：暴雨测站）副高边缘型：2007 年 8 月 25 日 20 时散度(a)，v 分量(b)；副高控制型：2016 年 8 月 24 日 20 时散度(c)，v 分量(d)；高原低涡切变型：2010 年 6 月 18 日 20 时散度(e)，v 分量(f)；(散度单位：s^{-1}；v 分量单位：$m \cdot s^{-1}$)

5.8　高低空急流与暴雨

在暴雨的形成过程中高低空急流发挥着不同的作用。在东亚地区，由高空急流相伴随的次级环流在急流入口区右侧和出口区左侧是明显的上升运动区，提供了降水产生的大尺度条件。一方面，高空急流在向下游传播过程中会伴随向下伸展，在对流层中层产生干冷空气，造成对流不稳定。另一方面，高空急流的存在，使得对流层高低层有较强的垂直切变。低空急流是一种动量、热量和水汽的高度集中带，是暴雨形成的重要条件。影响青海暴雨的高空

(200 hPa和 300 hPa)急流是副热带西风急流,低空(500 hPa 和 700 hPa)急流主要有北支西风急流、西南暖湿急流和中尺度急流。

5.8.1 高空急流

高空急流是指对流层高层(300～100 hPa)强的全风速带,在中纬度为副热带西风急流,低纬度为热带东风急流。在副高影响类型暴雨中,高原地区在南亚高压控制下,副热带西风急流位置偏北。在低涡切变型暴雨中,南亚高压位于印度或西藏,副热带系统位置偏南,高原的对流层高层在副热带西风急流控制下,例如 2010 年 6 月 18 日(图 5.16),都兰站 200 hPa 风速达到 42 m/s。

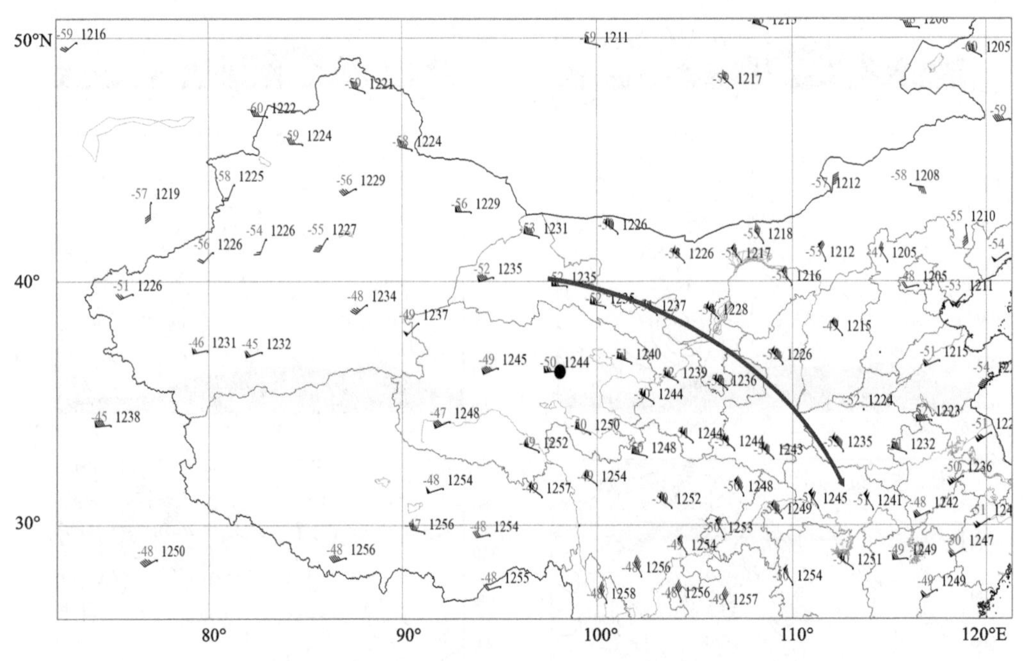

图 5.16 高空急流:2010 年 6 月 18 日 08 时 200 hPa 观测场
(紫色箭头:急流轴;黑色圆点:暴雨测站)

5.8.2 北支西风急流

北支西风急流(图 5.17)是指在青海北部和河西走廊地区形成的急流,它的产生与高空槽东移有关,具有天气尺度特征,随着高空槽的东移而东移,或在中高纬度有稳定少动的冷涡不断分裂冷空气,在其底部的平直西风中往往会形成急流,有时在高层副热带西风急流向下延伸过程中也容易形成西风急流。北支西风急流的出现往往伴随着冷空气活动频繁,增强了大气动力不稳定条件和风速的垂直切变。

5.8.3 西南暖湿急流

西南暖湿急流是指中低空在副高边缘形成的急流(图 5.18),它随着副高的西伸和东退影响青海地区,具有中尺度特征,日变化明显。当高原有低涡形成发展时,西南急流的水平尺度随之增大,达到天气尺度,促使降水过程持续较长时间。

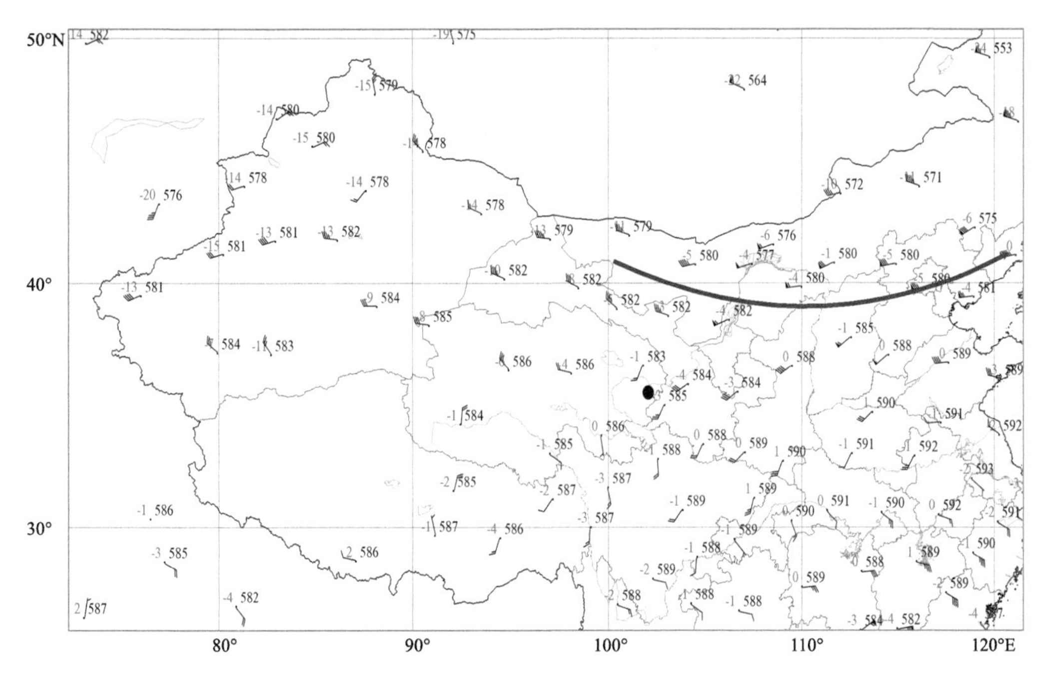

图 5.17　北支西风急流:2010 年 9 月 20 日 20 时 500 hPa 观测场
（紫色箭头:急流轴;黑色圆点:暴雨测站）

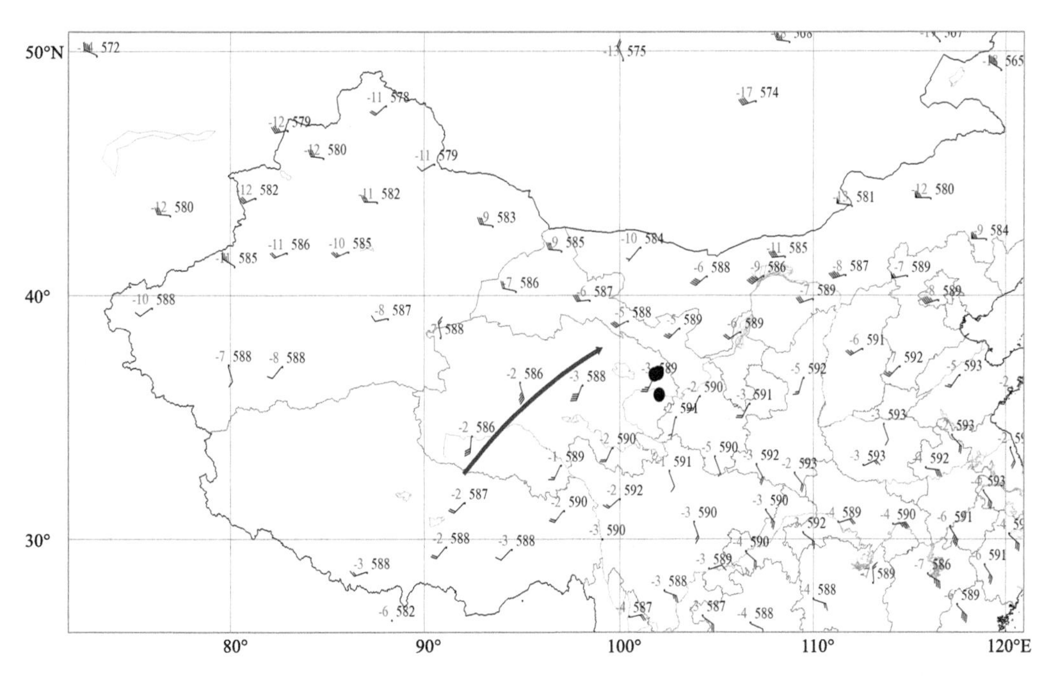

图 5.18　西南暖湿急流:2007 年 8 月 25 日 08 时 500 hPa 观测场
（紫色箭头:急流轴;黑色圆点:暴雨测站）

5.8.4 低空中尺度急流

低空中尺度急流是 700 hPa 的偏东南急流(图 5.19)。该急流是副高西伸过程中由于高原阻挡,在对流层低层气流沿高原东侧绕流形成的东南急流,在青海东部遇地形抬升和地面加热造成强烈的对流不稳定,有利于短时强降水的产生,具有中尺度特征,日变化明显。另外,在印度季风低压(槽)偏强的时期,也会产生沿高原东侧绕流的东南急流。

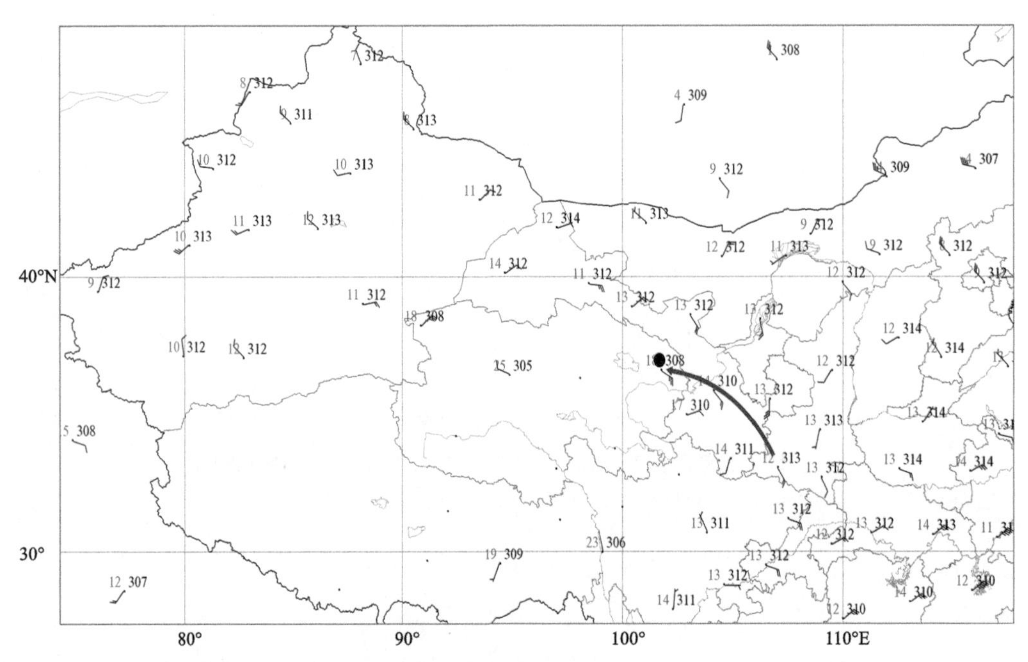

图 5.19 中尺度急流:2013 年 8 月 21 日 20 时 700 hPa 观测场
(紫色箭头:急流轴;黑色圆点:暴雨测站)

5.9 地形影响和天气学概念模型

5.9.1 地形影响

根据青海暴雨的空间分布(图 5.2),暴雨主要出现在黄南和海南南部、东北部的河湟谷地和柴达木盆地东部。黄南和海南南部平均海拔 3000 m 以上,地形对暖湿气流的抬升作用非常显著。东北部的河湟谷地平均海拔在 2500 m 左右,在其北部有祁连山,南部有拉脊山,喇叭口地形作用明显。柴达木盆地东部平均海拔 3100 m 左右,当冷空气翻越阿尔金山进入柴达木盆地遇昆仑山阻挡,在柴达木盆地东部易形成气旋性环流,并伴随地形抬升,有利于较强降水的产生。

5.9.2 暴雨形成的天气学模型

根据青海暴雨形成条件和基本特征给出了天气学概念模型,副高影响类型(包括副高边缘型和副高控制型)的环流特征是(图 5.20a):200 hPa 南亚高压中心平均位置为 101°E,35°N,500 hPa 副高西伸脊点的平均位置在 92°E,32°N,暴雨出现在 200 hPa 南亚高压东北部和 500 hPa副高西北部叠加的区域,500 hPa 高原地区暖中心较强并在 700 hPa 形成明显锋区,且有来自副高边缘偏南气流将暖湿气流不断输送到暴雨区，高温高湿特征显著，地面有切变线或中尺度辐合。在副高西伸北抬过程中，由于高原的阻挡低层暖湿气流沿高原东侧绕流形成偏南暖湿气流，与 500 hPa 西南气流叠加增加了青海暴雨区上空层结不稳定。低涡切变类型(图 5.20b)的环流特征是：200 hPa 南亚高压中心平均位置为 90°E，28°N，其北侧西风急流位于暴雨区上空，当 500 hPa 低涡切变系统南侧西南急流或北侧偏西急流出现时，有利于高原低涡切变系统加强并维持较长时间，700 hPa 来自孟加拉湾的水汽通过高原东侧绕流达到暴雨区，地面为青海湖锢囚锋或冷锋系统。

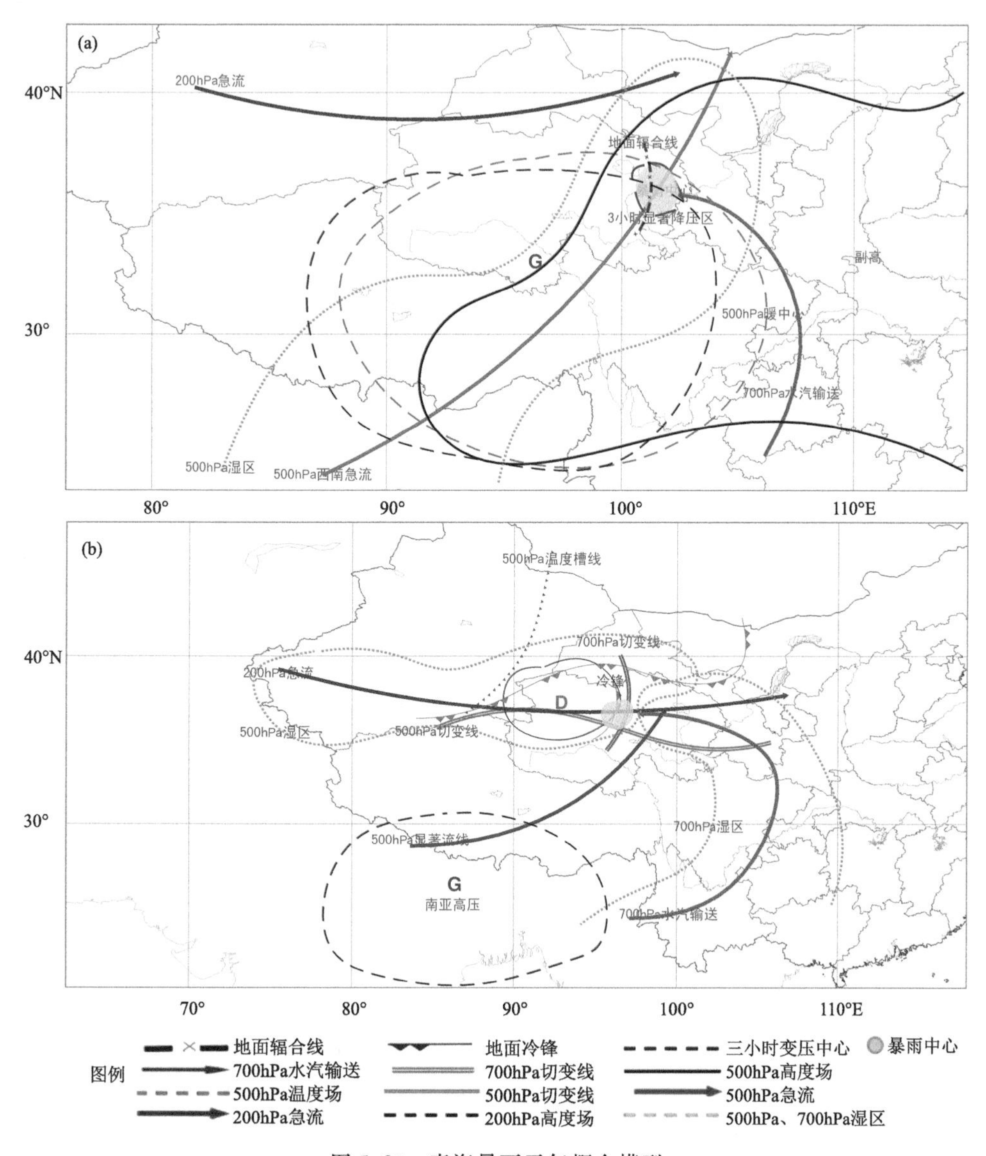

图 5.20　青海暴雨天气概念模型

(a)副高影响类型；(b)低涡切变类型

副高的季节性南北进退对我国雨带的位置和暴雨有重要的影响(叶笃正 等，1958；陶诗言，1980；陶诗言 等，2001)，其边缘附近存在明显的动力、热力和对流不稳定边界(王宗敏 等，

2014)，副高边缘向北输送暖湿的气流与西风带槽引导南下冷空气交汇是导致暴雨出现的有利环流形势(王秀荣 等,2008;邱贵强 等,2018;庄晓翠 等,2020)，副高西伸北抬过程中，当青海上空有700 hPa沿高原东侧绕流的偏南暖湿气流，500 hPa随副高边缘的西南气流，及西风带干冷气流汇合时，不同性质气流的汇合增强了层结不稳定(图5.10a,b)，以混合性降水为主，暴雨落区大多出现在200 hPa南亚高压与500 hPa副高耦合区域，类似江淮地区夏季持续性暴雨发生的天气背景(吴国雄 等,2008)。

副高控制下的暴雨与我国大部分地区的暖区暴雨类似(林良勋,2006;孙健华和赵思雄,2002,2013;谌芸 等,2019)具有以下特征：一是对流性降水明显，即降水强度高，突发性强；二是低层暖湿气流活跃，具有高温高湿的特点；三是天气尺度斜压性强迫弱。暖区暴雨的产生与大气低层湿空气输送及地形抬升形成的局地强辐合和中尺度对流涡旋密切相关(高守亭 等,2018)，不同的是青海暴雨形成时还与低层显著加热作用有关，表现在700 hPa和500 hPa上空有暖中心(表5.2)，更有利于暖湿气流的气旋性辐合。同时高原近地面的局地加热导致锋区加强，与冷暖空气交汇形成的锋区不同(图5.10c,d)，θ_{se}等值线在垂直方向梯度较大，低层呈现Ω形状。

在我国低涡类型的暴雨中，东北冷涡是天气尺度，系统深厚，干冷空气入侵促使垂直运动发展是形成暴雨的一个特点(王东海 等,2007;高守亭 等,2018)，西南低涡是中尺度系统，其南侧暖湿气流的不断输入是暴雨形成的关键(陈忠明 等,2004)。高原低涡切变系统是次天气尺度系统，相对浅薄，当低涡切变系统附近有冷空气侵入，或暖湿气流异常活跃时，系统加强并维持较长时间形成暴雨。

5.10 青海暴雨总结

5.10.1 青海暴雨的时空特征

(1)空间分布特征

暴雨主要集中在三个区域：第一个区域是祁连山东段的河湟谷地，以民和和尖扎为中心；第二个区域是青海省黄河流域的黄南和海南地区，以河南和同德为中心；第三个区域是柴达木盆地东部，以天峻和都兰为中心。

(2)时间分布特征

出现在6—9月，8月最多，其次是7月，与华北地区暴雨的“七下八上”特征不一致，但近10年以小时降水量分析结果来看，次多的月份在6月。

5.10.2 影响青海暴雨的天气系统

影响青海暴雨的主要天气系统是西太平洋副热带高压和高原低涡切变系统，6月在高原低涡切变系统和西风带系统相互作用下出现暴雨天气，影响区域是柴达木盆地东部。7月和8月在西太平洋副热带高压和西风带系统或高原低涡切变系统相互作用下出现暴雨天气，影响区域是青海东部。9月在西太平洋副热带高压和西风带系统相互作用下出现暴雨天气，影响区域是青海东北部。

5.10.3 中尺度对流系统

中尺度对流系统主要有低空急流(西南急流和西风急流)影响下的移动性对流单体，高压控制下原地生消的非移动性对流单体，高原切变线维持下的多单体合并；西太平洋副热带高压影响下对流单体发展深厚，辐射亮温 TBB 为－52～－70 ℃，高原低涡切变影响下的对流单体相对浅薄，TBB 为－32～－52 ℃。

5.10.4　水汽条件

形成青海暴雨的水汽源地来自西太平洋地区、孟加拉湾地区和中纬度西风带地区；西太平洋地区的水汽是通过西太平洋副热带高压边缘的低空东南或偏南急流输送到青海，孟加拉湾地区的水汽是通过印度季风低压或印缅槽的西南急流输送到青海，中纬度西风带的水汽是通过东移的西风急流或高空槽输送到青海。

5.10.5　层结状态

副热带高压边缘型暴雨具有典型的锋面降水特征，暴雨区出现在 θ_{se} 等值线向北倾斜密集区，对流不稳定明显，暴雨易出现在暖湿舌中；副热带高压控制型暴雨发生在高温高湿环境中，对流不稳定条件强，垂直饱和区位于地面到 500 hPa，θ_{se} 等值线垂直梯度较大，低层呈现 Ω 形状；高原低涡切变型暴雨的发生环境也具有斜压锋区特征，但 θ_{se} 等值线相对稀疏，对流不稳定条件弱，暴雨易发生 θ_{se} 水平梯度较大区域。

5.10.6　热力和动力特征

副高边缘型暴雨发生在湿舌中等温线密集区(锋区)，具有湿斜压特征。副高控制型暴雨发生在高湿区并配合暖温度中心，具高温高湿特征。高原低涡切变型暴雨发生在温度和湿度梯度较大的区域，具有干斜压特征。

副高边缘型暴雨表现出在低层范围较大，较强的辐合区，暖湿平流被强迫抬升是暴雨形成的动力机制。副高控制型暴雨是在高层南亚高压控制下产生的强辐散，低层暖湿气流活跃形成的辐合背景下出现暴雨，高层强辐散低层弱辐合的抽吸作用是暴雨形成的动力机制。高原低涡切变型暴雨是在副热带西风急流影响下，冷暖空气不断交汇产生的暴雨，辐合辐散区和南北风切变最大区都出现在对流层中高层，冷空气的干侵入和风的垂直切变造成的动力不稳定是形成暴雨的关键。

5.10.7　降水特征

副高边缘型暴雨以混合性降水为主，平均降水持续时间为 12 h。副高控制型暴雨以短时强降水为主，降水效率高，平均降水持续时间为 6 h。高原低涡切变型暴雨以稳定性降水为主，降水效率低，平均降水持续时间达到 18 h。

5.10.8　高低空急流

在副高影响类型暴雨中，主要是中低空急流，由于西太平洋副热带高压的北抬西伸，随之中低空偏东、偏南暖湿急流加强，为暴雨的形成提供了充足的能量和水汽条件。在高原低涡切变型暴雨中，主要是高空急流，这是因为高空副热带西风急流向下游传播过程中，导致对流层中低层西风急流形成或高空槽东移，使得冷空气活动频繁，形成锋区或锋生，当对流层中低层有暖湿气流时，为暴雨的形成提供了有利的条件。

5.11　暴雨预报及关注点

5.11.1　各种不同尺度天气系统在暴雨过程中作用

在暴雨天气形成过程中(图 5.21)，行星尺度天气系统主要是制约影响暴雨的天气尺度系统活动，决定暴雨区的水汽来源。天气尺度系统主要是制约造成暴雨的中尺度系统活动，并给暴雨区供应水汽，造成位势不稳定和风垂直切变。中尺度系统主要是触发小系统发生，并组织和增强对流，是暴雨形成的直接影响天气系统(丁一汇，2015)。不同天气系统的空间尺度和水平及垂直风速量级的不同，不同尺度系统在水汽输送、凝结效率和持续时间起到的作用不同。大尺度环流背景及天气尺度系统对水汽的水平输送起到重要作用，中尺度天气系统主要影响水汽的垂直输送。中尺度天气系统能够产生更高的降水效率，天气尺度以上系统在降水的持续时间上比中尺度系统持续时间长。

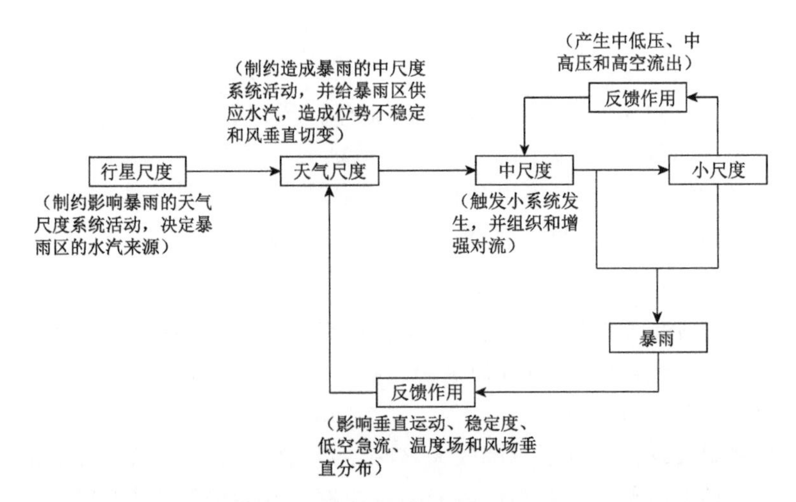

图 5.21 各种不同尺度天气系统在暴雨天气过程中作用(丁一汇，2015)

5.11.2 青海暴雨预报关注点

首先关注大尺度环流背景及影响系统，重点关注南亚高压、副热带西风急流和西太平洋副热带高压位置及强度的变化。对于影响系统，在强对流类型暴雨中，由于天气尺度特征不明显，因此要认真分析产生中尺度对流系统的环境场。在副高边缘型暴雨中，高空槽或冷涡系统东移或影响青海省时，重点关注高空槽或冷涡前部暖脊中对流云能否发展成为中尺度对流系统。在低涡切变类型暴雨中，重点关注高原低涡及切变线系统及冷暖空气不断交汇并持续的条件，尤其是在温度场、湿度场、高度场梯度较密集的区域；其次关注水汽、强烈的上升运动及不稳定条件，降水量的大小取决于大气中的水汽含量、凝结效率和上升运动。最后关注降水的持续时间，副高控制型暴雨取决于中尺度对流系统的水平尺度，副高边缘型暴雨不仅考虑中尺度对流系统水平尺度，还要考虑天气尺度系统例如高空槽及低涡的维持或影响的时间，低涡切变型暴雨取决于温度、湿度梯度密集区维持的时间。

5.11.3 不同暴雨类型的预报着眼点

多尺度不同类型天气系统相互作用是青海暴雨天气形成的关键。一般情况下，副高控制型暴雨是在副热带系统和高原低值系统共同影响下出现的，副高边缘型暴雨是在西风带系统和副热带系统共同影响下出现的，高原低涡切变型暴雨是西风带系统和高原低值系统共同影响下出现的。特殊情况下有三种不同类型系统共同影响的例子，如 2007 年 8 月 25 日青海东北部出现区域性暴雨(李生辰 等，2010)，总体来看青海的暴雨以局地性、对流性为主。

(1)副高控制型暴雨

南亚高压呈圆形或椭圆形分布，中心位于 95°—105°E，32°—35°N 附近，即青海南部和四川；青海大部分地区处在西太平洋副高或青藏高压控制下，副高西脊点位于 90°—100°E，32°N 附近，500 hPa 高空图上高度值在 588 dagpm 以上；温度值≥0 ℃，假相当位温≥80 ℃，处在高温高湿中心；中低空相对湿度≥90%，垂直速度达到－1.0 Pa/s 以上。700 hPa 地面暖中心强，暖中心数值比同纬度高 1 倍。近地面比湿≥10 g/kg。

(2)副高边缘型暴雨

南亚高压呈带状分布，中心位于 95°—105°E，32°—35°N 附近，即青海南部和四川；500 hPa西太平洋副热带高压西部边缘(西脊点)位于 90°—100°E，500 hPa 高空图上高度值为 586～588 dagpm；温度值为－1～－4 ℃，假相当位温 76 ℃附近，处在高温高湿舌中；中低空相对湿度≥90%，垂直速度达到－0.8 Pa/s 以上。700 hPa 地面暖中心强，暖中心数值比同纬度高 1 倍；近地面比湿≥8 g/kg。

(3)低涡切变型暴雨

南亚高压位置偏东或偏南位于西藏(95°—105°E，30°—32°N)，副热带西风急流位于青海省上空，西太平洋副热带高压位置偏东；500 hPa 高空图上青海省上空受到低涡切变线或平直西风气流影响，高度值为 582～585 dagpm；温度值≤－4 ℃，假相当位温≥68 ℃附近；处在假相当位温等值线密集区。低空相对湿度≥90%，垂直速度达到－0.5 Pa/s 以上。700 hPa 地面暖中心强，暖中心数值比同纬度高 1 倍，近地面比湿≥6 g/kg。

第6章 青海暴雪和雪灾天气

大到暴雪是青海主要天气过程，大到暴雪导致的雪灾天气给青海社会、经济和农牧民生活带来严重影响，有时甚至会造成大量牲畜死亡，交通中断，威胁农牧民生命（周倩等，2011；柳艳香 等，2000）。由于发生雪灾的地区大多处在自然环境恶劣，交通不便的地区，因此加强暴雪和雪灾天气的研究并做出准确预测预报，提前采取预防措施，对防灾减灾意义重大。

6.1 暴雪日数时空分布特征

6.1.1 时间分布

1961—2019年暴雪天气从年际变化来看（图6.1a），年平均日数为40.5 d，最多出现在2016年为83 d，最少出现在1995年为18 d。59年以2.2 d/(10a)的速度增加了13 d。1961—2019年暴雪日数月分布变化（图6.1b）与大雪日数分布相似（图4.7b），主要分布在4月、5月、10月，最多出现在5月累计日数为765 d，4月、10月累计日数分别为422 d和418 d，最少出现在1月和12月累计日数均为5 d。7和8月暴雪主要出现在祁连山、唐古拉山及青南的高海拔地区。

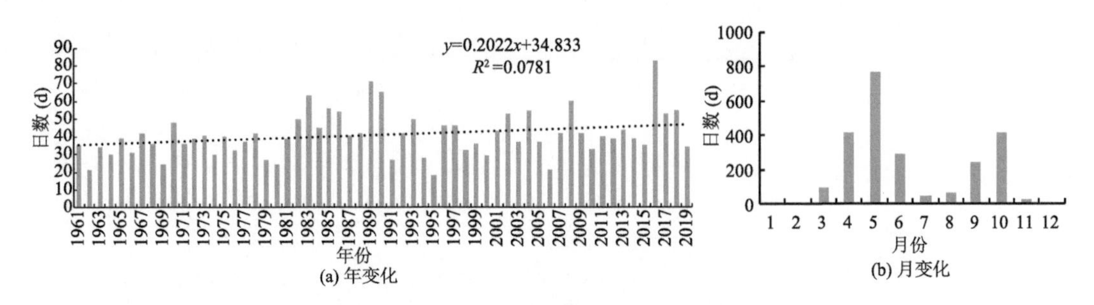

图6.1 1961—2019年青海累计暴雪日数

6.1.2 空间分布

1961—2019年，青海共出2391 d暴雪天气（图6.2），暴雪日数中心分布与大雪日数中心分布一致，主要分布在三江源地区及祁连山区，累计暴雪日数最多出现在清水河站195 d，其次久治站161 d、达日站143 d、甘德站102 d，出现最少的仍然是柴达木盆地，茫崖、冷湖、小灶火、格尔木、诺木洪站及东部的民和、循化和尖扎站59年来未出现过暴雪天气。

与西藏地区比较（林志强 等，2014b），西藏地区大到暴雪日数中心有两个区域：一个位于喜马拉雅山脉的南部边缘地区；另一个位于西藏北部的那曲和昌都地区，这一地区位于唐古拉山脉南侧。青海大到暴雪中心位于巴颜喀拉山脉和阿尼玛卿山脉的南侧，次中心在祁连山脉地区，由此可见大型山脉对暴雪的分布有显著的影响。

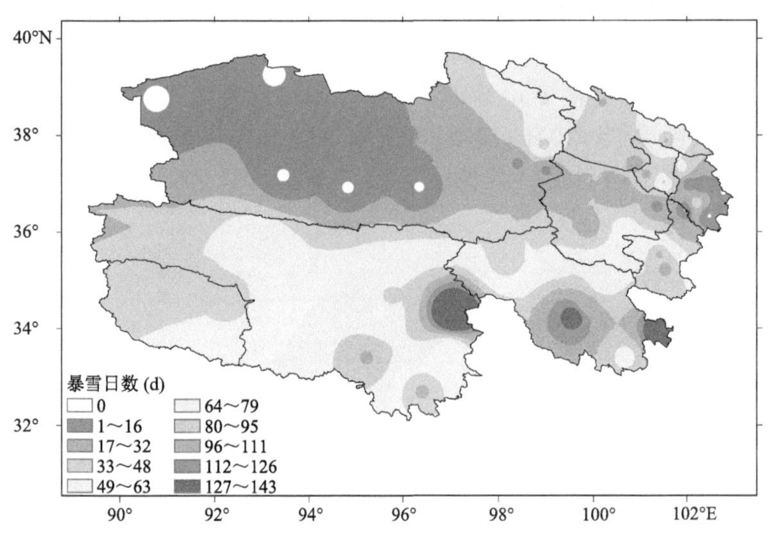

图 6.2　1961—2019 年青海累计暴雪日数空间分布(单位:d)

6.2　积雪日数时空分布特征

6.2.1　时间分布

全省年平均积雪日数表现为:1961—2013 年积雪日数呈先增加再减少的变化趋势,全省积雪日数 1961—2000 年末呈增加趋势,2000—2013 年呈减少趋势。其中 1982 年达到了峰值,全省年平均积雪日数为 44 d,1964 年为近 53 年最低值,为 13 d。由年积雪日数逐年距平变化和累积距平曲线(图 6.3)可知,1961—2013 年青海省年积雪日数 20 世纪 60 年代至 70 年代前期呈现由多到少的态势,70 年代中后期到 90 年代后期积雪增多,90 年代后期至 2013 年呈现出积雪振荡减少的态势。

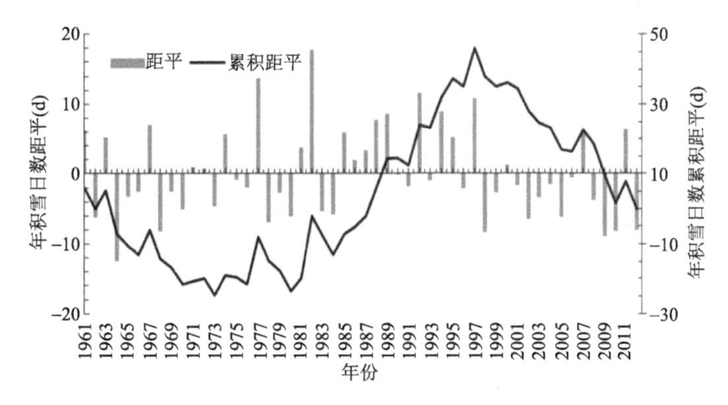

图 6.3　1961—2013 年青海积雪日数逐年距平变化和累积距平曲线

6.2.2　空间分布

图 6.4 是青海积雪日数空间分布图,年平均积雪日数为 1～103 d,以青海南部最多,年平均积雪日数在 60 d 以上。年平均积雪日数有二个高值中心:南部以玉树的清水河站为中心,

年平均积雪达 103 d,其次以果洛甘德站为中心,年平均积雪日数为 75 d,高值中心均地处青海省南部地区,与暴雪中心(图 6.2)基本上是吻合的,该地区受到暖湿气流的影响,来自印度洋和南亚的暖湿气流沿横断山脉北上,造成多雪的环流背景,加之海拔高、气温低,有利于积雪的维持(除多 等,2015;胡列群 等,2014)。东部农业区、西部柴达木盆地地区积雪相对较少,全省年平均积雪日数低值区位于东部海拔较低农业区,循化站年平均积雪日数最少,仅有 1 d。

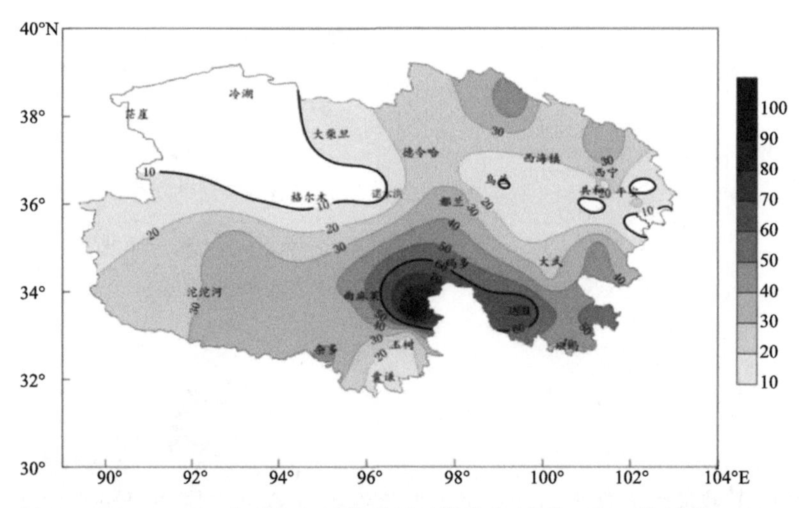

图 6.4　1961—2013 年青海年平均积雪日数分布(单位:d)(王海娥 等,2016)

6.3　高原雪灾及影响因素

6.3.1　高原雪灾研究

高原雪灾的研究大致分为三个阶段:第一阶段:20 世纪 60 年代开始,人们开始关注到雪灾天气带来的影响,70—80 年代通过大会战等形式组织预报技术人员对雪灾天气进行研究,当时研究的主要内容是利用统计方法建立长期预报方程和雪灾预报指标(青海省气象科学研究所,玉树州气象局大雪封山会战组,1976;李生辰,1988);第二阶段:进入 20 世纪 90 年代高原暴雪过程显著增加,尤其在高原东部地区(柯长青和李培基,1998;李生辰 等,1998;董文杰 等,2001;董安祥 等,2001;陈乾金 等,2000),进入雪灾高发期,这一时期注重雪灾的气候变化和大气环流特征研究。雪灾的气候变化有明显的周期性,高原东部是积雪年际变化最显著的地区,主导了整个高原积雪的年际变化。雪灾年和非雪灾年大气环流有显著的差异,表现在雪灾年极涡位于东半球,中纬度盛行西风气流,西太平洋副热带高压位置偏北偏西,高原南侧 90°E 附近孟加拉湾有稳定的槽;第三阶段:进入 21 世纪,随着遥感探测技术的发展,积雪成为雪灾研究的重要指标,研究表明(王澄海 等,2009;王春学和李栋梁,2012;张志富 等,2015;李晓峰 等,2020):青藏高原、新疆北部、内蒙古东部及东北地区是我国积雪大值区,与发生雪灾的三大牧区基本对应,何丽烨和李栋梁(2012)利用积雪年际变率方法将我国西部地区积雪划分为稳定积雪区、年周期性和非年周期性不稳定积雪区,青海雪灾发生区域属于稳定积雪区和年周期不稳定积雪区。除多等(2018)、沈鎏澄等(2019)、姜琪等(2020)给出了高原积雪深度和积雪日数变化特征,降雪量、气温和海拔高度与积雪日数和积雪深度关系密切,总体来看,积雪是雪灾形成的物质条件,降雪量的大小对积雪深度影响较大,温度和海拔高度对积雪日数有显著影响。

6.3.2 高原雪灾与暴雪

暴雪是造成雪灾的主要天气过程,维持一定的积雪深度和持续时间是雪灾天气形成的关键,降雪量越大,积雪深度越厚,出现重灾的概率越大(时兴合 等,2007)。林志强等(2014a)利用 1980—2010 年资料统计了西藏地区大到暴雪日数的空间分布表明,西藏地区大到暴雪日数中心有两个区域:一个是高原南部边缘地区,另一个是那曲和昌都地区,与西藏地区发生雪灾的区域基本吻合(假拉 等,2008)。青海大和暴雪日数(图 4.8 和图 6.2)主要分布在清水河—达日—久治及唐古拉山地区,其次在祁连山地区,与青海雪灾发生区域也基本吻合(周秉荣,2015),表明在青藏高原地区大到暴雪天气与雪灾天气高度相关。

6.3.3 高原雪灾与积雪

韦志刚等(2002)给出了沿喜马拉雅山脉,唐古拉和念青唐古拉山脉、阿尼玛卿山和巴颜喀拉山脉,祁连山脉是青藏高原积雪的三个高值中心,高原地区积雪中心实际上与大型山脉有关。积雪深度和积雪持续日数是判断雪灾发生的二个关键因素(黄晓清 等,2013),高原地区积雪深度的高值区位于喜马拉雅山脉中东段,其次是念青唐古拉山—唐古拉山—巴颜喀拉山—阿尼玛卿山地区,积雪深度小值区位于柴达木盆地(除多 等,2018;沈鎏澄 等,2018)。积雪日数的高值区位于巴颜喀拉山和唐古拉山地区,其次是喜马拉雅山脉地区,青藏高原地区积雪深度高值区与积雪日数高值区不完全一致,这种不一致表明在不同环流背景及天气系统影响下形成的积雪深度和日数是不同的,积雪深度高值区易受到活跃的暖湿气流影响,加之强烈的地形抬升作用,降雪量级大。积雪日数高值区经常处在冷暖空气交汇地区,加之海拔高度高有利于积雪维持较长时间,总之,高原积雪高值区与高原雪灾发生区域也是基本吻合。

6.3.4 高原雪灾划分

一般按照灾害程度,将高原雪灾划分为轻灾、中灾、重灾。按照出现的时间,将高原雪灾划分为前冬雪灾(10—12 月)、后冬雪灾(1—3 月),也有划分为前冬雪灾(10—11 月)、隆冬雪灾(12 月—翌年 1 月)、春季雪灾(2—3 月),不同时段,在不同区域,雪灾发生的灾害程度不尽相同,一般来讲,高原雪灾发生时间为每年 10 月 15 日—翌年 3 月 31 日。

6.4 雪灾天气成因及统计

雪灾的形成过程实际上是复杂的,即有多次弱降雪天气过程累计形成的雪灾天气,也有一次强降雪天气过程导致雪灾的发生。在青海,从大到暴雪日数和积雪日数与雪灾天气的关系论述中看到,大到暴雪空间分布与积雪日数和雪灾天气空间分布有较好的一致性,因此本章主要介绍由大到暴雪天气过程导致的雪灾天气。

6.4.1 雪灾的天气成因

从天气学角度考虑雪灾时主要有两个因素,一个是降雪量,降雪量越大形成雪灾天气的可能性越大。但不同地区和不同季节的暴雪能否导致雪灾天气的发生有较大的差异,周陆生等(2000)统计了 1973—1996 年高原东部牧区大到暴雪天气过程形成雪灾的概率表明:10—12

月大到暴雪天气成灾概率为 34.1%，1—2 月成灾概率达到 80.3%，3—4 月成灾概率为 14.1%，表明隆冬季节因大到暴雪天气形成雪灾的概率最大，春季最小，说明持续低温对雪灾的形成非常重要。

另一个是温度，当出现降雪天气时，后续能否持续较低的温度维持积雪不易融化也是雪灾天气形成的关键，即使同一场暴雪天气过程在不同地区是否形成雪灾天气不尽相同，比如 2005 年 10 月 19—23 日西藏东南部出现了一次较强降雪天气过程，其中聂拉木累计降雪量达到 115.3 mm，降雪后积雪融化快没有形成雪灾天气（康志明 等，2007），但 20—22 日青海南部同德、清水河、囊谦站分别出现 10 mm 以上暴雪天气，导致该地区（平均海拔 4000 m）发生雪灾。统计分析表明：雪灾年测站最低温度平均可达到－34.8 ℃（李生辰 等，1998），2015 年 1 月 4—5 日出现的大到暴雪伴随寒潮天气过程（参见第 11 章），导致温度持续下降 10 日清水河站日平均温度为－36.8 ℃，最低温度达到－45.9 ℃的历史极值，出现雪灾天气，沈鎏澄等（2019）的工作指出，春、秋季的积雪由气温主导，冬季积雪则由降雪量主导。

6.4.2 雪灾发生区域划分

结合青海的大到暴雪日数及积雪日数分布特征，将青海发生雪灾天气的区域划分为：青海南部地区（包括玉树州、果洛州、海南州和黄南州南部、唐古拉地区），青海北部地区（包括海西州东部、海北州、环青海湖地区）。

6.4.3 雪灾天气过程定义及个例统计

根据青海雪灾天气灾情调查报告和风险区划（周秉荣，2015），结合降雪量、温度及500 hPa 天气图，规定：

1）2 个地面气象站 24 小时降雪量≥5 mm，其中 1 个站的降雪量≥10 mm，形成积雪，日平均温度连续 5 日低于－5 ℃；

2）或 1 个地面气象站 24 小时降雪量≥20 mm，形成积雪，日平均温度连续 5 日低于－10 ℃；

同时满足：

500 hPa 高空图上，在 25°—35°N，80°—105°E 范围内，西南风速达到 28m/s，并配合暖温度脊；

或：500 hPa 高空图上，在 35°—45°N，80°—105°E 范围内，偏西风速达到 20 m/s，并配合冷温度槽。

6.4.4 统计结果

统计结果（表 6.1）表明，1980—2015 年间总共发生 21 次由暴雪导致的雪灾天气过程，其中青海南部出现 20 次，青海南部地区有较好的水汽输送条件，由于海拔高度较高，当有大到暴雪天气出现时，发生雪灾的频繁高，尤其在隆冬季节（12 月—翌年 1 月）平均温度达到－20 ℃（平均温度和最低温度是指出现暴雪 5 天内最低值，以下同），最低温度为－30 ℃以下，有利于积雪维持较长时间，其他时期平均温度达到－10 ℃左右，最低温度达到－20 ℃，积雪不易融化。青海北部出现 1 次，由于地理位置偏北，受到水汽条件限制大到暴雪天气出现的概率低，仅出现了 1 次，日平均温度在－5 ℃，最低温度在－14 ℃以下，发生在春季。

表 6.1 青海暴雪导致雪灾天气个例

分类	时间	暴雪中心(雪灾区域)	量级(mm)	平均温度(℃)	最低温度(℃)
青海南部	1980 年 3 月 2—3 日	久治站(果洛州)	11.9	−14.1	−24.4
	1981 年 11 月 4—5 日	玉树站(果洛州、玉树州)	11.6	−11.1	−17.4
	1982 年 3 月 31—4 月 1 日	玛沁站(果洛州)	13.2	−7.2	−20.0
	1985 年 10 月 17—18 日	沱沱河站(唐古拉、玉树州、果洛州)	50.2	−29.5	−37.5
	1987 年 10 月 19—20 日	清水河站(玉树州、唐古拉地区)	19.6	−16.5	−25.8
	1987 年 12 月 12—13 日	清水河张(玉树州)	12.7	−30.2	−37.9
	1991 年 2 月 27—28 日	玛沁站(果洛州、玉树州北部、黄南南部)	12.4	−15.9	−27.4
	1993 年 10 月 20—21 日	甘德站、达日站(果洛州)	10.3	−15.8	−23.0
	1994 年 1 月 15—16 日	清水河站(玉树州)	10.5	−21.6	−33.5
	1994 年 3 月 15—16 日	河南站(黄南州南部、果洛州)	10.8	−8.8	−17.3
	1997 年 10 月 24—25 日	清水河站(玉树州、果洛州)	10.1	−18.8	−25.8
	1998 年 3 月 24—25 日	达日站(玉树州、果洛州)	11.0	−11.8	−21.2
	2005 年 10 月 20—21 日	清水河站(玉树州、果洛州)	12.7	−18.4	−25.7
	2006 年 3 月 11—12 日	杂多站(玉树州、果洛州)	16.8	−14.9	−24.3
	2007 年 3 月 14—15 日	玛多站(果洛州、黄南州南部)	11.1	−16.9	−26.8
	2008 年 1 月 23—24 日	杂多站(玉树州、果洛州北部)	18.5	−16.1	−22.0
	2008 年 10 月 26—27 日	杂多站(果洛州、玉树州)	13.2	−8.8	−13.9
	2013 年 2 月 17—18 日	河南站(青海南部)	10.0	−19.5	−30.3
	2014 年 2 月 16—17 日	杂多站(玉树州、果洛州)	13.5	−16.6	−26.5
	2015 年 1 月 4—5 日	河南站(黄南州南部、果洛州)	11.2	−23.9	−33.9
青海北部	2007 年 3 月 2—3 日	德令哈站(海西州东部)	16.8	−6.7	−14.2

6.5 暴雪及雪灾天气类型

6.5.1 类型划分

在中纬度地区,暴雪过程大多与温带气旋有关(王文辉 等,1979;Bosart et al.,1981;Braham et al.,1983;Sanders,1986;张家宝 等,1986;Ninomiya et al.,1991;Marwitz et al.,1993;刘宁微 等,2009)。近年来对高原地区暴雪天气研究表明:西藏地区暴雪天气的产生与孟加拉湾风暴和南支槽天气系统关系密切(王子谦 等,2010;林志强 等,2014a;德庆 等,2015;黄晓清 等,2018;罗布坚参 等,2019),青海地区的暴雪天气不仅与上述天气系统有关,还与西风带中北支槽活动有关(李加洛 等,2003;保云涛 等,2018)。梁潇云等(2002)通过对高原东部降雪过程的天气形势分析给出了北脊南槽型、阶梯槽型、乌山脊型及中哈国境槽型四种类型,这种分型主要基于亚洲中高纬度的大气环流,侧重大尺度低压槽脊和冷空气的活动(在上述四类降雪天气型中,高原北侧的槽、脊活动带来冷空气,高原南侧的南支槽为高原输送了暖湿气流,而高原东部的低涡、切变线则提供了易于产生强降雪的辐合、抬升凝结条件)。邹进上和曹彩珠(1989)将天气形势环流配置情况归纳为六种天气型:西风槽、西风槽叠加、低涡切变、孟加拉湾风暴、横向切变、冷锋切变。林志强等(2014b)通过高度场和风场的合成给出了5种类型,即:印度低压型、南北支槽型、巴尔喀什湖低压型、伊朗高压型、高原低涡切变型。通过以上分析看到,西风带高空槽、高原低涡切变、孟加拉湾风暴、印度低压、南支槽等天气系统是高原地区大到暴雪天气形成的主要影响系统。对于雪灾天气不仅需要满足产生暴雪的暖湿气流,同时还要满足频繁的冷空气活动,结合高原地区产生大到暴雪天气的影响系统,将大到暴雪导致的雪灾天气划分为孟加拉湾风暴型和高原南支西风槽与北支西风槽结合型(以下简称南支与北支槽结合型)。

6.5.2 孟加拉湾风暴型

(1)天气形势及特点

天气形势特点是高原南侧暖湿气流异常活跃,这种异常活跃的暖湿气流与孟加拉湾风暴密切相关。当西太平洋副热带高压位置偏西控制中南半岛地区时,高原地区盛行西南气流,一旦孟加拉湾地区有风暴形成并向偏北方向移动时,有较强西南气流将暖湿气流输送到高原地区,出现大到暴雪或特大暴雪天气,同时巴尔喀什湖地区的低压(槽)不断分裂冷空气移上高原,导致积雪区域的雪灾天气发生。此时有高原南支槽与孟加拉湾风暴的西南气流叠加的话,西南气流加强并形成急流将暖湿气流输送到高原更北的地区。孟加拉湾风暴是造成高原地区降水的重要天气系统(段旭和段玮,2015),最活跃的时段集中在5月和10—11月,受到孟加拉湾风暴天气系统影响造成的雪灾天气主要出现在10—12月,大多数在10—11月,个别出现在12月,青海南部地区由于海拔较高,只要出现这种强降雪天气过程即使没有冷平流,但雪后辐射降温产生的冷却效应会导致气温下降幅度很大,使得积雪维持造成灾害(柳艳香 等,2000)。

(2)青海南部雪灾例子

2008年10月27—28日在西藏中东部和青海南部出现了大到暴雪天气,降雪天气过程结束后在那曲、玉树、果洛形成了雪灾。500 hPa高空图上(图6.5),西太平洋副热带高压中心位于我国华南地区稳定少动,588 dagpm等值线西伸到104°E,孟加拉湾地区有风暴,在西太平

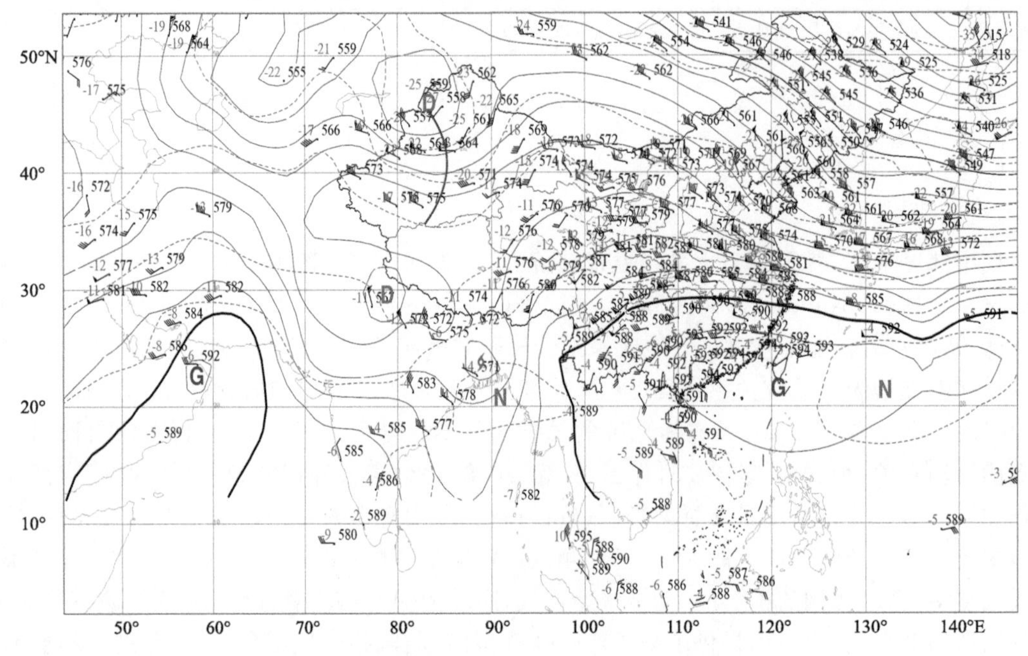

图6.5 2008年10月27日08时500 hPa高空图

洋副热带高压西北侧形成较强的西南暖湿气流，西藏东部的西南风风速达到20 m/s以上。高层200 hPa(图略)副热带西风急流中心位于高原东部，西南风速达到60 m/s以上，在强高空气流引导下，孟加拉湾风暴中的暖湿气流北上到达高原地区，造成青海南部和西藏中部大范围的降雪天气，其中西藏错那站24 h降雪量达到97.7 mm，青海班玛站24 h降雪量达到20.7 mm。

董文杰等(2001)统计了多雪灾年与少雪灾年西太平洋副热带高压指数的关系表明，多雪灾年冬春西太平洋副热带高压强，位置偏西，西脊点位于118°E以西；相反少雪灾年冬春西太平洋副热带高压弱，位置偏东，西脊点位于118°E以东，通过实例(图6.5)看到，西太平洋副热带高压的强度和位置影响高原地区大到暴雪的落区。由于得到孟加拉湾风暴充沛水汽的供应(周倩 等，2011)，这种天气形势下容易出现极端降雪天气，如2008年10月27日错那出现日降雪量为97.7 mm，1998年10月20日波密出现日降雪量为111.7 mm，1987年10月19日聂拉木出现日降雪量为165.2 mm，1985年10月18日沱沱河出现日降雪量为50.2 mm的极端降雪天气。

6.5.3 南支与北支槽结合型

(1)天气形势及特点

由于高原大地形作用，在对流层中低层西风带分成南北两支，当北支槽携带的冷空气与南支槽前西南暖湿气流交汇时，在高原地区有高空槽形成，这种新生槽有如下特点：一是高空槽温压场出现不对称结构，北支槽与南支槽结合时出现不同位相叠加，使得高空槽在温度场上的槽明显落后于高度场上的槽，高空槽加深产生大到暴雪天气，随着高度槽东移，降雪区域处在温度槽较强冷平流控制下，降雪不易融化导致雪灾发生，出现这种不同位相叠加的情况实际上与高原大地形作用有关。二是高空槽具有较强的锋区和斜压性，由于来自北支槽的冷空气与来自南支槽的暖湿空气不断交汇，新生的高空槽在冷暖空气交汇处斜压性增强，等温线密集，高空槽不断加深。相比较孟加拉湾风暴型，南支槽携带的水汽含量比孟加拉湾风暴少，降雪的量级比较小，这种类型一般出现在1—3月，对青海高原北部和南部都有影响。

(2)青海南部雪灾例子

1994年1月15—16日高原中部地区出现了一次大到暴雪天气过程，青海南部和西藏那曲地区发生了雪灾。如图6.6所示，500 hPa高空图上亚洲中高纬度维持纬向环流，南支槽在印度北部稳定少动，高原南部地区处在南支槽前西南气流及暖温度脊控制下，玉树站西南风，风速达到18 m/s，北支槽(新疆槽)东移，随着南支槽与北支槽结合，新生槽在高原中部35°N附近锋区逐渐加强，达到24 ℃/(10个纬距)，降雪后形成的积雪在强锋区影响下导致雪灾天气发生。

(3)青海北部雪灾例子

2007年3月2—3日青海北部出现一次大到暴雪天气过程，24 h降雪量德令哈站16.8 mm，大柴旦站6.4 mm，茶卡站5.5 mm，在海西东部、青海湖北部、祁连山中段地区出现雪灾。

2007年3月2日08时500 hPa高空图上(图略)中高纬度维持一槽一脊，高原地区处在南支槽前西南暖湿气流控制下，北支槽位于新疆，3日08时500 hPa北支槽与南支槽结合形成的高空槽已经东移至河套地区到高原东侧(图6.7)，但其温度场上的槽滞后位于柴达木盆地上空，大到暴雪发生区域处在冷温度槽中，有较强的冷平流，积雪不易融化导致雪灾的发生。

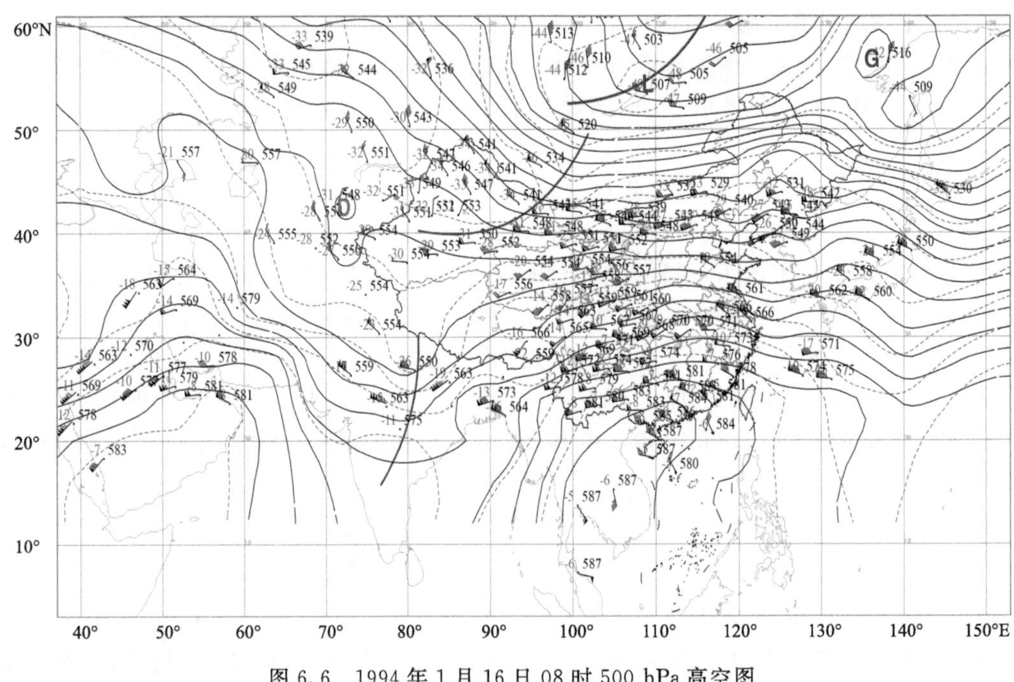

图 6.6　1994 年 1 月 16 日 08 时 500 hPa 高空图

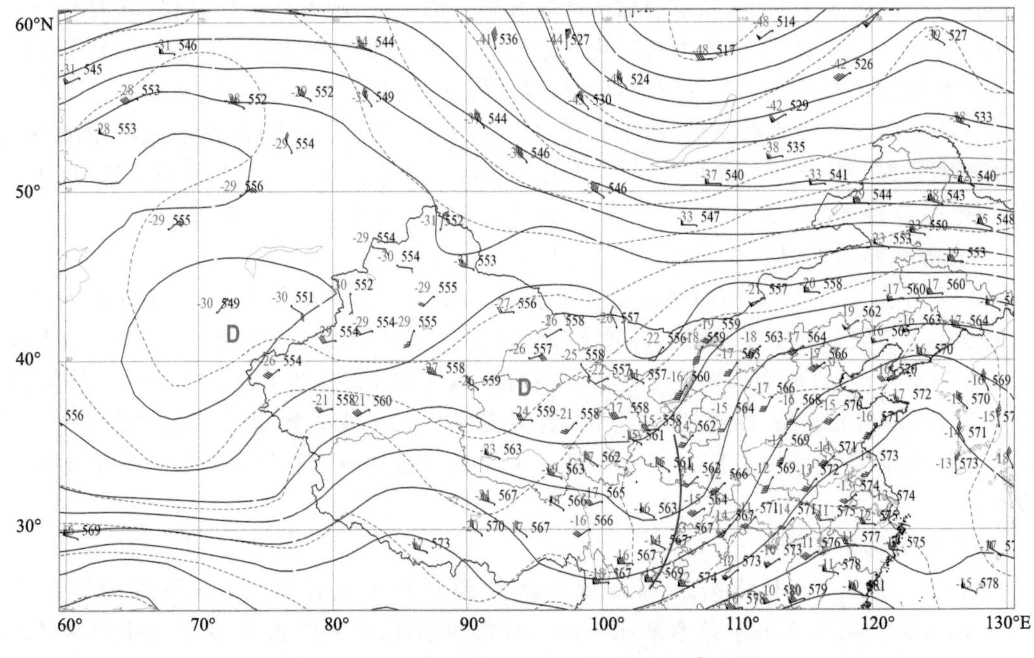

图 6.7　2007 年 3 月 3 日 08 时 500 hPa 高空图

6.5.4　小结

孟加拉湾风暴型雪灾天气环流特征是：孟加拉湾地区有风暴或台风形成，向北移动，风暴中心位于 20°N 以北，高原地区对流层中低层有西南急流形成，这种急流是动量、热量和水汽的集中带，将暖湿气流输送到高原，西太平洋副热带高压位置偏西偏北，西脊点位于 118°E 以西的位置，降雪量的大小取决于孟加拉湾风暴水汽输送的量级，大到暴雪的落区与高原上西南气流的位置有关，有南支槽配合时，西南气流会进一步加强，将暖湿气流输送到高原更北的地区，同时中亚冷涡(槽)或巴尔喀什湖低压(槽)不断有冷空气分裂并移上高原，有利于积雪维持。孟加拉湾风暴、西太平洋副热带高压、强的西南暖湿气流、中亚或巴尔喀什湖地区低压(槽)是形成雪灾天气的关键影响系统。对于青海南部地区来讲，由于海拔高度高，即使没有较强冷空气活动，只要出现暴雪以上量级的降雪，形成的积雪很难融化，发生雪灾的概率非常高。

南支与北支槽结合型雪灾天气环流特征是：高原南支槽和北支槽是关键影响天气系统，南支槽中的暖湿气流与北支槽中的冷空气不断交汇下形成的高空槽具有较强的锋区和斜压性，或具有温压场不对称结构时，促使高空槽进一步加深，有利于大到暴雪出现并导致青海雪灾的发生，黄晓清等(2018)分析了大气环流与西藏雪灾变化关系表明，在高原南部暖湿气流与高原北部冷空气活跃的情况下，西藏地区易发生雪灾天气，与青海发生雪灾的大气环流特征相似，这种类型的大到暴雪及雪灾天气往往会伴随寒潮天气的发生。

6.6 雪灾天气形成条件

6.6.1 动力条件

(1)孟加拉湾风暴型

如图 6.8a 所示，散度场特征为高层辐散低层辐合，高层辐散值达到 $9\times10^{-5}\cdot s^{-1}$，低层辐合值为 $-4\times10^{-5}\cdot s^{-1}$，高层辐散的强度是低层辐合强度的 2 倍，在对流层形成了高层对低层的抽吸作用，有利于产生上升运动。垂直速度随着高度有所增强，400 hPa 最大。

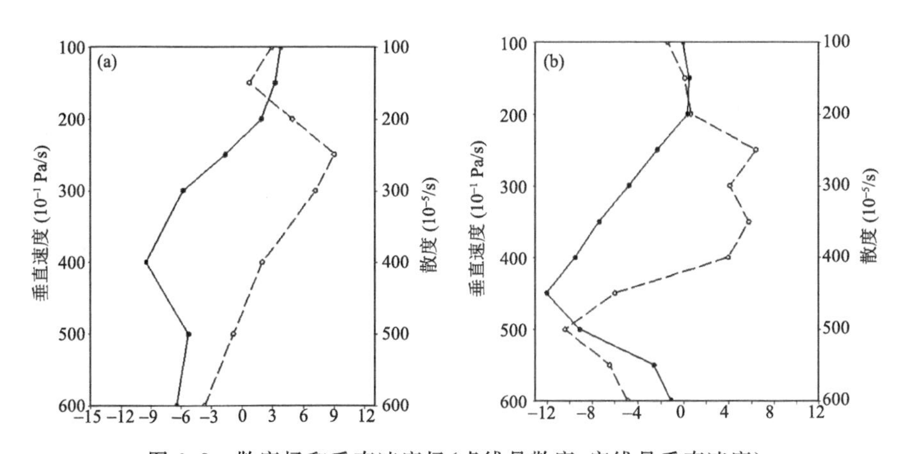

图 6.8 散度场和垂直速度场(虚线是散度，实线是垂直速度)

(a)1993 年 10 月 21 日达日站；(b)2008 年 1 月 24 日杂多站

(2)南支与北支槽结合型

图 6.8b 所示，散度场特征为高层辐散低层辐合，高层辐散值为 $6\times10^{-5}\cdot s^{-1}$，低层辐合值达到 $-11\times10^{-5}\cdot s^{-1}$，低层辐合的强度是高层辐散强度的 2 倍，低层辐合抬升作用明显，有利于上升运动的产生。垂直速度随着高度迅速增强，550 hPa 最大。

6.6.2 热力条件

(1)孟加拉湾风暴型

利用温度场和24 h变温分析了热力条件，如图6.9a所示。受到孟加拉湾风暴影响，高原上空出现明显的增温层，24 h增温最强达到10 ℃，增温层随着纬度的增加不断抬升，低纬度地区增温层接近地面，高纬度地区延伸到200 hPa，这种显著增温现象与较强的暖湿平流活动密不可分，高原地形对暖湿气流有明显抬升作用。

戴武杰(1974)选用1973年12月8—10日的孟加拉湾风暴个例分析了拉萨和那曲两站的时间剖面图，拉萨400 hPa增温6 ℃，那曲300 hPa增温8 ℃，两地有明显的锋面逆温存在，并指出高原暖锋与经典模式上的暖锋不同，属单一型暖锋，因受地形影响，在近地层不明显，称为“无脚暖锋”，因此，在孟加拉湾风暴影响下高原地面暖锋特征不明显。

在孟加拉湾风暴型中，低层700 hPa在高原东南部往往存在16 ℃的较强暖中心，暖中心配合的是加强的低压(图略)，因此高原上暖湿气流活跃时，高原东南部地面热低压随之强烈发展。

(2)南支与北支槽结合型

图6.9b是青海北部的一次雪灾天气过程的24 h变温和温度场，在35°N附近对流层底层有冷暖空气交汇，形成较强的变温梯度，到500 hPa以上明显减弱，冷暖平流交汇主要发生在对流层低层。

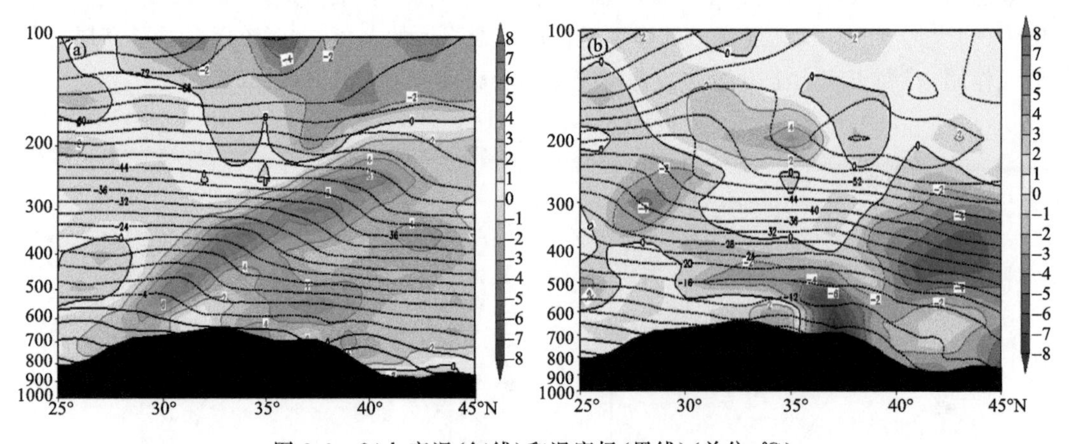

图6.9 24 h变温(红线)和温度场(黑线)(单位:℃)

(a)沿100°E,2008年10月27日08时;(b)沿95°E,2007年03月02日08时

6.6.3 水汽条件

(1)孟加拉湾风暴型

在孟加拉湾风暴外围扩展云系影响下(图6.10)，在西藏中部和青海东南部的对流层中层400 hPa有较强的水汽通量和辐合(图6.10a)，中心值为-3×10^{-5} kg·cm^{-2}·s^{-1}。500 hPa水汽通量和辐合区位置稍偏东(图6.10b)，位于西太平洋副热带高压的西北侧，有较强的西南风配合，中心数值达到-4×10^{-5} kg·cm^{-2}·s^{-1}，500 hPa水汽辐合区与雪灾发生区域基本吻合。

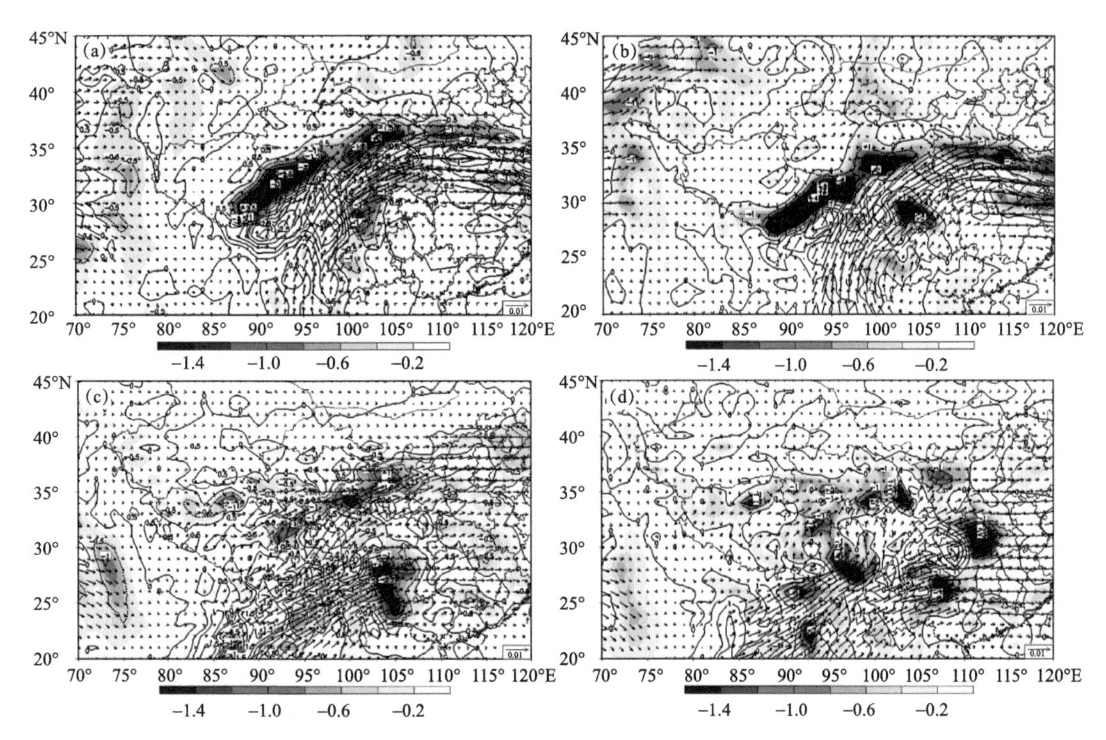

图 6.10　水汽通量及散度

(矢线:水汽通量,单位:kg/(cm·s);蓝色阴影:水汽辐合区,单位:kg/(cm^2·s))

(a)2008 年 10 月 27 日 20 时 400 hPa,(b)500 hPa;(c)2013 年 02 月 17 日 20 时 500 hPa,(d)600 hPa

(2)南支与北支槽结合型

500 hPa(图 6.10c)强水汽通量和辐合区有 2 个,南侧的强水汽通量辐合区与南支西风急流吻合(图 6.13c),北侧的强水汽通量辐合区是南支槽与北支槽结合的区域,是西南风与西北风的辐合,与高空锋区吻合(图 6.13b),中心数值为-3×10^{-5} kg·cm^{-2}·s^{-1},但水汽通量无论在输送厚度和输送量级上比孟加拉湾风暴型小。600 hPa(图 6.10d),有多个强水汽通量辐合区,西侧的辐合区与雪灾发生区域吻合。

6.6.4　高空急流

研究表明:副热带高压和西风带大槽的活动是导致副热带急流南北推移的直接相关因子(郑成均,1963),副热带急流位置的南北移动和强度的变化不仅影响着我国的天气气候(况雪源和张耀存,2006;毛睿 等,2007;杜银 等,2009;金荣花 等,2012;魏林波 等,2012),而且影响着高原地区暴雪和雪灾天气,这是因为随着对流层高层副热带西风急流变化,在动量下传作用下对流层中低层出现较强急流,促使高原及附近地区冷暖空气活跃,也就是说冷空气伴随着北支西风急流而加强,暖湿空气伴随着南支西风急流而加强,根据这一特点我们统计了 500 hPa 两种类型急流特征。选择 20°—45°N,75°—110°E 范围,当全风速达到 16 m/s 且有闭合中心,代表急流区域,急流轴位于 35°N 以北的称为北支西风急流,位于 35°N 以南的称为南支西风急流。如图 6.11a 所示,孟加拉湾风暴型,南支西风急流出现频次高,全风速中心位置主要分布在高原的东南部,平均风速达到 32 m/s。

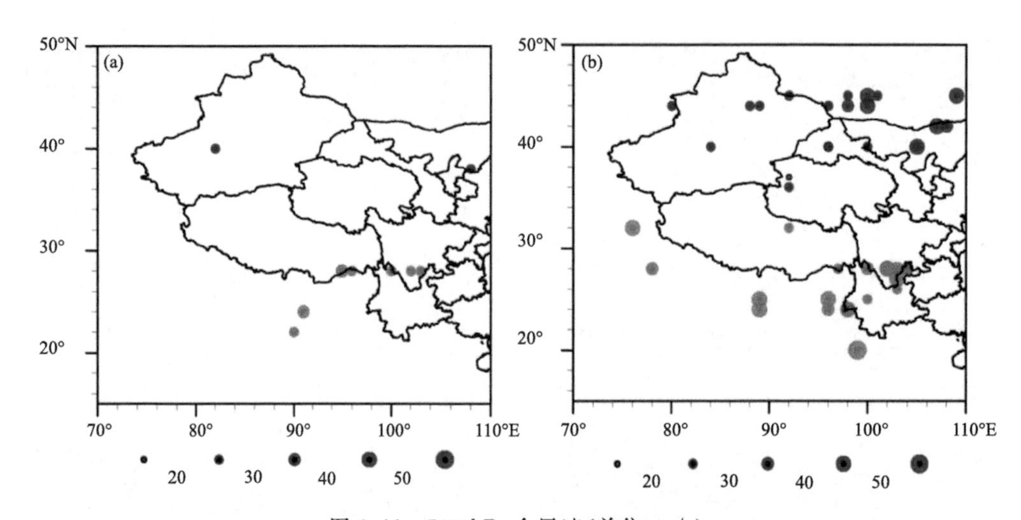

图 6.11 500 hPa 全风速(单位:m/s)

(红色圆点为南支西风急流轴核中心位置,蓝色圆点为北支西风急流轴核中心位置)

(a)孟加拉湾风暴型;(b)南支与北支槽结合型

图 6.11b 是南支与北支槽结合型全风速中心出现频次及位置图,雪灾天气发生时南支与北支急流出现的频率都比较高,北支西风急流大多数位于 40°N 以北地区,平均风速达到 29 m/s,南支西风急流多数出现在 28°N 附近平均风速达到 35 m/s,比北支西风急流更强,与姚慧茹和李栋梁(2013)统计的平均状况基本一致,这也是在日常 500 hPa 天气图上高原南支槽比北支槽更加容易识别的缘故。

6.6.5 小结

孟加拉湾风暴型是暖湿气流遇高原地形强迫抬升,高层强辐散低层弱辐合,在抽吸作用和高原地形抬升下产生上升运动。南支与北支槽结合型是冷暖空气不断交汇下,高层弱辐散低层强辐合,动力强迫作用下产生上升运动。

孟加拉湾风暴型和南支与北支槽结合型雪灾天气的水汽来源于孟加拉湾地区,在对流层中低层前者的水汽输送量比后者大,水汽辐合区的范围更广,更深厚。

雪灾出现在全风速值相对较小的区域,位于南支西风急流轴左侧,北支西风急流轴的右侧。

6.7 雪灾天气卫星云图特征

6.7.1 孟加拉湾风暴型

2008 年 10 月 26 日 20 时(图 6.12a)形成的孟加拉湾风暴云系中心到达 20°N(云团 A),扩展云系(云团 B)已经影响移上高原,27 日 08 时(图 6.12b)西太平洋副热带高压西侧边缘的西南气流加强,并有暖温度脊配合,此时扩展云团 B 已经影响青海南部地区,大到暴雪天气出现在扩展云系 B 中,扩展云系 B 移动方向与对流层中低层南支西风急流轴方向一致位于急流轴左侧(图 6.12c),扩展云系 B 位于 200 hPa 副热带西风急流轴的右侧(图 6.12d),叶笃正(1979)总结了影响高原的孟加拉湾风暴云带有三个特征:(1)云带完全处在 200 hPa 副热带急流轴以南，随着急流的南移，或风暴北上接近急流区，云带也逐步伸长，最长的云带达到3000～4000 km；(2)云带由中高低云组成，在急流轴下方为一深厚的饱和层($T-T_d<4$ ℃)；(3)云带在靠近急流的一侧伸展最长，反映了强风速区对云量平流的作用，与图 6.12 的孟加拉湾风暴云带特征基本一致。

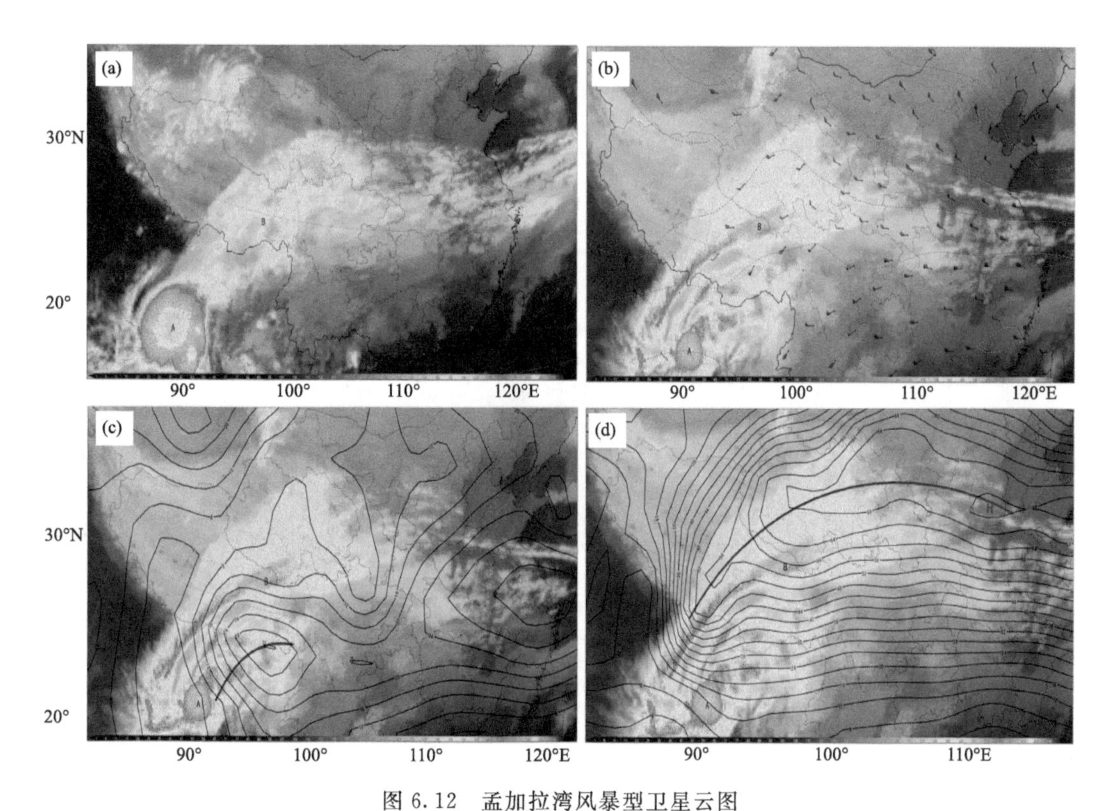

图 6.12 孟加拉湾风暴型卫星云图

(紫色箭头：急流轴；红色箭头：孟加拉湾风暴云系；黑色箭头：孟加拉湾风暴扩展云系)

(a)2008 年 10 月 26 日 20 时卫星云图；(b)2008 年 10 月 27 日 08 时卫星云图和 500 hPa 观测风和温度；(c)500 hPa 全风速；(d)200 hPa 全风速

总之，孟加拉湾风暴天气系统移至高原南侧时逐渐减弱填塞，主要是其扩展云系移上高原，造成暴雪天气导致雪灾的发生，扩展云系的北边界位于对流层高层副热带西风急流入口区的右侧，对流层中低层南支西风急流的左侧，对雪灾天气的落区预报有指示意义。

6.7.2 南支与北支槽结合型

2013 年 2 月 16 日 20 时(图 6.13a)云团 A 是北支槽(或称巴尔喀什湖低压槽)云系，云团 B 是南支槽云系，17 日 20 时(图 6.13b)南支槽云系 B 处在西南气流中不断加强并移上高原，暴雪天气出现在南支槽云系中，北支槽云系 A 处在温度槽中和西北气流中，具有较强的冷平流，随着南支槽中暖湿气流与北支槽中冷空气不断交汇，在西北气流与西南气流交汇处新生的高空槽具有较强锋区。500 hPa 全风速场上(图 6.13c)，云系 A 和云系 B 北侧有北支西风急流，南侧有南支西风急流，云系 B 处在全风速低值区，雪灾区域出现在 200 hPa 副热带西风急流轴的左侧(图 6.13d)，与孟加拉湾风暴型的情况恰恰相反。

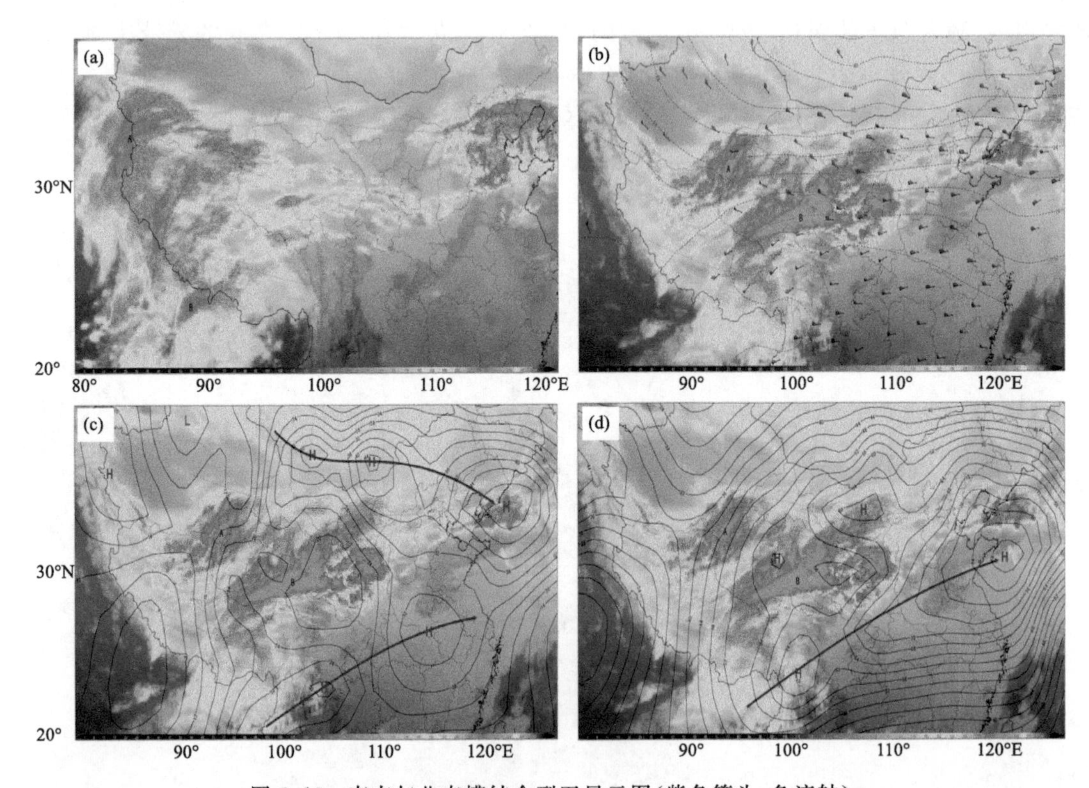

图 6.13 南支与北支槽结合型卫星云图(紫色箭头:急流轴)

(a)2013 年 2 月 16 日 20 时卫星云图;(b)2013 年 2 月 17 日 20 时卫星云图和 500 hPa 观测风和温度;(c)500 hPa 全风速;(d)200 hPa 全风速

6.8 雪灾天气预报着眼点

首先关注大到暴雪天气产生的条件是否满足,其次关注产生降雪后形成积雪的持续时间,下面给出了雪灾天气的预报着眼点和相应的指标。

6.8.1 孟加拉湾风暴型

(1)天气学条件

500 hPa 高空图上,西太平洋副热带高压控制我国长江以南或华南地区,西脊点位于100°E以西;中亚或巴尔喀什湖有冷涡或低压槽;

孟加拉湾风暴位于 20°N 以北,75°—100°E 范围内;

高原地面有热低压,3 h 变压达到−2 hPa。

(2)动力条件

高原南侧有南支西风急流,全风速达到 24 m/s 以上。

(3)热力条件

500～300 hPa 处在暖温度脊控制下,500 hPa 高原地区 24 h 变温达到 6 ℃以上。

(4)水汽条件

比湿场上,高原南部 700 hPa 比湿达到 8 g/kg,500 hPa 达到 4 g/kg;或者温度露点差在4 ℃以下。

6.8.2 南支与北支槽结合型

(1)天气学条件

前期500 hPa高空图上，在20°—30°E，65°—95°E范围内有南支槽，或者在印度北部有闭合的低压；巴尔喀什湖或新疆有冷槽(北支槽)；

500 hPa高原地区高空槽温压场结构不对称；

地面沿35°N附近有冷锋，或者高原南部有东西向切变线。

(2)动力条件

高原南部及南侧有南支副热带西风急流，全风速达到24 m/s以上；

高原北部及北侧有北支副热带西风急流，全风速达到16 m/s以上。

(3)温度条件

500 hPa高空图上，高原上锋区较强，在30°—40°E范围内有20 ℃/(10纬距)等温线，呈东—西向或者东北—西南向。

(4)水汽条件

比湿场上，高原南部700 hPa比湿达到6 g/kg，500 hPa温度露点差≤4 ℃。

第7章 青海强对流天气

青藏高原地区是我国对流性天气最活跃的地区，尤其在夏季，高原上对流活动的规模可以和热带海洋相比较(叶笃正和高由禧,1979)。频繁的对流活动有助于强对流天气的形成，高原地区的对流降水日数、雷暴日数和冰雹日数远高于我国平原地区，其中冰雹日数为全国之冠，雷暴日数仅次于华南地区，做好强对流天气预报对青海防灾减灾工作意义重大。

7.1 强对流天气定义

由于在全球范围内强对流天气的差异性，不同国家对强对流天气的定义没有统一的标准(郑永光 等,2017)，在我国的天气预报业务中，强对流天气主要包括冰雹、雷暴大风、短时强降水和龙卷等四类强对流现象(孙继松 等,2014)。在青海目前尚未接到有关龙卷方面的灾情报告，因此青海地区的强对流天气主要包括短时强降水、冰雹、雷暴大风三类强对流天气现象。

7.1.1 短时强降水

短时强降水一般是指1 h降水量大于或等于20 mm的降水，与暴雨不同短时强降水突出的是一个“短”字，是降水强度(雨强)较大的降水，常常造成城市积涝，交通严重拥堵。青海省由于植被稀疏，在地形坡度较大的地区短时强降水会造成山洪、泥石流、滑坡等地质衍生灾害，出现重大伤亡和财产损失。

7.1.2 冰雹

冰雹是指从天空降落到地面的坚硬球状或形状不规则的固态降水。降雹过程的强弱常常用冰雹直径和单位面积内雹粒数量来衡量，在我国将降雹分为弱、中、强三类：弱降雹指冰雹直径$D \leqslant 10$ mm，轻微灾害；中等强度的降雹指冰雹直径10 mm$<D \leqslant$20 mm，且有大风报告，灾害程度中等；强降雹指冰雹直径$D>20$ mm，且有大风报告，灾害程度较为严重，俗称“大雹”(姚学祥,2015)。由于高原水汽含量小，冰雹在对流层上下往返历程较短，大部分雹粒不大，直径$D \leqslant 5$ mm占40.3%，$D>15$ mm的占8.6%，5 mm$<D \leqslant$15 mm的占51.5%(赵仕雄,1991)，因此在青海冰雹一般指降落于地面的$D \geqslant 5$ mm的固体降水过程。

7.1.3 雷暴大风

雷暴是最常见的天气现象，时常伴随冰雹、对流性大风、短时强降水出现，是指积雨云云中、云间或云地之间产生的放电现象，表现为闪电兼有雷声，有时亦可只闻雷声而不见闪电，雷电(闪电)分为云地闪和云间闪。雷暴大风是指伴随强雷电天气出现的风力>17.2 m/s的瞬时大风。

7.1.4 青海强对流出现区域划分

利用青海地区50个地面自动气象站2004—2018年5—9月小时气象资料和灾情报告资料，根据青海地区的天气气候特点，将青海地区划分为柴达木盆地、祁连山区、环青海湖地区、东部农业区和青南地区(图 7.1)。

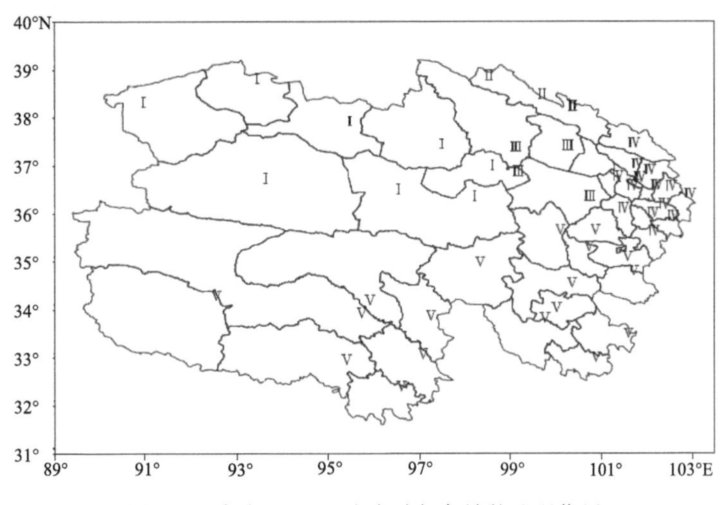

图 7.1 青海地区 50 个自动气象站的地理位置
(Ⅰ:柴达木盆地 9 站,Ⅱ:祁连山区 3 站,Ⅲ:环青海湖地区 5 站,Ⅳ:东部农业区 14 站,Ⅴ:青南地区 19 站)

7.2 短时强降水时空分布特征

7.2.1 年分布

2004—2018 年 5—9 月期间,8 mm/h 的短时强降水发生站次有 5 个低值年份,是 2004 年、2008 年、2011 年、2015 年和 2017 年,发生站次 100 站次以下,另外有 5 个峰值年份,2006 年、2009 年、2012 年、2016 年和 2018 年,发生站次位于 110 站次以上(图 7.2),尤其 2018 年,达到最高 166 站次。

20 mm/h 的短时强降水,2012 年和 2016 年是最多年达到 20 站次,2005 年和 2014 年没有出现 20 mm/h 的短时强降水。

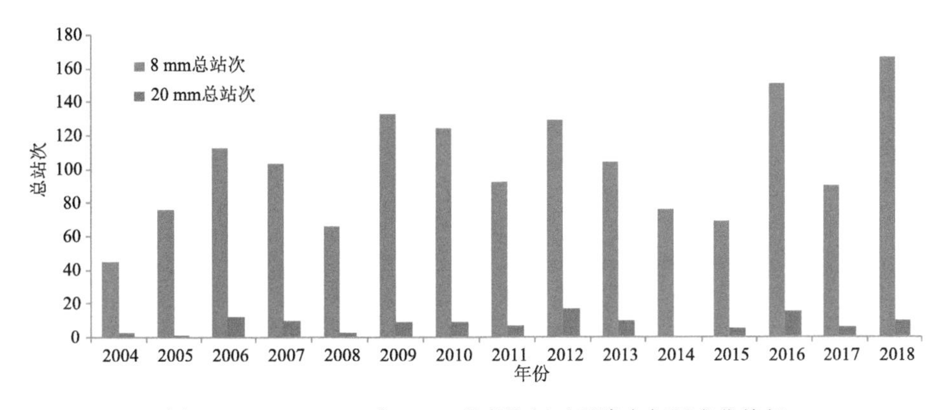

图 7.2 2004—2018 年 5—9 月青海短时强降水年际变化特征

7.2.2 月分布

如图 7.3 所示,8 mm/h 的短时强降水 5 月开始,6 月增加明显,7 月和 8 月达到峰值,9 月减少，呈现单峰型。青海南部和柴达木盆地月际变化一致，峰值出现在 7 月，东部农业区、祁连山区和环青海湖地区月际变化一致，峰值出现在 8 月；东部农业区、环青海湖地区、青海南部地区出现的次数比祁连山区和柴达木盆地高。

20 mm/h 的短时强降水（黑色曲线）最多出现在 8 月，达到 59 站次，其次 7 月为 35 站次，9 月迅速减少。

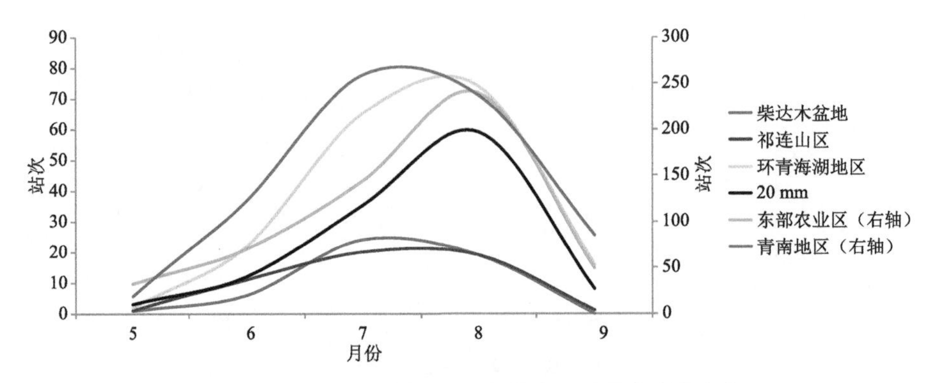

图 7.3　2004—2018 年 5—9 月青海短时强降水月变化

7.2.3　日分布

2004—2018 年 5—9 月，8 mm/h 的短时强降水日变化曲线可见（图 7.4），高峰期主要出现在 16:00—24:00，占总站次的 70.9%；柴达木盆地短时强降水高峰期主要出现在 00:00—01:00（6 站次），祁连山区短时强降水高峰期出现在傍晚 18:00（14 站次），环湖地区短时强降水高峰期出现在 01:00（15 站次），东部农业区短时强降水高峰期出现在夜间 22:00（54 站次），青南地区短时强降水高峰期出现在 18:00（91 站次）；祁连山区、青南地区短时强降水具有一个较明显的峰值，而环湖地区、东部农业区和柴达木盆地短时强降水日变化可能有两个或多个峰值。

20 mm/h 的短时强降水（黑色曲线），主要出现在 15:00—24:00，占总站次的 81.2%，17:00—22:00 相对集中，01:00—08:00 出现的较少。

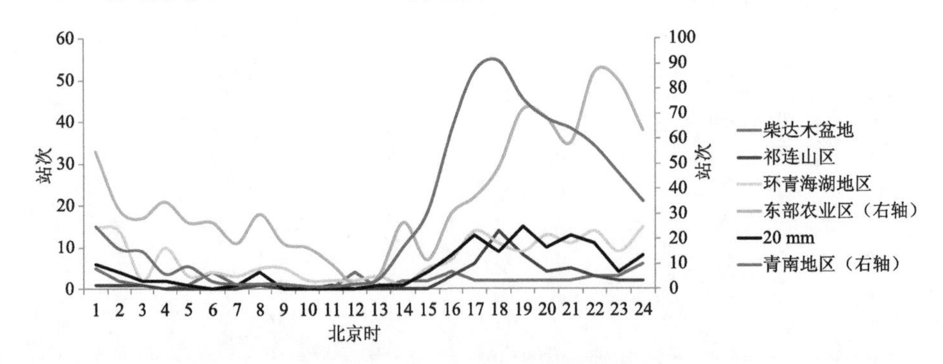

图 7.4　2004—2018 年 5—9 月青海短时强降水日变化

7.2.4　空间分布

(1)8 mm/h 强降水

8 mm/h 及以上短时强降水（图 7.5）主要分布在东部农业区、海南、黄南、玉树南部、果洛南部地区，从西北到东南逐渐增多，其中青海东南部是出现最多的地区。整体分布与青海的年降水量分布基本一致(图 2.4),南部多于北部,东部多于西部,其中河南、大通、贵南站达到 60 站次以上,久治站达到 91 站次。而海西、格尔木地区的茫崖、诺木洪、大柴旦、都兰、乌兰、五道梁等测站不足 10 站次。

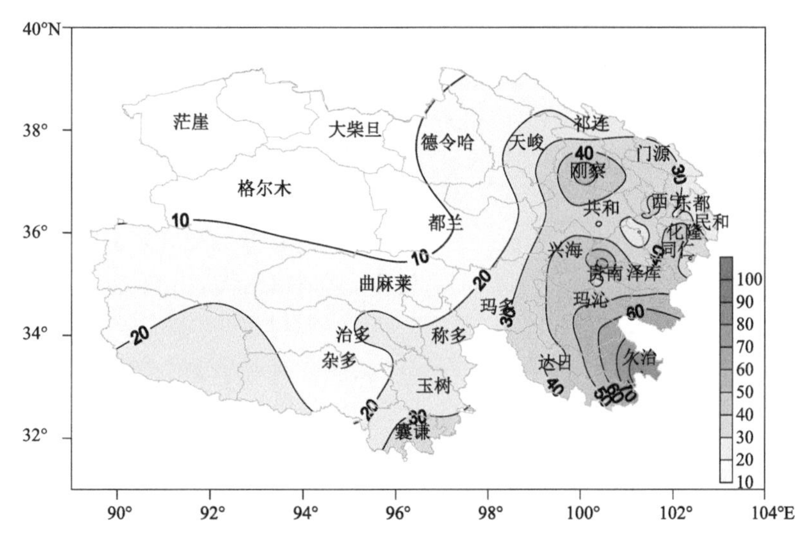

图 7.5　2004—2018 年 5—9 月青海强降水 8 mm/h 空间分布(单位:站次)

全国整体而言(姚莉 等,2009),8 mm/h 以上的短时强降水的分布基本与年降水的分布一致,年降水量大的地区 8 mm/h 出现的频次高,呈现南多北少、东多西少。夏季出现最多的地区主要在我国南部沿海地区,春季出现最多的地区在是我国江南地区,秋季出现最多的地区是海南和云贵高原,这种分布与东亚季风的活动密切相关。青海地区 8 mm/h 以上的短时强降水空间分布和全国大部分地区一样是与年降水量空间分布基本一致。

(2)20 mm/h 强降水

20 mm/h 及以上短时强降水(图 7.6)中心位于东南部的贵南站,达到 9 站次,另一个中心位于祁连山地区,其中门源站、大通站达到 6 站次以上,青海 95°E 以西地区没有出现过

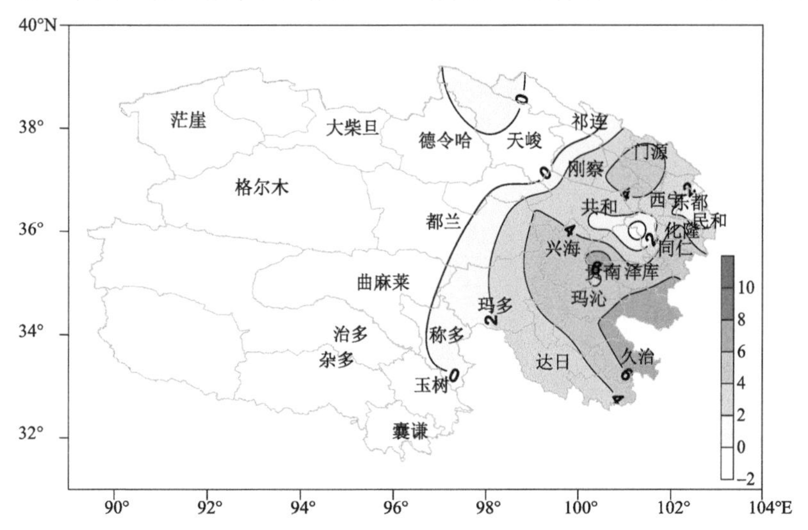

图 7.6　2004—2018 年 5—9 月青海 20 mm/h 空间分布(单位:站次)

20 mm/h短时强降水天气，整体主要分布在青海的东部地区，与青海的年降水量分布有差异，短时强降水最大值出现在2016年8月24日20—21时河南站，为58.5 mm/h。

7.2.5 青海短时强降水(20 mm/h)特点

青海地区，20 mm/h的短时强降水出现在97°E以东地区，与暴雨的空间分布相似(图5.2)，处在东亚夏季风的西边界。在我国，20 mm/h短时强降水的地理分布、季节变化与我国东亚夏季风活动和主要雨带的移动密切相关，发生频率最高的区域为华南(陈炯 等，2013)，其次是云南和贵州南部、四川盆地、江西和长江下游地区，呈现出南部比北部活跃，东部比西部活跃，平原和谷底比高原和山地活跃等特点，这种地理分布与地域天气系统有关，例如蒙古和东北冷涡(何晗 等，2015；陈湘甫和赵宇，2021)、西南涡(李强 等，2020；刘金卿 等，2021)等，同时地形和下垫面等因素也影响着短时强降水的发生，呈现出沿海、山地、河谷、城市群多的特征(李强 等，2017；王丛梅 等，2017；吴梦雯和罗亚丽，2019；付超 等，2019)。从季节分布来看，主要发生在春、夏、秋三季，春季在长江以南，夏季向北推进到东北地区(孙继松 等，2014)。总体来看，20 mm/h短时强降水天气呈现频次增加、强度增强的变化趋势(陈波 等，2010；伍红雨 等，2017；董旭光 等，2018)，高原及周边地区尤为明显(毛冬艳 等，2018；杨霞 等，2020)，青海短时强降水与全国一致，呈现增加的趋势(冯晓莉 等，2020)。不同的是我国大部分地区20 mm/h强降水7月最多，青海8月最多。

极端短时强降水分布来看，我国沿海地区受到台风和热带风暴等天气系统影响，小时雨强达到100 mm以上，长江以南大部地区极端值一般在60～80 mm/h，我国北方地区极端值在40～50 mm/h，华北平原和黄河下游的个别地区达到80～90 mm/h，青海地区极端值为60 mm/h。

7.3 冰雹时空分布特征

7.3.1 年分布

2004—2018年青海冰雹总站次的年代变化表明(图7.7)，青海冰雹近15年呈现逐渐减少趋势。冰雹高发期出现在2005年、2007年、2009年、2010年、2011年，超过200站次，2012年后明显减少。年冰雹发生频次平均值为52站次，2007年最多，为247站次，平均每站4.9次；2018年最少，97站次，平均每站1.9次。

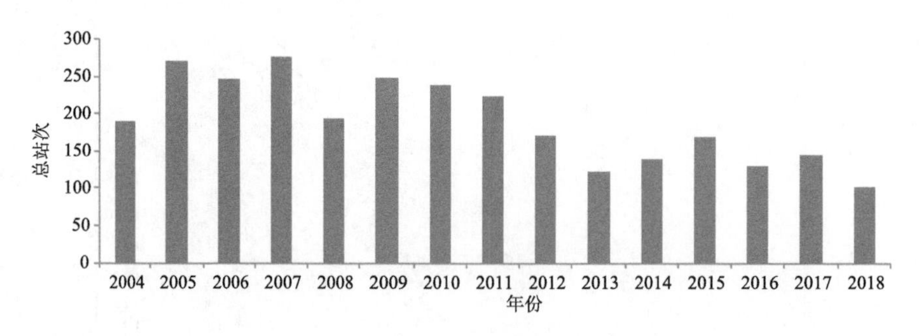

图7.7 2004—2018年5—9月青海冰雹年际变化特征

7.3.2 月分布

从2004—2018年青海不同区域内单站冰雹的月变化曲线可见(图7.8)，五个区域的冰雹活动主要集中于6—8月，青南地区是青海降雹的最集中地区，峰值出现在6月，492站次，占25.7%。东部农业区，6月和7月是冰雹活动高发期，达到56站次，而环湖地区峰值出现在8月，达到62站次，祁连山区和柴达木盆地冰雹峰值都出现在6月，祁连山区达到39站次，柴达木盆地最少，仅有35站次。总体来看青海省大部地区冰雹出现在4—10月，11月—翌年3月各地均未出现过，茶卡、都兰、沱沱河、天峻、清水河、达日站出现在5—10月，柴达木盆地的大部出现在5—9月。由于气候条件和地理环境不同，各地冰雹的月份及其可能发生期的长短也各异，青南地区除了6月外9月也属于多雹月份，可见，青南高原的多雹月份比较复杂。

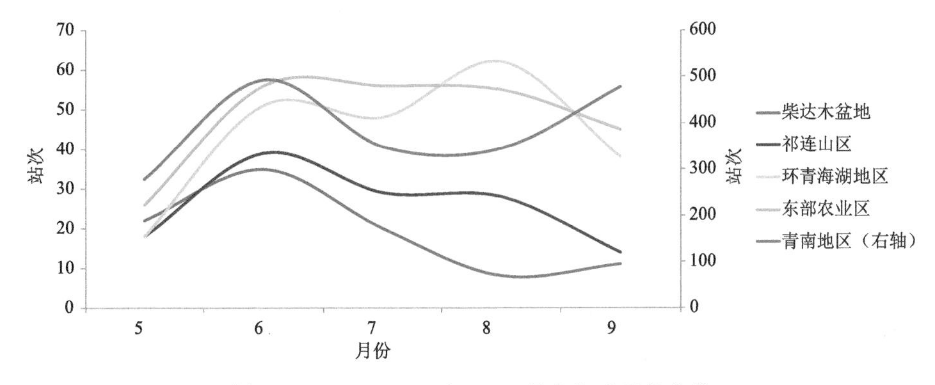

图7.8 2004—2018年5—9月青海冰雹月变化

7.3.3 日分布

从2004—2018年青海不同区域内单站冰雹的日变化曲线可见(图7.9)，五个区域冰雹活动频繁发生在午后和傍晚。柴达木盆地高峰期主要出现在14:00(17站次，17.7%)，次高峰出现在13:00—14:00(14次，14.5%)，祁连山区高峰期主要出现在16:00(28站次，21.8%)，次高峰出现在17:00(22次，17.1%)。环青海湖地区高峰期主要出现在14:00(42站次，19.3%)，次高峰出现在15:00(33次，15.2%)，东部农业区高峰期主要出现在16:00(39站次，16.3%)，次高峰出现在15:00(38次，15.9%)。青南地区高峰期主要出现在15:00(324站次，16.7%)，次高峰出现在16:00(298次，15.3%)。青海降雹还具有明显的日变化特征，大约91.4%的站次均发生在12:00—19:00。

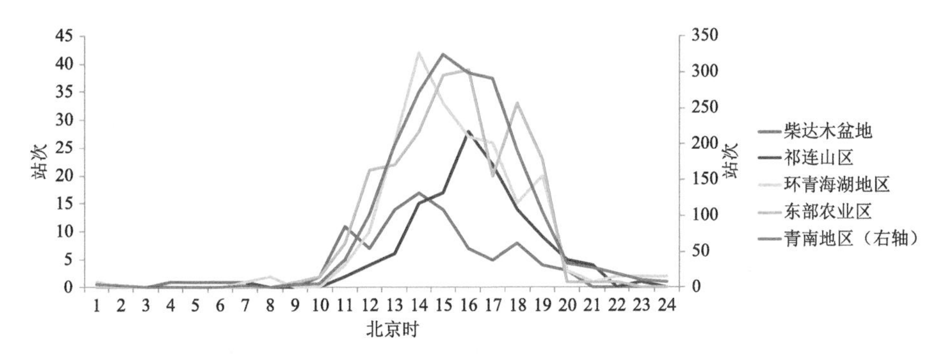

图7.9 2004—2018年5—9月青海冰雹日变化

7.3.4 空间分布

冰雹分布的特点是南部多于北部地区(图7.10)，唐古拉山区是冰雹高发区，但直径较小，主要为弱冰雹,冰雹站次数为 105～165 站次;祁连山区为次多雹区,一般有 15～45 站次,柴达木盆地、环湖地区、海北北部 10 站次以下。年雹日数大多在 15 d 以上,其中杂多、清水河、久治站多达 20 d 以上。沿 33°N 呈一东西向的带状分布,这个高频区与高原低涡、横切变线高频带走向基本一致,由于海拔高度较高零度层距地面近,在有利的环流形势与地形强迫相结合下,容易形成降雹的条件。另外祁连山、拉脊山地区的雹日也较多,如刚察、门源、互助、化隆年降雹日也在 10 d 以上,这些地区是本省的农业区,农作物较易受冰雹的危害。柴达木盆地由于干燥少雨,为本省雹日最少的地区,平均为 0.1～2.1 d。

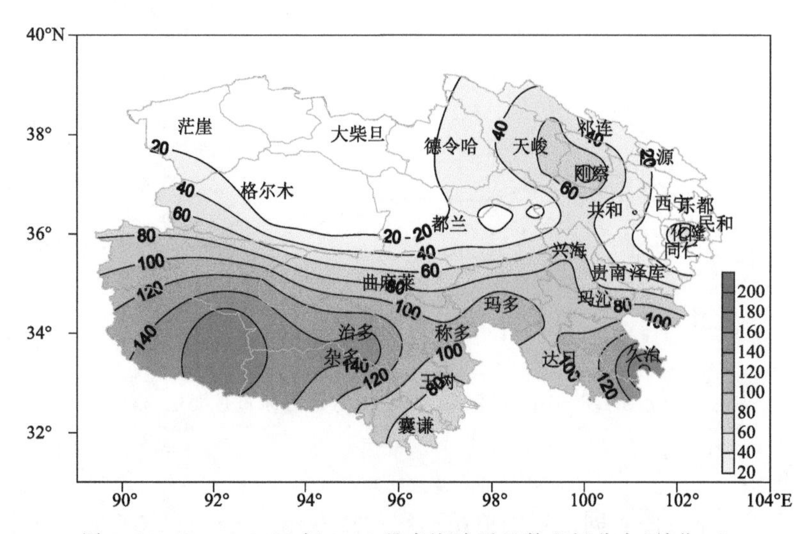

图 7.10 2004—2018 年 5—9 月青海冰雹日数空间分布(单位:d)

7.3.5 青海冰雹特点

青藏高原为我国冰雹高发区,在青藏高原以东地区有南北两支多雹地带(章国材,2015),北支从青藏高原北部出祁连山、六盘山,经黄土高原和内蒙古连接,再延伸到冀北及东北三省,形成中国最长、最宽的一条降雹带。南支从云贵高原延伸至长江中下游地区和黄淮及山东地区,我国冰雹的分布特点是山地多于平原,内陆多于沿海。青海唐古拉地区是仅次于西藏高原多雹区的全国第二个多雹区。

青海冰雹的空间分布与海拔高度、地形和下垫面性质关系密切,具有局地性和分散性,总的分布特征与西北地区一致(白肇烨和徐国昌,1988)即:高原和山区多,河谷、盆地、沙漠和平川少,青南高原的唐古拉山脉、昆仑山脉海拔达到 5000 m 以上,高原切变线、低涡等天气系统活动频繁,是全省降雹最多的地区;祁连山区、马场山区等,由于地形凸起,地面受热不均匀导致山区冰雹比河谷和平川多;柴达木盆地,由于一年四季动力下沉气流盛行,形成一个少雹区。冰雹的分布与山脉的走向及不同坡向有关(刘德祥 等,2004;周嵬 等,2005),迎风坡多于背风坡,如清水河和玛多站分别位于巴颜喀拉山两侧,前者为山的迎风坡,雹日比玛多站多 14 d;青海高原降雹还有一个特点是日降雹次数多,降雹维持时间短,如沱沱河站 1978 年 9 月 1 日一天内降雹次数达到 5 次。

7.3.6 影响青海冰雹的因素

青海地区的冰雹直径显著受到海拔高度和湿度的影响(赵仕雄 等,1991),气温对降雹频次和持续时间影响明显(冯晓莉 等,2021)。最大冰雹直径出现在东部农业区,达到 40 mm,其次为唐古拉地区,柴达木盆地属于干旱地区,冰雹直径在 5 mm 以下(图 7.11a),0 ℃和 20 ℃层平均高度分布为 2000 m、5000 m 以上的地区更容易出现较大直径的冰雹。冰雹直径在 15 mm 及以上的大雹发生概率高的地区位于祁连山东段和果洛州的东部(图 7.11b),其次是唐古拉山地区。近年来青海降雹频次和持续时间的显著减少与平均气温显著升高、气温日较差显著减少及 0 ℃和 20 ℃层高度显著上升密切相关。

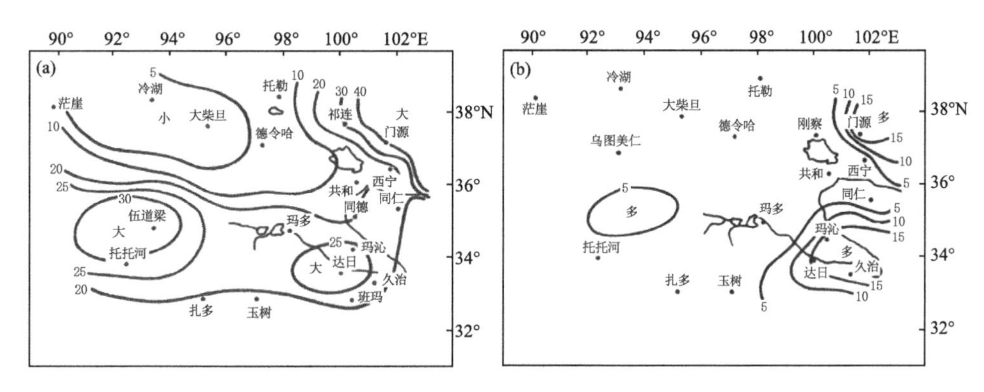

图 7.11 1971—1981 年青海最大雹径分布(a)及大雹发生概率(b)

7.4 雷暴大风时空分布特征

7.4.1 年分布

青海雷暴大风存在三个波峰(图 7.12),分别为 2005 年、2009 年、2011 年,2012 年后明显减少。年雷暴大风发生频次平均值为 20 站次,2009 年最多,为 30 站次,2018 年最少,为 15 站次。

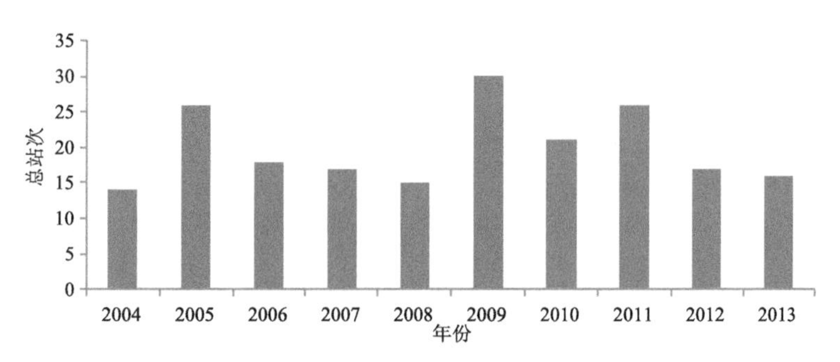

图 7.12 2004—2013 年 5—9 月青海雷暴大风年际变化特征

7.4.2 月分布

由雷暴大风 2004—2013 年青海不同区域单站月变化曲线可见(图 7.13),五个区域的雷暴活动主要集中于 5—6 月,青南地区是青海雷暴大风最集中地区,峰值出现在 5 月,55 站次,占 28%,其次是祁连山区,峰值出现在 6 月,达到 16 站次,而柴达木盆地峰值出现在 7 月,达到 4 站次,环湖地区雷暴大风活动峰值也出现在 6 月,柴达木盆地 6 月和 9 月出现 1 站次雷暴大风。

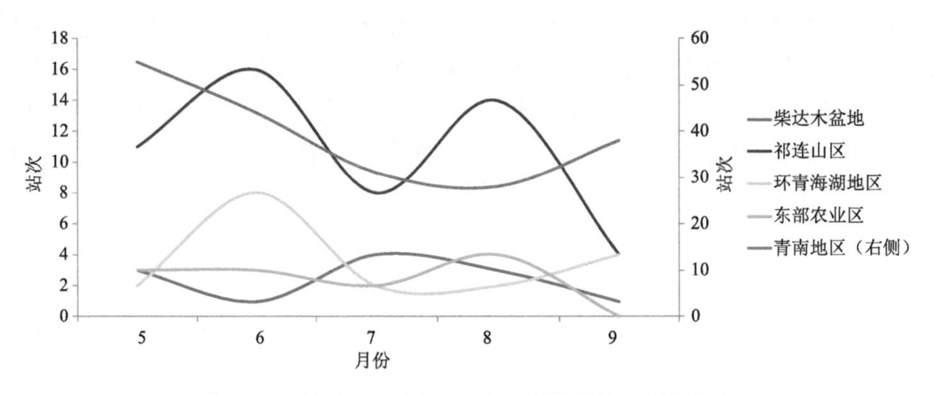

图 7.13　2004—2013 年 5—9 月青海雷暴大风月变化

7.4.3　日分布

由 2004—2013 年青海不同区域内单站雷暴大风的日变化曲线可见(图 7.14)，五个区域雷暴大风活动频繁地发生在午后和傍晚(13:00—19:00)。雷暴大风柴达木盆地高峰期主要出现在 14:00 和 15:00(2 站次，16.7%)，祁连山区高峰期主要出现在 16:00(10 站次，18.9%)，次高峰出现在 15:00 和 18:00(8 次，15.1%)。环青海湖地区高峰期主要出现在 14:00(5 站次，27.8%)，次高峰出现在 16:00 和 19:00(3 站次，16.7%)，东部农业区高峰期主要出现在 15:00(3 站次，25%)。青南地区高峰期主要出现在 15:00(38 站次，19.4%)，次高峰出现在 14:00(29 站次，14.8%)，大约 59.9%的站次均发生在 13:00—19:00。

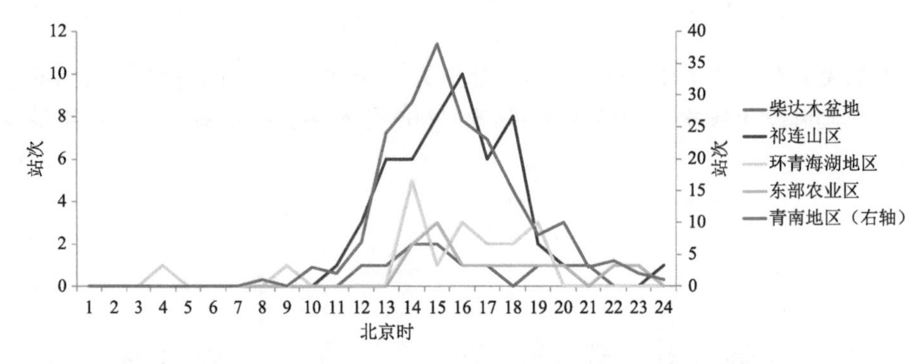

图 7.14　2004—2013 年 5—9 月青海雷暴大风日变化

7.4.4　空间分布

青海雷暴大风分布的特点是青南地区多于北部地区(图 7.15)，唐古拉山区是青海雷暴大风高发区，五道梁是极值中心，雷暴大风日高达 21 d，祁连山区雷暴大风日也较多，野牛沟是高发区，数值达到 17 d，祁连次之，雷暴大风日达到 8 d。但东部农业区河湟谷地等地是雷暴大风少发区，在 3 d 以下。

7.5　高原地区对流云

7.5.1　高原地区的对流云活动

戴加洗(1990)统计了沱沱河站 5 年出现比较大的降水 106 次，其中对流性降水频率达

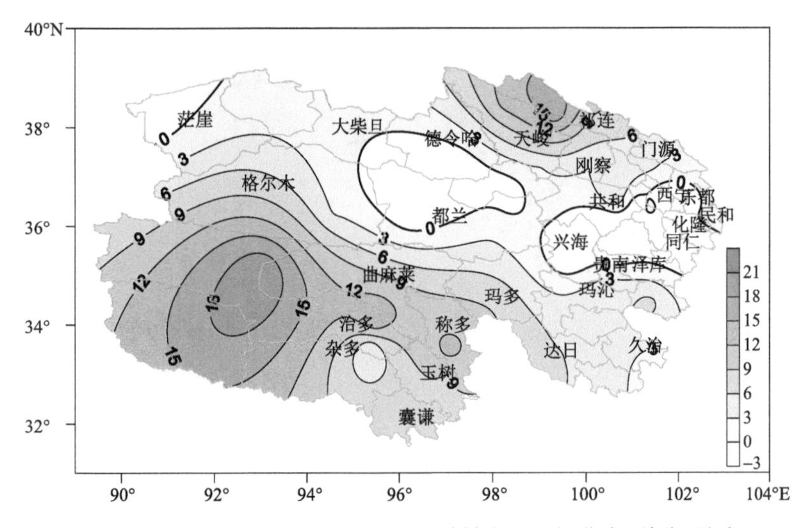

图 7.15　2004—2013 年 5—9 月青海雷暴大风空间分布(单位:站次)

98%,可见高原地区的对流降水非常频繁。

高原是我国对流云出现最多的地区之一,以对流性降水为主(江吉喜和范梅珠,2002;李典等,2014),根据气象卫星观测,高原腹地对流活动旺盛,对流云占总云量的 80%以上,Flohn(1968)估计在高原上每 10 万 km^2 内,有 20～50 个发展很好的积雨云,积雨云之间的平均距离量级为 50～80 km,整个高原每日约有 300 个积雨云系统。事实上,夏季高原上空近地层为比较稳定的低压环流,高空为比较稳定而强大的高压环流,整个对流层为高温高湿区,这种大尺度环流给高原地区频繁的对流活动提供了有利的环流背景(叶笃正和高由禧,1979)。高层高压环流的辐散,底层低压环流的辐合有利于高原上空形成上升运动,有利于对流云的形成或活跃。通过卫星云图我们看到(图 7.16),在高原地区几乎每天 14:00 有对流云形成,午后开始发展,傍晚后消失减弱明显,大部分对流云产生弱的对流性降水。但有时对流云会发展,形成有组织的中尺度对流系统造成高原及周边和下游地区灾害性天气。

7.5.2　高原地区是我国强对流天气频发区

高原阵性降水日数、雷暴日数和冰雹日数远高于我国平原地区,其中冰雹日数为全国之冠,雷暴日数仅次于华南地区。高原对流活动主要发生在 7—8 月(李博 等,2018),其中 7 月超过 21%的时刻有对流活动,对流频发区主要位于高原中部,是独立于南亚季风区的频发中心。根据辐射亮温(TBB)的气候平均分布,低于－15 ℃的中心没有明显表现出从南亚季风区向北传到高原中、西部的特征,相反高原东部的 TBB 低值中心呈现出向南传播特征,说明高原主体的对流活动主要不是由南亚向北移动所致,反映了高原对流活动的独立性(赵平 等,2018)。

高原地区是我国一些天气系统产生的源地,高原地区不仅受到来自西风带天气系统、副热带和低纬度天气系统的影响,而且受到来自高原低涡和切变线等天气系统的影响,这种环流背景下强对流天气发生发展的环境场具有其特殊性。高原对流系统的移动、发展主要取决于气象背景场(胡亮 等,2018),当生成的高原对流系统上升运动强烈、水汽条件优越时,其强度不断增加,利于对流系统维持发展并移出高原,相反不利于对流系统发展移动在高原内部逐渐消亡。

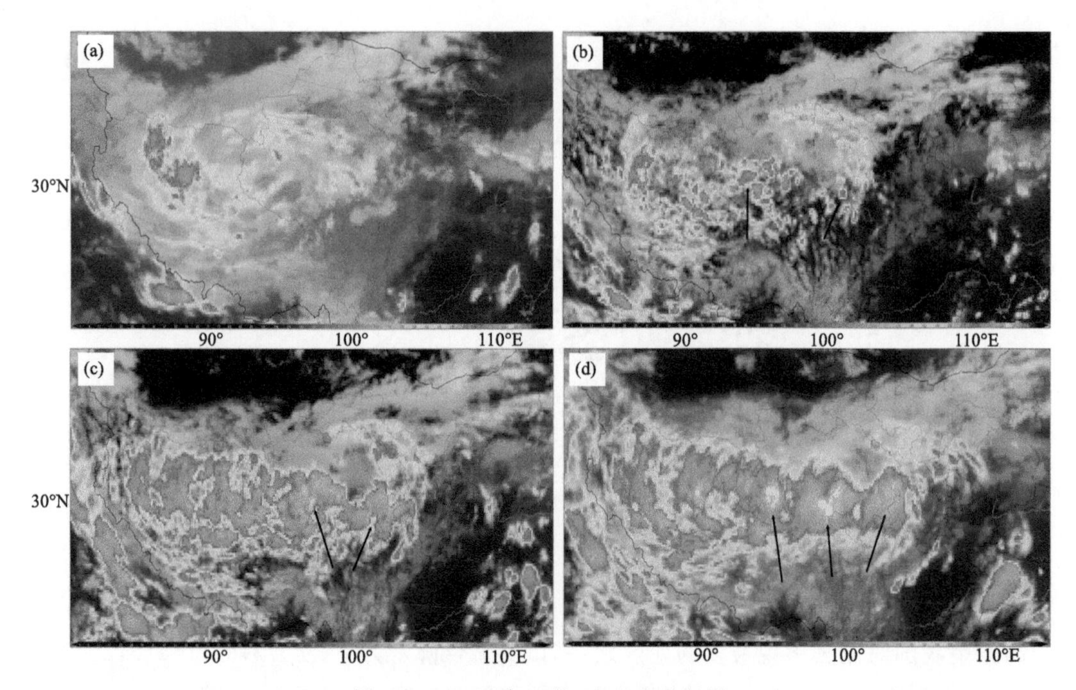

图 7.16　2010 年 8 月 10 日卫星云图
（黑色箭头指向：中尺度对流系统）
(a)08:00;(b)14:00;(c)17:00;(d)20:00

7.5.3　高原地区大气层结特点

夏季，青藏高原地区的大气层结具有与平原地区完全不同的特征（尤伟 等，2012），一般整层为弱不稳定，高度可以伸展到 100 hPa，易触发对流，发展高度高，强度不大，面积较小（郄秀书 等，2003；张翠华 等，2005）。高原地区对流天气频发的原因不仅与内在的特殊不稳定层结和水汽条件有关，还与外在的高原大地形有关，在高原大地形的动力和热力作用影响下，容易满足强对流天气形成的触发条件。

7.5.4　青海的对流云

青海的对流云主要包括积云和积雨云（吴鹤轩，1981a，1981b），积雨云强度相比平原较弱，由于高原低空水汽含量少、凝结层厚度薄，造成的天气没有平原地区剧烈。通过分析卫星反演产品（岳治国 等，2018）：高原对流云内含水量仅为平原地区的 1/3；云底凝结核浓度低（仅为 200～400 mg^{-1}），而过饱和度大，明显高于周边及平原地区，说明高原上云滴凝结增长速率更快；在高原上，降水启动低（达到形成雨滴的高度），为地面以上 1500～2000 m，平原地区为 4000～5000 m，高原上更容易形成降水；高原对流云比平原地区更容易成冰，使得云内降水粒子以冰相为主；高原对流云的这些微物理特征决定了其降水具有多发、短时、量小、滴大的特征。青海地区的对流云一般有两种，一种我们称之为地形云，主要特点为沿大的山脉（例如祁连山、昆仑山、唐古拉山）排列，午后形成傍晚消散。另一种是系统性对流云，往往与天气尺度系统配合，午后在高原热力场的作用下强烈发展，旺盛时达到中尺度对流云的强度。

因此，青海地区虽然对流活动频繁，出现冰雹和雷电的强对流天气多，但受到水汽条件制约，出现短时强降水的强对流天气相对少。

7.6 高原地区中尺度对流系统

7.6.1 中尺度对流系统

中尺度对流系统(mesoscale convective system,MCS)是造成强对流的天气系统,泛指水平尺度为10～2000 km的具有旺盛对流运动的天气系统。Orianski(1975)按尺度将MCS划分为α中尺度、β中尺度和γ中尺度。α中尺度对流系统($M_α$ CS)水平尺度为200～2000 km,β中尺度对流系统($M_β$ CS)为20～200 km,γ中尺度对流系统($M_γ$ CS)为2～20 km。按对流系统的组织形式可分为三类:孤立对流系统、带状对流系统以及圆形对流系统或中尺度对流复合体(MCC)。根据形状有圆形、椭圆形、线状、块状、涡旋状等。

7.6.2 中尺度对流复合体

中尺度对流复合体(mesoscale convective complexes,MCC)是一种近圆形持续时间较长的深对流系统(Maddox,1980),属于α中尺度对流系统,通常是以云顶辐射亮温TBB≤−52 ℃或≤−32 ℃等值线圈定的范围作为MCC的面积。MCC生命期长达6 h,TBB≤−52 ℃的面积大于50000 km²。利用卫星云图资料的TBB数据,通过对流云的面积、形状、强度来研究对流云活动,Clark(1983)将对流云的强度按云顶TBB值分为4级:一般性对流云(−54～−32 ℃),伴有雷暴的较强对流云(−64～−54℃),穿越对流层顶的强对流(−80～−64 ℃)及极强对流(≤−80 ℃)。

7.6.3 中尺度对流系统发展演变过程

在一次中尺度对流系统(MCS)造成的暴雨天气过程中看到(图7.17):(1)≤−52 ℃冷云盖面积,从形成到发展阶段迅速增加,最大达到145549 km²;成熟阶段冷云盖面积缓慢减小,成熟阶段后期开始,冷云盖面积迅速减小。(2)云顶辐射亮温TBB,形成阶段中尺度云团迅速发展,TBB不断增高;成熟阶段后期,TBB开始迅速升高。(3)最大降水强度出现在MCS中TBB≤−70 ℃覆盖的区域,在TBB≤−52 ℃冷云盖面积达到最大前3 h,TBB最低−73 ℃出现在成熟阶段,主要降水出现在MCS发展和成熟阶段。

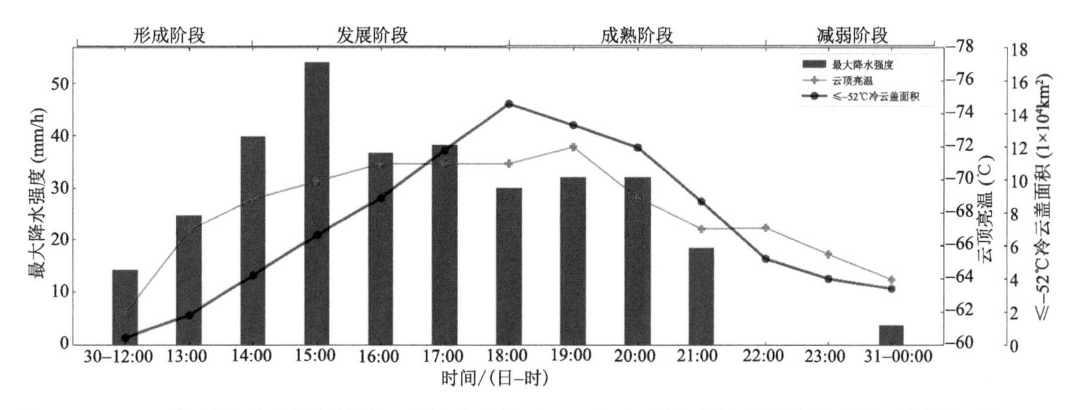

图7.17 MCC从形成到减弱各阶段α中尺度云团≤−52℃冷云盖面积,最大降水强度(范俊红 等,2009)

7.6.4 高原地区中尺度对流系统

高原地区中尺度对流系统主要发生在高原腹地(28°—35°N,82°—102°E),有明显的月际和日变化(单寅 等,2003;周万福 等,2008),3—5 月高频区在高原北部,6—8 月主要出现在高原腹地,每天 13:00(地方时)开始增多,18 时达到最多具有典型的单峰型变化特征,日变化特征明显。

高原是北半球 25°N 以北东亚地区唯一的 MCS 活动高频区(付炜 等,2013),高原地区 86.1%的 MCS 生命史在 6 h 以内,最长生命史为 18 h,平均面积为 112000 km^2,与整个东亚地区 MCS 相比,高原的 MCS 平均面积要小,平均生命史略短,平均移速较慢,但云顶平均 TBB 基本一致。以 95°E 附近为界高原上中尺度对流系统分为东南部和西南部两个高频中心(江吉喜和范梅珠,2002),少数 MCS 东移或传播出高原和进一步发展,常常造成长江中下游地区的暴雨。

7.7 中尺度对流系统发展的天气形势

通过对青海地区对流云加强发展成为中尺度对流系统的环流形势统计分析,通常在三种天气系统影响下对流云容易发展为中尺度对流系统:(1)中低空急流;(2)高空槽和低涡;(3)副热带高压。

7.7.1 中低空急流

中低空急流是一种动量、热量和水汽的高度集中带,一般具有以下特性(丁一汇,2005):很强的超地转风;有明显的日变化;小的里查森数;强风速中心传播。中低空急流主要指在 500 hPa和 700 hPa 上的急流。

(1)中尺度急流

中尺度急流主要包括副高边缘或印缅槽中的西南急流,还有西风带中短波槽伴随的急流,急流分布在对流层中低层,风速一般为 8～10 m/s。

2016 年 8 月 13 日 18—19 时门源出现短时强降水,降水量达到 26.8 mm 并伴有雷电,13 日 08 时 500 hPa(图 7.18a)副高边缘的西南气流中有急流(黑色箭头指向),其中沱沱河站风速为 12 m/s,格尔木站为 10 m/s,西南急流云系有显著的日变化(图 7.18b),16 时(图 7.18c)急流云系中有对流云出现,一个出现在祁连山西段,另一个出现在祁连山中段(黑色箭头指向),此时高原上有大范围的对流云形成,20 时(图 7.18d)西南急流云系已经发展成为中尺度对流系统(黑色箭头指向的对流云团),造成门源地区的强对流天气。

(2)天气尺度急流

天气尺度急流主要指北支西风急流,在 500 hPa 或 700 hPa 风速可以达到 12 m/s 以上。这种急流一般位于西亚大槽、蒙古横槽或高空槽底部,或是 200 hPa 副热带西风急流向对流层中层延伸的结果。2007 年 8 月 25—26 日,青海东北部的西宁市、海东市、黄南州北部出现强对流天气,西宁站、互助站和尖扎站达到暴雨量级伴有雷电,西宁站 19—20 时,20—21 时出现了 20 mm/h 以上降水。25 日 20 时造成短时强降水和暴雨天气的中尺度强对流云团 A 位于副热带西风急流云系(黑色箭头指向)的底部(图 7.19a),TBB 达到－54 ℃,高原上为对流云系(红色箭头指向)。200 hPa 全风速达到 80 m/s(图 7.19b),中尺度强对流云团 A 位于副热带西风急流轴入流口南侧。500 hPa(图 7.19c)北支西风急流处在较强假相当位温等值线密集区,急流轴最大风速达到 30 m/s,中尺度强对流云团 A 处在北支西风急流入口区,有较强的风速切变,青海东部高温高湿特征明显。700 hPa(图 7.19d)中尺度强对流云团 A 在气旋性环流控制下,北侧为偏北风,表明北支西风急流携带的冷空气在近地面已经侵入中尺度强对流云团 A,东侧为偏东和偏南风,使得不稳定条件加强,造成青海河湟谷地强对流及暴雨天气。类

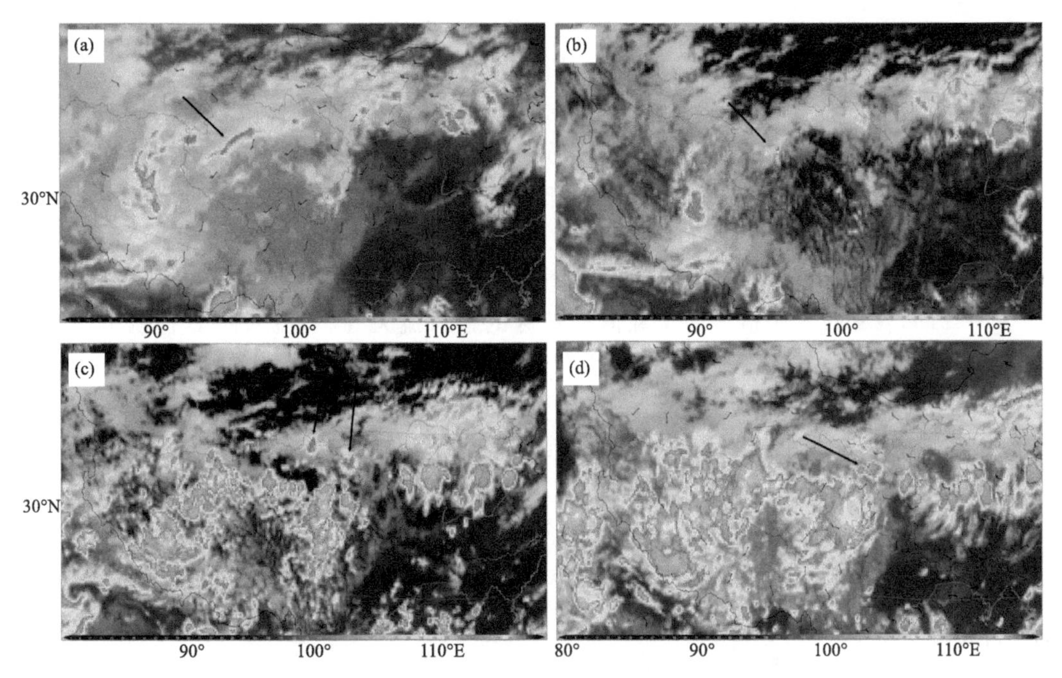

图7.18　2016年8月13日卫星云图500 hPa观测风

(黑色箭头指向:西南急流云系)(a)08时;(b)12时;(c)16时;(d)20时

似的典型个例还有2016年8月24日的强对流天气,河南站1 h降水量达到58.5 mm,同时果洛州、海南州、黄南州多个气象站日降水量达到大雨标准。

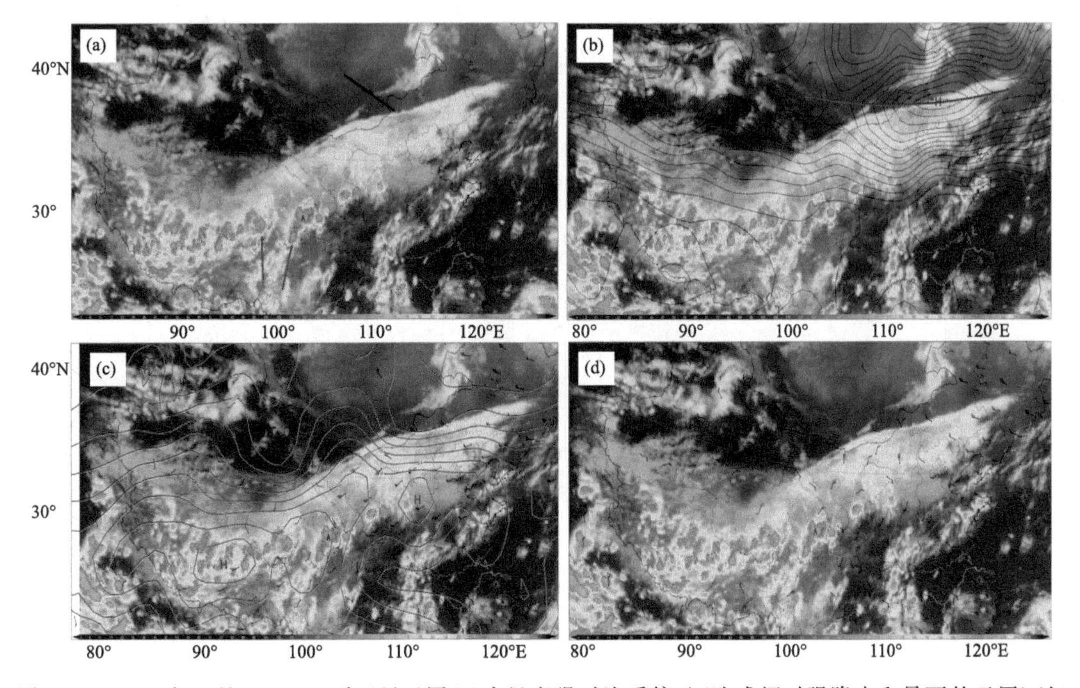

图7.19　2007年8月25日20时卫星云图(a)中尺度强对流系统A(造成短时强降水和暴雨的云团)(红色箭头指向:青藏高原对流云系;黑色箭头指向:副热带急流云系);(b)200 hPa全风速(黑色实线)和副热带急流轴(紫色箭头);(c)500 hPa假相当位温(红色实线)和观测风(黑色);(d)700 hPa观测风(黑色)

7.7.2 高空槽系统影响

2010 年 8 月 7 日 16—17 时，在青海东部的平安站，化隆站 1 h 降水量达到 25 mm，平安站伴有雷电、冰雹和瞬间大风，化隆站伴有雷电和冰雹。8 月 7 日 14 时在高原主体和祁连山地区有对流云形成，16 时卫星云图上（图 7.20a）有高原对流云系（红色箭头指向）和高空槽云系（黑色箭头指向），对流云团 A 午后 13 时在祁连山形成，16 时在红外通道对流云团 A 的云顶温度梯度达到最大峰值，17 时红外 1 和红外 3 最低云顶温度谷值分别为 −69.5 ℃和 −60.5 ℃（图略），已经发展成为中尺度强对流云团，在高空槽后西北气流引导下不断加强向东南方向移动，移动过程中造成西宁和海东地区的强对流天气，对流云团 B 控制范围没有出现降水。20 时中尺度强对流云团 A 与对流云团 B 合并成更强的对流云团 C，云团 C 位于 200 hPa副热带西风急流轴的南侧（图 7.20b），副热带西风急流的全风速值达到 56 m/s，处在 500 hPa 假相当位温暖湿舌中（图 7.20c），都兰站西北风风速达到 12 m/s，高空槽后的冷平流到达柴达木盆地。700hPa 有气旋性辐合（图 7.20d），强对流云团 C 移出青海后进入甘肃的南部地区 22 时舟曲出现强对流引发的短时强降水天气造成泥石流灾害。这是受高空槽底部冷平流影响，高原地区形成的对流云逐步加强发展为中尺度强对流系统的例子。

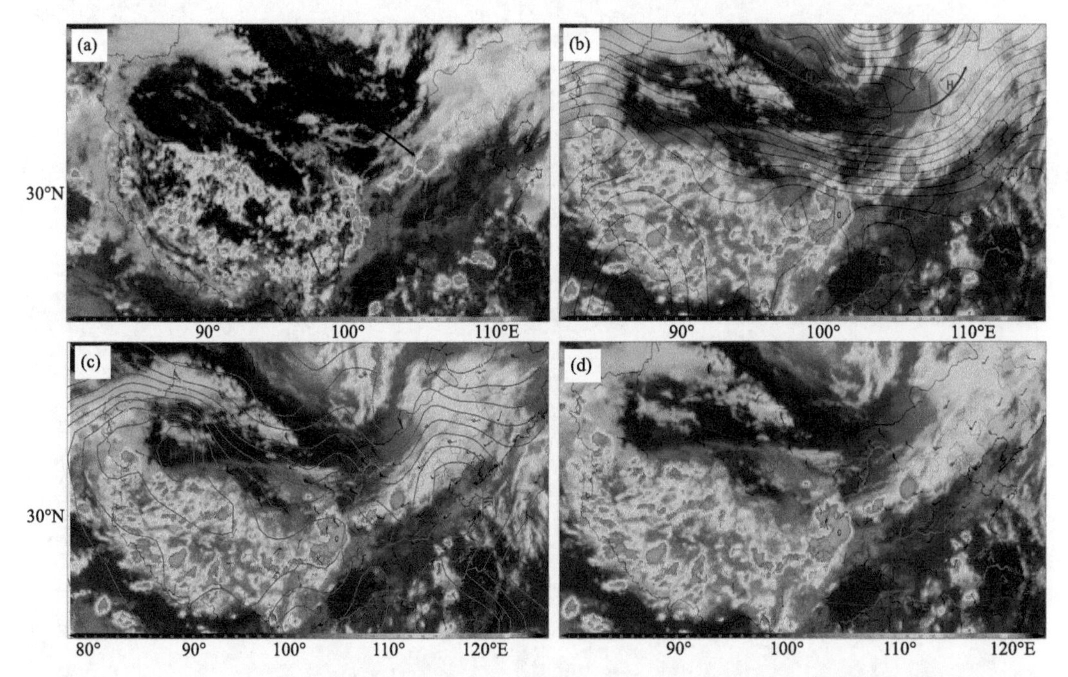

图 7.20 2010 年 8 月 7 日卫星云图（云团 A：造成青海强对流天气的中尺度对流系统，云团 C：造成舟曲泥石流灾害的中尺度对流系统，紫色箭头：急流轴）(a)16 时高原对流云系（红色箭头指向）和西风带高空槽云系（黑色箭头指向）；(b)20 时 200 hPa 全风速场（黑色实线）；(c)20 时 500 hPa 假相当位温（红色实线）和观测风；(d)20 时 700 hPa 观测风

7.7.3 副热带高压系统影响

2016 年 08 月 23 日，青海的海南州和黄南州南部出现了强对流天气，同德站 21—22 时小时降水量达到 34.5 mm，河南站 22—23 时小时降水量达到 24.6 mm 伴有雷电和大风天气。如图 7.21 所示，14 时（图 7.21a）高原地区对流云逐渐形成（红色箭头指向），午后对流云团 A

形成并不断扩展加强，20时对流云团A已经发展成为云亮温达到-64 ℃，面积为8×10^4 km^{2}的中尺度强对流云团(图7.21b)，200 hPa南亚高压强度达到1268 dagpm，高原形成的对流云团大多数在1264 dagpm等值线范围内，在南亚高压环流控制下按照顺时针方向有序旋转。500 hPa假相当位温图上中尺度强对流云团A处在84 ℃中心附近(图7.21c)，具有显著的高温高湿特征，有西南风与东南风的暖式切变辐合。700 hPa(图7.21d)中尺度强对流云团A处在高原热低压东侧温度密集的锋区中，锋区的形成与高原加热作用密不可分，参阅图5.9c，垂直方向有较强的假相当位温梯度，对流不稳定强，造成同德和河南站的短时强降水天气。典型个例有2012年8月25日同德站强对流天气、2010年8月10日泽库站强对流天气、2009年7月20日河南站强对流天气，这种类型的强对流天气的共同特点为500 hPa在副热带高压天气系统影响下，对流层低层暖湿气流非常活跃，有气旋性或暖式切变辐合，对流层高层的南亚高压为对流云发展提供了辐散场，强对流云团基本处在南亚高压1264 dagpm范围内(有助于强对流天气发生的落区判断)，发生时间基本在午后16—22时，具有明显的日变化特征。

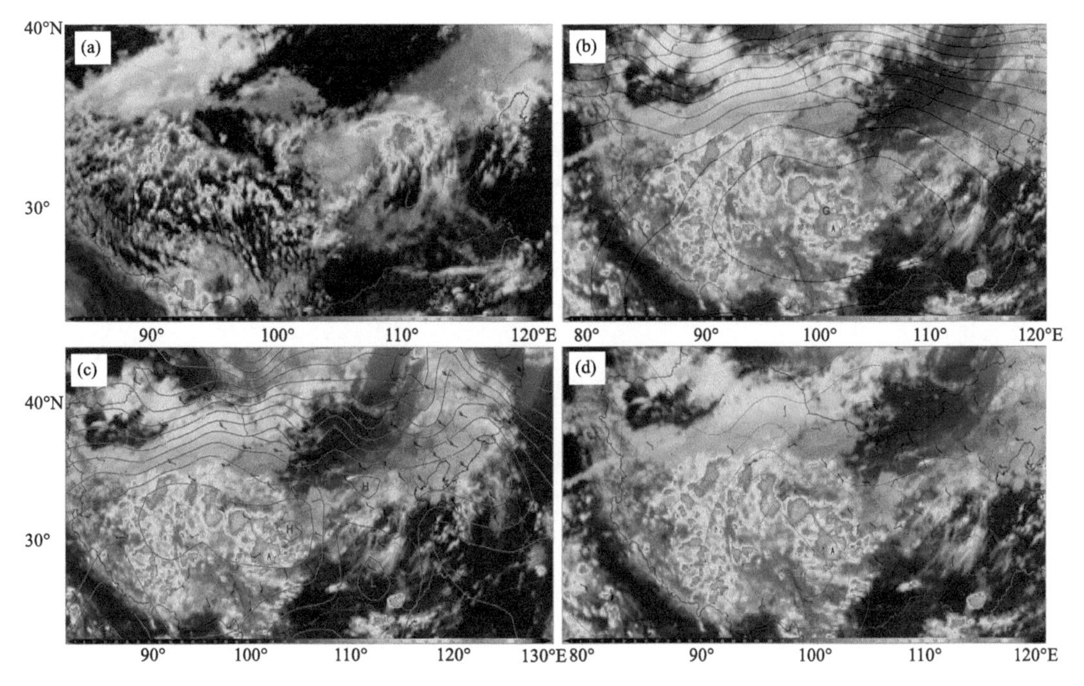

图7.21　2016年8月23日卫星云图(云团A：造成强对流天气的中尺度强对流系统)(a)14时高原对流云(红色箭头指向)；(b)20时200 hPa高度场(黑色实线)；(c)20时500 hPa假相当位温(红色实线)和观测风；(d)20时700 hPa温度和观测风

第 8 章 强对流天气形势及环境场特征

丁一汇(1994)在总结了中尺度气象学研究问题时强调了强对流天气发生的大尺度条件和中尺度过程的重要性。Doswell(1987)从大、中尺度天气系统相互作用方面论述了各种尺度天气系统对强对流天气的影响,指出大尺度是同准地转过程相联系,提供有利于强对流天气发生的热力环流,中尺度过程的主要作用是提供触发强对流所必需的抬升力,同时有可能改变局地环境,从而改变可能发生的强对流天气类型。本章从强对流天气发生的环流形势,分析了不同类型下强对流天气发生的环境场特征,并给出了预报预警着眼点。

8.1 短时强降水天气分型

8.1.1 天气形势配置分型

基于流型辨识法和构成要素的预报方法(Miller,1972;McNulty,1995;Doswell Ⅲ,et al,1996;Moller,2001)在我国强对流天气潜势预报方法研究中得到广泛应用(张小玲 等,2010;俞小鼎,2011;郝莹 等,2012;许爱华 等,2014;陈元昭 等,2016;白晓平 等,2016;何钰 等,2018;庄晓翠,2018;黄艳 等,2018;俞小鼎 等,2020),对提高短时强降水天气的预报准确率起到了技术支撑。

第 3 章指出(图 3.1),影响青海的天气系统主要有来自中高纬度的西风带天气系统、副热带和低纬度的天气系统和青藏高原地区的天气系统。西风带天气系统(高空槽、冷涡等)具有干、冷性的特点,副热带和低纬度天气系统(主要是西太平洋副热带高压、印度季风低压等)具有暖、湿性的特点,青藏高原地区天气系统(高原低涡和切变线)具有暖性的特点,根据不同环流背景,借鉴流型辨识法思路将青海短时强降水天气的环流形势配置类型划分为西风气流型、副热带高压型和高原低涡切变型。

8.1.2 统计结果

2004—2018 年 5—9 月全省共计出现了 118 个个例,如表 8.1 所示,西风气流型 5—9 月都出现了短时强降水,以 8 月最多。副热带高压型出现在 6—9 月,8 月最多。高原低涡切变型出现在 6—9 月,7 月最多。总体来看,5 月和 9 月以西风气流型为主,6 月和 7 月以高原低

表 8.1 青海 2004—2018 年短时强降水不同天气形势配置类型划分

时间	西风气流型	副热带高压型	高原低涡切变型
5 月	3	0	0
6 月	4	2	7
7 月	8	7	19
8 月	18	34	8
9 月	6	1	1
合计	39	44	35

涡切变型为主，8 月以副热带高压型和西风气流型为主，8 月出现最多共计 60 个个例，占到总数的 51%，其次是 7 月为 34 个个例，占到总数的 29%。

8.1.3 短时强降水高度场和温度场特征

选择 500 hPa 高度值和温度值作为特征量，利用聚类方法归型，西风气流型(图 8.1a)：90°—105°E、35°—45°N 范围内有高空槽或平直西风气流短波槽，高度值为 572～586 dagpm，温度值为−9～2 ℃；副热带高压型(图 8.1b)：西太平洋副热带高压脊线位于 30°N 以北，西脊点位于 110°E，高压边缘高度值为 586～588 dagpm，高压控制高度值为 588～592 dagpm，温度值为−3～3 ℃；高原低涡切变型(图 8.1c)：青藏高原有低涡(相邻 2 个高空探测站风向为气旋性弯曲)或横切变线(相邻 4 个高空探测站有偏南风和偏北风的风向辐合)，高度值为 579～585 dagpm，竖切变线(一般指副热带高压之间的切变)，高度值为 586～589 dagpm，温度值为−3～4 ℃。

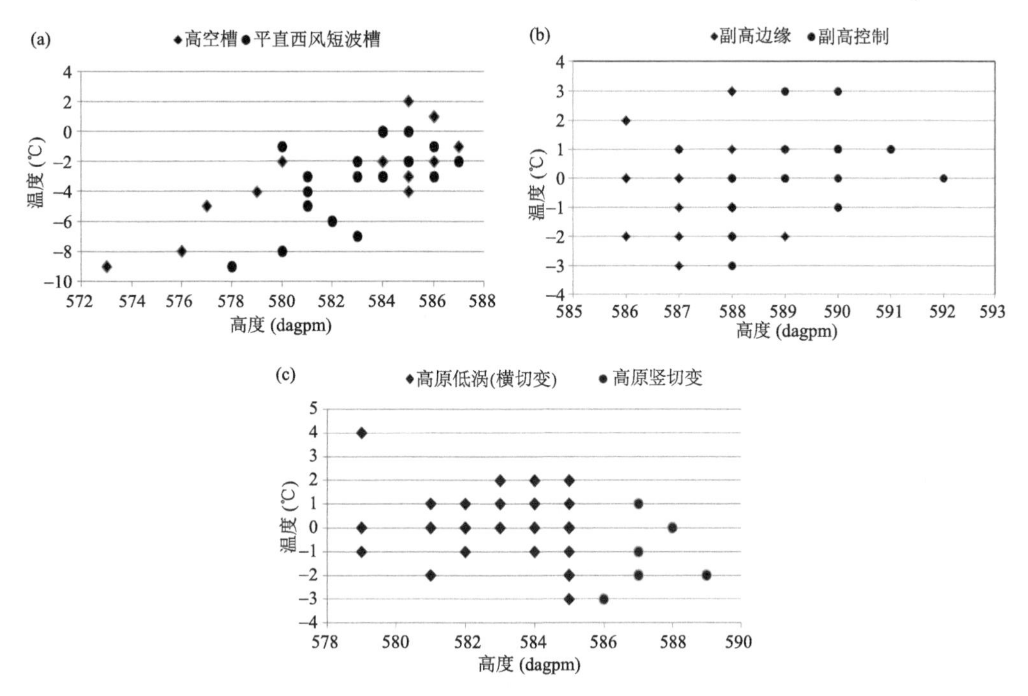

图 8.1 不同天气形势配置类型影响下 500 hPa 高度和温度分布

(a)西风气流型；(b)副热带高压型；(c)低涡切变型

对于重合区的样本通过卫星云图，依据造成短时强降水的中尺度对流系统形成及移动方向进行归型，由西偏向东移动的中尺度对流系统归为西风气流型，由南偏向北移动的中尺度对流系统归为副热带高压型，原地维持或少动的中尺度对流系统归为高原低涡切变型。由图 8.1 看到，将西风气流型进一步划分为高空槽影响型和平直西风气流波动(短波槽)型；副热带高压型进一步划分为西太平洋副热带高压(以下简称副高)型和副高控制型；高原低涡切变型简称为低涡切变型。

8.1.4 不同天气形势配置短时强降水时空分布

(1)时间分布

日变化中，西风气流型短时强降水多出现在每日的 19:00—次日 01:00 和 08:00

(图 8.2a),集中在 20:00—次日 01:00。副热带高压型短时强降水多出现在每日的 17:00—00:00(图 8.2b),17:00 出现频率最高,然后逐时次减少。低涡切变型短时强降水多出现在每日的 15:00—19:00(图 8.2c),19:00 出现频率最高。

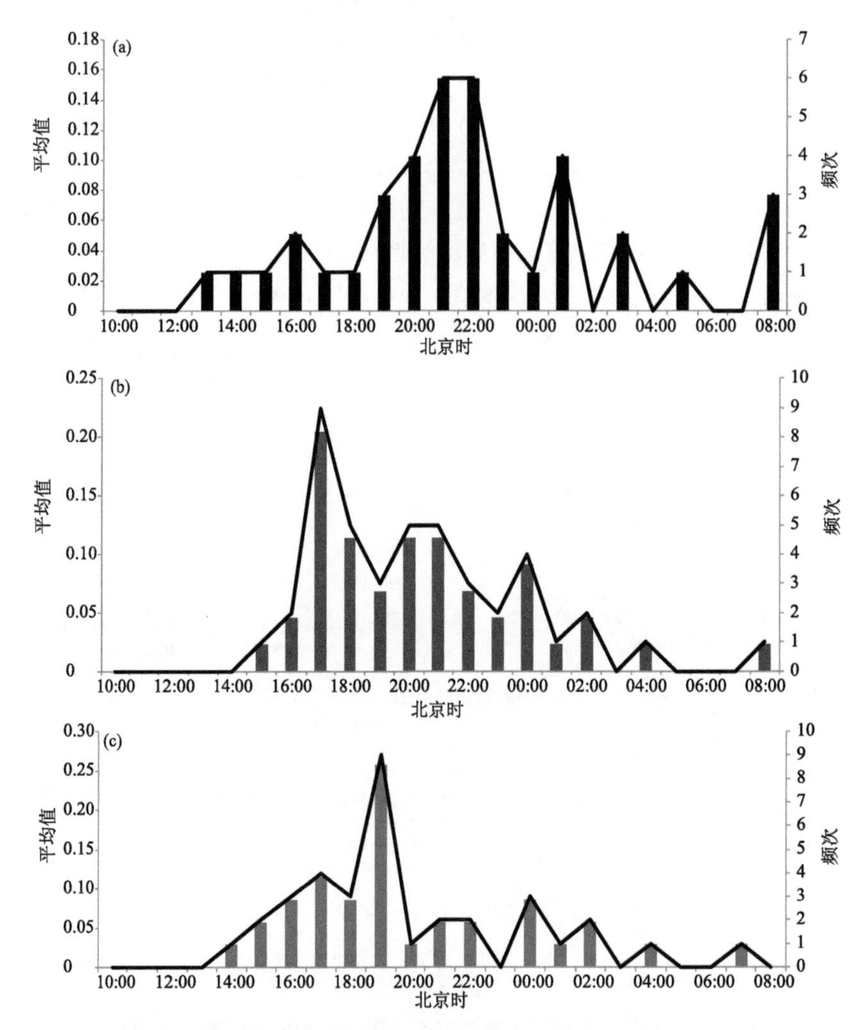

图 8.2 2004—2018 年青海不同天气形势配置类型降水量≥20 mm/h 站次的时间分布
(a)西风气流型日变化;(b)副热带高压型日变化;(c)低涡切变型日变化

总体来看,青海短时强降水多发生在午后至前半夜,后半夜出现的概率小,尤其是副热带高压型;从地域来看,柴达木盆地东部和环湖地区短时强降水活动集中在凌晨 00:00—01:00,祁连山区和青南地区短时强降水活动主要集中在傍晚 18:00,而东部农业区短时强降水活动集中在夜间 22:00。祁连山区、青南地区短时强降水具有一个较明显的峰值,而环湖地区、东部农业区和柴达木盆地短时强降水日变化可能有两个或多个峰值。

(2)空间分布

图 8.3 是青海 2004—2018 年不同天气形势配置类型影响下出现短时强降水(≥20 mm/h)站次的空间分布。西风气流型主要分布在祁连山、湟水河和黄河谷地,其次是果洛的东部地区(图 8.3a),副热带高压型主要分布在黄南和海南南部及 35°N 一线(图 8.3b),低涡切变型分布

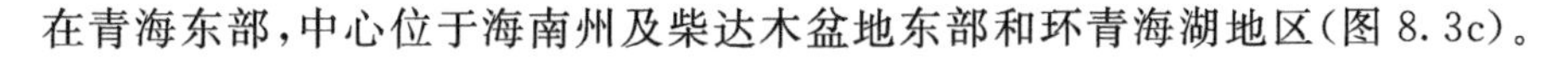

在青海东部，中心位于海南州及柴达木盆地东部和环青海湖地区(图 8.3c)。

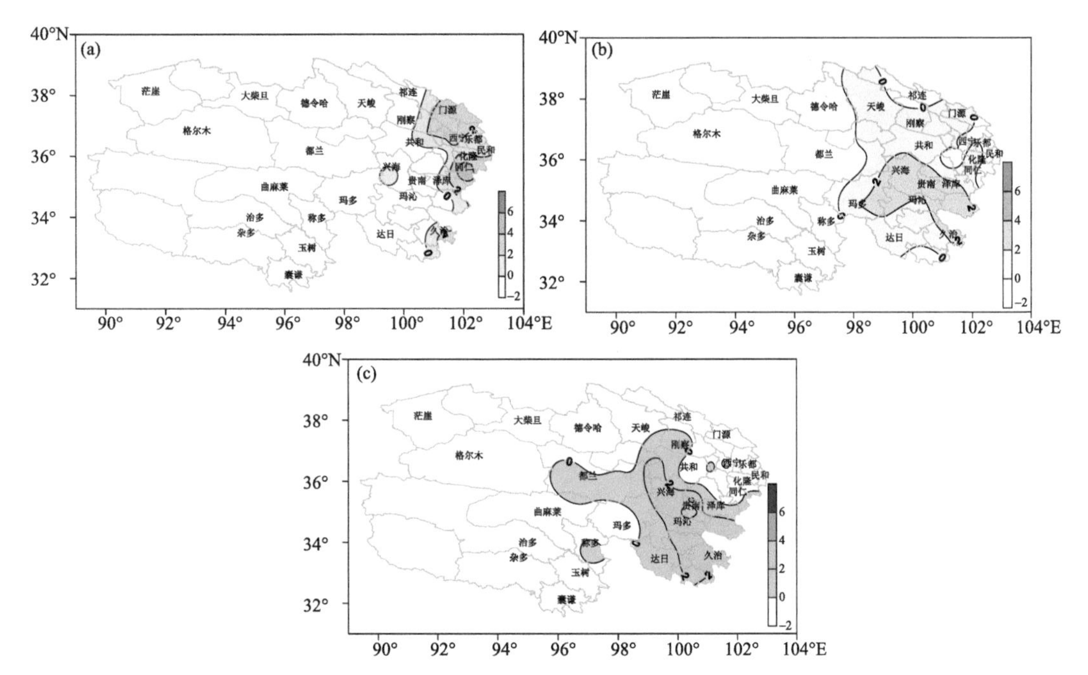

图 8.3　2004—2018 年不同天气形势配置类型影响下降水量≥20 mm/h 站次空间分布(单位:频次)
(a)西风气流型;(b)副热带高压型;(c)低涡切变型

8.2　短时强降水天气形势及卫星云图特征

8.2.1　西风气流型

西风气流型是以西风带天气系统为主要影响系统的分型，影响系统主要是高空槽和平直西风短波槽。表 8.2 所示，高空槽主要在 8 月，平直西风短波槽主要在 7 月和 8 月。

表 8.2　西风气流型

类型	时间					合计
	5 月	6 月	7 月	8 月	9 月	
高空槽	2	3	0	7	3	15
平直西风波动	1	1	8	11	3	24

(1)高空槽系统影响

高空槽系统主要指中高纬度向东移动的槽，一般情况下振幅达到 10 个纬距并有明显的温度槽配合，在高空槽前的西南气流中有对流云出现，逐步发展成为中尺度对流系统造成短时强降水天气。

2010 年 8 月 20 日 17 时青海久治站出现的短时强降水天气，500 hPa 副高位置偏东、偏南，08 时高空槽位于河西走廊地区，20 时已经东移到河套地区(图 8.4)，配合高空槽柴达木盆地有−8 ℃的冷温度槽，0 ℃暖中心位于西藏南部，久治站处在高空槽底部，有明显的西北风和偏南风辐合。700 hPa(图略)高原东北侧偏北气流风速达到 12 m/s，高原东南侧为西南气流风速达到 10 m/s。卫星云图上 15 时在高空槽云系底部出现对流云，16 时对流云发展成为中尺度对流系统，17 时久治站出现 20 mm/h 的短时强降水。典型个例有 2004 年 8 月 25 日 20 时久治站、2009 年 8 月 18 日 08 时循化站、2010 年 8 月 7 日平安和化隆站、2010 年 9 月 20 日 21 时同仁站出现的短时强降水伴有雷电天气。

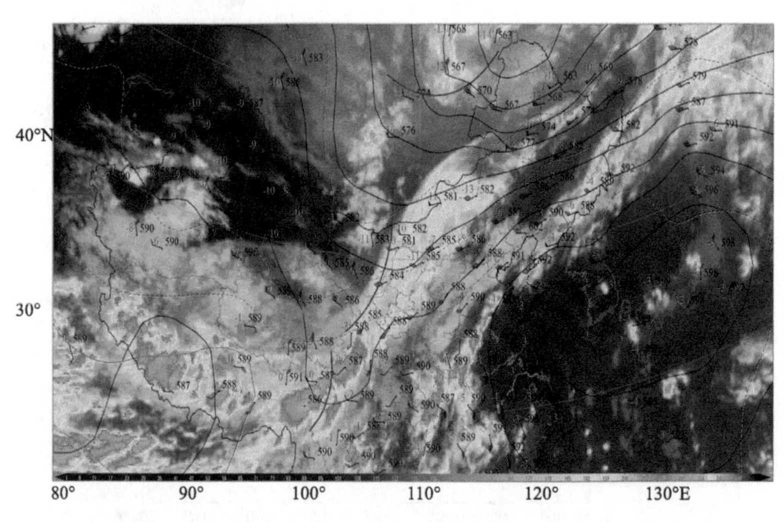

图 8.4　2010 年 8 月 20 日 20 时卫星云图和 500 hPa 高空图

(2)平直西风短波槽影响

平直西风短波槽是指在东亚中高纬度上空盛行平直西风气流，在平直西风气流上有短波槽活动，这种短波槽一般振幅较小在 10 个纬距内，有时 500 hPa 很难分析出气旋性弯曲，短波槽通常与高空锋区或低空西风急流配合东移，700 hPa 有明显的温度槽。

2012 年 7 月 29 日在青海东北部出现了一次强对流天气过程，21 时海晏站降水量为 28.0 mm/h、22 时大通站降水量为 27.9 mm/h、23 时平安站降水量为 30.2 mm/h、30 日 00 时循化站降水量为 28.7 mm/h。500 hPa 中纬度地区盛行平直西风气流(图 8.5)，高原东北部有明显的西风急流，河西走廊地区西北风风速达到 12 m/s，青海东南侧在 588 dagpm 副高单体

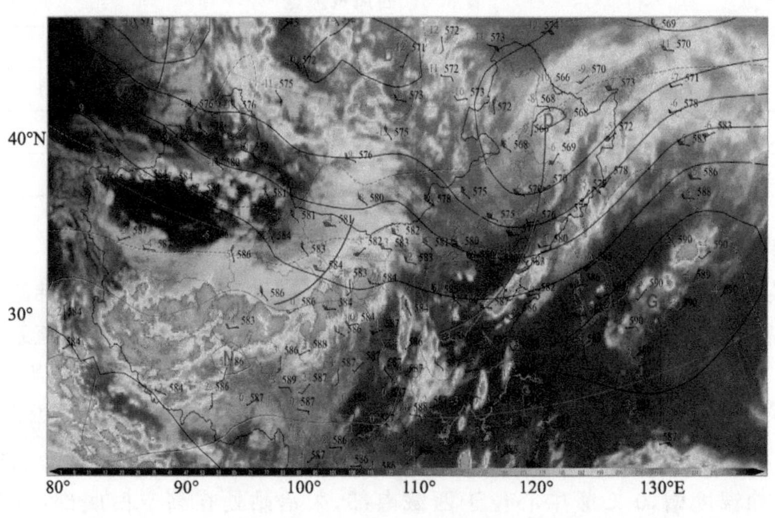

图 8.5　2012 年 7 月 29 日 20 时卫星云图和 500 hPa 高空图

控制下，0 ℃暖中心位于高原大部，4 ℃中心在西藏中部；300 hPa（图略）以上副热带西风急流明显，青海处在西北气流控制下；700 hPa（图略）青海东北部辐合强烈，并有温度槽配合。卫星云图上 14 时在高原西藏中部和祁连山地区有对流云出现，20 时祁连山对流云发展为中尺度对流系统，21:00—00:00 青海东北部相继出现短时强降水。典型个例有 2007 年 7 月 17 日 00 时刚察和 04 时湟源站、2010 年 5 月 29 日 01 时尖扎站、2013 年 8 月 21 日 20 时和 21 时大通站、2017 年 6 月 20 日 19 时乐都站出现的短时强降水天气。

8.2.2 副热带高压型

副热带高压型是指在副高（西太平洋副热带高压）边缘或高压控制环流下出现的短时强降水。

如表 8.3 所示，8 月最多，其次是 7 月。这种天气类型中副热带高压系统是引发青海强对流天气的主要影响系统，每年的 7 月和 8 月随着副高的西伸北抬，将充沛的暖湿气流带到青海地区，7—8 月成为青海短时强降水等强对流天气出现最多的时期。

表 8.3 副热带高压影响型

类型	时间					合计
	5 月	6 月	7 月	8 月	9 月	
副高边缘	0	2	5	16	1	24
副高控制	0	0	2	18	0	20

（1）副热带高压边缘影响

王宗敏等（2014）指出，高压西北边缘存在明显动力、热力和对流不稳定边界，边界附近容易产生暖区的对流雨带，盛夏时期当副高西伸到青藏高原东部时，有利于短时强降水发生。

2007 年 8 月 25 日青海东北部出现一次明显降水过程，其中西宁站连续 2 个时次的降水量超过 20 mm/h，21 时尖扎站降水量达到 24 mm/h，西宁和尖扎站 24 h 降水量达到暴雨量级并伴有雷电。副高边缘型的基本天气特征是，在 500 hPa 高空图（图 8.6），副高控制我国东部地区，青藏高原盛行西南气流，风速达到 8 m/s，个别测站达到 16 m/s，高原主体气温维持在

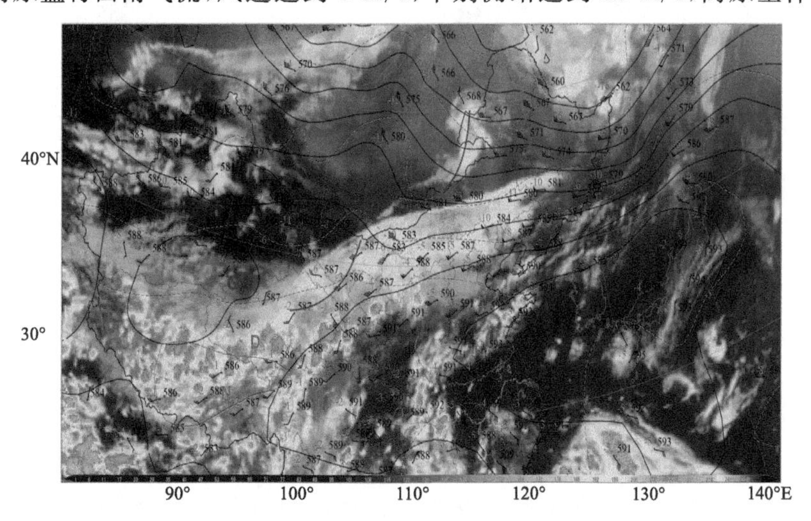

图 8.6 2007 年 8 月 25 日 20 时卫星云图和 500 hPa 高空图

0 ℃附近。700 hPa 高空图(图略),青藏高原东侧的四川盆地和甘肃南部有明显的偏南风,到达河西走廊转为偏东风,高原东侧气流绕流特征明显,副高将来自洋面的暖湿气流带到内陆和高原地区。典型个例有 2009 年 8 月 24 日 18 时兴海站、2011 年 8 月 15 日化隆和循化站、2012 年 8 月 11 日贵南站、2015 年 6 月 29 日 17 时贵南站和 20 时达日站出现的短时强降水天气。

(2)高压控制影响

当副高不断加强西伸时,高原地区处在高压控制下,午后在高原较强地面加热场作用下高压控制区域有对流云形成,当低层有暖湿气流活跃并辐合加强时,对流云发展成为中尺度对流系统造成短时强降水天气。

2016 年 8 月 24 日 17 时青海东部出现了区域性短时强降水过程,其中兴海站降水量达到 20.7 mm/h,20 时玛沁站出现 34 mm/h 的降水,21 时河南站出现降水量 58.5 mm/h,创青海有气象资料以来小时降水量历史记录。08 时 500 hPa(图略)青海东南部西南气流风速达到 14 m/s,南亚高压中心位于青海东南部,数值达到 1270 dagpm。20 时 500 hPa 高空图上(图 8.7)整个青藏高原地区处在高压控制下,配合高压中心有 0℃暖中心,0 ℃暖中心位于高原,玉树达到 4 ℃,对流云沿 0 ℃等温线北侧不断加强。700 hPa(图略)青海东部有较强的锋区,河南处在温度线密集区,北部有 4 ℃冷温度槽,南部有 25 ℃的暖中心,东风与西风辐合显著。在这种类型的强对流天气中,对流层中高层在南亚高压的影响下气流辐散显著,对流层低层在热低压作用下气流有明显辐合,高层辐散低层辐合有利于强对流天气的形成。卫星云图上 24 日 14 时,35°N 一线有对流云生成,16 时发展迅速,在果洛和海南形成的对流云已经发展成为中尺度对流系统,20 时(图 8.7)已经发展成为典型的 MCC。典型个例有 2007 年 8 月 20 日 20 时刚察站、2013 年 8 月 23 日海晏站、2016 年 8 月 26 日 00 时玛多站出现的短时强降水天气。

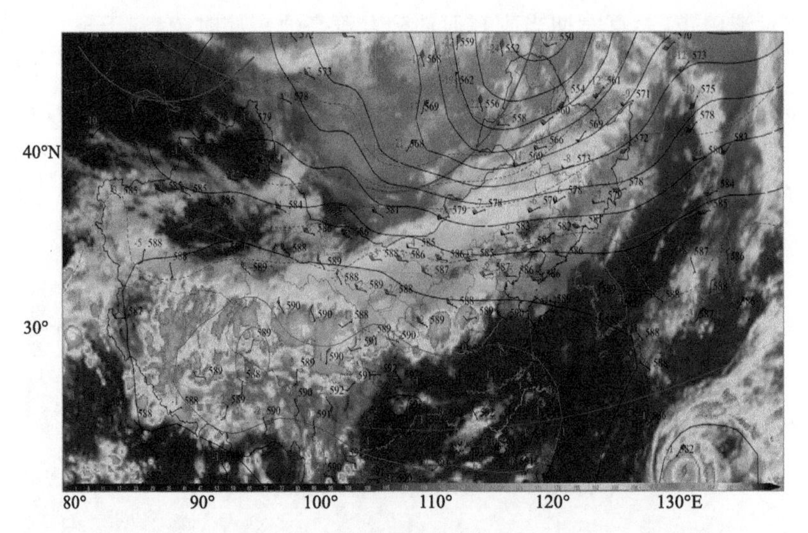

图 8.7 2016 年 8 月 24 日 20 时卫星云图和 500 hPa 高空图

8.2.3 低涡切变型

低涡切变型主要集中在 7 月,其次是 8 月和 6 月。7 月西风带天气系统位置偏北,西太平洋副热带高压主要影响我国中部及东部,因此高原低涡和切变线是造成短时强降水偏多的天气系统(表 8.4),这种类型也是造成青海高原强对流天气常见的类型。

表 8.4　高原低涡切变型

类型	时间					合计
	5 月	6 月	7 月	8 月	9 月	
低涡横切变	0	7	16	3	1	27
竖切变	0	0	3	5	0	8

一般情况低涡系统造成的降水强度不大，持续时间不长，但当对流层中低层有明显冷空气的活动，或低涡附近有西南风速加强时，中尺度对流系统发展造成强对流天气。切变的情况常常是当副高加强西伸至青藏高原，或者中东高压(伊朗高压)东伸至青藏高原时，由于地形和地面加热场作用，或高压减弱时容易形成切变线，当有冷空气侵入时，切变线会转化成具有斜压性质的天气系统。

2018 年 7 月 18 日 19 时循化站出现短时强降水，降水量 24 mm/h 伴有冰雹的强对流天气，500 hPa 高空图上(图 8.8)低涡位于青海东北部地区，低涡环流的南部有横切变线配合大片的对流云系，低涡西侧北风风速 12 m/s，低涡东侧西南风速 14 m/s，副高位置偏东控制我国东部地区，0℃暖中心位于高原地区。700 hPa(图略)高原东侧和北侧有绕流，东侧偏南风速达到 12 m/s，柴达木盆地维持 304 dagpm 的闭合低压，配合 23 ℃的暖中心。卫星云图上 13 时在低涡云系南端的果洛有对流云出现，16 时低涡云系开始减弱，果洛的对流云系加强，17 时在果洛对流云系北端的海东有对流云形成，18 时对流云已经发展成为中尺度对流天气系统。典型个例有 2006 年 7 月 12 日 16 时达日站、2007 年 7 月 16 日 22 时河南站、2008 年 7 月 28 日 17 时兴海站和 19 时玛沁站、2012 年 7 月 7 日 21 时班玛站、2013 年 6 月 19 日 00 时和 02 时茶卡站、2017 年 8 月 5 日 17 时泽库站出现的短时强降水天气。

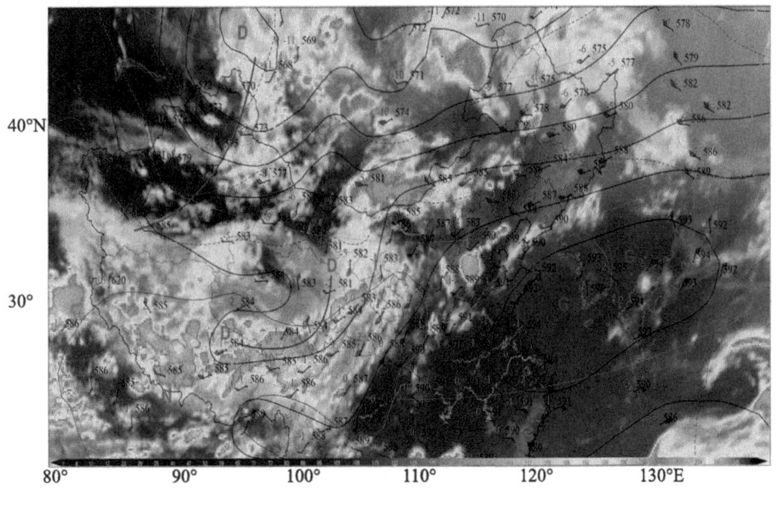

图 8.8　2018 年 7 月 18 日 20 时卫星云图和 500 hPa 高空图

8.2.4　短时强降水的中尺度对流系统卫星云图特征

如表 8.5 所示，对 118 个短时强降水个例中尺度对流系统云面积(产生短时强降水时刻的面积)、维持时间(对流云形成至产生短时强降水时刻)进行了统计，给出了平均值。副高控制下对流云面积最大，高原竖切变影响下对流云面积最小。从对流云形成至造成短时强降水维持时间来看，西风气流环流背景下对流云维持时间最长，尤其是高空槽环流背景下生成的中尺度对流系统维持时间达到 9 h，高原竖切变影响下中尺度对流系统维持时间最短。

表 8.5 不同环流背景下短时强降水对流云特征

类型	影响系统	对流云面积(km^2)	对流云维持时间(h)	对流云中心亮温值(K)
西风气流型	高空槽	7268	9.2	151.2
	平直西风波动	3707	6.9	149.9
副热带高压型	副高边缘	4648	6.1	148.8
	副高控制	8795	6.4	131.6
高原低涡切变型	低涡横切变	5414	7.3	145.9
	高原竖切变	3505	5.0	141.5

8.3 短时强降水合成场特征及概念模型

根据不同环流形势配置，对西风气流型 39 个个例，副热带高压型 44 个个例，低涡切变型 35 个个例进行合成分析，在此基础上构建了天气学概念模型。

8.3.1 西风气流型

如图 8.9a 所示，南亚高压中心在印度，1250 dagpm 线控制青藏高原中部和南部地区，高度场距平正值中心位于 38°—42°N，该区域也是副热带西风急流异常活跃的位置，为其南侧的对流层高层提供了充分的辐散条件有利于降水的产生(魏林波 等，2012；杨小波等，2014)；500 hPa(图 8.9b)，西太平洋副热带高压位置偏南，中纬度 40°——50°N 之间以平直西风气流为主，贝加尔湖以南为高度距平负值中心，西北地区东部为高度距平正值中心，青海东北部处在距平负值中心和距平正值中心之间，为垂直速度异常上升区；600 hPa(图 8.9c)，青藏高原处在暖中心控制下，中心值为 14 ℃，温度距平正值中心位于青海东南部和甘肃南部，与偏南风对应，表明高原东部及东侧暖湿气流异常活跃，在青海东部形成气旋性环流；水汽通量及水汽通量散度图(图 8.9d)，印度季风低压(槽)中偏南水汽经高原南部输送到青海，与来自西北方向水汽在青海东北部和东南部形成明显的水汽辐合，水汽辐合区与西风气流型短时强降水出现频次高值区域基本一致(图 8.2a)。

8.3.2 副热带高压型

如图 8.10a 所示，南亚高压控制青藏高原地区，中心在青海东南部，中心数值 1260 dagpm，40°N 附近的高度场距平正值中心与副热带西风急流异常活跃区对应，南亚高压控制下的反气旋环流异常区位于我国北部地区；500 hPa(图 8.10b)，高原中东部及我国长江中下游地区在西太平洋副热带高压控制下，与其配合的高度距平正值中心位于我国中部，青海东部和祁连山地区垂直速度为异常上升区；600 hPa(图 8.10c)，青藏高原处在暖中心控制下，中心数值达到 16 ℃，位于西藏地区，青海南部和西北地区东部及华北地区为温度距平正值中心，青海南部的温度距平正值中心与高原加热场密切相关，西北地区东部及华北地区的温度距平正值中心与西太平洋副热带高压的活动息息相关，青海近地面是东南风与南风的辐合，具有明显的暖式切变线特征；水汽通量及水汽通量散度图(图 8.10d)，来自西太平洋的水汽向西输送，经高原形成偏南气流输送到青海南部，与来自偏北方向水汽在 34°N 附近形成东西带状的水汽辐

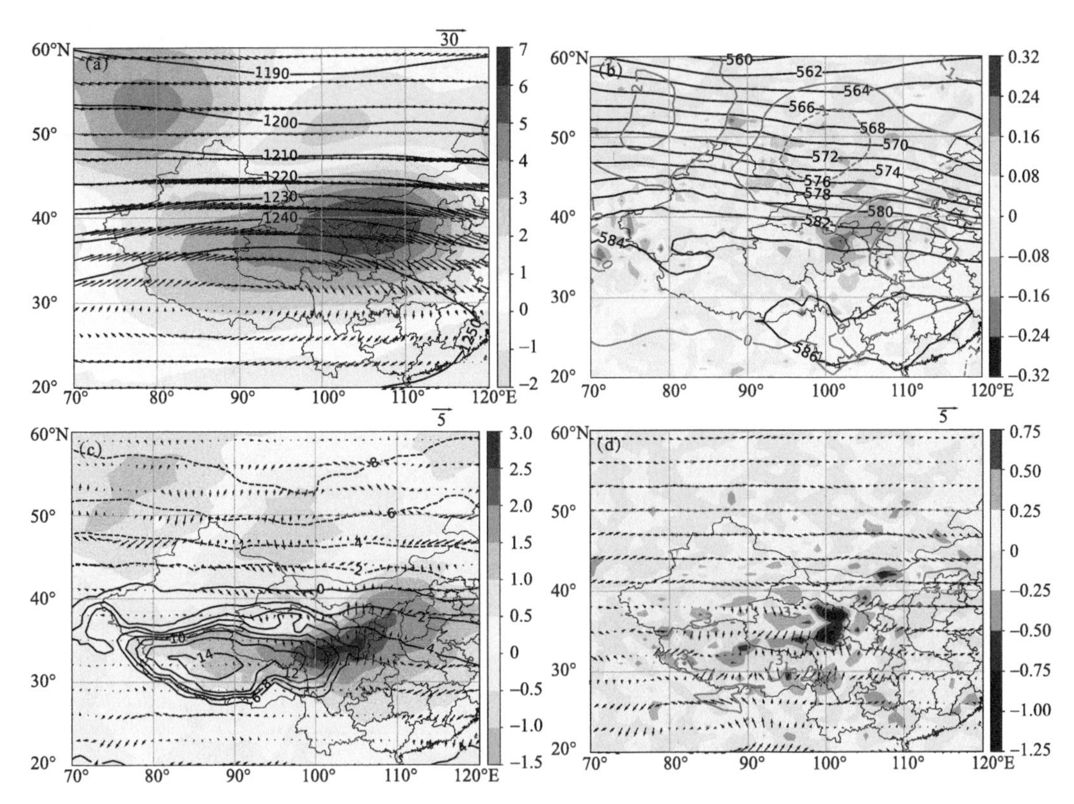

图 8.9　西风气流型环流特征(a)200 hPa 位势高度合成场(黑色等值线,单位:dagpm)和距平场(彩色区)及风合成场(矢量);(b)500 hPa 位势高度合成场(黑色等值线)和距平场(红色等值线)及垂直速度距平(彩色区,单位:$hPa^{-1}\cdot s^{-1}$);(c)600 hPa 温度合成场(等值线,单位:℃)和距平(彩色区)及风场距平(矢量);(d)600 hPa 水汽通量合成场(矢量,$g\cdot cm^{-1}\cdot hPa^{-1}\cdot s^{-1}$)和距平场(红色等值线)及水汽通量散度距平(彩色区,单位:$g\cdot cm^{-2}\cdot hPa^{-1}\cdot s^{-1}$)

合带,水汽通量散度异常区(蓝色阴影地区)与水汽通量辐合带基本吻合,短时强降水出现频次高的区域(图 8.2b)附近有较强的水汽通量值,且与水汽通量散度偏东的异常区对应。

8.3.3　低涡切变型

如图 8.11a 所示,南亚高压中心位于西藏地区,高度场的距平正值中心与副热带西风急流轴对应;500 hPa(图 8.11b),西太平洋副热带高压控制我国长江中下游及沿海地区,青藏高原地区为低值区,处在高度距平负值中心,青海东部和柴达木盆地东部分别为垂直速度距平负值中心,垂直上升强度比西风气流型弱,比副热带高压型强;600 hPa(图 8.11c),青藏高原处在暖中心控制下,中心数值达到 16 ℃,位于西藏地区,青藏高原 33°N 附近和西北地区东部为温度距平正值中心,33°N 附近温度距平正值中心不仅与高原加热场有关,同时与强的异常东南风输送的暖湿气流有关,有利于中尺度对流系统形成(Sugimoto and Ueno,2010;田珊儒 等,2015;李国平 等,2016),青海近地面是东南风与西南风的辐合,具有明显的暖式切变线特征;水汽通量及水汽通量散度图(图 8.11d),有两个水汽通量辐合区,一个位于青海西南部,是来自印度季风低压(槽)西南风水汽与弱偏北风水汽形成的辐合,另一个位于青海东南部,是来自印度季风低压(槽)西南风水汽与来自西太平洋东南风水汽形成的辐合,有气旋性环流,水汽通

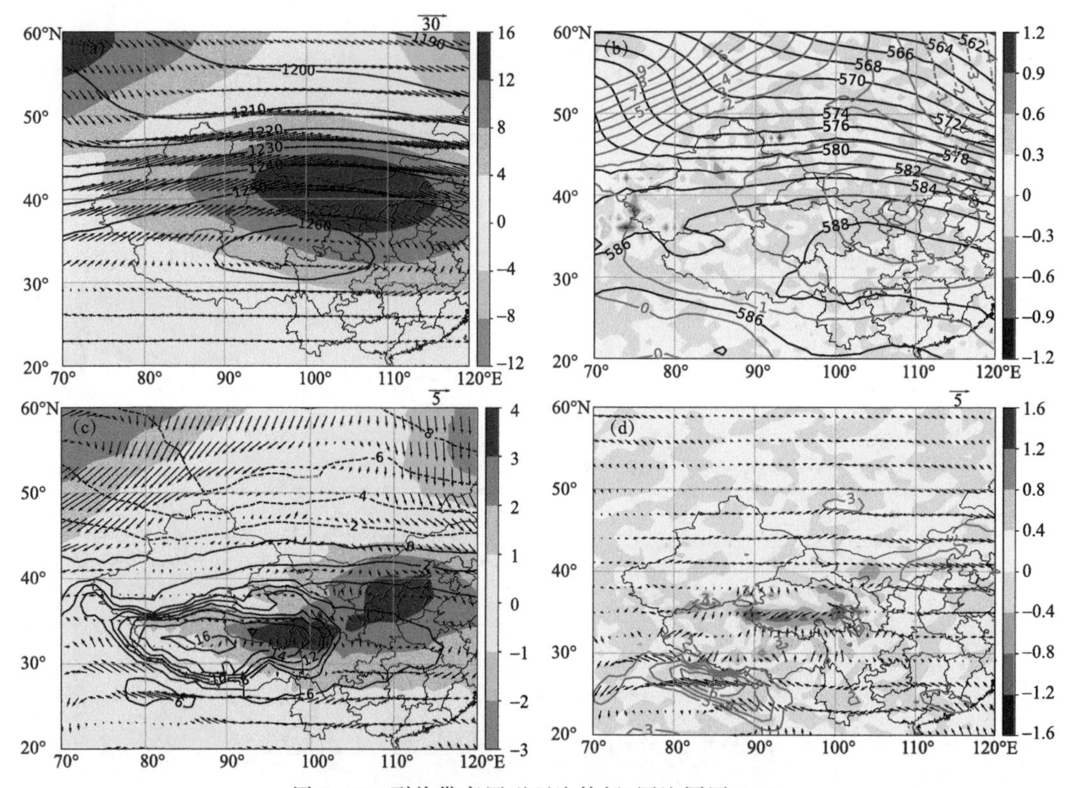

图 8.10　副热带高压型环流特征(图注同图 8.9)

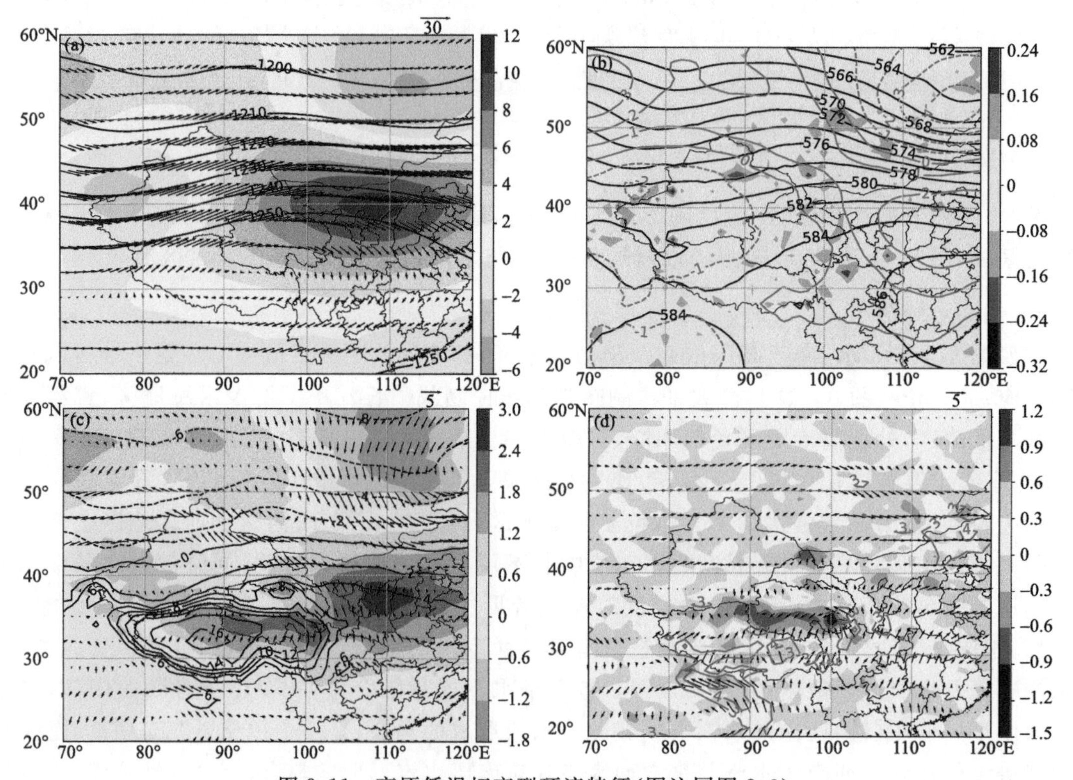

图 8.11　高原低涡切变型环流特征(图注同图 8.9)

量散度的异常区(蓝色阴影地区)位于两个水汽辐合区,偏东的水汽通量散度异常区与低涡切变型短时强降水发生频次高的中心基本吻合(图 8.2c),有较强的水汽通量值和气旋性环流。

8.3.4　概念模型

如图 8.12 所示,西风气流型为:200 hPa,副热带西风急流位于 40°N 附近,短时强降水出现在其右侧辐散区,南亚高压中心位于 30°N 以南;500 hPa 中纬度以平直西风气流波动为主;600 hPa 青海处在低值区中,高原东部冷暖空气交汇形成锋区,地面为西北风和东南风的辐合。

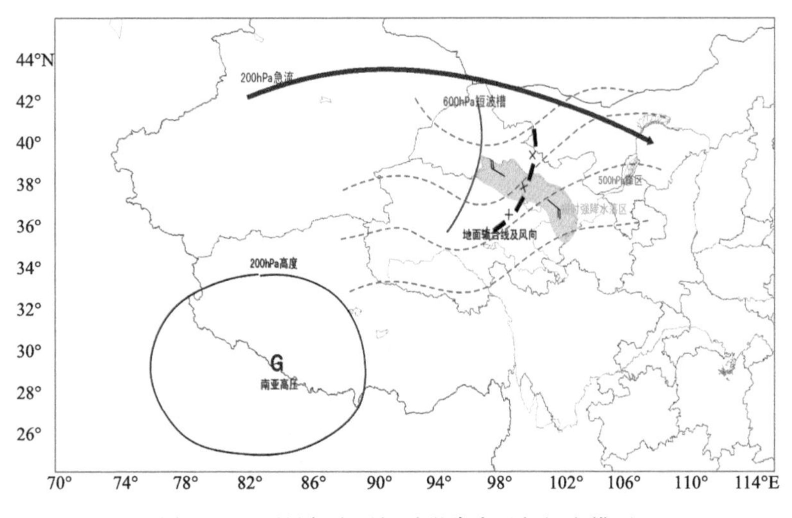

图 8.12　西风气流型短时强降水天气概念模型

如图 8.13 所示,副热带高压型为:200 hPa,高原在南亚高压控制下,中心位于 32°N,数值达到 1260 dagpm,副热带西风急流偏北位于 45°N;500 hPa 西太平洋副热带高压西伸至 100°E,高原上偏东和偏南暖湿气流活跃,形成低空偏南急流,青海东部具有明显的高温高湿特征;600 hPa 高原暖中心较强,中心数值达到 16 ℃,地面是偏南风与偏东风的暖式切变。

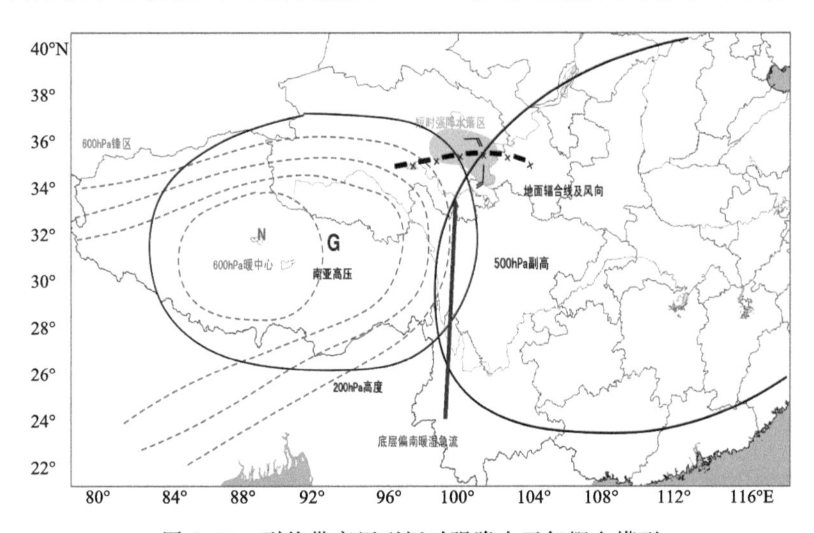

图 8.13　副热带高压型短时强降水天气概念模型

如图 8.14 所示，低涡切变型为：200 hPa，南亚高压中心位于 30°N 以南，副热带西风急流位于 40°N 附近；500 hPa 高原西部低值系统活跃；600 hPa，高原处在低压控制下，配合 16 ℃ 的暖中心，由于高原加热作用或弱冷空气影响在高原东部形成明显的锋区，地面有西南风和东南风辐合。

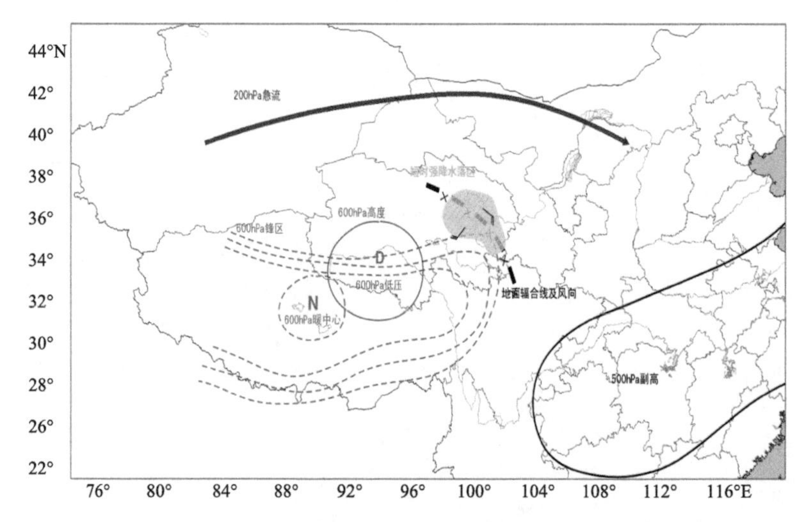

图 8.14 高原低涡切变型短时强降水天气概念模型

与许东蓓等(2015)将西北地区强对流天气基本形势配置类型比较，西风气流型类似高空冷平流强迫类，不同的是动力不稳定条件不仅有高空冷平流强迫，还有高低空风的垂直切变，近地面有西北风与西南风辐合的冷式切变或冷锋。副热带高压型类似低层暖平流强迫类，中低空较强的偏南暖湿急流引起热力不稳定条件的产生，同时存在高原地形抬升作用。低涡切变型类似斜压锋生类，近地面是西南风与东南风辐合的暖式切变，不同的是对流层低层温度锋区的形成或锋生不仅与弱冷空气活动有关，而且与高原强烈地面加热有关。

总之，高原地区强对流活动与天气尺度系统和大尺度环流背景密不可分，高原低涡切变，西太平洋副热带高压，西风带天气系统之间的相互作用有利于中尺度强对流系统的形成，同时高原地区短时强降水有明显的日变化特征，与高原加热场的作用有关。

8.4 短时强降水探空曲线特征

$T-\ln p$ 图能直接反映大气热力状况和垂直切变状况，单站的 $T-\ln p$ 图是分析本地大气环境的热力和动力稳定度的重要手段。下面通过青海不同环流形势强对流天气 $T-\ln p$ 图分析，比较不同类型强对流天气的热力、动力、不稳定等特征。个例的 $T-\ln p$ 图的分析是从天气分析的思路出发，举例说明不同类型强对流天气的环境场特征，其中对流参数的特征仅代表个例分析的结果，不具有阈值意义，只利用一种对流参数来进行强对流分类预报是不切实际的，对于强对流天气发生的落区和强度判断还需应用中尺度数值模式等其他手段。

8.4.1 西风气流型的 $T-\ln p$ 图结构特征

如图 8.15a 所示，强对流发生前 2012 年 7 月 29 日 20 时距离海晏站 76 km 左右的西宁站探空图，有以下几个特点：

(1)西宁站上空对流层中低层 763～500 hPa 表现为条件不稳定。表 8.6 中 $\theta_{se(763-500)}$、*SI* 指数、*LI* 指数随时间的变化也表明对流发生前对流有效位能适当，计算的 *CAPE* 值为 598.2 J/kg、西宁站上空热力不稳定明显；

(2)西宁站整层相对湿度较小，仅在 420～480 hPa 水汽接近饱和，在中高层 300～400 hPa 附近有干空气卷入能够促进蒸发，减小降水粒子的拖曳作用对上升运动的不利影响，有利于短时强降水的发生，温湿层结曲线形成上下开口的“X”型，“上干冷、下干冷”特征明显；

(3)西宁中低层 700～500 hPa 风向顺转非常明显，由东南风转为西南风，风速增加较大，风矢量差达到 14 m/s，有一定强度的垂直风切变(图 8.15b)；

(4)抬升凝结高度(*LCL*)较高为 658.6 m，0 ℃和－20 ℃层高度较高，分别为 5.9 km 和 9.1 km，是没有出现冰雹的原因之一(表 8.6)。

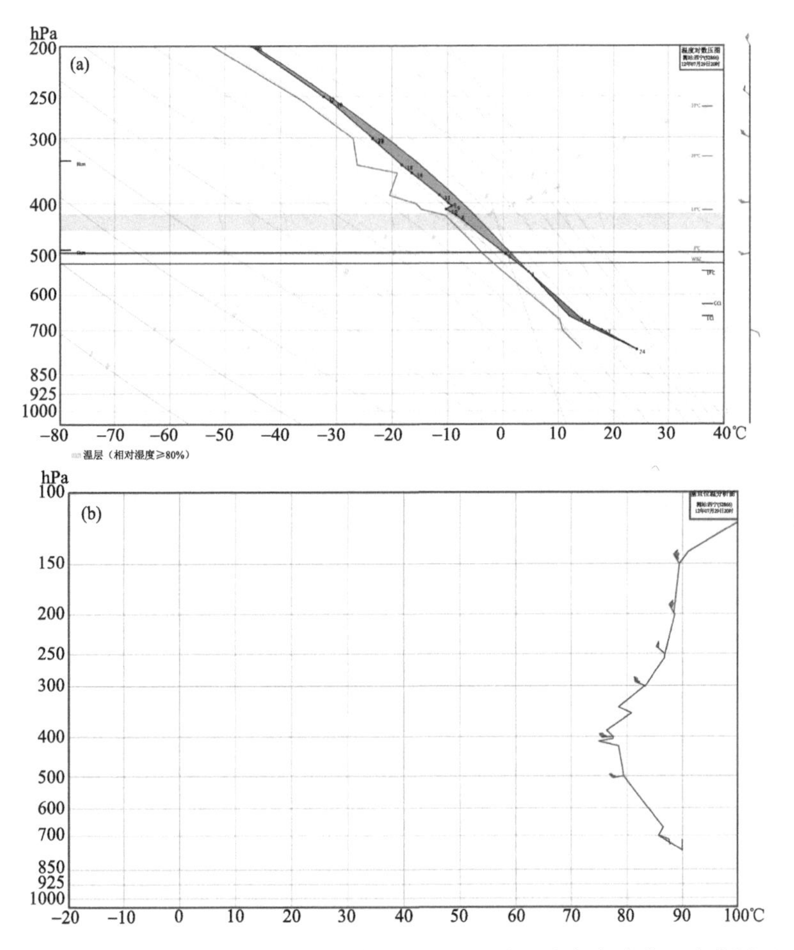

图 8.15 2012 年 7 月 29 日 20 时西宁站 $T-\ln p$ 图(a)和假相当位温变化图(b)

综合来看：对流层中低层有强烈的热力不稳定，抬升凝结高度(*LCL*)较高(620～750 m)，对流有效位能(*CAPE*)适当(120～920 J/kg)，为短时强降水发生提供了热力不稳定条件，但探空温湿廓线呈上下开口的“X”型，“上干冷、下干冷”特征，整层湿层浅薄，中高层 500～400 hPa有干空气卷入，降水强度较弱。另外，风向随高度顺转，风速随高度增加，有一定强度的垂直风切变，如果垂直风切变超过 24 m/s，探空对傍晚到夜间下游地区出现冰雹指示性更明显。

表 8.6　2012 年 7 月 29 日 08 时和 20 时西宁站常用热力对流参数和特征高度

常用对流参数	29 日 08 时	29 日 20 时
$\Delta\theta_{se}$	$\Delta\theta_{se(769-500)}$	$\Delta\theta_{se(763-500)}$
	2.33	10.68
SI(℃)	0.27	0.22
LI(℃)	0.28	−1.03
$CAPE$(J/kg)	5.4	598.2
CIN(J/kg)	236.7	73.2
LCL(m)	754.2	658.6
LFC(m)	492.2	538.6
Z_0(m)	5516.8	5908
Z_{-20}(m)	8940.0	9194.1

8.4.2　副热带高压型的 T-ln$p$ 图结构特征

(1)副高边缘型

图 8.16a 是强对流发生前 2007 年 8 月 25 日 08 时西宁站探空图，有以下几个特点：

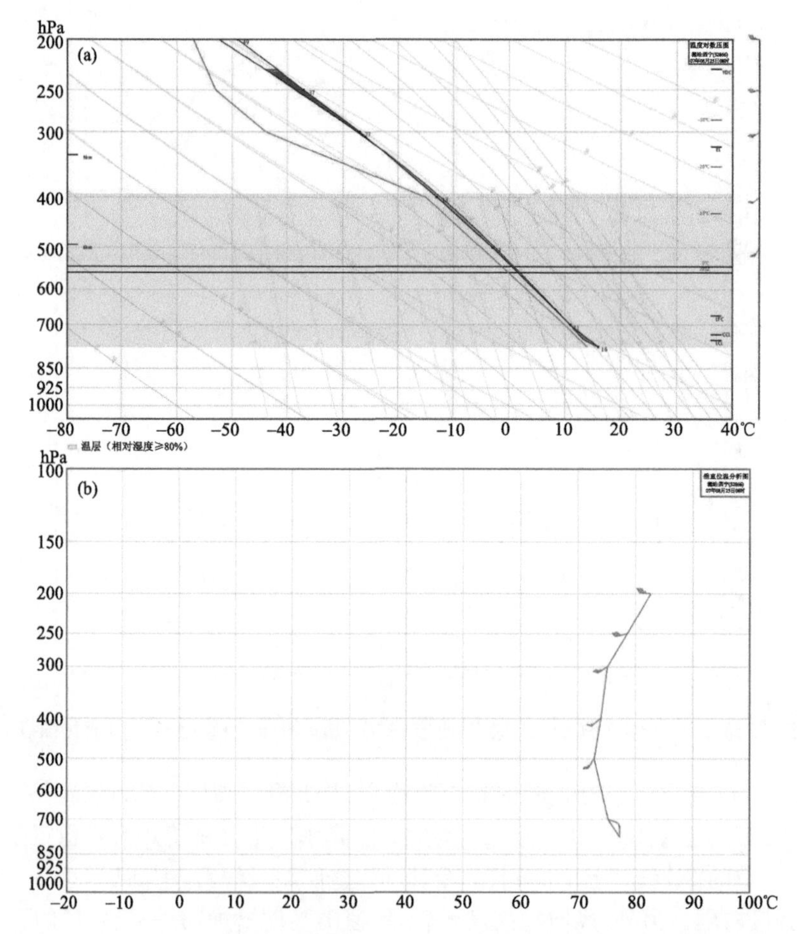

图 8.16　2007 年 8 月 25 日 08 时西宁站 $T-\ln p$ 图(a)和假相当位温变化图(b)

①西宁站上空对流层中低层 773～500 hPa 表现为条件不稳定。状态曲线和层结曲线之间的红色区域面积较小，对流有效位能较小，计算的 *CAPE* 值为 105.8 J/kg(表 8.7)；

表 8.7　2007 年 8 月 25 日 08 时和 20 时西宁站常用热力对流参数和特征高度

常用对流参数	25 日 08 时	25 日 20 时
$\Delta\theta_{se}$	$\Delta\theta_{se(773-500)}$	$\Delta\theta_{se(772-500)}$
	4.47	−0.93
SI(℃)	0.22	3.28
LI(℃)	−0.47	1.43
CAPE(J/kg)	105.8	25.3
CIN(J/kg)	14.7	146.9
LCL(m)	750.2	749.2
LFC(m)	672.2	447.2
Z_0(m)	5300.7	5667.6
Z_{-20}(m)	8695	8943.0

②380 hPa 以下整层大气比较湿润，水汽接近饱和，在中高层 400 hPa 附近有干空气，温湿层结曲线形成向上开口的喇叭口形状，“上干冷、下暖湿”特征明显；

③中低层 700～500 hPa 风速随高度升高增加明显，风向随高度升高也有一定程度的顺转，风矢量差达到 10 m/s，有中等强度的垂直风切变(图 8.16b)；

④抬升凝结高度(*LCL*)较高为 750.2 m，0 ℃和 −20 ℃层高度较高，分别为 5.3 km 和 8.6 km，0 ℃高度较高，增加暖层的融化作用，不利于冰雹的形成。

综合来看：对流层中低层有强烈的热力不稳定，抬升凝结高度(*LCL*)较高(568～750 m)，对流有效位能(*CAPE*)较小(0～117 J/kg)，如果 *CAPE* 为 0，则不存在自由对流高度 *LFC*，而 *LI* 指数是指气块抬升高度为自由对流高度，没有自由对流高度，则 *LI* 指数不具有物理意义。短时强降水发生时热力不稳定条件很弱，但探空温湿廓线呈上开口的喇叭口形状，“上干冷、下暖湿”特征，整层湿层深厚，中高层 400 hPa 有干空气卷入，能够促进蒸发，减小降水粒子的拖曳作用对上升运动的不利影响，有利于短时强降水的发生，且降水强度较强。0 ℃层高度较高，增加暖层的融化作用，不利于冰雹的形成。另外，风向随高度顺转，风速随高度增加，有中等强度的垂直风切变(10～18 m/s)，低层水汽饱和、中层干空气卷入、强热力不稳定、中等强度的垂直风切变等条件，为副高边缘型短时强降水提供了水汽条件和热力、动力及不稳定条件。但仅从 $T-\ln p$ 图出发，无法判断短时强降水的具体落区和强度，还应该结合其他资料和分析方法进行综合分析。

(2)副高控制型

图 8.17a 是强对流发生前 2016 年 8 月 24 日 20 时距河南站约 212 km 达日站探空图，有以下几个特点：

①达日站对流层中高层 632～500 hPa，条件不稳定特征明显；状态曲线和层结曲线之间有一定的红色区域面积，有适当的对流有效位能，计算的 *CAPE* 值为 235.4 J/kg(表 8.8)，$\theta_{se(632-500)}$、*LI* 指数随时间的变化也表明对流发生前，达日站上空热力不稳定明显，另外抬升指

数为－2.35，层结不稳定；

②300 hPa 以下湿层较厚，在 600～300 hPa 附近水汽接近饱和，温湿层结曲线形成"瘦长"的形状，"上湿、下湿"特征明显；

③达日 632～500 hPa 风向有一定的顺转，风速增加较小，风向由西南风转为偏北风，有较弱的垂直风切变(图 8.17b)；

④抬升凝结高度(*LCL*)较低为 595 m，有利于对流发展(表 8.8)。

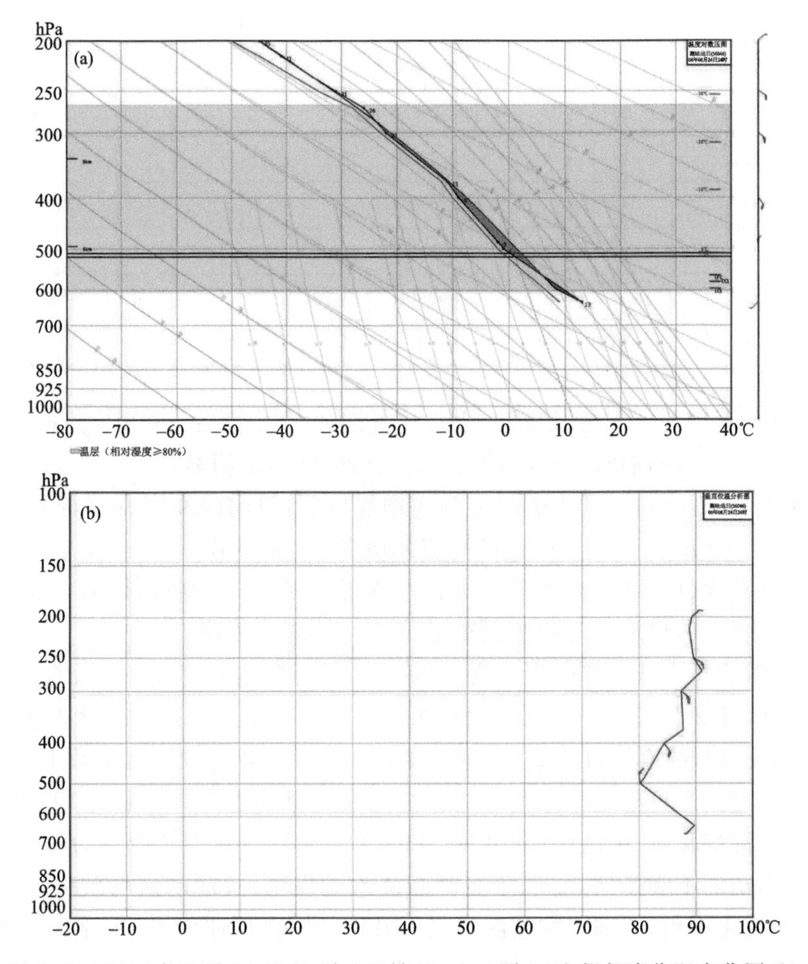

图 8.17　2016 年 8 月 24 日 20 时达日站 $T-\ln p$ 图(a)和假相当位温变化图(b)

综合来看：对流层中低层有适当的条件不稳定，抬升凝结高度(*LCL*)较低(595 m)，对流有效位能(*CAPE*)适当 235.4 J/kg，如果 *CAPE* 为 0，则不存在自由对流高度 *LFC*，另外抬升指数为负值，层结不稳定。短时强降水发生时热力不稳定条件适当。但探空温湿廓线呈瘦长型，"上湿、下湿"特征，对流层湿层深厚，降水强度较强。另外，风向随高度顺转，风速随高度增加不明显或者很小，垂直风切变较弱。低层水汽饱和、适当的热力不稳定、适当的对流有效位能，较弱的垂直风切变等条件，负的抬升指数等是副高控制型短时强降水水汽条件和热力、动力和不稳定条件。

表 8.8　2016 年 8 月 24 日 08 时和 20 时达日站常用热力对流参数和特征高度

常用对流参数	24 日 08 时	24 日 20 时
$\Delta\theta_{se}$	$\Delta\theta_{se(633-500)}$	$\Delta\theta_{se(632-500)}$
	2.62	9.56
SI(℃)	—	—
LI(℃)	1.4	−2.35
$CAPE$(J/kg)	0	235.4
CIN(J/kg)	0	22.1
LCL(m)	633	595
LFC(m)	—	561
Z_0(m)	5900	—
Z_{-20}(m)	9202.8	9513.0

8.4.3　高原低涡切变型的 $T-\ln p$ 图结构特征

图 8.18a 是短时强降水发生前 2010 年 8 月 20 日 08 时距离久治站 173 km 左右的达日站探空图，有以下几个特点：

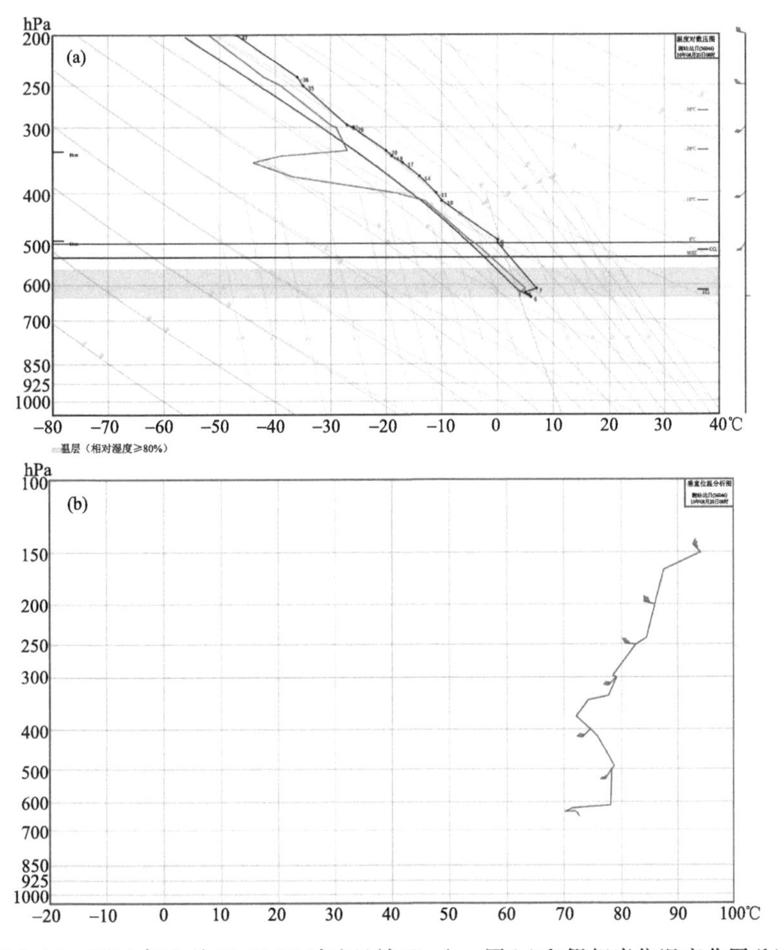

图 8.18　2010 年 8 月 20 日 08 时达日站 $T-\ln p$ 图(a)和假相当位温变化图(b)

①600 hPa 以下存在比较弱的逆温，达日的逆温层位于对流层中低层 620～610 hPa，逆温层顶的温度为 7 ℃，逆温的强度为 2 ℃；

②对流层中低层条件稳定，无不稳定层，达日的条件不稳定主要出现在 492～372 hPa，位于逆温层顶以上，由于状态曲线和层结曲线之间无红色区域面积，*CAPE* 为 0，所以也不存在自由对流高度。由于逆温层的高度在 850 hPa 以上，表 8.9 实际参与对流的气块在 850 hPa 以上被抬升，因此指定气块抬升高度为 850 hPa 的 *SI* 指数在此次对流中不具有物理意义，而 *LI* 指数是指定气块抬升高度为自由对流高度，而此次对流无自由对流高度，因此，*LI* 指数也是不具有物理意义；

③达日站湿层较薄，仅在 620～550 hPa 水汽接近饱和，中高层 400 hPa 有干空气卷入，温湿层结曲线形成"漏斗状""上干、下湿"特征明显；

④将抬升起始层高度抬高到逆温层顶之后，达日计算的 *CAPE* 值仍为 0；

⑤逆温层以上存在明显的垂直风切变，其中达日 620～500 hPa 风向由偏东风转为西南风，顺转明显，风速由 4 m/s 增加到 10 m/s，增加显著，垂直风切变 14 m/s(图 8.18b)；

⑥在逆温层之上 0 ℃层的高度 6 km，也是没有出现冰雹的原因。

因此，高原低涡切变型，一般风场上切变线明显，伴随低涡存在。对流层中高层有一定的条件不稳定，抬升凝结高度(*LCL*)较低(613.9 m)，对流有效位能(*CAPE*)为 0，则不存在自由对流高度 *LFC*，探空温湿廓线不固定，有向上开口"漏斗状"，"上干、下湿"，有瘦长形状，整层较湿，对流层中低层存在逆温，对流层中高层有干空气卷入，能够促进蒸发，减小降水粒子的拖曳作用对上升运动的不利影响，有利于短时强降水的发生。另外，风向随高度顺转，垂直风切变较弱或者适当。低层存在逆温，非常不利于较强的下沉对流有效位能 *DCAPE* 的形成，不利于雷暴大风的出现。零度层高度较高，加强暖层的融化作用，不利于冰雹的形成。

表 8.9 2010 年 8 月 20 日 08 时和 20 时达日站常用热力对流参数和特征高度

常用对流参数	20 日 08 时	20 日 20 时
$\Delta\theta_{se}$	$\Delta\theta_{se(633-500)}$	$\Delta\theta_{se(633-500)}$
	−7.99	0.19
SI(℃)	—	—
LI(℃)	4.97	0.44
CAPE(J/kg)	0	0
CIN(J/kg)	0	0
LCL(m)	613.9	560.9
LFC(m)	—	—
Z_0(m)	5890	—
Z_{-20}(m)	8930	9012.1

8.4.4 小结

本节利用短时强降水天气发生时 $T-\ln p$ 图，分析了对流环境参数，是做好强对流潜势预报的基础。由于 *K* 指数的三项分别为 850 hPa 与 500 hPa 温度差，850 hPa 露点温度，700 hPa 温度露点差，前两项由于高原海拔在 850 hPa 以上，数值不存在，第三项相比前两项数值甚小，可忽略，故探空中高原 K 指数不具有物理意义，利用单一指标阈值，如 $CAPE$、CIN、SI 指数、LI 指数，LCL、垂直切变强度等，来进行强对流分类预报是不切实际的。但是，不同环流形势下强对流发生前的探空还是存在一些明显差异，例如西风气流型，整层比较干，中高层(500～400 hPa)有干空气卷入，$CAPE$ 不易过大，否则，对流高度过高会降低有效降水率，对应的下沉对流有效位能 $DCAPE$ 比其他三类偏大，形成雷暴大风的概率比其他几类要高。另外，中等强度的垂直风切变有发生冰雹的概率，西风气流型以动力强迫类为主。副高边缘型往往对应的低层饱和层比较厚，低层有中等以上强度的垂直风切变，这样有利于对流发展到－20 ℃以上的高度，中高层干空气的卷入和低空暖湿空气的流入，使对流云发生倾斜，并得以长时间维持，形成冰雹的概率较高。副热带高压型对应的湿层在中高层，中高层也没有干空气入侵，不利于蒸发，风切变比较弱，不利于对流发展到－20 ℃以上的高度，不利于冰雹的产生，以热力强迫为主。高原低涡切变型大多只在低层表现为浅薄湿层、有些个例低层存在逆温，中高层有较明显的干空气侵入与低层暖湿空气结合，有利于对流云发展，中等强度的垂直风切变也有利于冰雹产生。冰雹往往出现在中低层很强垂直风切变中，有利于对流发展到－20 ℃以上的高度，动力强迫为主。因此，700～400 hPa(2～6 km)有垂直风切变或者低空急流时容易出现冰雹，高的 $CAPE$ 和 $DCAPE$ 往往容易形成雷暴大风，这是需要引起高度关注的信号。

综合来看：西风气流型层结具有“上干冷、下干冷”特征，冷空气在中高层侵入，抬升凝结高度高，风垂直切变大，以中高层动力强迫为主，冰雹、雷暴大风天气明显；副热带高压型层结具有“上湿、下湿”特征，低层暖湿气流明显，抬升凝结高度低，风垂直切变弱，以低层热力强迫为主，短时强降水天气明显；低涡切变型层结具有“上冷、下湿”特征，低层暖湿气流明显，抬升凝结高度较低，低层风垂直切变强，以冷暖空气交汇斜压锋生为主，短时强降水、雷电、弱冰雹天气明显。

8.5　短时强降水预报着眼点

8.5.1　西风气流型

在西北气流类型下，南亚高压中心在青藏高原西南部，副热带西风急流轴位于青海北部，对流层整层有比较强的西北气流，风垂直切变或对流层中高层的冷平流引起的动力不稳定增强，导致短时强降水等强对流天气的产生。

(1)动力条件

①200 hPa 南亚高压中心维持在西藏西部 90°E 附近，强对流及短时强降水发生区域处在高压东北部的西北气流控制下，有利于引导北部冷空气南下。

②500 hPa 西风急流位于河西走廊北部风速＞32 m/s。

③短时强降水发生区域有西北风与西南风的切变或辐合。

(2)热力条件

①500 hPa，在新疆东部到河西走廊西部地区均可分析出显著降温区，其中河西走廊西部三个站 24 h 变温达－3～－4 ℃，对流层中高层维持西北气流，冷平流明显。

②700 hPa，在强降水出现区域有暖脊和 2℃的升温区，强降水区域 $T_{700-500}$ 为 14 ℃，对流层中层有明显的冷空气入侵。柴达木盆地气温偏高，格尔木气温与同纬度西宁相比差值达到 4 ℃以上，与同纬度平原地区的青岛比高接近 1 倍。

(3)水汽条件

①地面图上,自甘肃南部向青海东部有湿舌伸展,其中兰州露点温度达到16 ℃(东风),西宁露点温度达到11 ℃,在青海祁连山与甘肃交界处,可以分析出一个干区,乌鞘岭露点温度6 ℃,偏北风10 m/s,短时强降水正发生在干区与湿舌交界偏湿区一侧。

②700 hPa青海东部及甘肃中东部地区比湿>10 g/kg,从甘肃东南部有东南—西北向的湿舌向青海东部伸展。

③500 hPa比湿达到6 g/kg以上,温度露点差为7～17 ℃,尤其柴达木盆地温度露点差达到17 ℃,高湿区位于南疆到河西走廊一带,北部温度露点差<4 ℃,在过程发生的20时左右,青海东部及甘肃南部的湿度才有明显增湿,青海湖以东地区,温度露点差达到了4 ℃,该类型水汽条件的特点为在短时强降水天气出现前对流层低层及以下的水汽有明显的增加过程。

(4)卫星云图特征

①当副热带西风急流云系或高空槽云系东移到祁连山地区时,午后14时在急流云系底部或高空槽云系尾端形成的对流云加强,出现的强对流天气是区域性的,由于高空有较强的西北引导气流,这种对流云团沿东南方向移动。

②没有副热带西风急流云系或高空槽云系时,在西北气流类型下,祁连山地区午后形成的强对流天气以局地性为主的。

8.5.2 副热带高压型

西太平洋副热带高压西伸至青藏高原东部或东侧,当对流层中低层沿高压西侧边缘有暖湿气流活跃时,暖湿气流在地形抬升和高原地面加热作用下引起的热力不稳定显著增加,导致短时强降水产生。

(1)动力条件

①200 hPa南亚高压中心维持在西藏北部和青海南部地区,高层辐散为强降水发生提供了环流背景场。

②300 hPa北纬40度的副热带西风急流达到30 m/s以上,热带东风急流达到12 m/s,副热带西风急流为强对流天气发生区域提供了上升运动,热带东风急流对低层暖湿气流有引导作用。

③短时强降水发生区域近地面有较强的南风产生的风速切变或气旋性辐合。

(2)热力条件

①500 hPa青藏高原地区盛行西南气流,当西南风速加强时,风速达到8 m/s,有时个别测站达到16 m/s,表明强的暖湿气流向北输送。青海北部ΔT_{24}为1～2 ℃,南疆大部ΔT_{24}为−3.0～−1.0 ℃

②700 hPa甘肃沿河西走廊为暖脊控制,格尔木气温达到25 ℃,强对流天气区域$T_{700-500}$为14 ℃,这一类型温度场上的特点为对流层中低层暖脊控制。青藏高原东侧和北侧的偏南气流绕流作用明显,往往风速可以达到8 m/s以上。

③青藏高原地区午后地面加热作用显著,700 hPa温度与同纬度平原相比相差达到8～10 ℃。

(3)水汽条件

①地面上河西走廊至青海东部处于高湿区中,露点温度达到13～16 ℃。

②700 hPa河西走廊及青海省东北部地区比湿>7 g/kg,其中西宁单站的比湿达到

11 g/kg，青海东部湿度大，与青海西部比较存在明显的湿度梯度。

③500 hPa 比湿达到 4 g/kg，青海的东部和南部地区温度露点差<4 ℃，尤其是在青海湖以东地区，湿度接近饱和，短时强降水天气过程开始前及发生时对流层中层及以下的水汽始终比较充沛。

(4)卫星云图特征

①一般在青藏高原午后 14 时有对流云形成，沿西太平洋副热带高压西侧由南向北移动，对流云加强发展成 MCS，造成的强对流天气和降水以区域性为主。

②午后形成的对流云在南亚高压影响下，卫星云图上分散的对流云呈反气旋顺时针方向移动，对流云原地发展并加强，造成的强对流天气和降水以局地性为主。

8.5.3 低涡切变型

高原地区低涡和切变线天气系统属于暖性结构，一般情况下低涡和切变线低值系统产生的对流天气比较弱，当有弱的冷空气活动时，或地面加热增强时，低涡切变系统加强，因此在低涡东北部和东部有冷暖空气交汇，出现锋生现象或大气具有斜压性，造成强对流天气。

(1)动力条件

①100 hPa 南亚高压中心维持在西藏西部地区，500 hPa 低涡切变低值系统活跃，这种高层辐散、低层辐合为高原地区强对流天气及短时强降水发生提供了有利的环流背景。

②300 hPa 副热带西风急流位置偏南，中心位于青藏高原北部地区，对流层高层与中低层有明显的风速切变。

③700 hPa 柴达木盆地有 12 m/s 的低空急流。

④短时强降水发生区域有锋区(锋生)或西南风与东南风的暖式切变辐合。

(2)热力条件

①500 hPa 显著降温区不明显，青藏高原地区有暖性结构的低涡切变低值系统，由于高原地面加热场的作用，这种天气系统日变化特征明显。

②700 hPa 午后地面加热作用显著，温度与同纬度平原相比相差达到 10～12℃。

(3)水汽条件

①地面自甘肃中部向青海东部有湿舌伸展，同时自内蒙古到青海东北部也有干区存在，短时强降水发生在干区与湿舌交界偏湿区一侧。

②700 hPa 青海东部湿度大，与青海西部比较存在明显的湿度梯度。过程发生前青海北部地区的比湿>6 g/kg，随后比湿逐渐增大，短时强降水降水发生时，青海东部至甘南一带比湿增大至 10～12 g/kg。

③500 hPa 比湿达到 4 g/kg，湿舌位于青海湖以西地区，青海湖以东地区为一干区温度露点差≥40 ℃，在过程发生前，湿度显著增加，温度露点差<3 ℃，该类型水汽条件的特点为在短时强降水天气出现前对流层中层及以下的水汽有明显的增加过程。

(4)卫星云图特征

①一般在青藏高原午后 14 时有对流云形成，当高原北部有副热带西风急流云系或高空槽云系东移时，在其底部或南端有对流云加强，造成的强对流天气是区域性。

②没有副热带西风急流云系或高空槽云系时，午后形成的对流云在低涡切变影响下，卫星云图上分散的对流云呈反气旋顺时针方向旋转，往往在青海东北部或东部的对流云会发展并加强，造成的强对流天气是局地性。

8.6 冰雹天气高空环流形势

8.6.1 青海东北部地区冰雹天气的 500 hPa 环流形势

青海省东北部冰雹天气主要有 3 种天气类型：蒙古冷涡型、新疆东移槽型和西北气流冷温槽型。在 50 个冰雹个例中，蒙古冷涡型最多有 19 个，占个例总数的 38%，新疆东移槽型有 17 个，占个例总数的 34%，西北气流冷温度槽型 14 个，占个例总数的 28%。

(1)蒙古冷涡型

蒙古冷涡型的 500 hPa 环流形势特点：欧亚上空中高纬度为两槽一脊，新疆至乌拉尔山为高压脊控制，蒙古地区为低压槽，西太平洋副热带高压位于我国长江中下游地区，高原主体为反气旋控制，青海东北部处于脊前西北气流中，这是比较典型的有利于青海东北部出现冰雹天气的环流形势。如图 8.19 所示，这种环流形势较为稳定，蒙古冷涡移动缓慢并不断分裂小股冷空气沿西北气流下滑，造成对流不稳定产生强对流天气，2019 年 7 月 30 日大通站和乐都站出现冰雹，大通站伴有短时强降水和大风天气，乐都站伴有短时强降水天气。

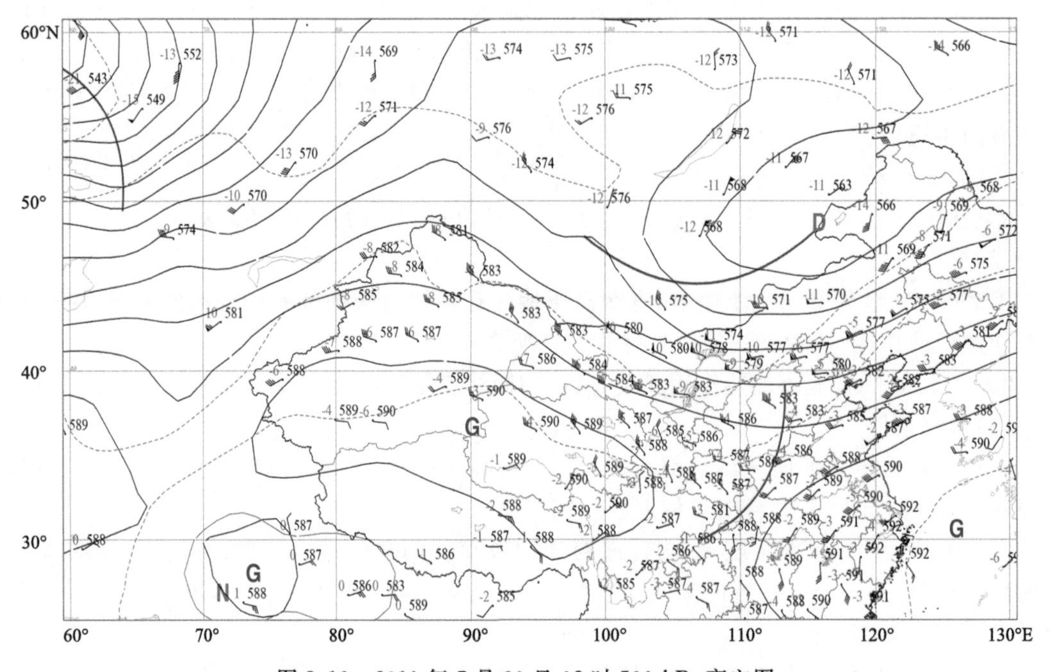

图 8.19　2019 年 7 月 30 日 08 时 500 hPa 高空图

(2)新疆东移槽型

此型 500 hPa 环流形势特点：新疆为低压槽，在东移过程中不断分裂小槽影响青海东北部地区(图 8.20)，例如 2009 年 6 月 18 日湟中出现的冰雹天气。

(3)西北气流型

此型的 500 hPa 环流形势：新疆到青海省上空处于西北气流控制下，随着高空锋区南压，青海东部有明显的锋区(图 8.21)，例如 2018 年 9 月 11 日互助出现的冰雹天气。

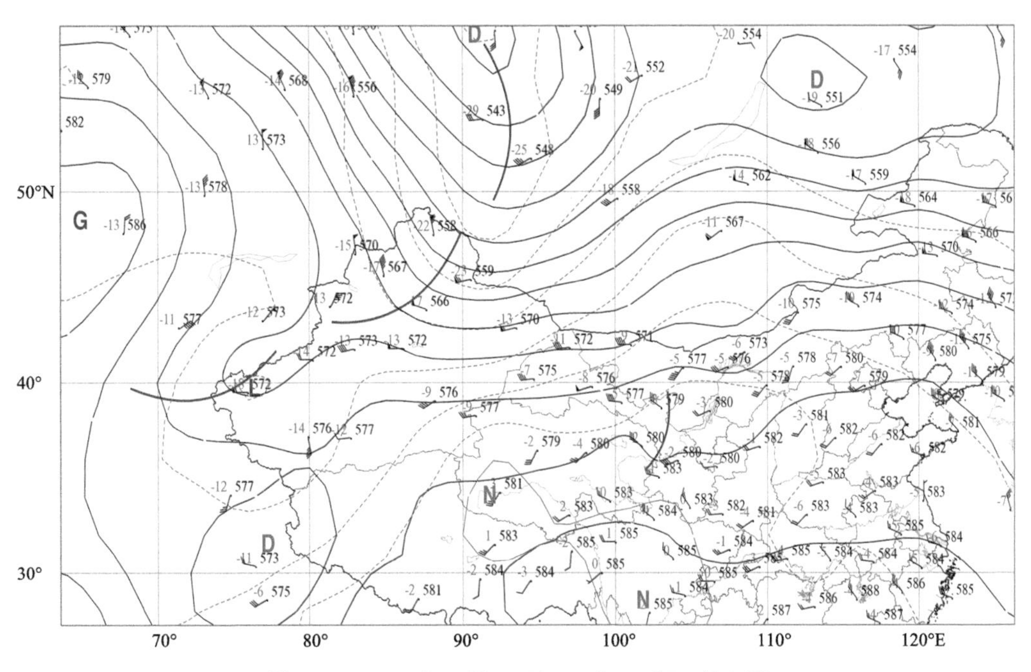

图 8.20　2009 年 6 月 18 日 08 时 500 hPa 高空图

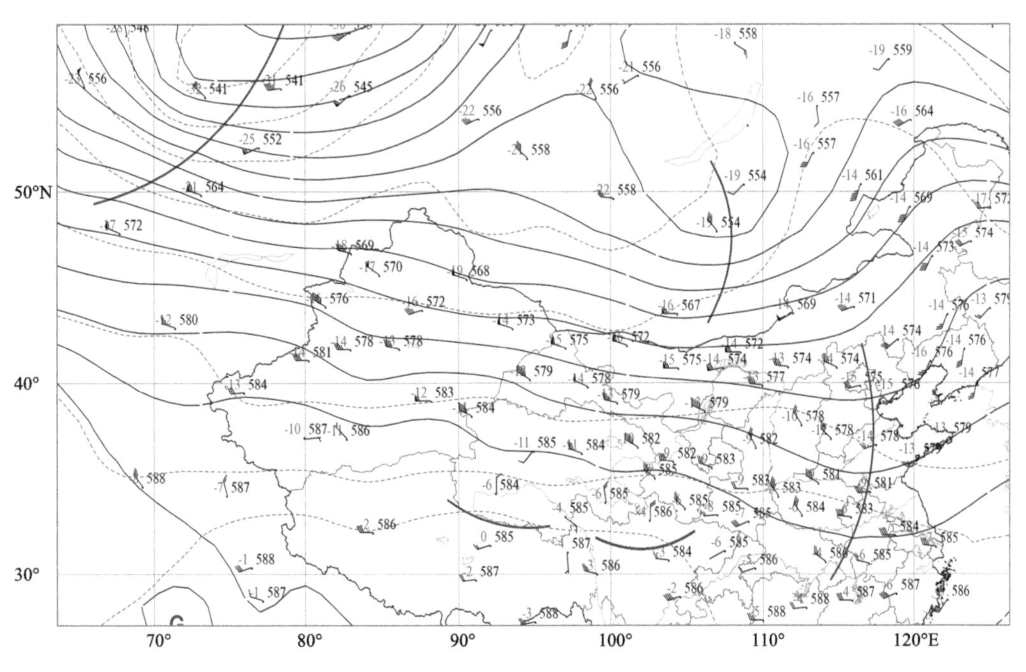

图 8.21　2018 年 9 月 11 日 08 时 500 hPa 高空图

8.6.2　青海南部高原地区冰雹天气的 500 hPa 环流形势

将青海省南部高原地区冰雹天气的 500 hPa 高空环流形势划分为 3 种类型：高原小槽型、低涡切变型和副高边缘型。同样在 50 个冰雹个例中，高原小槽型最多有 29 个，占个例总数的

58%,低涡切变型有 12 个,占个例总数的 24%,副高边缘西南气流型 9 个,占个例总数的 18%。

(1)高原小槽型

500 hPa 环流形势上,高原地区高空槽活动频繁,这种高原槽大多数情况下是巴尔喀什湖槽分裂小槽移上高原,有时是中亚冷涡分裂小槽移上高原,槽后有明显的冷温度槽(图 8.22),例如 2017 年 8 月 1 日 01:30 贵南县出现的冰雹并伴有强降水天气,冰雹天气主要由高空冷平流影响,日变化特征不显著。

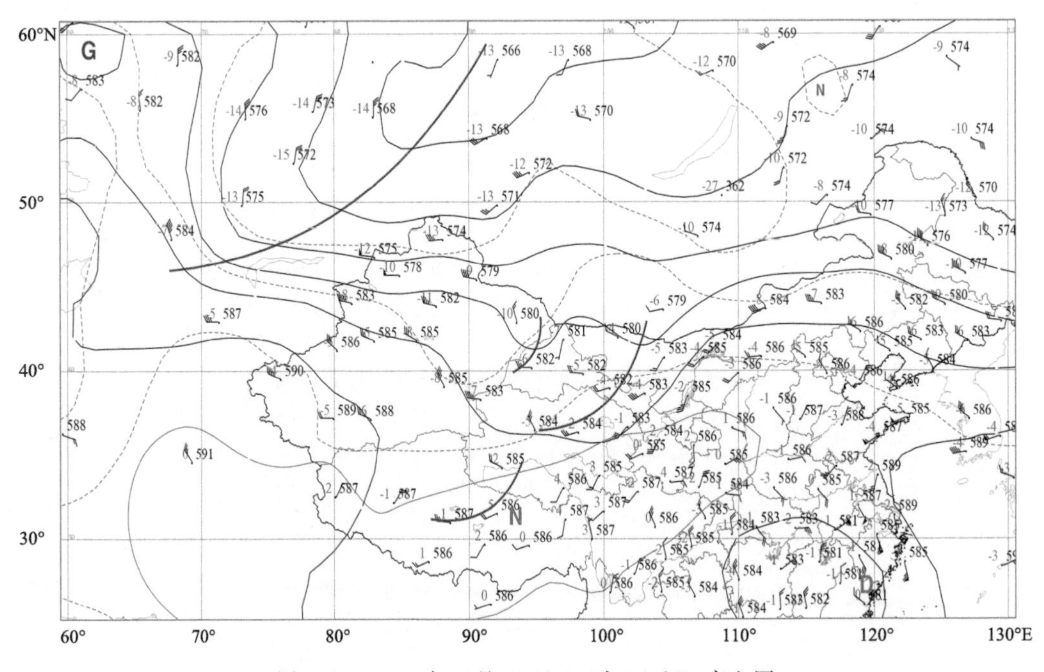

图 8.22 2017 年 7 月 31 日 20 时 500 hPa 高空图

(2)低涡切变型

500 hPa 环流形势上,高原羌塘地区有低涡(图 8.23),其南侧西南风速达到 12 m/s,高原处在 4 ℃暖中心里,对流层高层南亚高压中心位于西藏或西藏以南地区,青海上空位于副热带西风急流的南侧,2009 年 7 月 4 日低涡东移过程中囊谦县出现冰雹天气并造成灾害。

(3)西南气流型

西太平洋副热带高压中心位于我国长江中下游地区(图 8.24),青海大部分地区在 580～584 dagpm 线控制下,盛行西南气流,风速达到 16 m/s。200 hPa(图略)南亚高压中心位于 110°E,位置偏东。副热带西风急流分布在新疆至青海地区上空,青海地区对流层中高层呈现一致并较强的西南气流,在对流层低层存在明显的风速切变。700 hPa(图略)青海东北部有弱冷空气活动。2009 年 9 月 6 日 18:50 泽库站出现冰雹天气,贵南站和泽库站日降水量达到大雨量级。

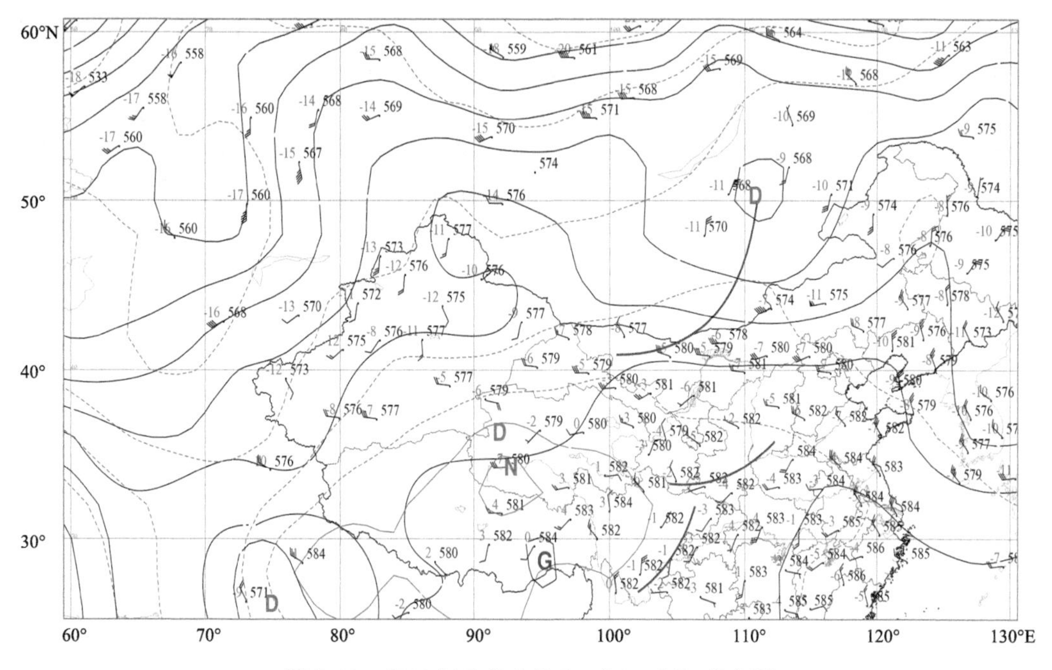

图 8.23　2009 年 7 月 4 日 20 时 500 hPa 高空图

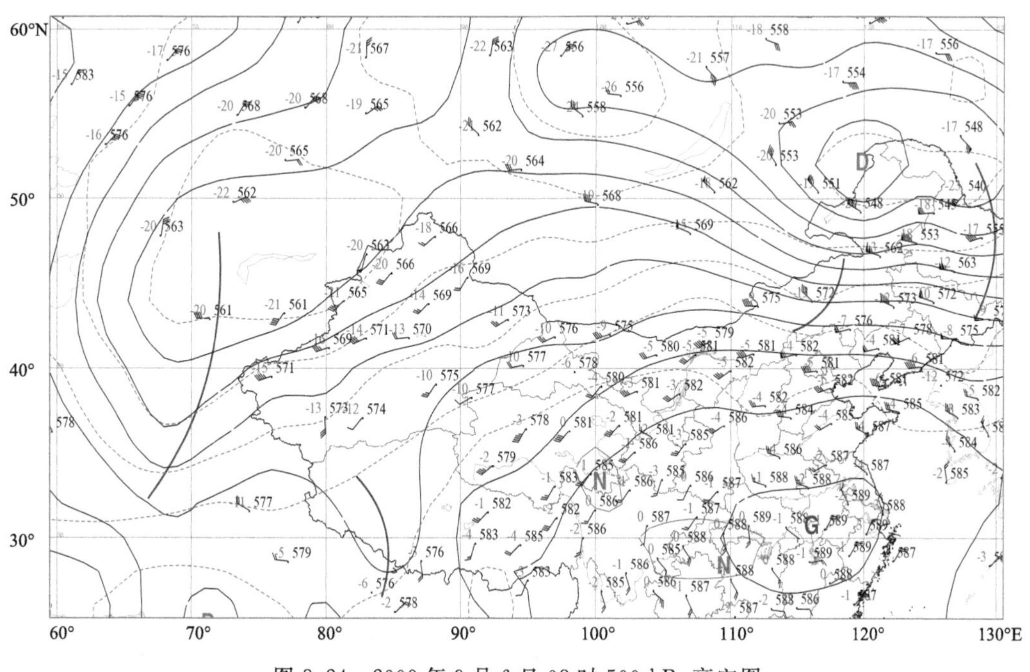

图 8.24　2009 年 9 月 6 日 08 时 500 hPa 高空图

8.7　冰雹天气地面形势场

8.7.1　青海东北部冰雹天气的地面形势场

根据冰雹出现时的地面形势场特点，地面变压场分为二种分布情况。(1)北正南负(图

8.25)，柴达木盆地、河西走廊为明显的正变压区，青海南部 35°N 附近为负变压区，正变压区在高压控制下与冷空气活动有关，负变压区受到地面热低压控制，冰雹出现在热低压与冷高压交界的区域，例如 1990 年 6 月 30 日 08 时地面气压场(图略)，当日午后青海高原北部的湟中、大通、乐都、民和、尖扎及西宁站均出现了直径>5 mm 的冰雹。(2)正、负变压的分布不明显，正变压主要在祁连山及其以北地区，有时柴达木盆地的东部到青海湖附近也有小范围正变压，其余地区为负变压区。

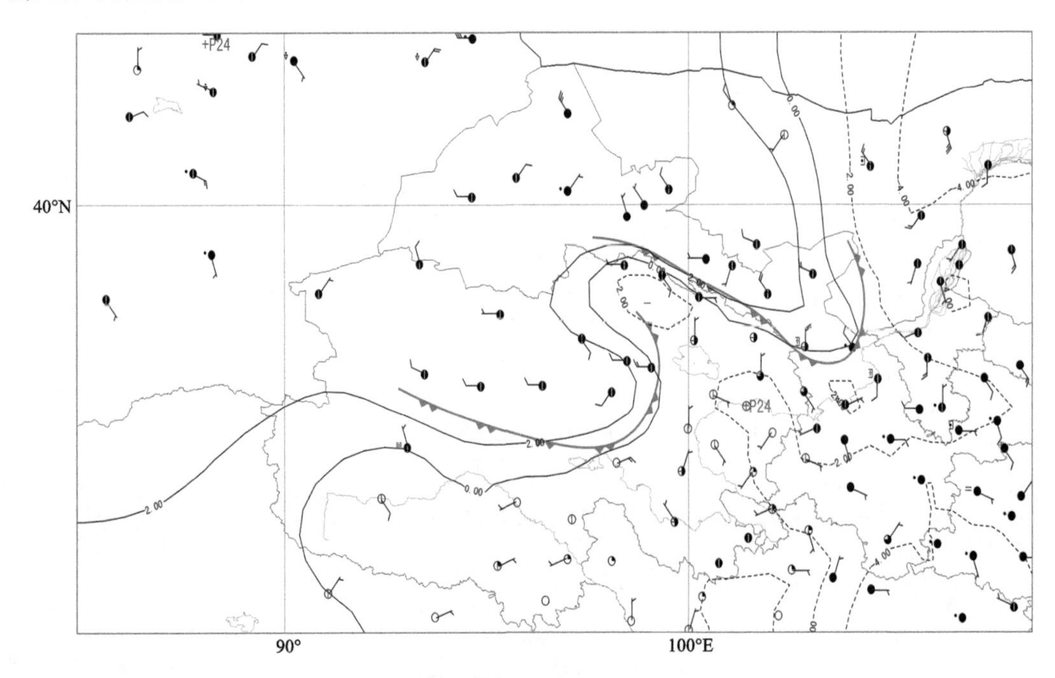

图 8.25　2009 年 6 月 18 日 08 时地面图

8.7.2　青海南部高原冰雹天气的地面形势场

地面变压场分为三种分布情况。(1)北正南负，35°N 以北的柴达木盆地有明显的正变压(冷空气)活动，35°N 以南为负变压，冰雹常出现在零变压线经过的地区。(2)正、负变压的分布比较混乱，高原上有多个小的正负变压交替出现，表明高原上小股的冷暖空气活动频繁。(3)青海地区有较强的负变压中心，地面辐合清楚(图 8.26)，冰雹主要出现在热低压控制的区域，例如 1992 年 6 月 18 日 08 时地面气压场(图略)，当日青南地区有 7 个站出现冰雹天气，最大雹径为 7 mm。

8.7.3　地面中尺度系统

地面中尺度系统主要有祁连山切变线、青海湖切变线或发展东移的柴达木热低压或柴达木切变线。这种地面中尺度系统，主要受祁连山地形落差、热岛效应的影响，特别是在西北气流和冷平流影响下，由于山脊与山脊周围冷空气垂直厚度差异形成的指向山脊的气压梯度力，使在热对流期间川谷空气向山脊流动而形成的相当于山脉尺度的中尺度系统。当中高层无低值系统，对流层无冷空气过境时，只是地面边界层中尺度系统不会产生剧烈强对流天气过程，一般日生夜消。反之这些地面中尺度系统随高空低值系统东移锋生，演变成多条飑线，飑线交点处易出现雹暴天气。

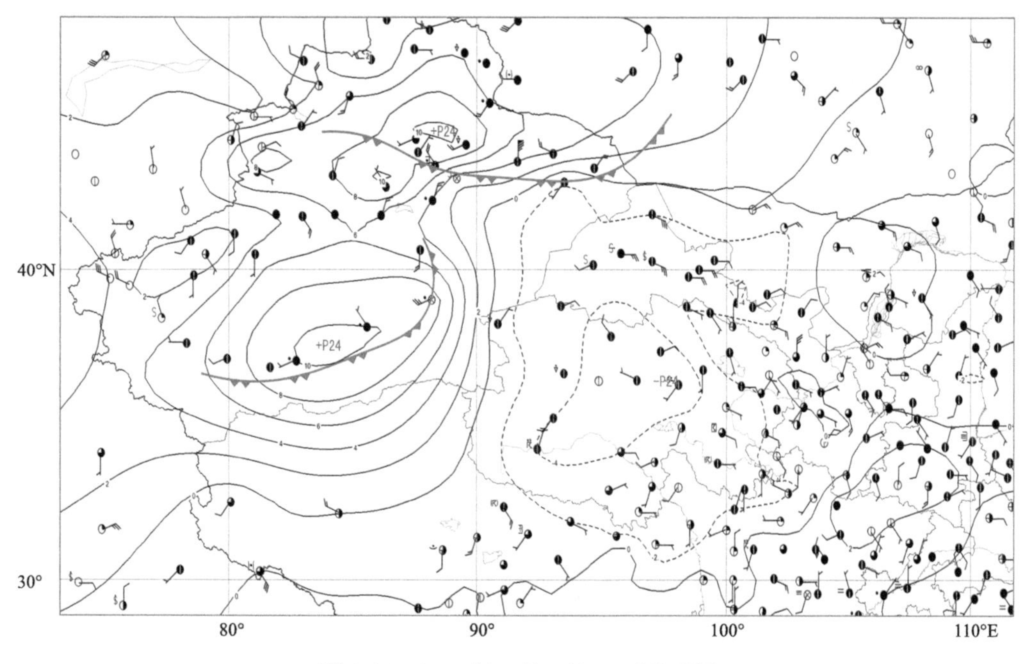

图 8.26　2000 年 6 月 4 日 14 时地面图

8.8　冰雹天气环境场

8.8.1　风场特征

统计 08 时和 20 时西宁各标准等压面风向频数(图 8.27)，在出现冰雹的当天，700 hPa 和 600 hPa 西北偏西和西南偏南风占主导地位，500 hPa 和 400 hPa 以西北风为主，300 hPa 以西北偏北风为主，200 hPa 以东北偏北和东南偏南风为主，在 700 hPa 与 500 hPa 等压面之间有一个风向的切变。而青南地区的玉树和达日(图略)，低层多以东南风为主，从 500 hPa 以上，以西北和西南风为主，在 600 hPa 与 500 hPa 等压面之间存在风向的切变。说明无论是在青海北部或青南地区，中、低层之间总存在一个风向的切变，同时低层以偏暖、偏湿气流为主，高层以偏冷、偏干气流为主，有利于大气层结的潜在不稳定。

8.8.2　垂直温度、湿度特征

在对流性天气形成的条件中，水汽和不稳定层结是产生对流性天气的内因，温度和湿度场的垂直分布，是影响气层稳定度的重要因子。分析西宁、玉树、达日雹日内温湿度垂直时间剖面图，发现在出现冰雹当日的 08 时，整层大气均处于潜在不稳定之中，由于白天高原的地面加热等作用，使处于潜在不稳定之中的大气层结，逐渐向对流不稳定发展，到了午后形成强对流不稳定，测站出现冰雹，经过午后能量的释放，到 20 时大气层结逐渐趋于稳定状态。

如 2000 年 8 月 26 日西宁站在午后出现直径为 5 mm 的冰雹天气，图 8.28 是 8 月 26 日 08 时与 20 时温湿场垂直剖面图，在 08 时对流层低层以下为暖湿区，对流层中层以上为干冷区，大气层结处于潜在的不稳定中，到 20 时层结发生明显变化，在对流层低层形成干暖区，而

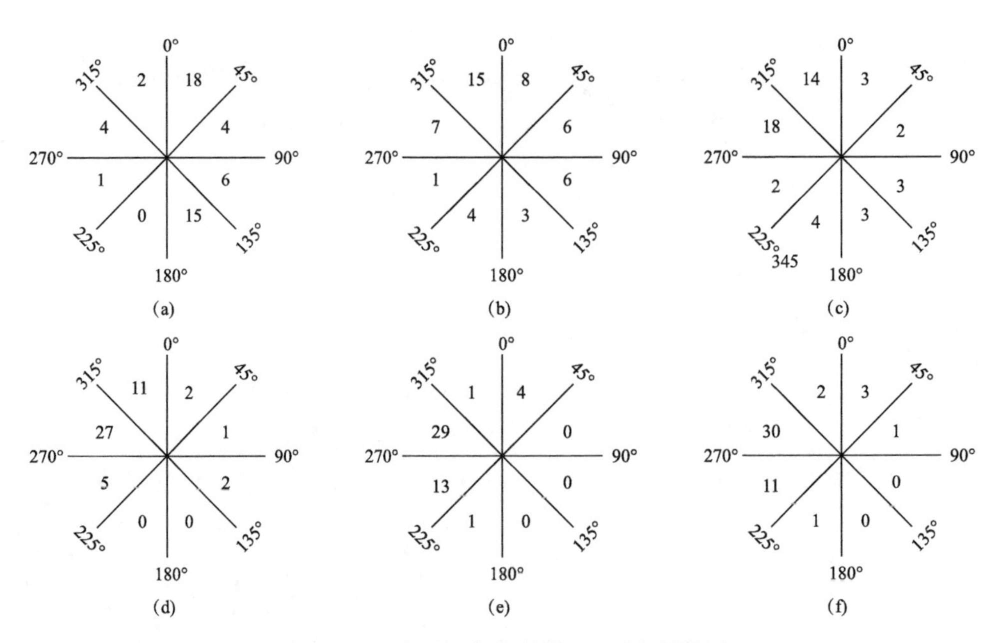

图 8.27　西宁雹日各规定等压面风向频数图

(a)700 hPa;(b)600 hPa;(c)500 hPa;(d)400 hPa;(e)300 hPa;(f)200 hPa

在对流层中层以上形成了湿冷区,整层大气处于稳定状态中。青海东北部地区的降雹大多出现在午后至傍晚前,与赵仕雄(1991)研究结果是一致的。

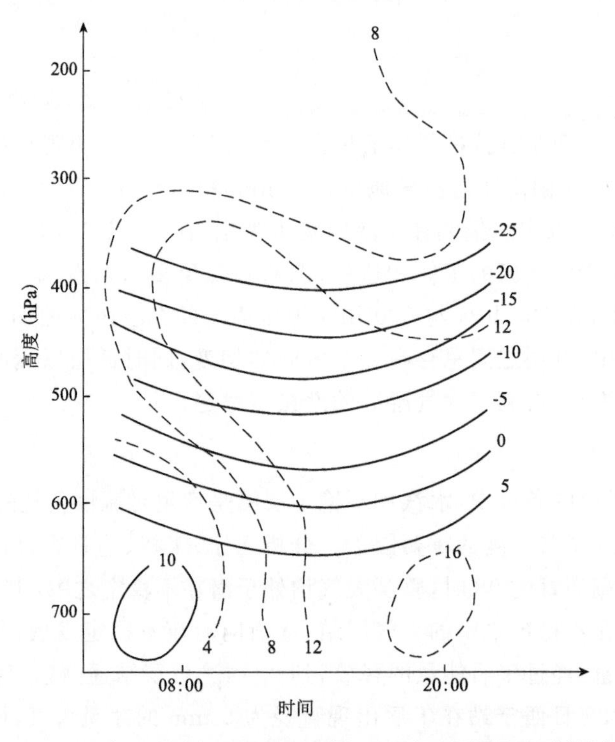

图 8.28　2000 年 8 月 26 日西宁 08 时与 20 时温湿场垂直时间剖面图

(实线:等温线,℃;虚线:等湿线,%)

8.8.3　假相当位温

分析 1981—2001 年 4—10 月出现在西宁、玉树、达日测站的冰雹个例，利用探空资料计算了假相当位温各规定等压面上的垂直分布，冰雹出现当日 08 时，500 hPa 以下为逆温层，而 500 hPa 以上为升温，有时在 500 hPa 以上会出现“S”形逆、升温交替出现的情况，或在近地面层 600 hPa 以下出现升温，不管是以上何种情形，20 时逆、升温转折点的假相当位温值均要小于 08 时的值(图 8.29)。

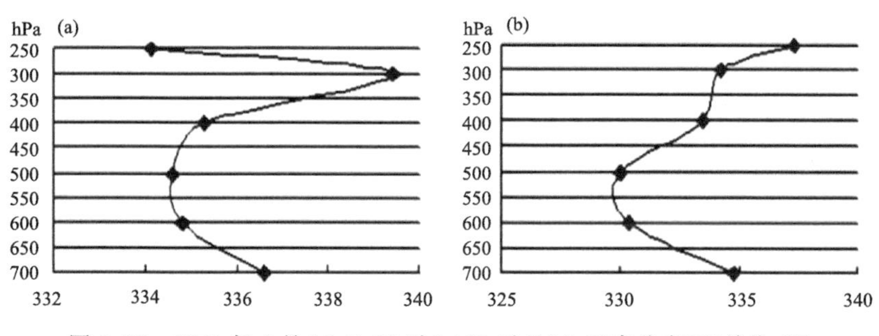

图 8.29　2000 年 6 月 19 日 08 时(a)20 时(b)θ_{se}垂直分布图(单位:K)

8.8.4　青海东北部冰雹与南部高原冰雹的差异

全年降雹频次:青海南部高原地区由于海拔高，0 ℃层距地表近，冰化条件有利，加之地形复杂，动力、热力差异大，强迫对流、热对流均频繁，因而降雹频次仅次于西藏，成为我国最多的雹区；日降雹频次:日降雹次数南部比东北部多，一日南部最多降雹次数可达 5 次，如唐古拉山的沱沱河气象站 1978 年 9 月 1 日 12:00—20:00 降了 5 次冰雹，12:42—12:45 第一次降雹后，间隔 29 分钟于 13:14—13:19 出现第二次降雹，第三次降雹在 16:30—16:32，相距第二次降雹 191 分钟，第四次降雹在 17:05—17:24，距第三次 33 分钟，第五次降雹在 20:34—20:42，与第四次相差 190 分钟，可见，5 次降雹并不是一次过程的间歇性降雹，而是由独立的天气过程产生的降雹，这在国内外也是罕见的，东北部一日最多降雹次数 3 次以下；平均降雹直径:东北部比南部大，大雹出现的概率也比南部多，由于青海南部对流强度弱，水汽含量少，雹块直径一般不大，又因雹云尺度小、降雹时间短，持续 2 分钟的概率最大，大雹多降在海拔较低的青海高原东北部；平均降雹持续时间:东北部比南部略长，但最长降雹持续时间南部比东北部长，如 1975 年 7 月 26 日唐古拉山沱沱河站，从 14:55 开始降雹，一直持续到 16:32，长达 87 分钟，实属罕见。

一般将雹暴分为气团雹暴、飑线雹暴、冷锋强雹暴(雷雨顺 等，1978)，依据这三种降雹的特性，青海高原东北部降雹多属于冷锋强雹暴或飑线雹暴，而南部降雹多属于气团雹暴。气团雹暴形成中，地面所受的日射增温很重要，但多是孤立分散地发生，日变化明显，日射强时出现的多，日射弱时出现的少。飑线雹暴的启动系统多数是高空或低空的冷空气活动，与气团雹暴不同之处是要有一个较强的启动天气系统，一般风的垂直切变较强。冷锋强雹暴和飑线雹暴相似，但也有不同处，它的发生往往和深厚的对流层低槽和冷锋系统有关，在冷锋强雹暴中一般产生几条飑线，它们从冷锋上迅速向暖区移动，造成几条分别与冷锋垂直的(有时也有平行的)降雹带，在同一天内发生大范围的雹灾。

8.9 青海东北部冰雹云移动路径

8.9.1 地形对雹暴活动的影响

地形一方面通过影响大气低层的流场、温度场、湿度场等的变化，从而影响了雹暴的局地变化，另一方面可产生各种波动，如观测中发现的雹源、雹道（冰雹经常移动的路径）及局地激发的对流源等，都与地形产生波动影响有关。山地对气流的机械阻挡作用，会影响低层气流的运行，在一定的天气形势下，较大的河谷、山谷常常是低层暖湿空气输送的通道，形成雹暴行进前方的高能区，云体移入其中会得到发展加强；当这种通道被破坏就不利于雹暴的发展，山区错综复杂的山脉一般不利于入流通道的建立。

地形对雹暴的影响可分为：

(1)约束作用：冰雹云逢山口而入，沿谷道而移，强烈的冰雹云可以摆脱谷道的约束，漫过山脊及山峰而移动。

(2)冲抬作用：冷空气移动动能大，有利于冰雹云在山区受地形抬升而加强；冰雹云移动的动能加强区在气流下坡区、各喇叭口入口区。如有山峰峙立或谷道急转，则在这种山峰或急转山脉的后面或迎风坡处易于降雹。

(3)热力作用：高原和山脉南坡易降雹；积雪的高山旁的狭谷地带、秃山裸峰区以及谷风汇集的山结地区易降雹。

8.9.2 青海东北部雹云移动路径

影响青海东部地区的冰雹路径有三条（图 8.30）（赵仕雄，1991）。

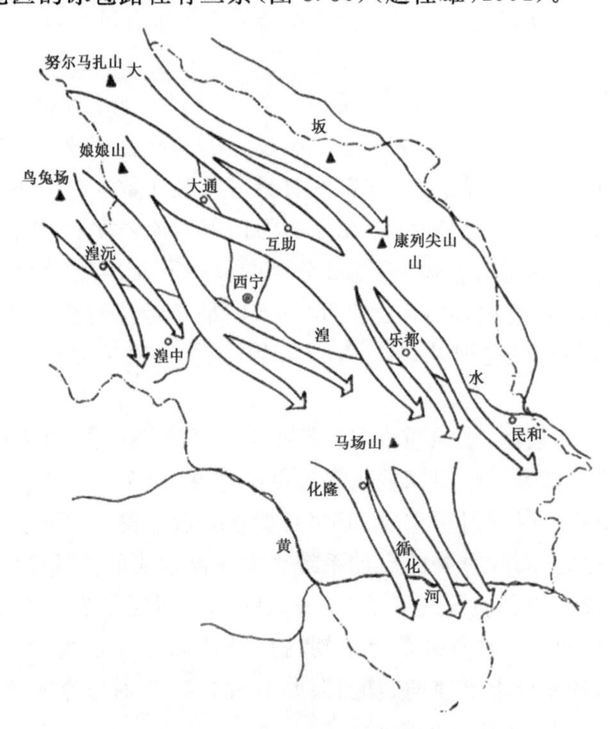

图 8.30 青海东部农业区冰雹路径形势

(1)大坂山区冰雹路径:这是青海省东部冰雹最频繁的一条冰雹路径,此冰雹路径多由海北扎马图方向起云,分为两支,一支即由扎马图方向过来沿川而下影响门源地区;一支则沿大板山南麓经大通县、互助南门峡往乐都、官亭方向移去。

(2)马场山区冰雹路径:是青海省东部次多雹区,其雹路主要由化隆青沙山、八宝山经巴燕到循化向官亭、甘肃省移去。

(3)湟水河地区冰雹路径:此雹路多由大通的娘娘山和湟源北部的乌兰脑山方向起云。娘娘山起云又分为两支,一支经大通新城经互助南部移向乐都;一支则经西宁、湟中沿川而下进入马场山。由乌兰脑山方向起云,经湟源进入湟中境内。由于雹路随高空气流左右摆动,以上只是冰雹路径的大致情况。

8.9.3 冰雹云的移动速度和出现时间的判别

青海东部农业区冰雹主要出现在北京时14:00—18:00,雹云的平均移动速度约为30 km/h。

总之,在有利于降雹的天气形势下,需要充分利用卫星云图资料、雷达回波资料,结合物理量场分析,才能制作出较准确的冰雹预报。

第 9 章　强对流天气短时临近预报预警

短时临近预报是指 0～6 h 的高时空分辨率的天气预报。强对流天气短时临近预报业务技术，主要包括强对流天气系统识别追踪和外推预报技术、数值预报技术和以分析观测资料为主的概念模型预报技术。由于造成强对流天气的系统属于中小尺度天气系统，很难被常规气象资料观测网捕捉到，因此利用非常规观测资料（自动站、雷达、卫星、雷电、GPS、风廓线雷达等）分析和监测中小尺度天气系统，是强对流天气短时临近预报预警工作的基础。

9.1　地面自动站资料应用

在青藏高原地区由于各测站间海拔高度的差异和复杂地形的影响，地面天气图分析中一般不采用等压线进行分析，而是采用地面气象要素变化量来分析地面天气系统（陈中一 等，2009），地面 24 h 变压场和变温场分析在高原地区预报业务中得到广泛使用，能客观反映天气尺度系统的强弱变化和移动规律。本节利用地面自动气象站气象要素 1 h、3 h 和 6 h 变化量来分析强对流天气的气象要素变化特征。

9.1.1　短时强降水天气地面气象要素变化特征

表 9.1 给出了 2004—2010 年青海短时强降水天气发生时的地面气压、温度、水汽压的 1 h、3 h 和 6 h 变化量，选择 1、3 h 和 6 h 变化量可消除天气尺度系统的影响，1 h 气象要素的变化量主要表征了小尺度天气系统气象要素变化特征，3 h 和 6 h 气象要素变化量主要表征了中尺度天气系统气象要素变化特征，前一时刻表示短时强降水发生前 1 h，出现降水时刻表示短时强降水出现的时刻。当短时强降水出现时，与前一时刻比较，气压的 3 h 变化量中升压次数达到 92 个，占个例总数的 98%，其次是 1 h 变压和 6 h 变压。气温的 6 h 变化量中降温次数最多达到 91 个，占个例总数的 97%，其次是 1 h 变温和 3 h 变温。水汽压升降次数各占一半。总体来看短时强降水天气发生时地面气象要素具有升压、降温的显著特征。

表 9.1　94 个短时强降水个例中 1 h,3 h,6 h 气象要素升降次数

次数	1 h 变压、变温、变水汽		3 h 变压、变温、变水汽		6 h 变压、变温、变水汽	
	前 1 时刻	出现降水时刻	前 1 时刻	出现降水时刻	前 1 时刻	出现降水时刻
变压升(降)次数	74(20)	89(5)	61(33)	92(2)	50(44)	82(12)
变温升(降)次数	33(61)	7(87)	25(69)	5(89)	36(58)	3(91)
变水汽压升(降)次数	57(37)	44(50)	62(32)	38(56)	71(23)	51(43)

9.1.2　地面气象要素与短时强降水天气的关系

为了进一步说明短时强降水天气发生时与地面气象要素变化的关系，选择 2007 年 8 月的一次个例，2007 年 8 月 25 日 19:00—20:00 和 20:00—21:00 西宁站连续 2 次出现了 1 h 降水量≥20 mm 的降水，分别为 20.1 mm 和 28 mm，这次降水过程持续了 12 h，过程降水量

80.1 mm(表 5.1)伴有雷电天气。图 9.1 是逐时次 1 h、3 h、6 h 降水量变化量与气象要素变化量的对应关系图,降水量的峰值与变压有着同位相的耦合,与变温、变水汽压有着反位相的耦合,对应关系显著。变压的波峰和变温的波谷比降水量的峰值提前出现,为强对流天气预报预警提供了依据。地面 1 h、3 h、6 h 气象要素的变化量与降水量的变化量有很好的对应关系说明这次天气过程既受到小尺度天气系统的影响,又有中尺度天气系统的影响。

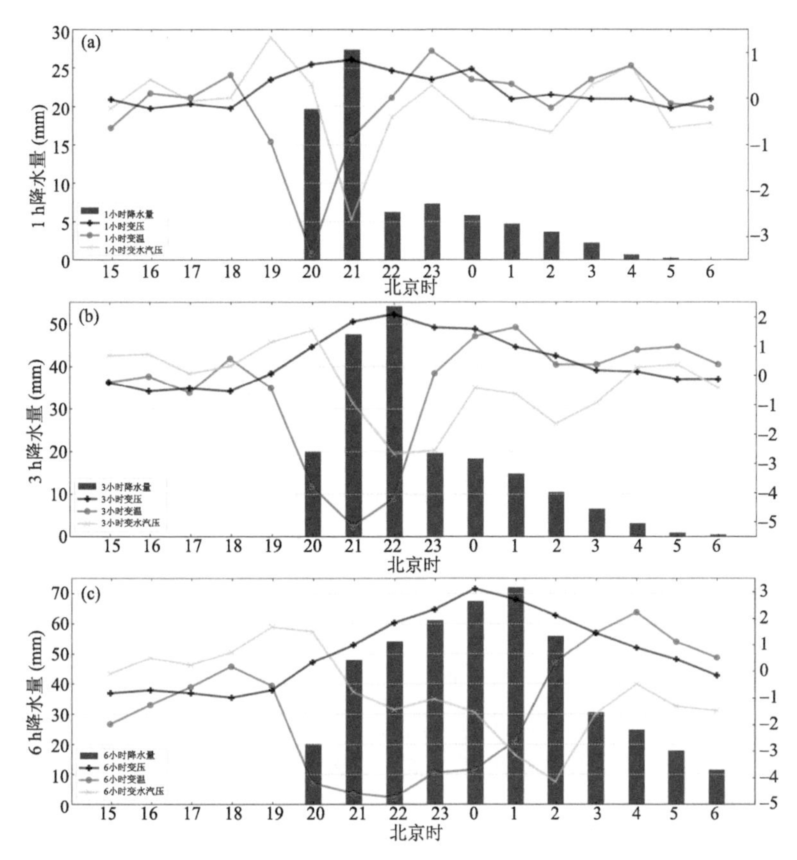

图 9.1 2007 年 8 月 25 日西宁逐时次气压、气温、水汽压与降水量的关系

(a)1 h;(b)3 h;(c)6 h

9.1.3 短时强降水天气的地面气象要素空间场变化

图 9.2 是 2007 年 8 月 25 日 19 时地面 1 h,3 h,6 h 气压、气温、水汽压变量的空间图,变压场中(ΔP_1、ΔP_3、ΔP_6)在西宁的南部有一个闭合中心,3 h 变压场明显,变温场(ΔT_1,ΔT_3,ΔT_6)中这一闭合中心等值线显著增加,在变水汽压场(ΔE_1,ΔE_3,ΔE_6)中等值线达到最密集,根据这个闭合中心具有升压和降温的特征,该闭合中心实际上就是中小尺度冷高压天气系统。同时看到,短时强降水天气出现在地面气象要素变化量梯度大的区域,尤其在变温场和变水汽压场中这一特征更加明显,这对于短时强降水天气落区预报有指示意义。Sanders(1999)利用地面温度、气压、风气象要素将梯度大的区域划分为非锋性斜压带、斜压槽、传统冷暖锋,非锋性斜压带是指在某区域地面温度梯度 220 km(2 个纬距)达到 8 ℃,斜压槽是指在气压槽中有风场变化,温度变化不明显,马文彦等(2010)分析江淮地区暴雨时发现降水分布与地面温度分布有一定的对应关系,温度梯度大值区(即非锋性斜压带)与降水落区有很好的对应关系,2007

年 8 月 25 日的个例地面气象要素变化具有非锋性斜压特征。

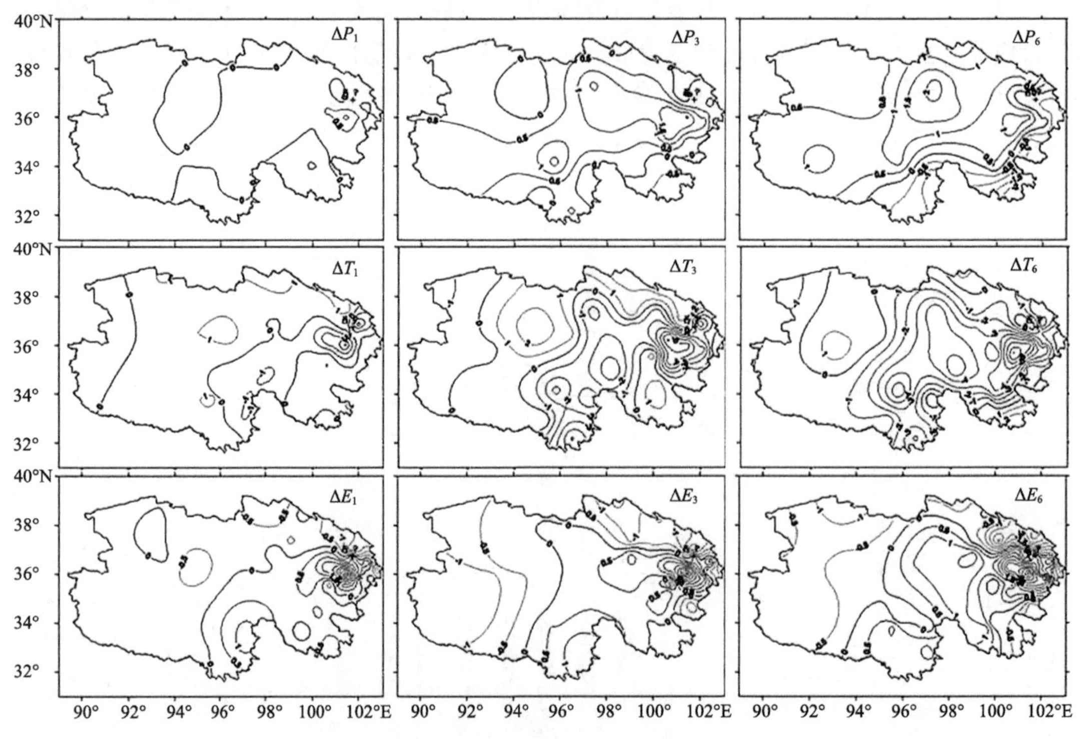

图 9.2 2007 年 8 月 25 日 19 时地面气象要素 1 h、3 h、6 h 变化量空间场

9.1.4 冰雹天气的地面气象要素变化特征

(1)1 h 变压

2013 年 8 月 10 日 17:00 乐都站出现冰雹(冰雹直径 45 mm),18:00 互助站出现冰雹,19:00化隆站出现冰雹。

15:00 全省范围还没有明显的正变压中心,从 16:00(图 9.3a)开始,祁连山区北部出现了正变压中心,中心值达到 1.7 hPa,且在大通站出现了－1.0 hPa 的负变压中心,到 17:00,祁连山区北部的正变压中心向东移动,中心值加强到了 2.2 hPa,同时,黄南北部出现了 0.6 hPa 的正变压中心,18:00(图 9.3b),祁连山区的正变压中心继续向东移动到达门源站,中心值继续加强到 2.8 hPa,同时乐都站出现了 1.3 hPa 的正变压中心,负变压中心是未来正变压中心的移动方向。

(2)1 h 变温

15:00—16:00 祁连站 1 h 气温下降了 7.4 ℃,图 9.3(c)门源站从 16:00—17:00 1 h 气温从 18.6 ℃下降到 8.7 ℃,下降了 9.9 ℃;图 9.3(d)乐都站从 17:00—18:00 1 h 气温从 19.6 ℃降为 12.5 ℃,降温幅度达到 7.1 ℃。冰雹过程发生前个别站均有 7～9 ℃的降温。

(3)1 h 温度露点

15:00(图 9.4a)温度露点差空间分布图上可以看出一条西北东南向的温度露点差线的密集带。由这条密集带可以分析出明显的干线,即图 9.4a 中蓝色曲线标记的位置,干线可导致强烈的对流风暴,是对流的触发机制之一。在此次冰雹过程中,干线两侧温度露点差的差值达

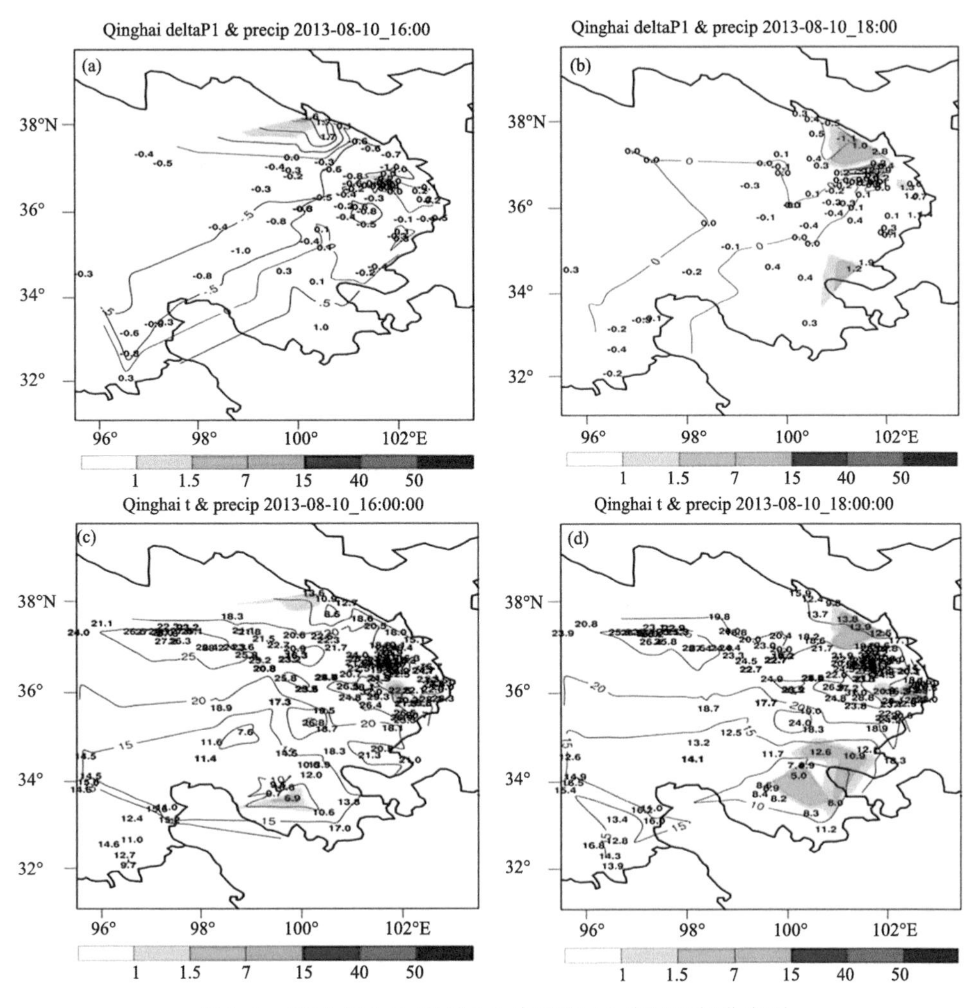

图 9.3　2013 年 8 月 10 日 1 h 变压和 1 h 变温空间分布图

(a)1 h 变压 16:00;(b)18:00;(c)1 h 变温 16:00;(d)18:00

到 10 ℃以上，干湿对比明显。16:00—18:00(图 9.4b)这条干线南压明显，伴随干线南压，三个站点依次观测到冰雹天气。

(4)1 h 风场

17:00—18:00(图 9.4c)西宁、乐都、民和湟水谷地一线，以偏东风为主，未能分析出明显的风场上的辐合，19:40(图 9.4d)，配合降水中心有明显的风向上的辐合。

9.1.5　预报预警指标

(1)短时强降水

①1h 变压：一般分析 1 h 变压时，有 0.7～3 hPa 的正变压中心存在，有时有明显的负变压中心，中心值在 1 hPa 以上，有时没有明显的负变压中心。当有负变压中心存在时，负变压中心是未来正变压中心的移动方向，强对流天气的下一个发生地点在负变压中心附近区域内出现。

②相对湿度：相对湿度的值在 80%以上。

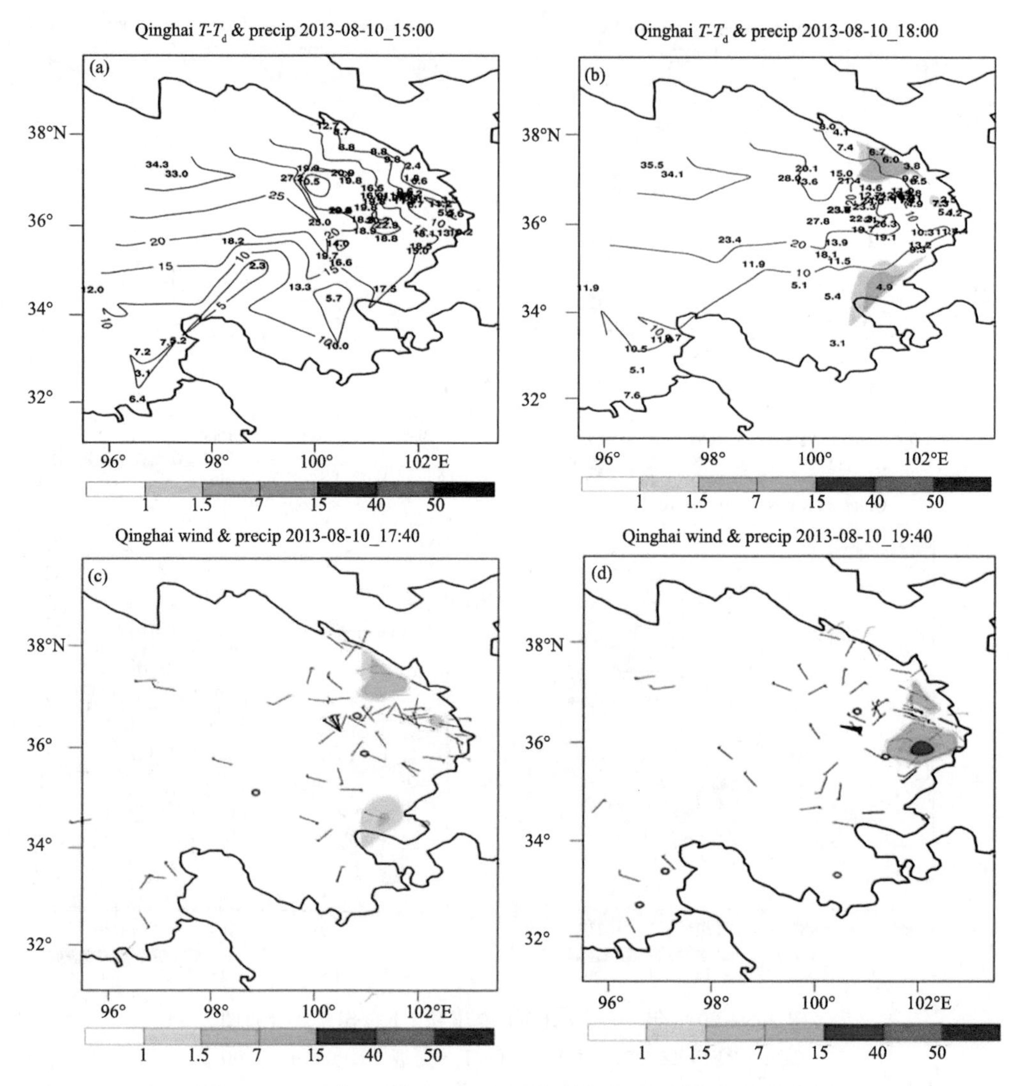

图 9.4 2013 年 8 月 10 日 1 h 温度露点和 1 h 风场空间分布图

(a)1 h 温度露点 15:00;(b)18:00;(c)1 h 风场 17:40;(d)19:40

③气温:气温的分布场上,有明显的温度梯度大值区,两侧温度差在 3~5 ℃。气温 1 h 降幅达 2~5 ℃,1 h 平均降幅 2 ℃。

④温度露点差:能分析出较明显的干线,干线两侧露点差在 2~5 ℃,温度露点差 1 h 最大降幅达到 2~5 ℃,平均下降 1~3 ℃。

⑤风场:风场上有明显的辐合或切变,辐合中心的移动方向预示未来降水落区移动的方向。

(2)冰雹指标

①1 h 变压:正变压中心在 1.0~3.0 hPa,负变压中心有时存在有时不存在,负变压中心存在时在 0.5~1.0 hPa,且正变压中心逐渐加强,1 h 有 0.5 hPa 左右的升幅。

②气温:1 h 温度下降 7~10 ℃。

③温度露点差:有明显的干线,干线两侧温度露点差差值在 10~15 ℃。温度露点差线有

明显的密集带。或者干线两侧温度露点差差值逐渐升高，1 h 有 1～3 ℃的升幅。如果干线不明显，温度露点差每小时下降 1～2 ℃以上。

④风场：风场上河谷地区有明显的偏东风。

9.2 气象卫星云图资料应用

气象卫星分为极轨卫星和静止卫星。极轨气象卫星即近极地太阳同步轨道卫星，轨道高度为 600～1600 km，特点是轨道高度较低，分辨率较高，时间间隔较大。静止气象卫星称为地球同步轨道卫星，位于赤道上空 35800 km，特点是轨道高度较高，分辨率较低，可对地球较大范围同时进行观测，获得资料频次高，可对中小尺度对流系统进行连续观测。

9.2.1 卫星资料

气象业务中常使用气象卫星的长波红外、中波红外、水汽、可见光等通道的云图进行对流监测预警和预报。根据研究（刘延安 等，2012；汪柏阳，2015；肖笑和魏鸣，2018；朱莉莉，2009；许锐，2009；朱平 等，2012；2013）表明：静止气象卫星的长波红外通道云顶亮温＞－20 ℃则认为是暖云，使用长波红外与水汽通道亮温差≥14 ℃区分冷云和暖云；使用长波红外与中波红外通道亮温差≤3 K 进行卷云的剔除，将 10 K≤长波红外与水汽通道亮温差≤35 K 和 0＜长波与中波红外通道亮温差＜3 K 作为对流初生的部分识别条件，将长波红外通道云顶亮温＜－18 ℃且长波红外与水汽通道亮温差≤10 K 作为对流成熟的判别条件；将满足水汽通道云顶亮温＜190 K 或长波红外与水汽通道亮温差＜0 的云团直接视作强对流云团，长波红外与水汽通道亮温的差值越小对流发展越强，当该值＜0 时对流发展非常旺盛，能发生暴雨、冰雹等强对流天气，一般该值＜5 ℃时对应的雷达组合反射率因子≥35 dBZ。强对流天气产生前具有冷云面积增大、云顶亮温降低、云顶亮温梯度增大、深对流指数增大、红外通道亮温差减小，强对流天气多产生在云顶亮温梯度大值区或云顶最低亮温中心附近等普遍特征。

本节将结合青海对流云团的特点进行对流云团识别，再根据青海高原对流云团的云顶平均亮温及其变化、冷云面积及变化、强对流实况等，将云团演变阶段分为形成、发展、成熟、消亡等阶段。鉴于葵花-8 卫星的高时空分辨率和近年来在青海气象业务中数据接收最稳定等，本节使用经地形校正后的葵花－8 卫星数据，分析了 2017—2019 年不同类型环流背景下强对流云团的卫星云图特征。

9.2.2 强对流天气类别及统计分析

根据第 8 章对短时强降水天气类型划分：西风气流型（包括平直偏西风气流和高空槽型），副热带高压型（即西太平洋副热带高压型，包括副高边缘和副高控制型），高原低涡切变型（即高原南部常出现的低涡横切变和竖切变），可将青海高原上常见强对流天气类型分为短时强降水天气、冰雹天气、混合类强对流天气。其中，短时强降水天气主要指小时降水量≥10 mm，以降雨为主可伴随 7 级以下阵风、或直径小于 5 mm 的冰雹、或未造成灾害的雷暴；冰雹天气主要指产生冰雹直径≥5 mm，以降雹为主可伴小时降水量低于 10 mm、或 7 级以下阵风、或未造成灾害的雷暴；混合类强对流天气主要指小时降水量≥10 mm、直径≥5 mm 的冰雹、7 级以上阵风、致灾雷暴，同时或接连出现其中的至少两种天气现象。青海高原明显雷暴天气主要为伴随其他强对流天气现象的湿雷暴，因此本节不单独分析雷暴天气下的对流云团。

9.2.3 西风气流型下的强对流云团监测预警特征

西风气流型(图 9.5a),在对流云团形成阶段冰雹天气冷云面积和混合类相当。发展到成熟阶段,短时强降水天气冷云面积显著增加,平均接近 $350\times100\ km^2$,云顶最低亮温和质心亮温以短时强降水天气的最低,冰雹天气最高,混合类强对流天气居中。长波和中波红外通道温差平均变化范围在 −1～0.5 K(图 9.5b),在三种类型强对流天气中差别不大,短时强降水的长波红外和水汽通道亮温差(0.2～3.5 K)比其他两类对流天气更低。如图 9.5c 所示,短时强降水天气的深对流指数平均最高(20～30 K),混合类强对流天气其次(18～24 K),冰雹天气最低(13～17 K)。从图 9.5d 可明显看出短时强降水和混合类强对流天气的最大亮温梯度相差不大,冰雹天气最低(16～24 K)。在对流云团发展到成熟阶段,短时强降水天气(尤其是小时降水量超过 30 mm)的对流一般发展得更为深厚,表现为云顶亮温更低,深对流指数更大,对流更旺盛(长波红外与水汽通道的亮温差值越小),对应云顶高度更高。而冰雹天气的深对流发展一般比短时强降水天气相对浅,混合类强对流天气的对流发展一般介于前两类对流天气之间。

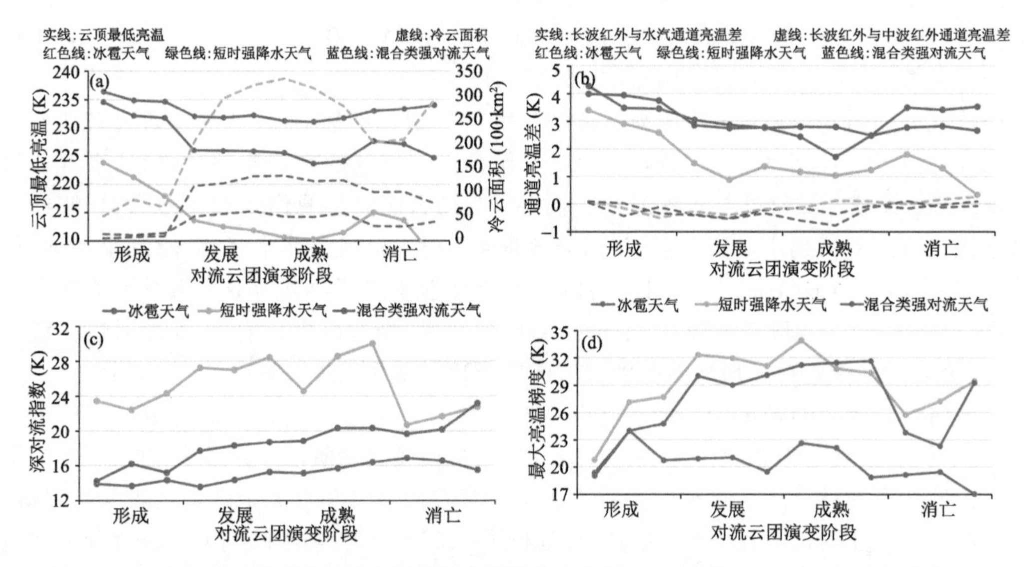

图 9.5 西风气流型强对流云团监测预警参数均值变化图(面积单位:$\times100km^2$;温度单位:K)
(a)云顶最低亮温与低于 241 K 冷云面积;(b)通道亮温差;(c)深对流指数;(d)最大亮温梯度

冰雹和混合类强对流天气的冷云面积一般更小且云团多孤立,如图 9.6a 所示,但在不稳定能量和地形抬升等条件均有利的区域,多个对流云团不断合并壮大形成短时强降水天气,对流云团如图 9.6b 所示,其冷云面积更大。图 9.6 对应的监测预警参数计算值如表 9.2 所示,对流云团为 β 中尺度,短时强降水天气的云顶亮温更低、深对流指数更大、长波红外和水汽通道亮温差更低,冰雹天气的值分别与之相反,混合类强对流天气居中。

当然,对于小时降水量低于 30 mm 的短时强降水天气的对流云团在成熟阶段的卫星特征参数值,并非每个时刻云图都满足图 9.5 所示常见特征,但对于小时降水量大于 30 mm 的强对流云团在成熟阶段各项监测预警参数则均满足。并且,冰雹天气的对流云团在成熟阶段的云顶质心亮温相对较高但均低于 241 K,深对流指数均小于 30 K 且普遍小于 20 K,说明西北流场型下的强天气以冷云强对流为主。

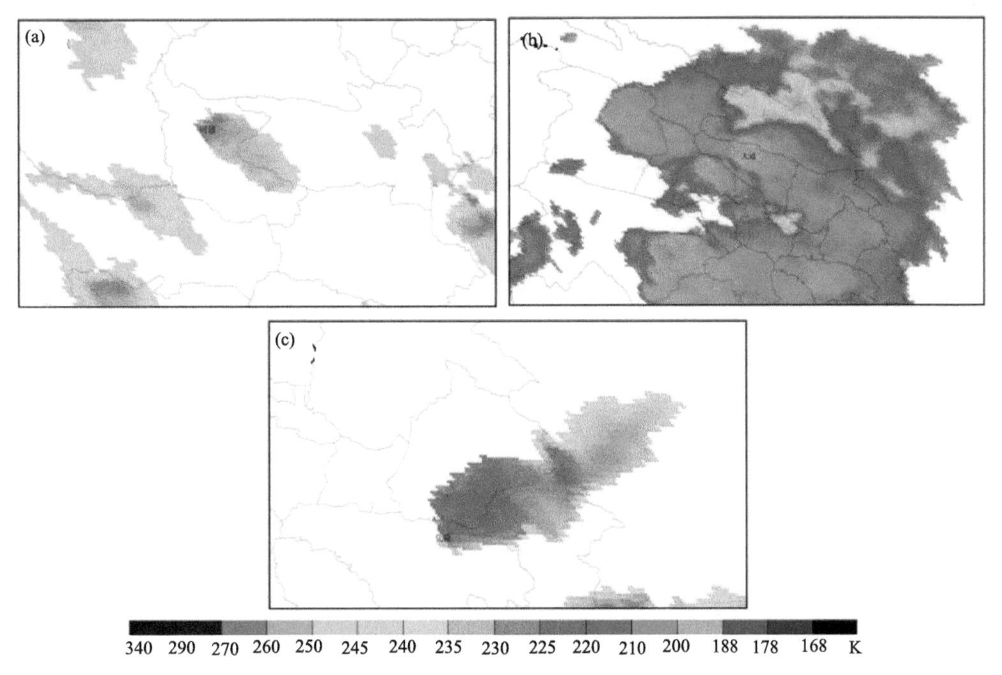

图 9.6　西风气流型卫星云图

(a)2019 年 9 月 5 日 19:50 同德冰雹天气云团；(b)2019 年 8 月 19 日 21:20 大通短时强降水天气云团；(c)2017 年 8 月 3 日 20:30 化隆混合类强对流天气云团(灰色线：县界)

表 9.2　西风气流型强对流云团监测预警参数均值

类型	参数								
	$S(km^2)$	L	T_{min}(K)	T_{cen}(K)	DCI	Gt_{max}	DTB12(K)	DTB13(K)	Vis_{max}
H	1706.3	β中	227.9	236.3	16	30.9	−1.7	2.4	0.8
R	87765.1	β中	194.6	218.7	35	44.6	−0.1	−1	0.7
RH	3053.8	β中	215.6	230.6	23	41.4	−0.4	2	0.8

注：H 表示冰雹天气，R 表示短时强降水天气，RH 表示混合类强对流天气，S 表示强对流天气所在对流云团低于 241 K 的冷云面积。L 为尺度，T_{min}为云顶最低亮温，T_{cen}为质心亮温，DCI 为深对流指数，Gt_{max}为最大亮温梯度，DTB12 为长波和中波红外通道亮温差，DTB13 为长波红外和水汽通道亮温差，Vis_{max}为可见光通道云顶反照率。

9.2.4　副热带高压型强对流云团监测预警特征

副热带高压型(图 9.7a)，发展到衰亡阶段，短时强降水天气的对流云团冷云面积最小，平均低于 250×100 km^2，形成到发展阶段，混合类的冷云面积最大。冰雹天气的云顶最低亮温在 205～210 K，短时强降水天气的云顶亮温则>210 K。如图 9.7b 所示，三种类型强对流天气的长波和中波红外通道亮温差及长波红外和水汽通道亮温差值相差不大。如图 9.7c，d 所示，对流云团发展到衰亡阶段，短时强降水天气的深对流指数(15～32 K)和最大亮温梯度(22～35 K)值相对最小，而混合类的深对流指数和最大亮温梯度在对流成熟初期的值平均最大，发展更旺盛，表现为云顶亮温更低、深对流指数更大、长波红外与水汽通道亮温差值更低、最大亮温梯度更大，而短时强降水天气的对流云团则与之相反，冰雹天气则普遍居中。

对流成熟阶段的的云团如图 9.8 所示，对应的监测预警参数计算值见表 9.3，多为 β 中尺

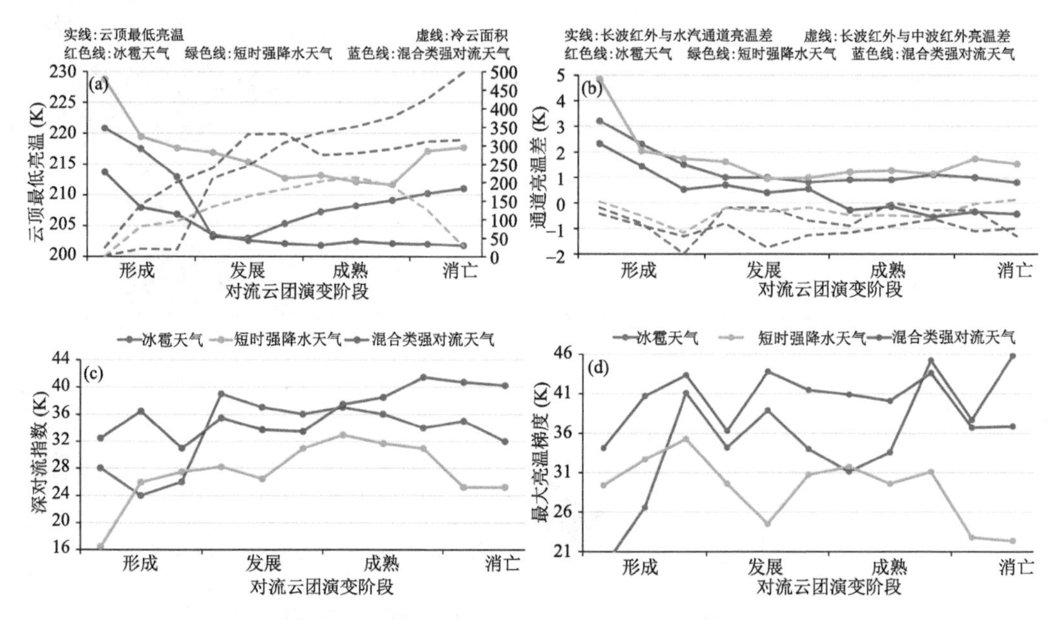

图 9.7 副热带高压型强对流云团监测预警参数均值变化图(同图 9.5)

度,冰雹天气和短时强降水天气的对流云团多以孤立云团存在。混合类强对流天气的对流云团多为两个及以上对流云团合并而成,其冷云面积相对最大。短时强降水天气的对流云团有时也由 2~3 个对流云团合并而成。从表 9.3 可见混合类强对流天气的云顶最低亮温和质心亮温相对最低、最大亮温梯度(51.5 K)相对最大、长波红外和水汽通道亮温差(0.1 K)相对最小。

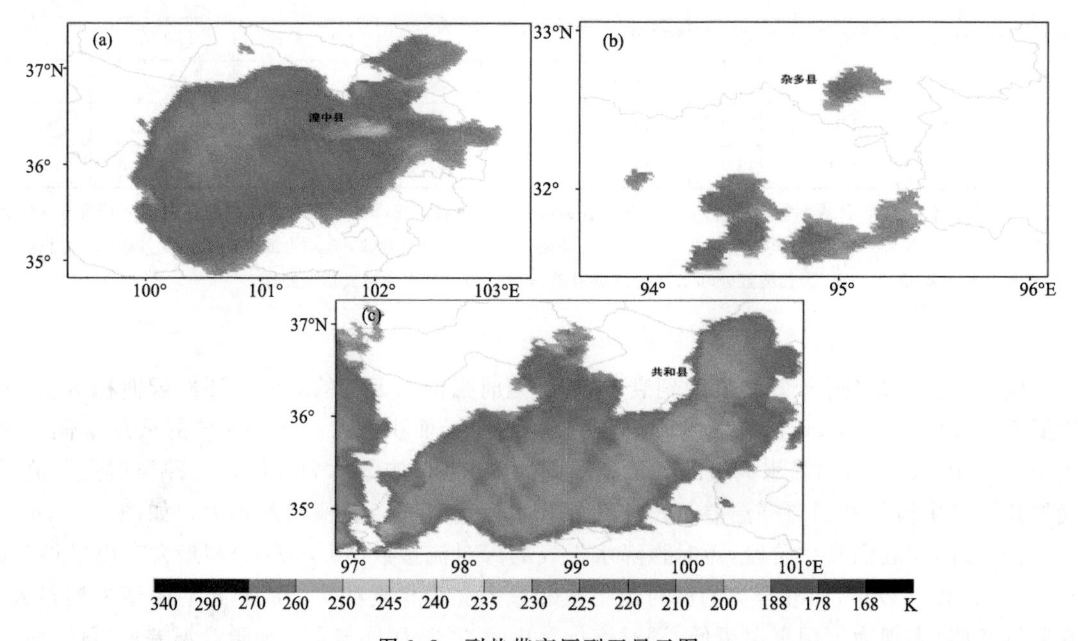

图 9.8 副热带高压型卫星云图

(a)2019 年 7 月 27 日 16:30 湟中冰雹天气云团;(b)2019 年 6 月 21 日 20:30 杂多短时强降水天气云团;(c)2017 年 7 月 23 日 22:20 共和混合类强对流天气云团(灰色线:县界)

表 9.3 副热带高压型强对流云团监测预警参数均值

类型	参数								
	S(km²)	L	T_{min}(K)	T_{cen}(K)	DCI	Gt_{max}	DTB12(K)	DTB13(K)	Vis_{max}
H	42602.1	β中	210.2	215.9	35	37.7	−0.3	1	0
R	5184.5	β中	227.3	231.2	21	24.7	−0.8	2.9	0.8
RH	45886.9	β中	201.1	211.6	29	51.5	−0.6	0.1	0.6

注:各项说明同表 9.2。

9.2.5 高原低涡切变型强对流云团监测预警特征

高原低涡切变型(图 9.9a),主要为以短时强降水和混合类强对流天气为主,短时强降水天气的对流云团冷云面积比混合类强对流天气的更小,前者的冷云面积一般大于 520×100 km²,后者多小于 400×100 km²。对流云团形成到成熟阶段,云顶最低亮温和通道亮温差值分别更小(图 9.9b),深对流指数更小(图 9.9c)。说明低涡切变型流场下短时强降水天气的对流云团云顶伸展的最大高度一般低于混合类强对流天气,但对流云中高层一般伸展较高,而混合类强对流天气的对流发展更旺盛。

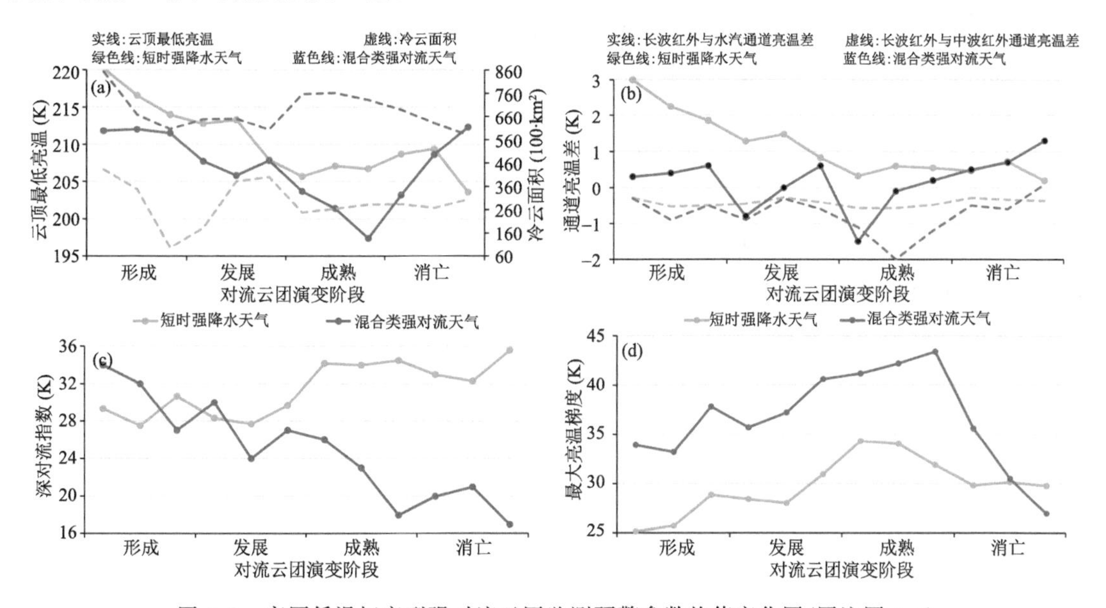

图 9.9 高原低涡切变型强对流云团监测预警参数均值变化图(图注图 9.5)

高原低涡切变型流场下的强对流天气,对流云团成熟阶段多为切变线附近(南侧为主)多个近似平行排列且联系紧密的短云带,如图 9.10 所示(2017 年 8 月 5 日 16:00 河南),多为β中尺度,有时达到α中尺度。对流云团的云顶最低亮温(191.8 K)位于强对流发生地(河南县内),云团质心亮温为 219.7 K,深对流指数和最大亮温的梯度分别为 31 K 和 54.7 K,红外 1 减红外 2、红外 1 减红外 3 通道的亮温差最小值分别是−3.2 K、−1 K,云顶反照率最大值在河南县内达到 1。

9.2.6 不同类型强对流云团监测预参数特征比较

对流云团整个演变阶段,冷云面积在西风气流型下相比其他两类的平均最小,如图 9.11a 所示,除短时强降水天气外,西风气流型下其余强对流天气类型的冷云面积平均低于

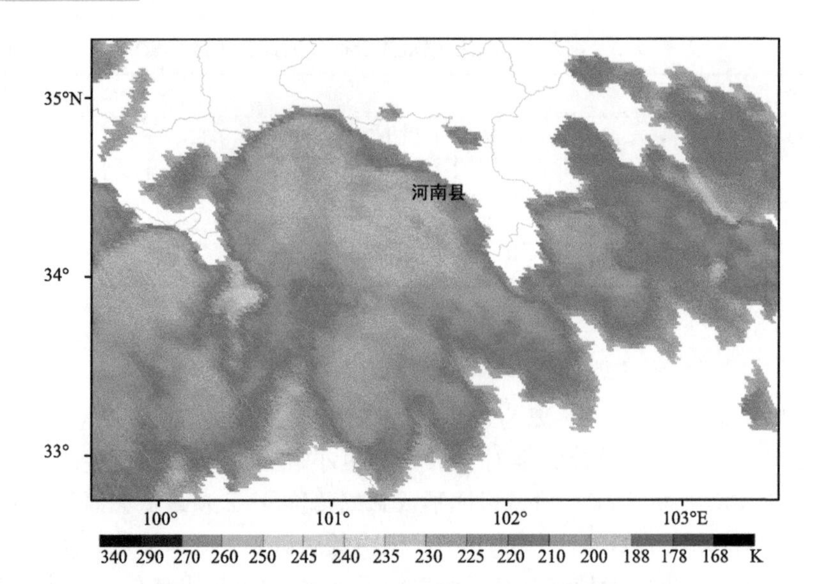

图 9.10　高原低涡切变型卫星云图(灰色线:县界)

20000 km²。副热带高压型多产生混合类强对流天气,在对流云团成熟阶段的冷云面积多超过 20000 km²,但其短时强降水天气和冰雹天气的冷云面积有时也低于此值。高原低涡切变型相对最大(超过 30000 km²)。西风气流型下强对流云团的云顶最低亮温(图 9.11b)和质心亮温(图略)分别相对最高,且深对流指数(图 9.11c)和云顶亮温最大梯度(图略)最小。强对流云团的云顶质心亮温与最低亮温之差(图 9.11d)则是西风气流型和副热带高压型的变化趋势相当,由于高原低涡切变流场型的冷云面积一般最大,因此其对流云团的质心亮温与最低亮温之差在对流发展到消亡阶段为最大。长波与中波红外通道亮温差(图略)平均为－2～0.5 K,长波红外与水汽通道亮温差(图略)平均为－1～4 K。

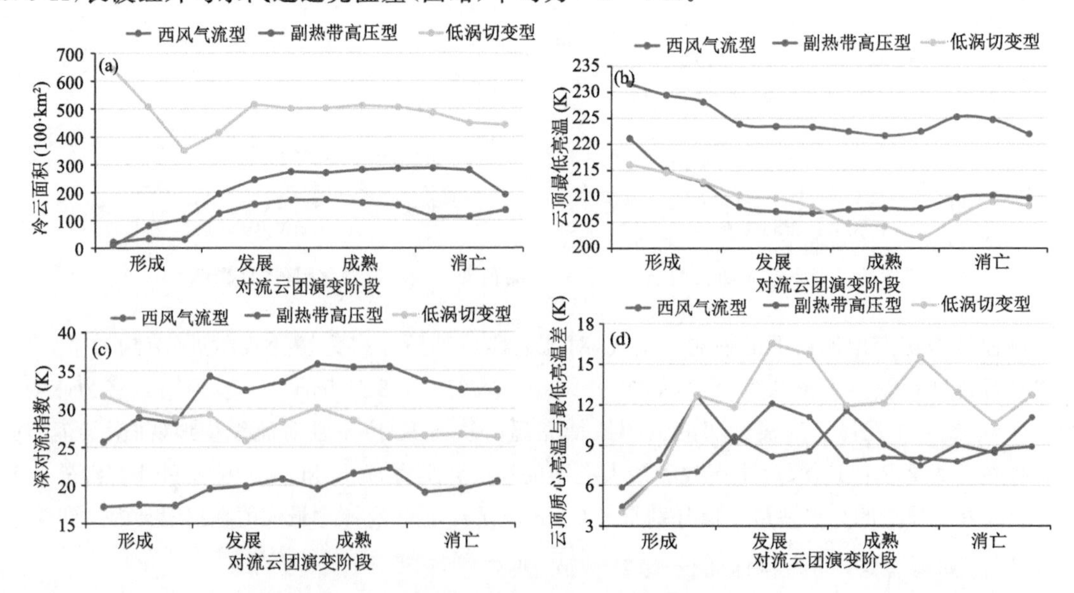

图 9.11　不同类型强对流云团监测预警参数均值变化图(面积单位:×100 km²,温度单位:K)
(a)冷云面积;(b)云顶最低亮温;(c)深对流指数;(d)云顶最低亮温与最低亮温差

9.2.7 小结

青海高原的强对流天气多产生在对流云团的云顶亮温梯度大值区或云顶最低亮温中心附近，或者有利的中小尺度地形和大气环境场里。在西风气流型下，首先是多产生冰雹天气，其次是短时强降水天气，混合类强对流天气相对最少。在副热带高压型下，首先是多产生混合类强对流天气，其次是短时强降水天气，冰雹天气少。在高原低涡切变流场型下，首先是主要产生短时强降水天气，其次是混合类强对流天气，冰雹天气少。

一般情况下，强对流云团整个演变阶段的通道亮温差为－2～0.5 K(长波与中波红外通道)和－1～4 K(长波与水汽通道)。低涡切变流场型强对流云团的冷云面积相对最大，多超过 30000 km^2，而在西风气流型下冷云面积多低于 20000 km^2，强对流云团的云顶最低亮温平均高于 220 K，其余流场型则多低于 220 K。在对流云团成熟阶段高原低涡切变型的云顶亮温平均更低。西风气流型强对流云团的深对流指数多低于 25 K，云顶亮温梯度多低于 30 K，而其余流场类型则更高。高原低涡切变流场型的云顶质心与最低亮温差(多高于 12 K)相对最大，而其余流场型则多低于 12 K。

西风气流型，其短时强降水天气(特别是小时降水量超过 30 mm)的冷云面积最大，对流发展到成熟阶段平均超过 20000 km^2，冰雹天气的冷云面积最小，平均低于 10000 km^2，混合类强对流天气居中，且混合类强对流和冰雹天气的对流云团多为孤立 β 或 γ 中尺度。冰雹天气的云顶亮温相对其余强对流天气为相对高值，平均超过 230 K 而低于 241 K，短时强降水天气的云顶最低亮温平均低于 225 K，混合类强对流天气居中。短时强降水天气的深对流指数平均高于 21 K，冰雹天气则平均低于 20 K(均小于 30 K)，混合类强对流天气居中。并且，对流云团成熟阶段，短时强降水天气的长波红外与水汽通道亮温差平均低于 1.5 K，而冰雹天气则高于 2 K，混合类强对流天气仍居中。

副热带高压型，其冰雹天气的对流云团仍然多为孤立 β 或 γ 中尺度，其余强对流天气在对流成熟阶段则多为合并后的 β 中尺度云团。在强对流云团形成阶段，冰雹天气的冷云面积平均最小(低于 50×100 km^2)，对流云团发展到衰亡阶段则短时强降水天气的冷云面积一般最小，平均低于 250×100 km^2。在对流云团整个演变阶段混合类强对流天气的长波红外与水汽通道亮温差最低，对流发展相对最旺盛，而短时强降水天气对流云团的该差值则相对最高。在对流云团成熟阶段混合类强对流天气的长波红外与水汽通道亮温差一般低于 0 K，短时强降水天气的该差值平均高于 1 K，冰雹天气居中。混合类强对流天气的云顶最低亮温值比其余强对流天气更低，在对流云团成熟阶段，混合类强对流天气的云顶最低亮温平均低于 205 K，短时强降水天气平均高于 210 K，冰雹天气居中。在对流发展到消亡阶段，短时强降水天气的深对流指数和亮温梯度最大值平均低于 33 K，其余强对流天气则平均高于 34 K，特别是在对流成熟阶段混合类强对流天气的值平均高于 37 K。

高原低涡切变型，其对流云团多为切变线南侧的多个近似平行排列又联系紧密的短云带，主要产生短时强降水天气。对流形成到成熟阶段，混合类强对流天气的红外通道亮温差、云顶最低亮温、深对流指数分别低于短时强降水天气的对应值，但云顶亮温梯度则更大。混合类强对流天气的对流在对流层中高层的发展更旺盛，但最大冷云高度却不一定比短时强降水天气的高。在对流成熟阶段，短时强降水天气平均比混合类强对流天气的冷云面积更小，短时强降水天气的冷云面积一般低于 400100 km^2，而混合类强对流天气多高于 54000 km^2；混合类强对流天气的云顶最低亮温平均低于 205 K，而短时强降水天气多高于 205 K。对流发展到成熟阶段，混合类强对流天气的云顶最大亮温梯度平均高于 35 K，而短时强降水天气多低于 35 K，但前者的深对流指数在对流成熟阶段平均低于 26 K，而后者平均高于 33 K。

9.2.8 预报预警指标

(1)短时强降水天气：云顶最低亮温约 190～241 K，长波与中波红外通道亮温差⩽0 K，长波红外与水汽通道亮温差⩽3 K，深对流指数 15～56 K，云顶亮温梯度 10～55 K。对流云团形成阶段的冷云面积 5000～10000 km^2(β 中及以下尺度)，成熟初期冷云面积＞20000 km^2；(2)冰雹天气：云顶最低亮温约 200～247 K，长波与中波红外通道亮温差⩽1 K，长波红外与水汽通道亮温差⩽3 K，深对流指数 8～39 K，云顶亮温梯度 12～40 K。对流云团形成阶段冷云面积⩽5000 km^2，成熟初期冷云面积＜10000 km^2。(3)混合类：云顶最低亮温约 193～251 K，长波与中波红外通道亮温差⩽0 K，长波红外与水汽通道亮温差⩽3 K，深对流指数 20～47 K，云顶亮温梯度12 K～60 K。对流云团形成阶段冷云面积＞10000 km^2，成熟初期冷云面积 10000～20000 km^2。

9.3 新一代天气雷达探测与应用

9.3.1 天气雷达发展简史

天气雷达是利用云、雨、雪等降水粒子对电磁波的散射和吸收特性，以获取降水系统空间分布及强度变化的电子探测设备，是气象部门的重要探测和监测手段之一。20 世纪 40 年代后期，雷达技术引用到气象行业中，根据大气探测的需求，1957 年美国国家天气局研制生产了 WSR-57(S 波段)天气雷达，主要用于强对流天气的探测和大范围降水的监测，此时的天气雷达主要采用模拟信号接收和模拟显示图像。20 世纪 60—70 年代，随着半导体和数字技术以及计算机技术的迅速发展，信号处理器和数字终端设备的设置，天气雷达实现的数字化，形成多种直观的图像产品。我国在 20 世纪 60 年代末研制生产 711 型 X 波段测雨雷达；80 年代研制出具有数字处理系统的 714 型 S 波段天气雷达，同时对常规天气雷达进行数字化升级改造；80 年代后期我国开始从国外引进多普勒天气雷达的同时开展了自主研发工作，到 90 年代相继研发生产了 714CD、714SD 型和 3824 型多普勒天气雷达。1998 年北京敏视达雷达有限公司在继承 WSR-88D 多普勒天气雷达优点的基础上，重新设计生产出 CINRAD 系列多普勒天气雷达，目前我国将 CINRAD 系列多普勒天气雷达(S 和 C 波段)正式在全国布网。

2003 年，根据我国新一代天气雷达业务组网的建设目标，西宁建设完成了青海首部新一代多普勒天气雷达 714CD 型雷达，波长 5 cm。随后在海晏县、共和县又布设了 2 部 C 波段(5 cm)的多普勒天气雷达，其中海晏雷达为 714CD 型，共和雷达为 CINRAD-CA 型。另外还有 7 部 GLC 型 X 波段(3 cm)雷达(门源、德令哈、格尔木、都兰、玉树、果洛、泽库)，1 部风廓线雷达(刚察)，观测范围基本覆盖青海省主要城镇和人口居住密集的地区。

9.3.2 CINRAD-CD/CA 多普勒天气雷达系统简介

新一代天气雷达是采用全相干体制的多普勒雷达，既能探测降水粒子的反射率因子，又能获得降水粒子的运动信息，整个新一代天气雷达系统由五个主要部分构成：雷达数据采集子系统(RDA)、宽/窄带通信子系统(WNC)、雷达产品生成子系统(RPG)、主用户处理器(PUP)和附属安装设备。主要构成和数据流如下。

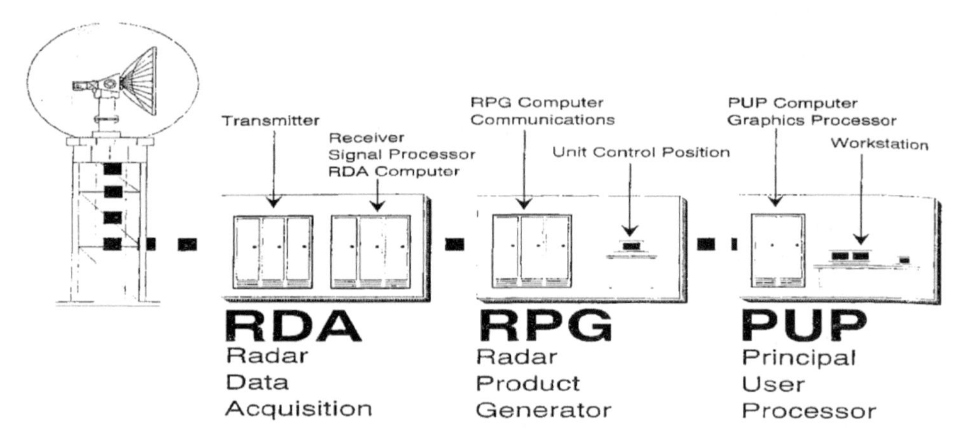

RDA(Radar Data Acquisition):雷达主要硬件都集中在这一部分,由天线、天线罩、馈线、天线座、伺服系统、发射机、接收机、信号处理器等组成。发射机产生大功率射频脉冲信号,经天线汇聚成一束方向性强的脉冲波束在大气中传播,在传播过程中遇到气象目标物,脉冲电磁波被气象目标物散射,天线接收到目标物对这些脉冲电磁波产生的后向散射能量经接收机一系列处理后,就能确定回波功率和运动目标产生的多普勒频移,将这些目标物的最原始数据,通过雷达气象方程、脉冲对处理算法数字化得到雷达基数据(base data)—反射率因子、径向速度和速度谱宽。

RPG(Radar Product Generator):由计算机及通信接口等组成的一个多功能单元,对从RDA采集到的雷达基数据进行各种气象算法处理,形成多种分析、识别和预报预警产品,并将产品通过宽带通信线路传给用户,它的主要功能包括:产品生成、分发和通过雷达控制台(UCP)对RDA进行监控。

PUP(Principal User Processor):主要功能是获取、存储和显示产品,接收RPG处理生成的雷达产品数据和雷达系统状态信息,并以图文形式提供给用户,用于强对流天气监测、分析和短时临近预报预警。

9.3.3 CINRAD-CD/CA 多普勒天气雷达产品

多普勒天气雷达可获取强度、速度和谱宽信息,同时根据天气现象和回波信息间的关系,对这些信息进一步加工、计算和处理,产生了大量与气象有关的数据和图像,称为多普勒天气雷达产品,主要分为基本产品和导出产品两大类。

(1)基本产品

基本反射率(R):体积扫描中各个规定仰角全方位(360°)扫描的回波强度,有6种产品,具有不同的分辨率、距离显示档和数据显示色标等级,可用于估计降水系统的强度,识别显著的强风暴结构,能探测锋面、飑线等强对流天气以及探测飞鸟、昆虫、烟羽等非降水信息。

平均径向速度(V):体积扫描中各个规定仰角全方位(360°)的平均径向速度,同样也有6种产品,具有不同的分辨率、距离显示档和数据显示色标等级,可用于估计风向、风速,确定水平和垂直切变(不连续边界)和识别强天气系统(中气旋、龙卷特征等)。

谱宽产品(SW):脉冲对相差的方差可确定谱宽,有3种产品,且根据不同的分辨率、距离显示档和数据显示色标等级区分,该产品主要用于判断平均径向速度和识别降水边界。

(2)部分导出产品

以基本反射率和平均径向速度为基础，经过严格的气象算法生成若干导出产品，为监测和预报强对流天气提供了很好的参考。

组合反射率因子(CR)：在一个体积扫描中，将不同仰角方位扫描中发现的最大反射率因子投影到笛卡尔坐标格点上形成组合反射率产品，可用于判断大气空间的最大反射率因子分布，识别风暴结构特征和强度。

回波顶(ET)：反射率因子强度≥18.3 dBZ 的回波所在高度称为回波顶高，可快速定位强对流回波发展的高度和位置。

垂直积分液态含水量(VIL)：假设反射率因子强度来自于液态水滴，应用公式 $M=3.44\times10^{-3}\times Z^{4/7}$ 生成任意仰角的液态水含量，然后再垂直积分得到 VIL 产品。可以表征雷暴的总体强度，有助于识别较大的冰雹、超级单体风暴和强风灾害。

垂直风廓线产品(VWP)：应用体积扫描资料，得到半径为 30 km 的水平区域中不同高度上的平均风向、风速，从而得到平均风向、风速随高度变化的垂直廓线，常用来识别平均风的高度切变，特别是低空中的高度风切变及其随时间的变化，还可以分析环境风随高度和时间的变化情况等。

冰雹指数(HI)：冰雹指数是冰雹探测算法的图形输出结果。它是一个探测冰雹的有效指数，可应用于探测强冰雹，特别是直径大于 1 英寸(约 2.54 cm)的冰雹。

中气旋(M)：美国强风暴实验室将中尺度气旋定义为与对流上升运动密切相关的小尺度旋转体，它必须满足的条件是，持续时间一个体扫以上，垂直尺度不低于 10 千英尺(约 3048 m)，具有强切变区，切变区内最大正负速度值间距离≤5 nm，切变大小(最大正速度＋最大负速度)/2 大于给定阈值。一个中层的中尺度气旋，如果向着地面发展，意味着地面大风或龙卷的发生。

9.3.4 雷达回波及特征

(1)雷达回波

天气雷达资料在强对流天气的短时临近预报中得到广泛应用(黄东兴和黄美金，2000；张家国 等，2006；伍志方 等，2004)，一般利用雷达回波的反射率强度和形状的变化判断强对流天气的发生发展，例如带状、线状、块状、弓形、V 形、钩状等及代表回波强度的 dBZ 值。还有通过提取降水云体中的风场径向分量对对流天气进行识别，通常而言出现中尺度辐合时，以混合性降水为主，降水范围大分布相对均匀。气旋式辐合时对应的降水以强对流性为主，降水强度相对较大分布不均匀，持续时间短，逆风区降水与气旋式辐合类似，以强对流性为主。产生雷电大风的回波以线状回波为主，产生强降水的回波呈块状或者带状，钩状和 V 形回波对冰雹的指示意义明显。

(2)青海强对流天气雷达回波特征

分析 2006—2018 年青海东部农业区强对流个例的雷达回波发现，青海产生强对流天气的雷达回波主要分为两种类型。第一类为多单体风暴，此类回波中存在多个强单体回波，回波强度可达到 60 dBZ 以上，其中强度＞45 dBZ 回波占整个云系的 50%以上，回波顶高可超过 12 km，在移动过程中不断合并增强，若出现列车效应易带来短时强降水天气，而高悬的强回波配合典型的形状特征如带状、块状、弓形等易带来冰雹、雷暴大风天气。在速度图上也配合有逆风区、辐合、中气旋等典型特征存在。另外一类是强单体或超级单体风暴，在反射率因子图上看，整个降水回波内部有一强中心>45 dBZ 最高或可达 70 dBZ 的强单体回波，且回波具有钩状、指状、弓形等显著特征，同时反射率梯度较大，边界清晰，并且在速度图上能够有明显的逆风区、气旋性辐合等特征，通常这类回波降水局地性强，降水效率高，若配合速度图上存在中气旋则为超级单体风暴，由于对超级单体风暴定义必须有深厚的中气旋存在，因此并不多见，通常情况下强单体风暴较为常见。而在多单体风暴中包含一具有明显结构特征的强单体风暴，这一类型在青海东部地区十分典型，与之相对应的则是前期出现冰雹、短时强降水等剧烈的强对流天气，后期转为稳定的系统性降水为主。

9.3.5　典型个例

9.3.5.1　2009 年 6 月 18 日西宁、海东强对流天气

(1)反射率因子特征

如图 9.12a 所示，2009 年 6 月 18 日 17:35 湟源南侧，对流回波发展旺盛，强度达 40 dBZ，17:59 回波加强为 45 dBZ，面积扩大并东移，18:41 回波移至湟中附近，并发展为强对流单体，回波强中心强度达 65 dBZ，对应垂直剖面图可看出，强中心顶高达到 12 km。19:04 在 2.4°仰角反射率因子图上回波强中心为 65 dBZ，反射率因子梯度较大，有入流缺口，对应此强对流单体，湟源出现短时雷雨，湟中出现了 14 mm 的冰雹。随着冷暖空气的交汇，20:40 云系覆盖整个西宁雷达测区，海晏至贵德有对流云团发展，新的对流单体不断生成，20:52 大通西北部和湟中西南部的两个强中心在西宁上空合并，整个云体面积增大、结构密实，回波顶高有所降低，强降水开始出现，21:28 廿里铺、湟中、化隆附近不断有对流单体经过，形成了列车效应，强回波维持了 1 小时之久，从回波的垂直剖面图可看出，此时回波比较平整，强回波顶高降低为 6 km左右，降水转为积云混合型，降水效率达到了最高。之后回波结构逐渐松散、强中心的面积减小、强度减弱，强降水也随之减弱(图 9.12b)。

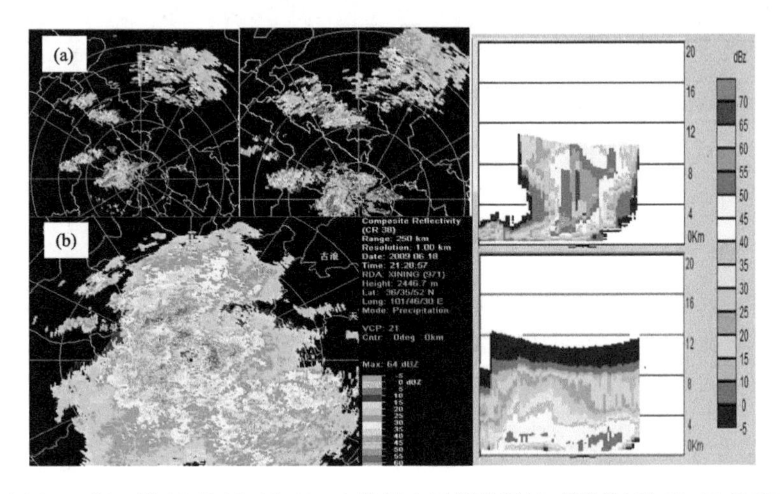

图 9.12　(a)2009 年 6 月 18 日 18:41，19:04 的基本反射率图(2.4°仰角)及 18:41 的垂直剖面图；(b)21:28 的雷达组合反射率图及垂直剖面图

(2)径向速度特征

21:22 在 2.4°仰角径向速度图中(图 9.13a)，大范围的正径向速度区中有小范围的负速度区、逆风区出现，正速度最大为 12 m/s，外围负速度为－5～－13 m/s；对应时间内低层 0.5°、

1.5°仰角径向速度图上也同样出现了逆风区，且负速度达到最大值－17 m/s。对应同时次反射率因子，西宁廿里铺西北部有带状的强回波。21:34—21:40(图 9.13b)，西宁廿里铺西北部为负速度区，东南部为正速度区，存在明显的气旋式辐合，测站附近有强烈的气流辐合辐散，这是造成强降水的动力因素。径向速度图上逆风区、气流辐合区的出现，加强了对流的发展，而且与强降水的发生发展吻合较好。

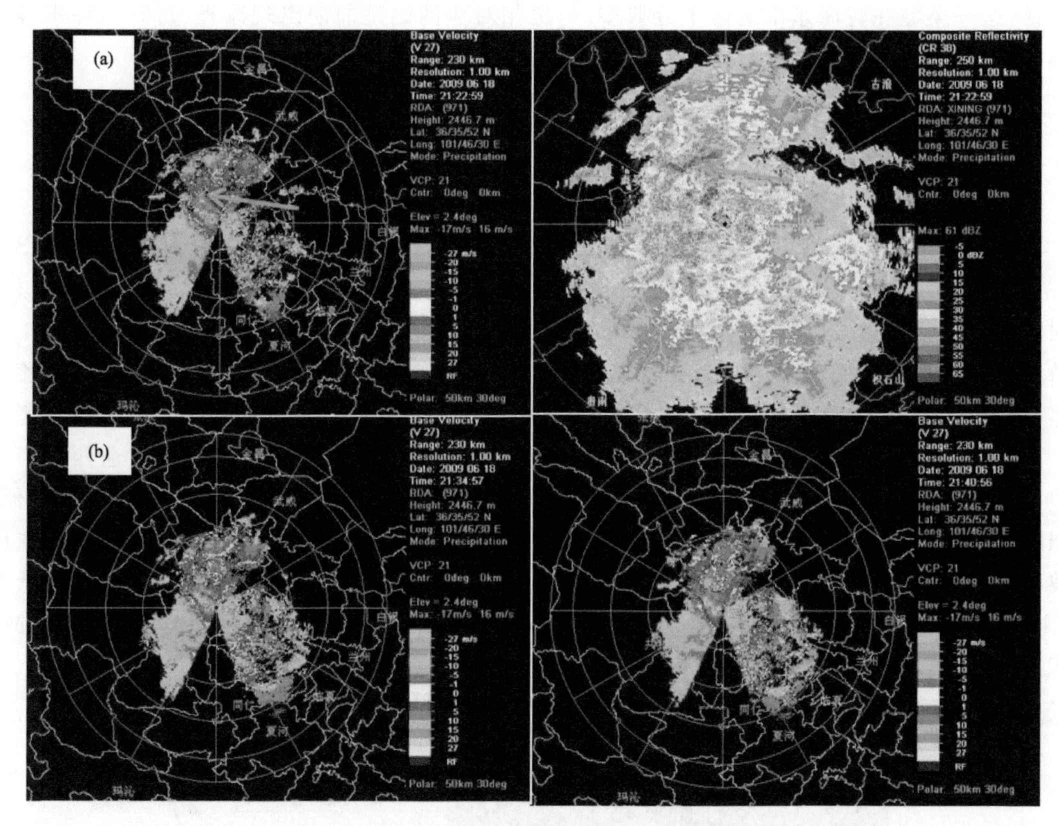

图 9.13 (a)2009 年 6 月 18 日 21:22 径向速度图(2.4°仰角)及组合反射率图；(b)21:34,21:40 径向速度图(2.4°仰角)

(3)垂直积分液态水含量特征

18 日 18:11，垂直液态水含量(VIL)比较零散，19:16VIL 迅速东移扩展至湟中和廿里铺一带，其最大值为 46 kg/m²，此时对应地面测站出现了直径 14 mm 的冰雹，大于 13 kg/m² 的面积占 50%左右，之后影响西宁市区，20:16 在湟源、湟中南部不断有水汽输入，20:40 出现两个 VIL 大值区，一个是湟中，另一个则是在化隆的西部地区，21:10 南北云系明显叠加并东移，云系自西向东逐渐靠近西宁地区，但强度减为 8 kg/m²，对应此时天气状况以降水为主(图 9.14a)。

(4)垂直风廓线特征

强的垂直风切变有利于对流系统的产生、加强、维持，随着低层出现了冷平流，层结逐渐趋于稳定，伴随降水也趋于稳定并且有所减弱。18 日 21:10—22:10(图 9.14a)，2.7～5.8 km 之间风向顺转可达 180°左右这种强烈的垂直风切变有利于强对流风暴的产生、加强和维持。22:50—23:34(图 9.14b)，底层有 12 m/s 的急流存在，但高层 5 km 以上风向随高度开始逆

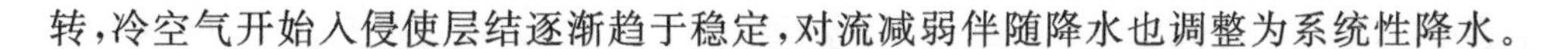
转，冷空气开始入侵使层结逐渐趋于稳定，对流减弱伴随降水也调整为系统性降水。

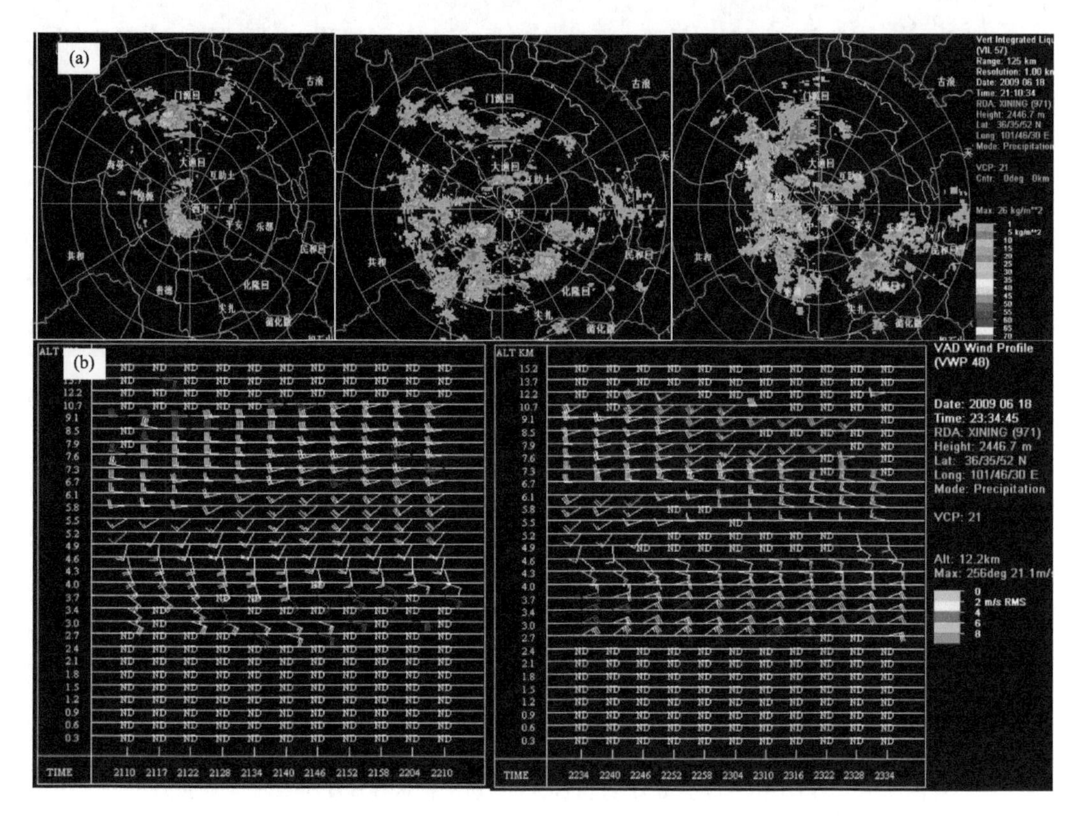

图 9.14　(a)2009 年 6 月 18 日 19:10,20:40、21:10 的垂直液态水含量分布图；(b)22:10,23:34 的垂直风廓线分布图

9.3.5.2　2010 年 7 月 6 日海晏、湟源冰雹、短时强降水天气

(1)反射率因子特征

2010 年 7 月 6 日 21:41(图 9.15a)，西宁雷达监测到在海晏西北部有降水云系，该云系内部有强中心强度为 51 dBZ，云顶高度为 11 km 的呈弓形的强回波带，22:26 东移南压影响海晏、湟源北部一带。而海晏雷达则表现出典型的冰雹云结构，从组合反射率上看(图 9.15b)，20:02 祁连和刚察西北部上空有两个强回波中心发展，中心强度达 55 dBZ，到 20:55 两强回波中心东移南压到刚察一线，在刚察—祁连南部连接成片，21:31，强回波中心移至海晏上空时强回波反射率因子梯度进一步加大，造成了海晏地区的短时强对流天气。到 21:58，强回波中心移至湟源地区上空，中心强度达 65 dBZ，造成湟源县出现大范围的雷阵雨天气，并伴有冰雹和瞬时大风，最大冰雹直径 20 mm。

21:41 和 22:26 的剖面图上看(图 9.16a)，该强回波具有显著的垂直结构：有界弱回波区、回波悬垂，以及强入流形成的上冲云顶，表明在该地区对流发展十分剧烈，有利于强天气的出现。21:49 在 2.4°和 3.4°仰角基本反射率因子图(图 9.16b)上湟源方向有三体散射长钉。

通过对反射率因子的分析，根据发展中的对流单体呈现出的显著结构，可判断是否有冰雹产生，而对回波进行剖面分析可确定回波的降水强度和降水性质。

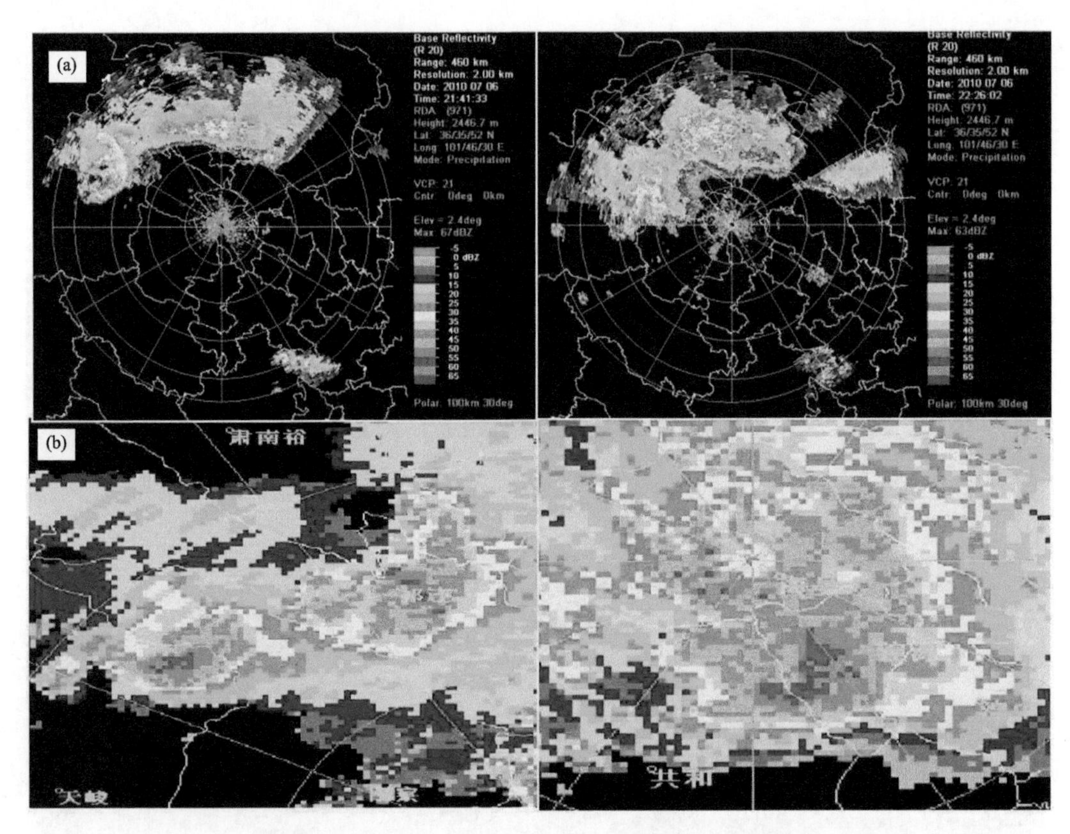

图 9.15 (a)2010 年 7 月 6 日 21:41,22:26 西宁雷达基本反射率(2.4°仰角);
(b)20:02,21:58 海晏雷达雷达组合反射率

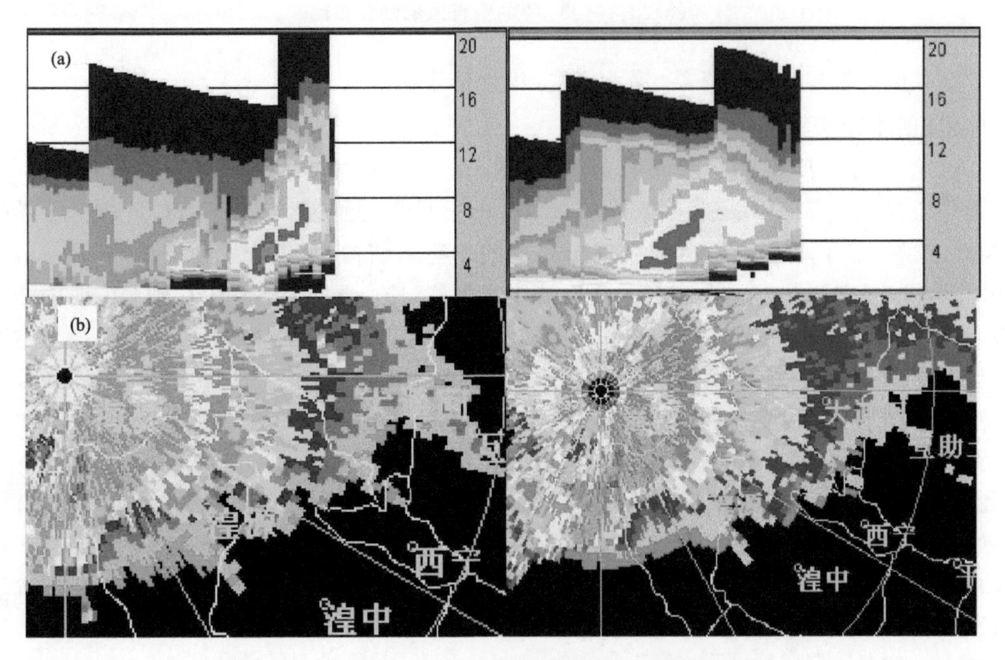

图 9.16 (a)2010 年 7 月 6 日 21:41,22:26 垂直剖面图;
(b)21:49 海晏雷达反射率图(2.4°,3.4°仰角)

(2)径向速度分析

20:33,海晏雷达 2.4°仰角速度图上(图 9.17a)出现明显速度模糊,退模糊后回波速度为,一侧速度值是 3 m/s 向着雷达的径向速度,另一侧速度值是 30 m/s,具有明显的气旋性旋转特征,22:02,回波速度为气旋性辐合,移动至海晏、湟源地区,并且尺度增大,由此,结合反射率因子图上的三体散射长钉、有界回波区特征,可判断湟源云系为典型强烈雹暴,它具有强雹暴的所有多普勒天气雷达回波特征,非常有利于海晏、湟源一带出现伴有冰雹的强降水天气。而在西宁雷达 2.4 度仰角速度图上看(图 9.17b),21:26,海晏地区为气旋性辐合,22:03 转为纯辐合,底层强烈的辐合上升,十分有利于该云团的发展增强,对后期出现的冰雹和强降水具有指示意义。

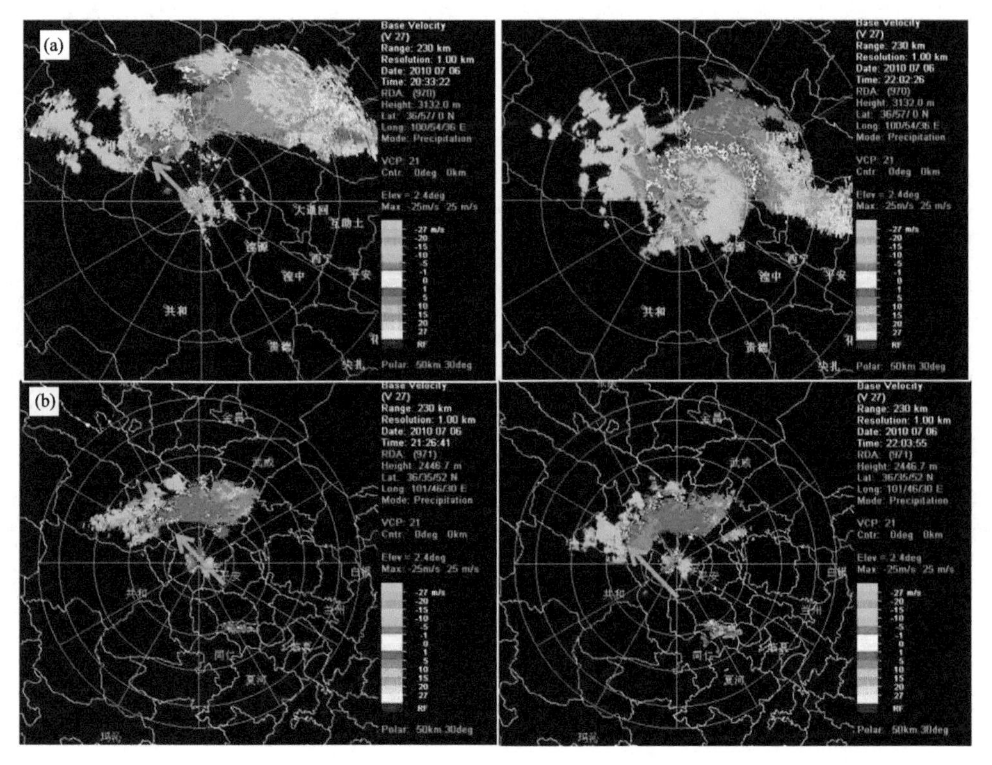

图 9.17　(a)2010 年 7 月 6 日 20:33,22:02 海晏雷达径向速度图(2.4°仰角);
(b)21:26,22:03 西宁雷达径向速度图(2.4°仰角)

(3)垂直积分液态水含量

从垂直积分液态水含量图上可看到(图 9.18),造成海晏、湟源大降水的回波云系为典型强单体回波,且其 VIL 值较大,超过 20 kg/m^2,在整个降水过程中最大为 36 kg/m^2,从 20 kg/m^2跃增到 36 kg/m^2 的过程为冰雹出现的过程,随后减弱并维持在 20 kg/m^2 左右,伴随强降水发生的过程中,整个 VIL 值变化不明显。实况表明,对强单体回波带来的强降水,VIL 值陡增或锐减的变化并不明显,基本维持较高值。

(4)垂直风廓线分析

对于强单体回波带来的降水,影响范围小,降水强度大,在垂直风廓线分布图上看 22:03 雷达测站并无明显变化(图 9.19),后期回波移至测站后,可看到低层为偏东风,风向随高度顺

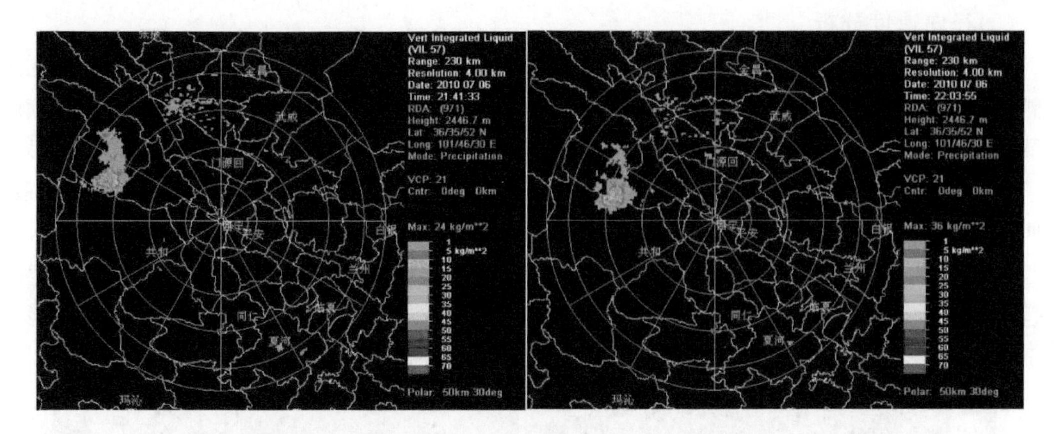

图 9.18　2010 年 7 月 6 日 21:41,22:03 西宁雷达垂直积分液态水含量分布图

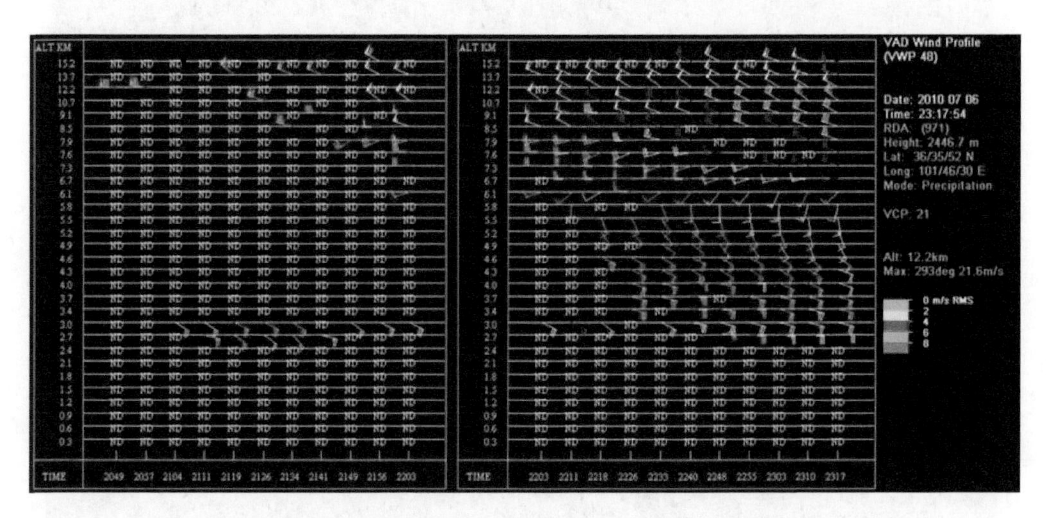

图 9.19　2010 年 7 月 6 日 22:03,23:17 垂直风廓线分布图

时针旋转,表明有暖平流,有利于降水天气的出现和维持。

9.3.6　东部农业区对流云移动路径

利用青海东北部地区的两部天气雷达,统计了青海东北部农业区对流云移动规律。青海省东北部农业区位于祁连山南麓东段,北有大坂山,西有日月山,南有拉脊山,黄河河谷和湟水河河谷位于拉脊山两侧,地势西高东低,通过对强对流天气过程的统计以及结合西宁常规数字雷达的应用经验,得到五条强对流天气影响路径(图 9.20)。

(1)沿大坂山南部边缘,东移南下经过大通县,沿大通娘娘山北缘东移影响海东互助县、乐都县,经过民和北部出境;

(2)沿大坂山南部边缘,东移南下经过大通县,翻越大通娘娘山东移南压影响西宁市、湟中、海东的平安、乐都,经过民和南部出境;

(3)青海湖东部生成强对流云系,沿海晏县、湟源县,经过湟中、东移南压至海东化隆县,从循化县北部出境;

(4)贵德北部拉脊山北部东移北抬影响湟中、西宁市、海东互助县后出境;

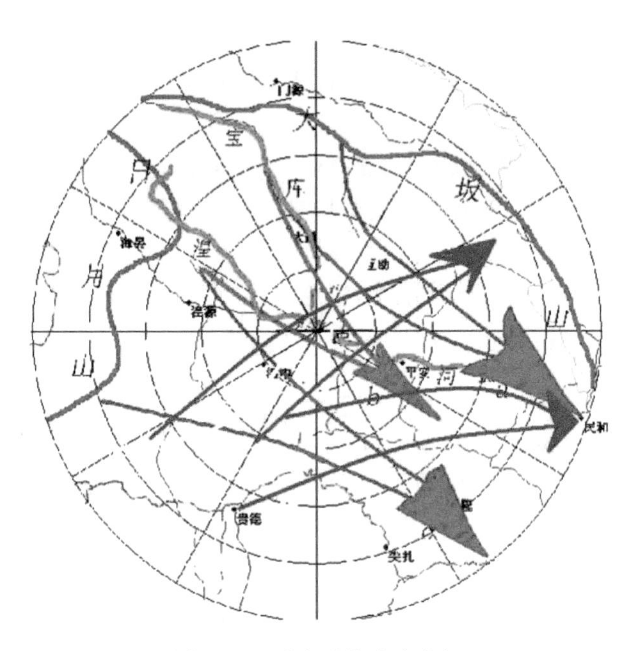

图 9.20　对流系统移动路径

(5)贵德北部拉脊山北部东移北抬影响湟中、海东平安区、经乐都，在民和北部出境。

这五条移动路径为影响青海省东北部农业区较常见的路径，但不仅局限于以上路径，具体的移动路径与高空形势、地面中小尺度系统的发展和移动有密切的关联。

9.3.7　短时强降水雷达回波特征及预报预警指标

通过对 2006—2016 年的西宁雷达回波统计分析建立短时强降水预报预警指标供预报员参考使用

(1)回波强度为 60 dBZ 左右，回波高度为 7～9 km，强中心高度＜4.5 km，强中心高度偏低，无明显的外形特征，且强度还在发展，但强中心高度无上升趋势，一般不会产生冰雹，以中到大雨为主。

雷达回波强度为 60 dBZ 左右，回波高度为 7～9 km，强中心高度＜4.5 km，强中心高度偏下，外形特征如出现钩状、指状回波等，强度还在发展，强中心高度无上升趋势，易出现强降水天气。

(2)雷达回波强度为 60～65 dBZ，回波高度为 8～10 km，强中心高度＜5.0 km，强中心高度偏下，无明显的外形特征，且强度还在发展，强中心高度无上升趋势，易出现强降水天气。

雷达回波强度为 60～65 dBZ，回波高度为 8～10 km，强中心高度＞5.0 km，强中心高度偏上，外形特征出现钩状、指状回波等，且强度还在发展，强中心高度呈上升趋势，易出现冰雹天气。

雷达回波强度为 60～65 dBZ，回波高度为 8～10 km，强中心高度＞5.0 km，强中心高度偏上，外形特征出现钩状、指状、弓形回波等，且强度还在发展，强中心高度呈明显的上升趋势，易出现强降水天气并伴有冰雹天气。

(3)雷达回波强度为 65～70 dBZ，回波高度在 10 km 以上，强中心高度＜6.0 km，强中心高度偏下，无明显的外形特征，且强度还在发展，强中心高度无上升趋势，易出现大到暴雨天气。

雷达回波强度为65～70 dBZ，回波高度在10 km以上，强中心高度＞6.0 km，强中心高度偏上，外形特征出现钩状、指状、弓形回波等，且强度还在发展，强中心高度呈上升趋势，易出现暴雨并伴有强冰雹天气。

(4)雷达回波强度在70 dBZ以上，回波高度在10 km以上，强中心高度＜6.5 km，强中心高度偏下，无明显的外形特征，且强度无减弱趋势，强中心高度无上升趋势，易出现大暴雨。

(5)雷达回波强度在70 dBZ以上，回波高度在10 km以上，强中心高度＞6.5 km，强中心高度偏上，外形特征出现钩状、指状、弓形回波等，且强度无减弱趋势，强中心高度呈上升趋势，易出现大暴雨并伴有强冰雹天气。

综合可用表9.4反映。

表9.4 雷达预警指标

回波强度(dBZ)	回波高度(km)	强中心高度(km)	外形特征	演变趋势	预报结果
＜35					1小时内无强降水
35～45	3.5～4.5	3.0～4.0			小阵雨
	3.5～4.0	2.5～3.0			小雨
45～55	5.0～7.0	＜3.0	强心高度偏低		小雨
	6.0～7.0	3.0～4.0	强心高度偏高		雷阵雨伴小冰雹
	7.0～8.0	≥4.0	PPI有外形特征		小冰雹
55～60	8.0～9.0	≥4.5	PPI有外形特征		冰雹
60	7.0～9.0	＜4.5		发展高度无变化	中到大雨
	7.0～9.0	≥4.5	钩状、指状、弓形	发展高度上升	冰雹
60～65	8.0～10.0	＜5.0		发展高度无变化	大雨
	8.0～10.0	≥5.0	钩状、指状、弓形	发展高度上升	冰雹
	8.0～10.0	≥5.0	钩状、指状、弓形	发展高度上升	强冰雹
65～70	≥10.0	＜6.0		发展高度无变化	大到暴雨
	≥10.0	≥6.0	钩状、指状、弓形	发展高度上升	冰雹
	≥10.0	≥6.0	钩状、指状、弓形	发展高度上升	强冰雹
≥70	≥10.0	6.0～6.5		无减弱高度无变化	暴雨
	≥10.0	6.0～6.5	钩状、指状、弓形	无减弱高度上升	冰雹
	≥10.0	≥6.5	钩状、指状、弓形	无减弱高度上升	暴雨伴强冰雹

9.3.8 雹云的回波顶高和回波强度的判别

在PPI显示器上呈现出的弧状、人字形、涡旋状及"V"形缺口是识别冰雹的重要依据，特殊结构的大块回波单体，也容易造成冰雹天气。由回波单体合并而成的强度较大的回波，容易造成冰雹天气，冰雹出现在回波的最强部位。

当两块回波或多块回波由不同方向往一处汇合并形成"V"形回波时，或由于降水对电磁波的强衰减而出现"V"形缺口现象时，在汇合点易出现冰雹天气。在雷达高度显示器上，冰雹云回波往往是呈柱状或纺锤状结构，强回波区常处在回波中部(距地4.5 km处)，也就是冰雹积累区，有时还可以观测到悬挂回波及其回波穹隆。统计表明，对青海东部农业区来说，各月降雹回波的平均高度为：

(1)6 月份降雹回波的平均高度≥5175 m；

(2)7 月份降雹回波的平均高度≥8874 m；

(3)8 月份降雹回波的平均高度≥8065 m；

(4)9 月份降雹回波的平均高度≥8150 m。

4 个月的平均回波顶高为 6700 m，而回波中心平均高度为 4663 m。青海东部农业区 7 月、8 月出现冰雹的频数最高。尽管回波顶高各月差异很大，但仍然很好地显示了对流云垂直发展的程度。此外，强回波顶高在降雹前常迅猛增长，我们可将此现象作为判别冰雹云的一个依据。

冰雹云回波的强度越强其强度梯度也越大，而冰雹一般出现在强度梯度最大处。青海东部农业区所探测到的降雹回波的分贝值平均在 40 dBZ 以上，鉴于有些雹云回波参数并不一定达到该平均值，实际工作中，只要分贝值≥35 dBZ、顶高≥6700 m、强中心高度≥4500 m，就有降雹的可能。一般在降雹前 10～15 分钟，冰雹的预报准确率可达 90%以上。

9.3.9　青海雷达组网拼图

为了综合应用雷达资料和其他观测资料或把多部雷达资料进行拼图处理，需对雷达资料开展组网拼图。利用西宁、海晏、海南三部多普勒雷达进行组网拼图，其方法主要是将极坐标系下的空间分辨率不均匀的雷达资料插值到统一的笛卡尔坐标系下形成空间分辨率均匀的网格点资料，并且在插值过程中尽可能保留原始体扫资料中原有的反射率结构特征。笛卡尔坐标系提供了一个统一框架，其他的观测资料能够在该框架下相互融合，这有利于各种观测资料的综合应用，以便提供比单个观测系统对气象现象更加真实和科学合理的描述。雷达资料从极坐标系(仰角、方位和斜距)下转到笛卡儿坐标系(经度、纬度和高度)下的过程中，为了方便雷达资料的 3-D 组网，我们利用笛卡尔坐标系下网格点的经度、纬度和高度计算其在球坐标系中的仰角、方位和斜距，然后根据计算出来的仰角、方位和斜距在雷达球坐标系中的位置，利用内插方法给该网格点赋值，得到该网格点上的分析值。笛卡尔坐标网格的分辨率和范围则根据不同的需求进行不同的选择或根据极坐标系下的资料分辨率来决定。基于三维反射率因子拼图数据，还可以计算形成多种衍生产品如组合反射率拼图，回波顶高拼图、垂直积分液态水含量拼图等(图 9.21)。

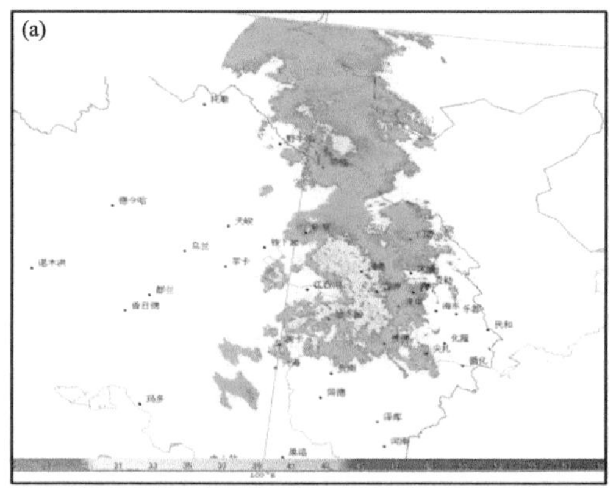

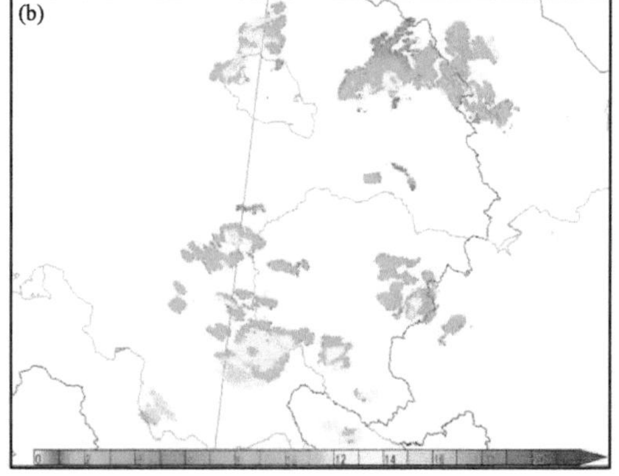

图 9.21　青海组合反射率拼图(a)和回波顶高拼图(b)

9.4 闪电观测资料应用

闪电定位技术是通过对闪电辐射的声、光、电磁场信息的测量，确定闪电的空间位置和放电参数(孙继松 等,2014)。在青藏高原地区，闪电活动的时空分布与雷暴活动的时空分布有较好的一致性(郄秀书 等,2004;尤伟 等,2012)，也就是说强对流天气的发生、发展常常伴随着闪电活动。

9.4.1 闪电的分类

闪电一般分为云闪和地闪。云闪主要指云与云之间，或云与空气之间，或云内放电的过程。地闪是指云与大地之间的一种放电过程，对人类造成的危害远远大于其他类型的闪电，一般根据地闪的极性，分为正地闪(正电荷对地的放电过程)和负地闪(负电荷对地的放电过程)。

9.4.2 强对流天气的闪电特征

根据陈哲彰(1995)对华北地区强对流天气闪电特征分析，冰雹大风天气过程中正闪占绝对优势，而负闪则与强降水相关。一般由负转正闪电多为冰雹大风，而由正转负闪电常常有强降水天气。负闪强度与降水量大小成相关，正闪强度与冰雹大风天气密切相关。张荣等(2013)分析了青海大通地区出现的雷暴过程闪电特征，5 次雷暴天气过程探测到 517 次闪电，其中云闪 322 次，负地闪 175 次，正地闪 20 次。闪电持续时间维持在 30 分钟到 1 小时内，负地闪的持续时间长于云闪和正地闪。

9.4.3 闪电频率与强对流天气落区

闪电发生的高密度高频率地区与强对流天气的类型和落区有一定的关系。在空间分布上看，闪电发生的高密度区与强对流天气发生的类型有较好的对应，密度较密地区更易出现雷暴、冰雹天气，而相对高密区稍稀疏些的地区，则易出现强降水天气。而在时间分布上看，强降水一般出现在闪电的高频期后一小时内，而雷暴、冰雹类强天气出现在闪电高频期后的 30 分钟至 1 小时内。以 2009 年 6 月 18 日为例(图 9.22 左)，从闪电密度来看，闪电高密度主要分布在海北、果洛北部、海南、黄南一带。海北从 14:00 开始受冷空气入侵影响，产生了强对流天

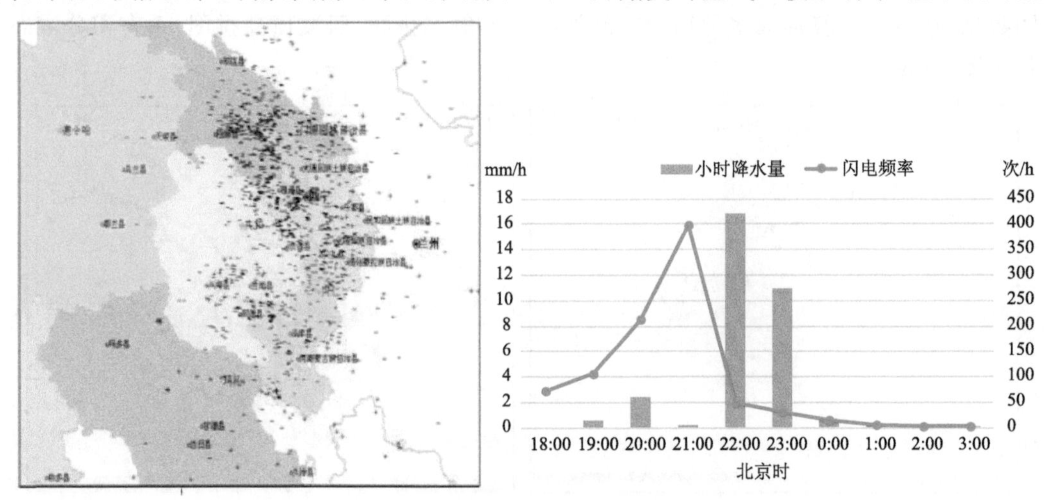

图 9.22 2009 年 6 月 18 日闪电密度及闪电频率分布图

气，出现了雷雨大风、冰雹，属于闪电的高密度区域。果洛北部、海南、黄南受高原南部对流云团发展加强为雷暴云团，也出现了雷雨、大风、冰雹天气，最大冰雹直径 20 mm，瞬时最大风速 22 m/s，在西宁、海东有闪电发生，但密度较果洛、海南、黄南稀疏，西宁、海东主要是强降水天气。

9.4.4　闪电强度变化与强对流天气

在雷暴加强发展阶段，闪电活动有突增现象(图 9.22 右)，从闪电频率随时间演变来看，闪电主要发生在 18 日下午到 19 日凌晨，闪电发生高频期集中在 18—23 时，最大闪电频度为 398 次/h，发生在 21:00—22:00，从 22:00—23:00 突然减小为 33 次/h，其发生频率突然增大，较强降水出现提前 1 小时左右。

9.4.5　负闪为主导的短时强降水

2013 年 8 月 21 日 19:00—20:00 大通站出现的 29.9 mm 强降水和 20:00—21:00 出现的 28.1 mm 强降水，分析 2013 年 8 月 21 日的闪电定位数据，在强降水发生前的 2 小时内，即 17:10—18:50(图 9.23a)，西宁、海东和环青海湖地区闪电活动频繁，19:10(图 9.23b)强降水

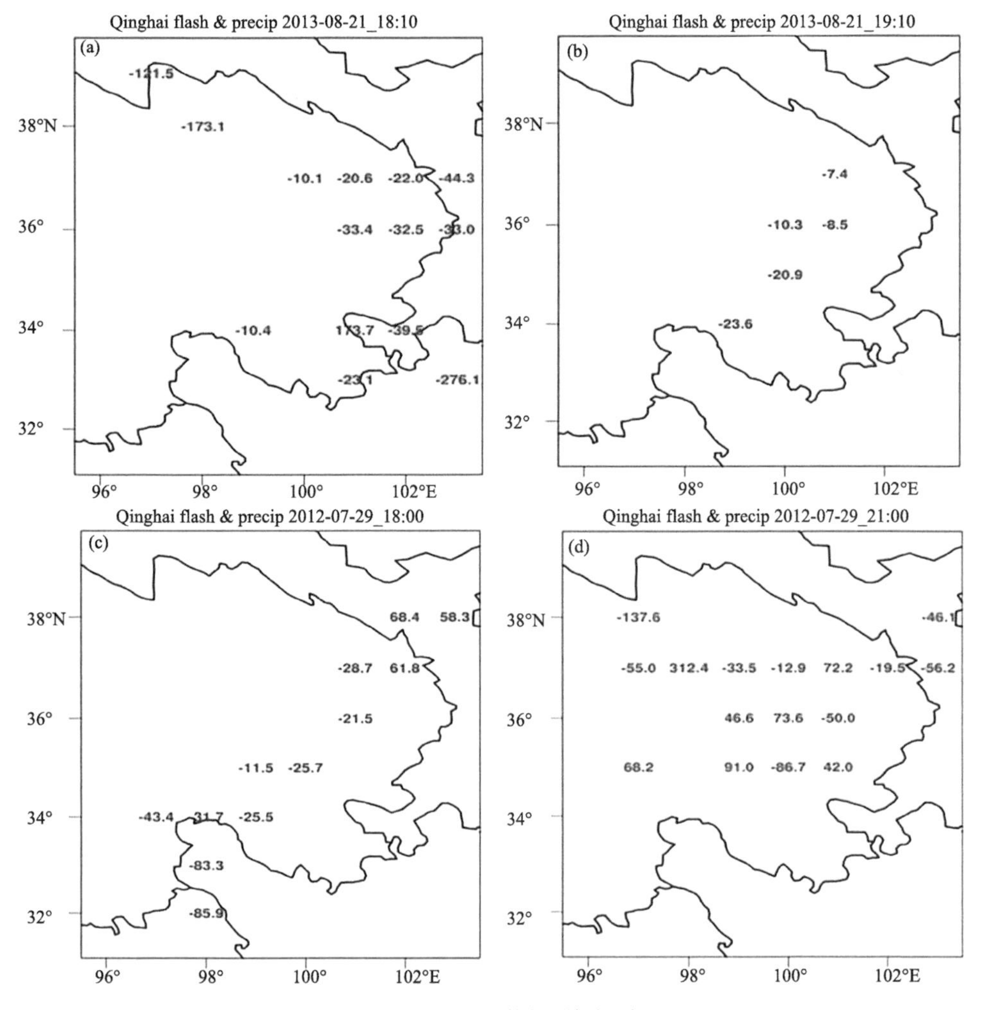

图 9.23　闪电定位数据(单位:次/h)

(a)2013 年 8 月 21 日 17:10;(b)19:30;(c)2012 年 7 月 29 日 18:00;(d)21:00

开始，闪电活动突然减少，且强度减弱。值得注意的是，从18:50—19:10强降水开始阶段，有正闪出现，强度为29.2 kA。本次个例中，强降水发生前2小时，闪电活动频繁，且以负闪为主，降水开始时，有个别正闪出现，同时整个闪电活动减弱、强度减小。

9.4.6 正负闪交替出现的短时强降水

2012年7月29日青海东北部出现一次明显强对流天气过程，21:00—22:00海晏站降水量28 mm，22:00—23:00大通站降水量27.9 mm，对应的闪电定位数据以正闪主导(图9.23c、d)，在强降水发生前的18:00—19:00(图9.23c)的闪电定位数据以负闪为主，从20:00(图9.23d)开始，出现大量正闪，21:10正闪明显增强，降水后期正闪减弱。本次个例，降水发生前期以负闪为主，降水开始前40分钟，出现大量正闪，强度在50～300 kA。

9.4.7 负闪为主导的冰雹

2011年8月24日18:08—18:23民和站出现冰雹天气，冰雹发生前的2个小时，民和附近正闪负闪交替出现，其中正闪强度强，为40～50 kA，负闪强度在20 kA左右。从冰雹发生前半小时，即17:20—17:50(图9.24a)民和附近正闪强度突然增强，增加到60.8 kA。冰雹发生时18:10(图9.24b)，正闪强度增加到114.2 kA。冰雹结束后闪电强度减弱，频次减少。本次个例，冰雹发生前1～2小时正闪负闪交替出现，其中正闪强度比负闪强度大，在冰雹发生前40分钟，正闪强度突然增大，冰雹发生时，正闪强度达到最大。

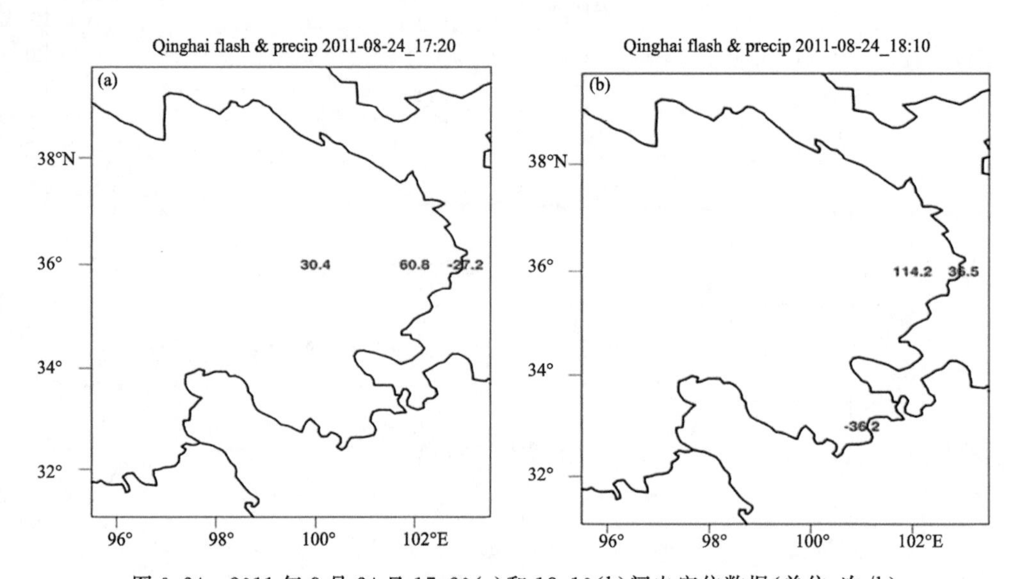

图9.24 2011年8月24日17:20(a)和18:10(b)闪电定位数据(单位:次/h)

9.4.8 闪电定位数据在强对流天气分析中的指标

(1)短时强降水天气

强降水发生前以负闪为主，分两种情况：

第一种，强降水发生前，1～2 h，闪电活动突然增多，且以负闪为主，闪电强度加强。

第二种，强降水发生前，1～2 h，负闪活动为主，在降水发生前20～40分钟，突然有正闪出现，有时正闪有明显加强。

正负闪交替出现的情况:强降水发生前 1～2 h,出现大量正闪,且正闪明显增强,随后正闪减弱。

(2)冰雹天气

冰雹发生前正闪负闪均有发生,但正闪强度略大于负闪,冰雹发生前 40 分钟左右,正闪突然加强。

第10章 青海大风沙尘暴

大风和沙尘暴天气是青海冬春季节出现频率高的天气过程。大风天气既有地面加热引起的高海拔地区周期性的地方性大风，又有冷空气影响下的区域性大风。沙尘暴主要影响青海的北部地区，有大尺度天气系统造成的区域性沙尘暴天气，又有中小尺度作用的局地性沙尘暴天气。本章主要介绍青海大风和沙尘暴天气的时空分布及成因和预报着眼点。

10.1 大风、沙尘暴定义

大风是指瞬时风速达到或超过 17.0 m/s(或目测估计风力达到或超过 8 级)的风。沙尘暴是指强风把地面大量沙尘卷入空中，使空气特别混浊，水平能见度低于 1 km 的风沙天气现象。在气象学中，将沙尘天气分为浮尘、扬沙和沙尘暴 3 个等级。浮尘指在无风或风力较小的情况下，尘土、细沙均匀地浮游在空中，使水平能见度小于 10 km，浮游的尘土和细沙多为远地沙尘经上层气流传播而来，或为沙尘暴、扬沙出现后尚未下沉的沙尘。扬沙指由于风力较大，将地面沙尘吹起，使空气相当混浊，水平能见度在 1～10 km。特强沙尘暴(瞬时风速大于25 m/s，风力 10 级以上)可使地面水平能见度低于 50 m，破坏力极大，俗称“黑风”。

10.2 大风时空分布特征

10.2.1 年代际变化

据全省 52 个气象站 55 年(1961—2015 年，下同)大风日数统计资料分析，青海省大风日数的年代际变化表现为单峰型变化(图 10.1)，20 世纪 60 年代 52 个站累计大风日数达到 16195 d，70 年代达到高峰，大风累计日数达 23884 d；自 80 年代表现下降趋势，至 21 世纪前十年累计大风日数减少至 14533 d。

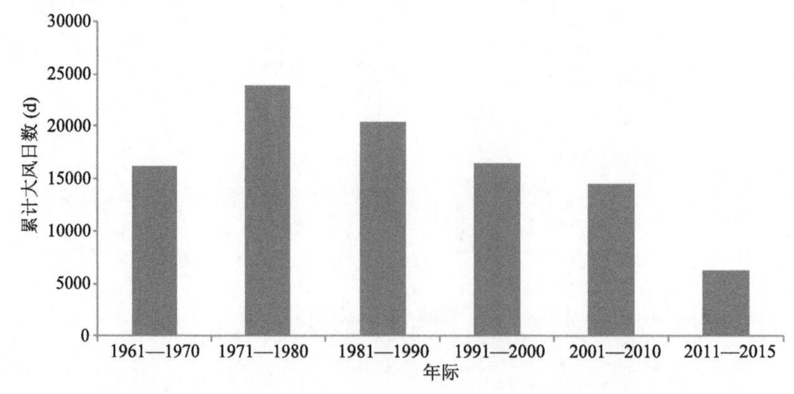

图 10.1 1961—2015 年青海累计大风日数年代际变化图

10.2.2 年变化

大风日数的年际变化(图 10.2),波动上升到高峰 1979 年,52 个站累计大风日数年平均为 2107 d,1979 年前大风日数呈波动上升趋势,之后为波动下降趋势;1997 年为最少年,累计大风日数为 1018 d 左右,进入 21 世纪大风日数明显减少,但是 2010 年有所上升,累计大风日数为 1803 d。

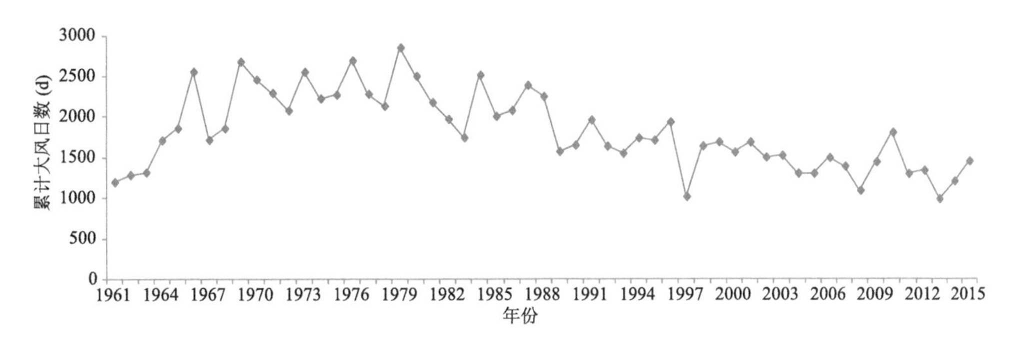

图 10.2 1961—2015 年青海累计大风日数年际变化图

10.2.3 季节变化

大风日数的季节变化表现为,春季>冬季>夏季>秋季,春季累计大风日数最多达 1404 d,最少 316 d;冬季累计大风日数最多达 966 d,最少 161 d;夏季累计大风日数最多达 618 d,最少 129 d;秋季累计大风日数最多达 459 d,最少 119 d(图 10.3)。

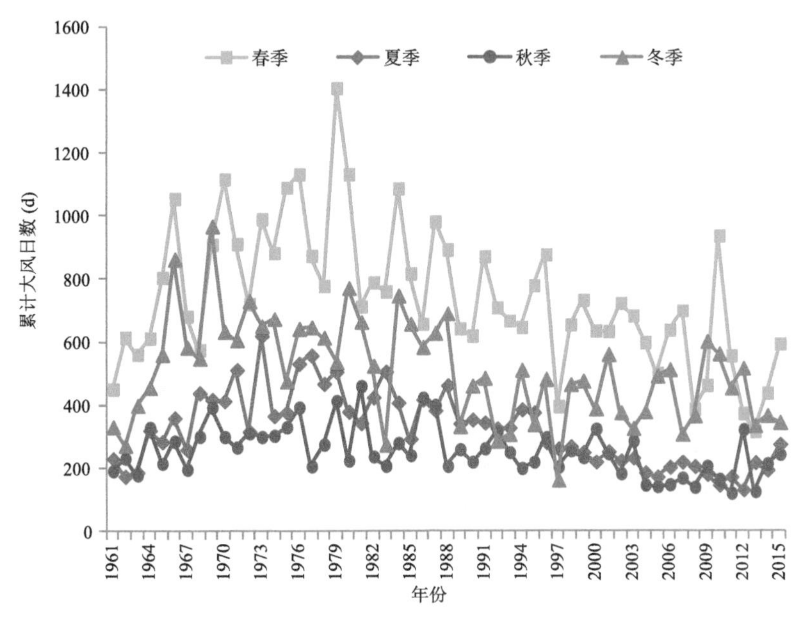

图 10.3 1961—2015 年青海累计大风日数季节变化

10.2.4 月变化

累计大风日数的月变化表现为(图 10.4):3 月份达到峰值,累计大风日数达 291 d;其次是 4 月、2 月、5 月,9 月累计大风日数发生站次仅为 72 d。

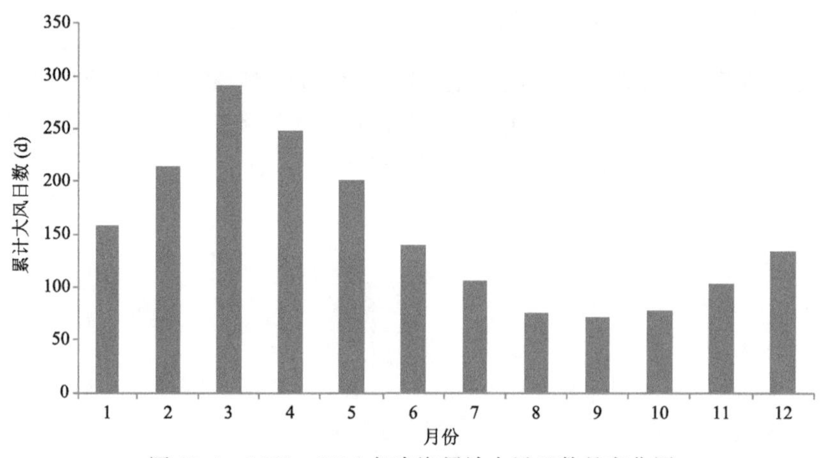

图 10.4 1961—2015 年青海累计大风日数月变化图

10.2.5 空间分布

青海省大风天气分布有着明显的地域特征(图 10.5),沱沱河为中心,年平均达 118～135 d;果洛北部、玉树南部、柴达木盆地西部和青海湖部分地区达 35～62 d;柴达木盆地东部、海南北部、黄南南部、海北东部达 18～31 d;而西宁东部、海东等地最少 2～4 d。全省有以下 4 个多大风的地区:(1)以唐古拉山为中心的玉树西部,多吹偏西大风,全年大风日数在 100 d 以上;(2)海西西部的茫崖、冷湖,处于塔里木盆地与柴达木盆地间的狭窄通道,由于地形等因素影响,多吹偏西北大风,年大风日数可达 35～59 d;(3)青海湖地区:天峻、茶卡年大风日数达 30～42 d;(4)祁连山区:托勒、野牛沟地区海拔在 3400 m 以上,年大风日数达 57～62 d。

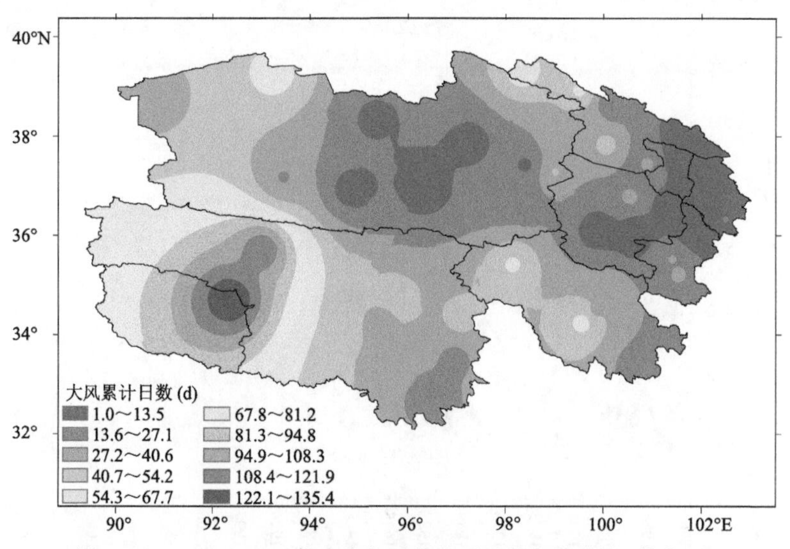

图 10.5 1961—2015 年青海年平均大风日数空间分布(单位:d)

10.3 沙尘暴时空分布特征

10.3.1 年代际变化

对全省 52 个气象站 55 年(1961—2015 年,下同)沙尘暴日数统计分析,青海省沙尘暴日数年代际变化呈现单峰变化特征(图 10.6),整体上先增加后减少,20 世纪 70 年代为沙尘最多的年代,其次是 20 世纪 60 年代。

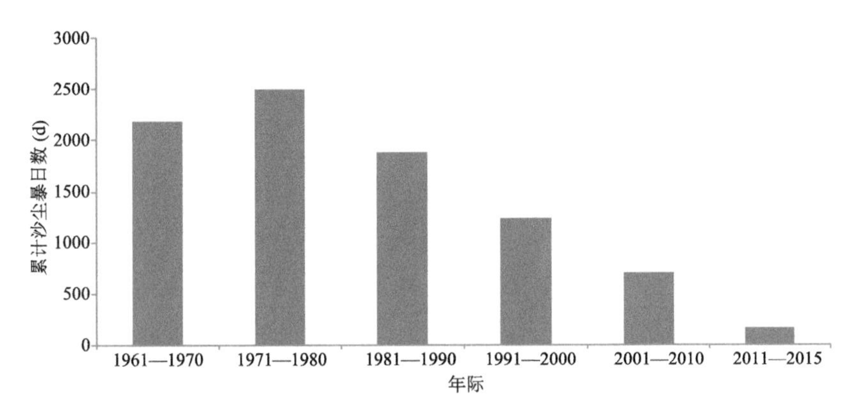

图 10.6　1961—2015 年青海累计沙尘暴日数年代际变化图

10.3.2　年际变化

青海省沙尘暴发生次数整体呈下降趋势,前期波动较大,后期突降,其中 1961—1984 年间变化不明显,基本保持在每年累计发生次数为 117～341,1985—2015 年呈明显的波动下降趋势,下降速率为 5 次/年,2013 年是谷底,沙尘暴日数不到 13 d(图 10.7)。

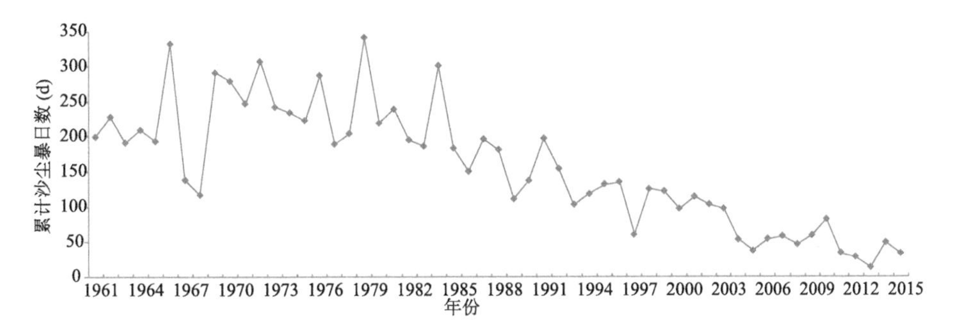

图 10.7　1961—2015 年青海累计沙尘暴日数年际变化图

10.3.3　季节变化

统计全省 52 个气象站 55 年沙尘暴日数,春季和冬季沙尘暴日数明显多于夏秋季节,春季累计沙尘暴最多日数达 226 d,冬季为 182 d,秋季为 40 d,夏季为 31 d(图 10.8)。

10.3.4　月变化

沙尘暴日数的月变化表现为(图 10.9):3 月沙尘暴日数达到峰值,累计日数达 34 d;其次是 4 月、2 月、1 月、5 月,在 16 d 以上,9 月累计沙尘暴日数发生站次达到谷点,发生日数不到2 d。

10.3.5　空间分布

沙尘暴全省各地分布又有所不同,沙尘暴年平均日数有两个高值中心(图 10.10),即以青南高原的唐古拉及可可西里地区和以刚察为中心的环青海湖地区;海西东部年平均日数可达 4～11 d,环青海湖地区以刚察为中心向外围扩散年平均日数达 5～10 d,共和盆地南缘的贵南、

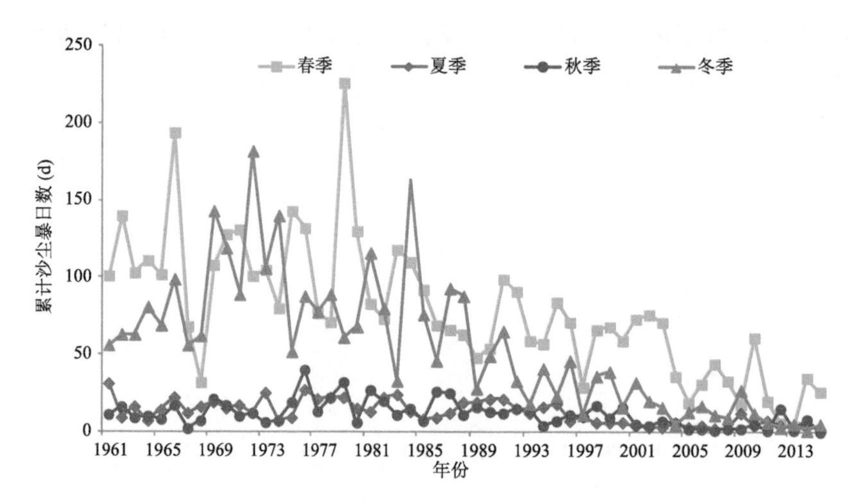

图 10.8　1961—2015 年青海累计沙尘暴日数季节变化

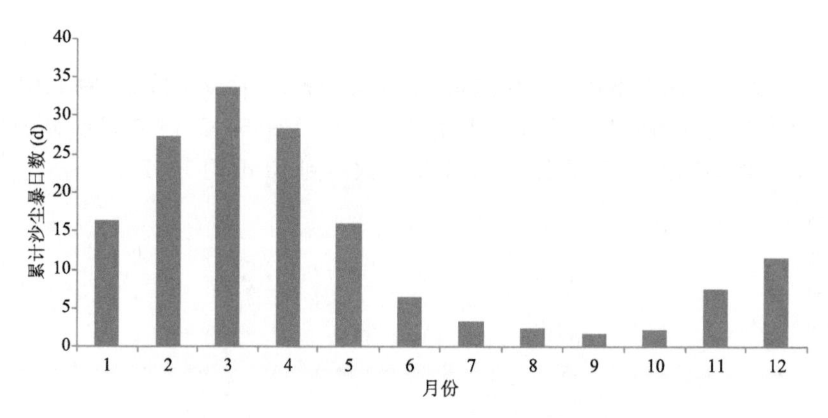

图 10.9　1961—2015 年青海累计沙尘暴日数逐月变化图

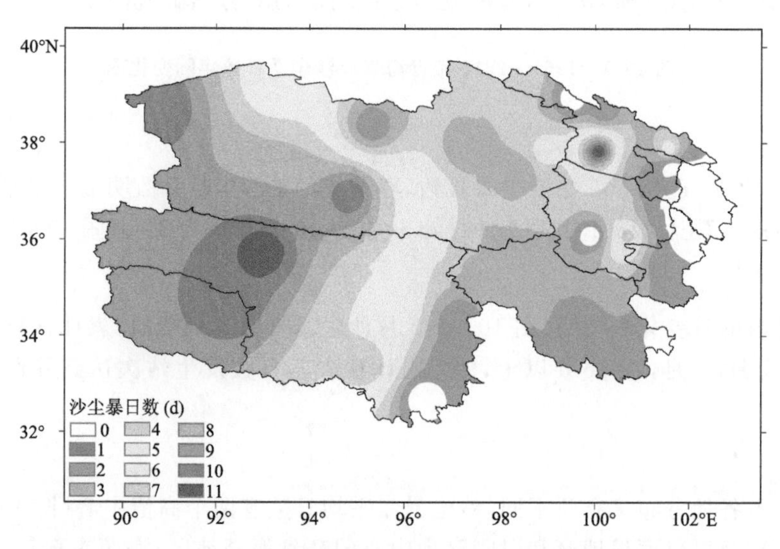

图 10.10　1961—2015 年青海年平均沙尘暴日数空间分布(单位:d)

同德是相对次中心，年平均日数达 5～7 d；本省南部和东部边缘地区是沙尘的低发区，年平均日数不到 1 d；其余各地平均每年沙尘暴日数为 2～4 d。唐古拉地区的沙尘暴日数中心是与我国沙尘暴天气出现频率最高的南疆盆地相连（姚学祥，2011）。

10.4　大风天气成因

青海是我国多大风的地区之一，大风常伴随有沙尘、暴风雨雪（等）恶劣天气。格桑卓玛等（2013）研究西藏日喀则地区大风天气主要由高空急流、高空冷热平流活动、低空升温降压以及地形地理环境等因素造成。廖波等（2018）对贵州热低压大风天气过程进行数值模拟，结果表明，热低压大风天气过程中，中低层存在较强的西南急流和暖舌，低空急流、暖舌、地面辐射增温有利地面热低压发展。通过对青海 1961—2015 年 74 个区域性大风个例的分析表明，青海大风天气主要由地面冷空气、高空急流、高空冷暖平流活动、低空升温降压以及地形地貌等因素造成，分为五种类型，即冷空气大风、动量下传大风、局地雷暴大风、热低压大风、地形影响大风。

10.4.1　冷空气大风

冷空气大风是由冷空气活动引起，当强冷空气过境时会形成影响范围较广、持续时间较长大风天气，且与沙尘暴、强降温、大到暴雪天气相伴而来。高空环流形势特征表现为：500 hPa 主要影响系统有巴尔喀什湖槽、新疆北部低涡系统或贝加尔湖低涡、竖槽或斜横槽转竖影响，槽后常伴随较强冷平流（郇仲勋和王式功，2016），地面冷高压从西北或偏西方向影响本省，强冷空气位于祁连山到阿尔金山和柴达木盆地，冷锋过境时锋后有强冷空气活动，锋区的大气斜压性加强，大风往往出现在冷锋后高压前气压梯度力最大的地方，冷空气的强度决定着大风的量级，地面图上冷锋前后 3 h 变压正负中心的差值越大，变压梯度越大，则风速越大，3 h 变压中心的移动与大风区移动方向一致。冷空气大风过程无明显日变化特征，随着冷空气的过境大风天气结束。冷空气引起的大风多发生在春季 3—4 月。

10.4.2　动量下传大风

此类大风是高低空大气三维质量和动量的调整造成的大风（许丽人 等，2008），在形成机制上，一般有对流层高层急流引起的动量下传和对流层中低层冷平流引起的动量下传。高空急流加强东移过程中，伴生的辐合流场产生的下沉运动有效地将高空能量下传到 500 hPa（张文军 等，2019），加之地面的加热作用引发的低层不稳定发展使得中低空动量有效下传至地面，出现大风天气。在青海，这种类型的大风天气主要出现在冬季，其次是春季，影响青南高原 35°N 附近及祁连山区，这些区域共同的特点是海拔高度较高，大风天气具有显著的日变化特征，一般上午风速较小，午后到傍晚加强，入夜减小，例如唐古拉地区的沱沱河气象站，进入冬季后几乎每天有大风天气，年平均大风日数达到 135 d。高空槽和地面冷锋是冷平流引起动量下传的典型环流配置，大气质量的调整导致近地面变压的产生出现变压风，作为补偿在地面大风区下游出现上升气流，由垂直环流加剧近地面大气水平运动，从而引起大风过程（申建华 等，2011），与冷空气大风类型相比较，这种类型的大风天气影响的范围小，持续的时间短。

10.4.3　局地雷暴大风

主要由中尺度对流系统引起的对流性或伴随强对流天气出现的大风，是由对流风暴的下沉气流达到地面时产生辐散，造成地面大风，这种类型大风瞬间风速较大。

10.4.4 热低压大风

此类大风是由于柴达木盆地近地面热低压强烈发展在低压外围形成的气压梯度力造成的，具有典型的日变化特征，通常在上午升温剧烈的时间段起风，在入夜气温较低或较为平稳后风力减小，且具有明显的升温、降压的特点，持续时间短，一般不超过12小时，大风和沙尘暴的范围及强度没有冷空气大风强。

10.4.5 地形影响大风

海陆风效应，当有天气系统过境青海湖时，加上海陆风的影响，常使风力加大，如江西沟、刚察。地形的狭管效应，也容易引起大风天气，如茫崖、茶卡。

10.5 沙尘暴天气成因

10.5.1 沙尘暴形成条件

大风、不稳定层结、沙尘源是沙尘暴形成的3个基本条件（陶健红 等，2012）。大风是形成沙尘暴的动力条件，在青海，大风和沙尘暴天气无论空间分布还是月际变化基本吻合，西北地区大风高发区与沙尘暴高发区在地理分布上并不完全吻合，存在一定的偏差，大风并不是沙尘暴发生的决定性因素，只是其中的制约因素之一（李耀辉 等，2004），形成沙尘暴的冷空气强度一般要比形成大风的冷空气强度更强；不稳定的大气层结是沙尘暴形成的热力条件，青海70%以上的沙尘暴天气出现在春季，春季由于高原地面加热增强，沙尘暴天气冷锋前地面热低压强度要比大风天气冷锋前地面热低压强度更强，当高空冷空气过境时容易形成上冷下暖的不稳定大气层结，对流层低层强烈的垂直不稳定层结是沙尘暴与大风的根本区别；沙尘源是形成沙尘暴的物质条件，地表有丰富松散干燥的沙尘地区是容易产生沙尘暴的地区，青海沙尘暴的空间分布（图10.10）与青海省荒漠化土地分布十分相似（李璠 等，2018），西北部以风蚀荒漠化和盐渍荒漠化为主，唐古拉地区和青海湖环湖地区以冻融荒漠化为主（董得红，2003），与沙尘暴天气相比，青海扬沙天气发生日数明显较多，影响范围更广。

10.5.2 沙尘暴天气系统

通过对本省1961—2015年28个沙尘暴个例的分析，依据影响沙尘暴天气的天气系统尺度，主要划分为两类，第一类是天气或次天气尺度影响下造成区域性沙尘暴天气，第二类是中小尺度系统影响造成局地沙尘暴天气，其中第一类占沙尘暴个例总数的63%，第二类占总数的37%。

(1)天气尺度系统引发的沙尘暴

青海省区域性沙尘暴天气一般由蒙古气旋或柴达木盆地热低压引发的，蒙古气旋的生成、发展和加深过程加剧了锋区前后的气压、温度梯度，在动量下传和梯度偏差风的共同作用下，地面湍流加强，使近地层风速陡升，造成起沙，形成沙尘暴或强沙尘暴天气。柴达木盆地沙尘暴的发生受下垫面的影响较大，通常表现为感热通量大，潜热通量小，冷锋前部柴达木盆地热低压的强烈发展，导致锋前地面强烈增温，受地表感热对边界层大气的加热影响，冷锋前后水平压温梯度和边界层层结不稳定增强，有利于锋生和干对流发展，为起沙和扬沙机制提供了重要的热力和动力条件。

(2)中小尺度系统引发的沙尘暴

中尺度系统引起的局地沙尘暴多发生在柴达木盆地和环青海湖地区，与地面强烈加热有关，这种中尺度的热低压系统影响时，一般会伴随有飑线系统，当沙尘暴到达测站时，出现气温剧降、相对湿度增加、气压急剧升高、风速猛增等变化特征，此类天气发生在春季多以大风沙尘暴为主，发生在夏秋季节多以雷暴、大风、沙尘暴为主并伴有阵性降水，强沙尘暴是由中尺度强对流系统形成和发展而造成的，中尺度强对流系统多出现在短波槽或弱冷锋的前部，在晴空干热区内地面增温很快，大气处于绝对不稳定状态。

10.6 冷空气影响大风沙尘暴天气

10.6.1 天气实况

2010 年 3 月 19 日 11—20 时，全省(玉树除外)共有 36 站出现≥17.0 m/s 大风天气，21 站出现 9 级以上大风，最大风速 29 m/s(野牛沟)，冷湖、门源出现强沙尘暴，格尔木、都兰、天峻、茶卡、刚察、贵德、乐都、民和出现扬沙(表 10.1)。

表 10.1 2010 年 3 月 19 日 11:00—20:00 扬沙、沙尘暴统计

观测站点	能见度(m)	风速(m/s)	风向	天气现象	出现时间(北京时)
冷湖	200	23.0	西北	强沙尘暴	13:56—14:50
	700	21.5	西北	沙尘暴	16:45—17:01
	5000	13.7	西北	扬沙	16:51—17:28
格尔木	5000	13.7	西北	扬沙	16:51—17:28
都兰	7000	19.0	西	扬沙	14:53—15:21
天峻	5000	23.1	西北	扬沙	14:53—15:41
茶卡	9000	20.1	西北	扬沙	15:20—16:11
刚察	8000	22.0	西北	扬沙	15:12—16:21
门源	400	20.8	西北	强沙尘暴	15:25—15:41
贵德	8000	16.9	西北	扬沙	16:50—17:10
乐都	6000	23.0	东风	扬沙	16:50—17:10
民和	8000	19.0	东风	扬沙	16:50—17:10

10.6.2 环流形势演变

3 月中旬以来，欧洲大陆不断有低槽东移，19 日 20 时(图 10.11)低槽东移至河套地区，并配合−40 ℃的冷中心，低槽后部盛行西北气流，最大风速达到 64 m/s，河西走廊地区风速为 46 m/s，700 hPa(图略)青海至河西走廊有较强的锋区，23 ℃/(10 纬距)，张掖温度为−10 ℃，西宁温度为 11 ℃，温差达到 21 ℃。

10.6.3 地面影响系统

图 10.12 为地面冷锋动态图，18 日 14 时冷锋到达新疆天山山脉，巴尔喀什湖维持强冷高压，中心气压值 1035 hPa，蒙古至青海大部受热低压的控制，低压中心值为 992.5 hPa。19 日 02 时随着冷高压进一步加强，中心气压值为 1040 hPa，冷锋东移南压到沿阿尔金山一线，11

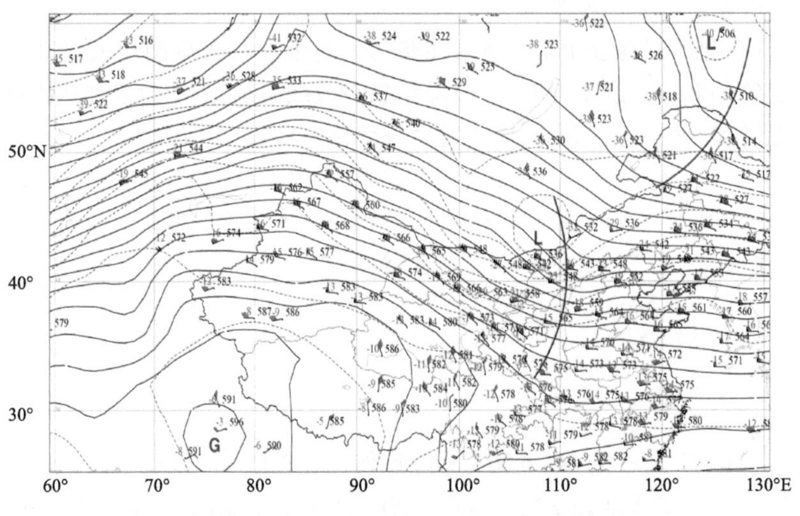

图 10.11　2010 年 3 月 19 日 20 时 500 hPa

时高压前部的冷锋已进入河西西部和柴达木盆地西部，内有 10 根等压线河西地区 3 h 变压迅速增大，最大值 3.0 hPa，等压线非常密集，强度达到 20 ℃/(10 个纬度)，此时海西西部出现了大风天气，14 时祁连山区和海西东部各有一条冷锋，南疆盆地、河西中部、内蒙古、宁夏、青海的部分地方出现了大风、扬沙天气，随着冷高压的继续东移加强，大风的风速、范围以及沙尘的强度、范围进一步加大，冷湖站 13:56—14:50 出现能见度只有 200 m 的强沙尘暴，海西、格尔木、海北、青海湖、海南、黄南南部、果洛、西宁、海东出现了大风天气，海西、格尔木、海北、海南的局地出现了扬沙、沙尘暴天气。17 时海西东部、海北、海南的部分地方伴随着大风出现了扬沙和沙尘天气，20 时以后大风、沙尘天气趋于结束。这次过程大风、沙尘暴天气出现在地面冷锋后部、冷高压前部 3 h 变压较大的气流辐散区。

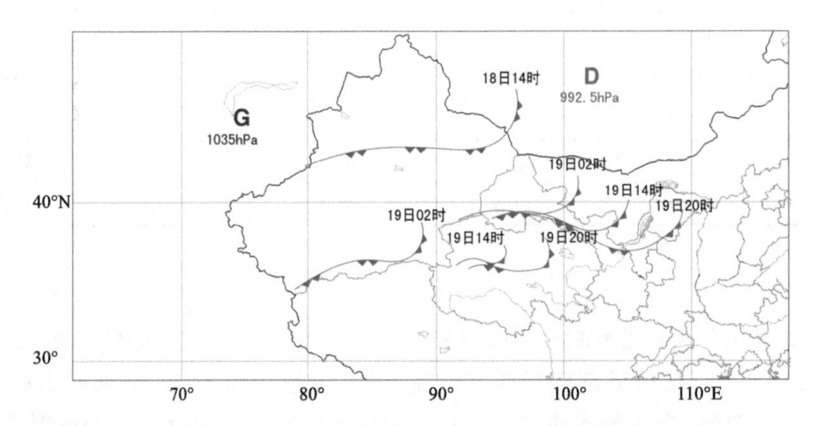

图 10.12　2010 年 3 月 18—19 日冷锋动态图

10.6.4　形成机制

沙尘暴暴发前期青海处在温度脊控制，近地面增温显著，24 h 增温达 4～10 ℃，与同纬度我国东部地区(700 hPa)相比，温度高出 20 ℃，同时随着新疆冷空气的南压，高空锋区增强，地面冷锋前减压、升温显著，锋后加压、降温明显，20 时沿 37°N，102°E 有较强上升运动，99°E 有较强下沉运动(图 10.13a),在 99°—102°E 附近形成次级环流。图 10.13a 中的上升运动出现在冷锋前,下沉运动出现在冷锋后,随着冷锋加强(或锋生),次级环流随之加强,在沿 37°N,99°—102°E 附近地面变压梯度也随之增强(图 10.13b),强沙尘暴和大风天气往往出现在变压梯度较大的区域,变压梯度越大沙尘暴越强,与王伏村等(2012)给出的一次河西走廊沙尘暴热力动力特征基本一致,因此冷锋前后冷暖空气不断加强形成的次级环流,有效地维持了冷锋前后的上升和下沉运动,促使地面变压梯度较大,产生更强的变压风,有利于沙尘暴天气形成,天气尺度系统影响的沙尘暴天气具有影响范围大、影响强度强、出现沙尘暴的测站多、持续时间长的特点。

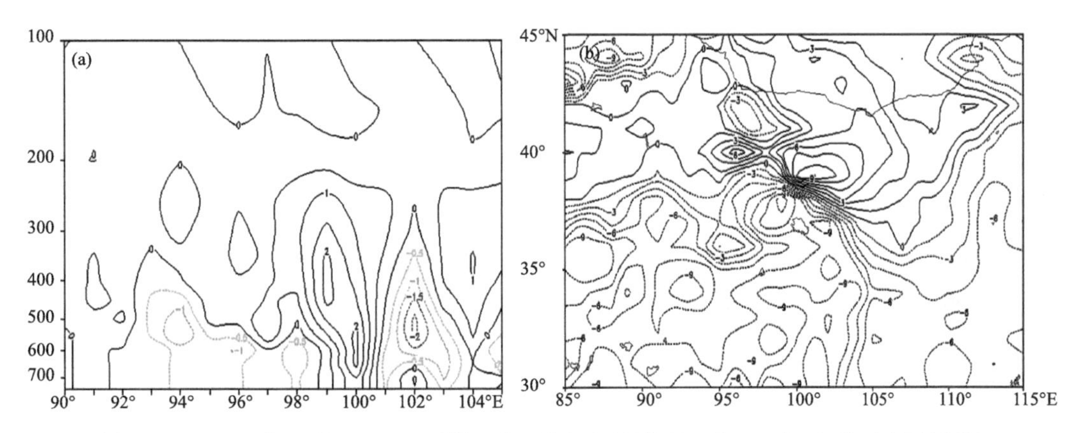

图 10.13　2010 年 3 月 19 日 20 时沿 37°N 垂直速度剖面(a)和 14 时 6 h 地面变压场(b)

10.6.5　结论

这次强冷空气活动引发的大风沙尘暴天气是由天气尺度系统造成的,高空受低槽东移(参阅第 11 章低槽东移型寒潮)影响,地面受蒙古气旋影响,也是典型的西北地区出现大风沙尘暴的天气类型,在冷空气影响的大风沙尘暴天气类型中,较强冷空气活动是主要条件之一,冷锋前的热低压加强也是必不可少的条件。

10.7　动量下传影响大风沙尘暴天气

10.7.1　天气实况

2006 年 1 月 2—4 日青海南部出现大范围大风天气,10 min 平均风速最大值出现在 14 时左右,傍晚前结束,以偏西风为主,其中 2 日 12 站出现大风,沱沱河站瞬时风速为 28.6 m/s。3 日 10 站出现大风,五道梁站瞬时风速为 33.6 m/s。4 日 14 站出现大风,五道梁站瞬时风速为 30.1 m/s。过程期间五道梁、沱沱河、玛多、贵南、河南站出现强沙尘暴或沙尘暴,最小能见度为 100 m,兴海站出现扬沙。

10.7.2　环流形势演变和急流带

2 日 08 时(图 10.14a)500 hPa 高空图乌拉尔山脊为高压脊控制,脊前中亚槽东移至巴尔喀什湖附近,青南高原处在暖脊控制下,沱沱河站西南风,风速为 30 m/s,200 hPa 格尔木站偏西风,风速达到 80 m/s。3 日 08 时(图略)巴尔喀什湖附近形成冷低压(槽),配合－47 ℃的冷中心。4 日 08 时(图 10.14b)巴尔喀什湖冷低压(槽)分裂冷空气东移影响到青海西部,

500 hPa格尔木和沱沱河 24 h 温度下降 4 ℃。2 日 08 时(图 10.14c)500 hPa 风速≥20 m/s 的急流带位于青南高原,急流中心在五道梁站,风速达到 32 m/s,4 日 08 时(图 10.14d)五道梁站风速为 28 m/s,与 2 日 08 时比较强风速中心逐渐东移。

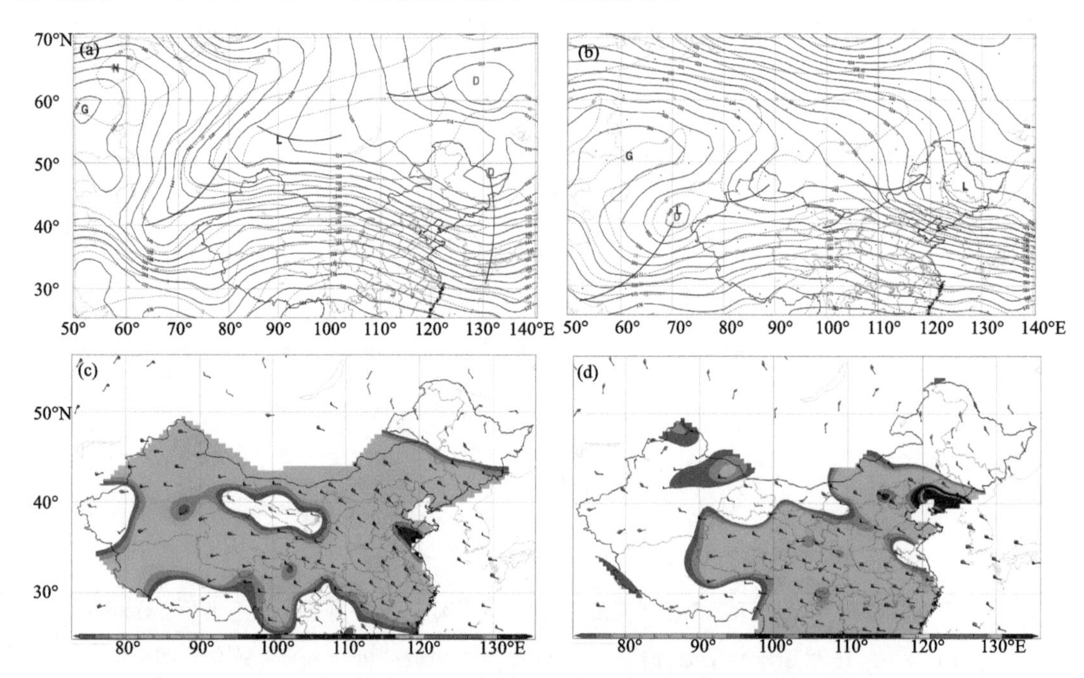

图 10.14　2006 年 1 月 2—4 日 08 时 500 hPa 和风场(彩色填图风速≥20 m/s)
(a)2 日 500 hPa;(b)4 日 500 hPa;(c)2 日风场;(d)4 日风场

10.7.3　动量下传机制

(1)垂直速度

图 10.15 给出了 4 日沱沱河站垂直速度剖面图,08 时 400 hPa 以下是下沉区,下沉中心位于近地层,11 时在 400 hPa 开始出现上升区,14—17 时达到最大,正是通过空气下沉及上升运

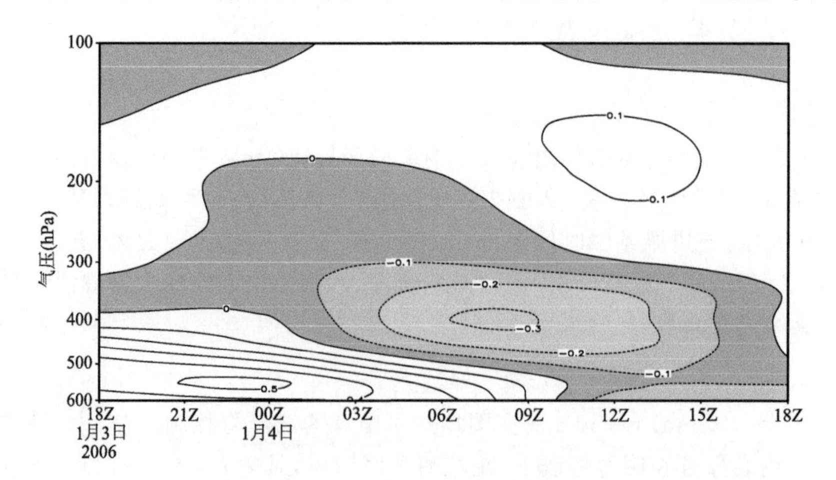

图 10.15　2006 年 1 月 4 日 02 时—5 日 08 时沱沱河垂直速度剖面图
(横坐标为世界时)

动进行空气质量的快速调整，底层暖空气被下传高空干冷空气或强风速带代替，使地面风速迅速增大导致大风天气出现。

(2)温度局地变化

沱沱河 2—4 日 400～500 hPa 温度局地变化(表 10.2)，2 日增温明显，3 日 500 hPa 升温，400 hPa 降温，4 日降温幅度明显，分别达到 −3 ℃和 −4 ℃，沱沱河站由于海拔高度较高，500 hPaΔT_{24}基本反映了沱沱河站近地面 ΔT_{24} 情况，表明 2—3 日较强高空风下传引起沱沱河站地面大风天气，4 日的明显降温反映出高空冷平流下传引起的沱沱河站地面大风天气。

表 10.2 2006 年 1 月 2—4 日沱沱河站 08:00 时高空温度局地变化值 ΔT_{24}

温度	1 日	2 日	ΔT_{24}(℃/d)	3 日	ΔT_{24}(℃/d)	4 日	ΔT_{24}(℃/d)
$T_{400\ hPa}$(℃)	−29	−27	+2	−28	−1	−31	−3
$T_{500\ hPa}$(℃)	−15	−13	+2	−12	+1	−16	−4

(3)自动站气象要素变化

从图 10.16 可以看出，沱沱河站地面气压自 2 日开始受到低压影响持续下降，3 日 20 时达到波谷，地面气温与地面风速变化比较一致，当日 08 时开始随着气温的不断攀升，风速逐渐增大，午后 14 时开始，随着气温逐渐下降，风速减小，有明显的日变化特征，表明地面加热影响下的温度与最大风速有正相关关系。4 日受到高空冷平流影响，气压最高值出现在 11 时，随之出现风速最大值，气温的最高值出现在 17 时，高空冷平流影响下的气压与温度的变化曲线不同于 2 日和 3 日的曲线变化。总体来看，高空急流引起的动量下传大风天气中，随着地面温度的升高，地面风速逐渐增大，随着地面温度的下降，地面风速减小，温度的变化引起大气稳定度的变化，当上下层湍流混合加强，使得上层的动量向下层传输，下层风速也随之增大，测站气压变化与风速变化呈相反的趋势。冷平流引起的动量下传大风天气中，地面温度与地面风速的关系较为复杂一些，这是因为地面温度不仅受到温度的日变化影响，同时受到冷平流的影响，测站气压和风速呈现一致的变化趋势。

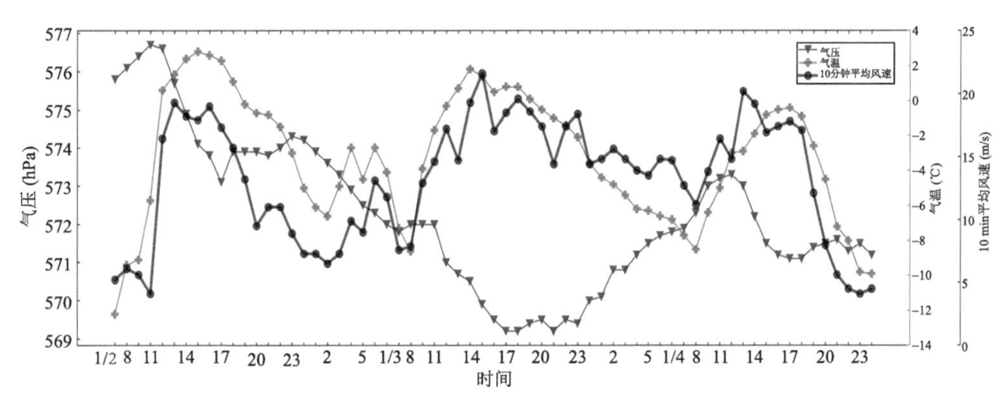

图 10.16 2006 年 1 月 2 日 04 时—5 日 08 时沱沱河自动站气压、气温、10 min 平均风速变化曲线

10.7.4 结论

这次动量下传引发的大风沙尘暴天气是由天气尺度系统造成的，2—3 日唐古拉地区低层有温度脊发展，高空受到副热带西风急流影响，动量下传出现大风天气，4 日受到巴尔喀什湖

低压(槽)东移影响,高空冷平流下传出现大风天气。

10.8 强对流影响大风沙尘暴天气

10.8.1 天气实况

2011年8月9日午后到傍晚柴达木盆地西部的小灶火和格尔木站出现了对流天气,其中小灶火17:49—18:00出现了沙尘暴天气,能见度为500 m;格尔木站19:25—20:00和20:00—20:10分别出现雷暴大风、阵性降水及沙尘暴天气,瞬间最大风速达17 m/s,沙尘暴最小能见度为300 m。此次对流天气影响范围小(小灶火、格尔木)、持续时间短(17:00—21:00)、强度较弱(雷暴、阵性降水、沙尘暴),是典型的中尺度系统影响造成的雷暴大风引发沙尘暴天气。

10.8.2 环流背景

2011年8月9日08时500 hPa高空图(图略),巴尔喀什湖地区为冷槽,其底部分裂的冷槽位于南疆盆地及阿尔金山山口,其前部的茫崖、敦煌站温度露点差达到3.0 ℃,青海大部处在暖脊控制。700 hPa(图略)柴达木盆地为闭合热低压控制,盆地西部的格尔木有20 ℃的暖中心,且温度露点差达到36 ℃,中低层大气环境干暖特征明显。20时500 hPa高空图(图略),阿尔金山的冷槽东移南压位于河西走廊西部至柴达木盆地中部,伴随有弱冷平流下滑。700 hPa(图略)格尔木站暖中心温度达到24 ℃,且温度露点差上升为40 ℃,对流层低层干暖中层弱冷平流促使大气层结不稳定度增加,午后在冷槽前部触发中尺度对流系统形成,造成雷暴大风及沙尘暴天气。

10.8.3 地面气象要素变化特征

9日14时地面图上(图略),弱冷锋在冷湖和茫崖之间,地面有干线存在,小灶火和格尔木之间有辐合线,午后雷暴得到快速发展,17时锋后冷湖、茫崖出现降温,格尔木升温减压增湿,处在东西风辐合中心,20时受到冷锋影响,小灶火和格尔木气温下降、气压升高、湿度增加,小灶火17:49—18:00时出现沙尘暴天气,1 h内气压急增1.8 hPa,气温骤降4.2 ℃,相对湿度增加9%,10 min平均风速增大8.3 m/s,最大瞬间风速达到14 m/s。格尔木为鬃积雨云,19:00—20:00出现雷暴大风、阵性降水、沙尘暴天气,雷暴大风经过格尔木时(图10.17)1 h内气压急增2.3 hPa,气温骤降4.4 ℃,相对湿度增加9%,10 min平均风速增大,21:00雷暴

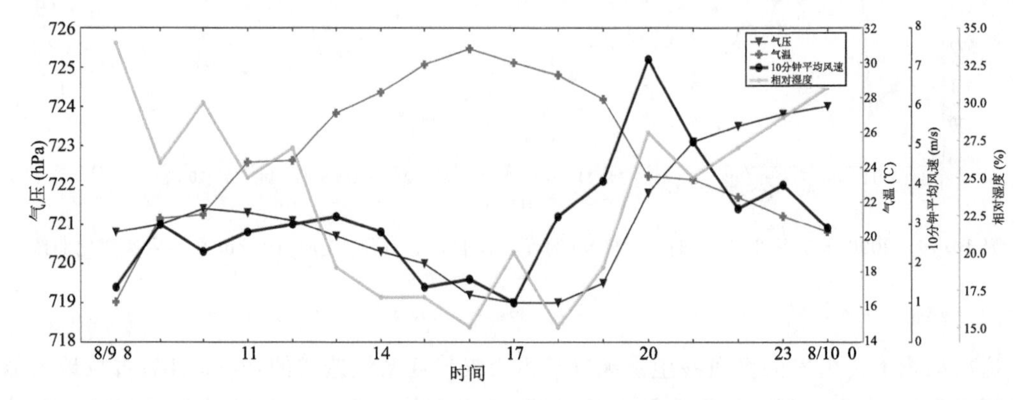

图10.17 2011年8月9日08:00—10日00:00格尔木站逐小时地面气温、相对湿度和气压变化图

高压显著减弱，雷暴大风、沙尘暴天气消失，中尺度天气系统影响的沙尘暴天气具有影响范围小、影响强度弱、持续时间短的特点。

10.8.4 不稳定条件

图 10.18a 给出了格尔木 2011 年 8 月 9 日探空廓线，08 时，380 hPa 以上为干层，380～400 hPa 是相对浅薄的湿层，400 hPa 到地面是喇叭口向下的次干层，露点温度和温度层结曲线呈“X”形，中层湿层较薄水汽含量少，易形成干下击暴流，有利于沙尘暴产生。20 时(图 10.18b)，雷暴大风、阵性降水、沙尘暴过后，中高层整层湿度增大，不利于沙尘的扬起和输送，能见度转好。

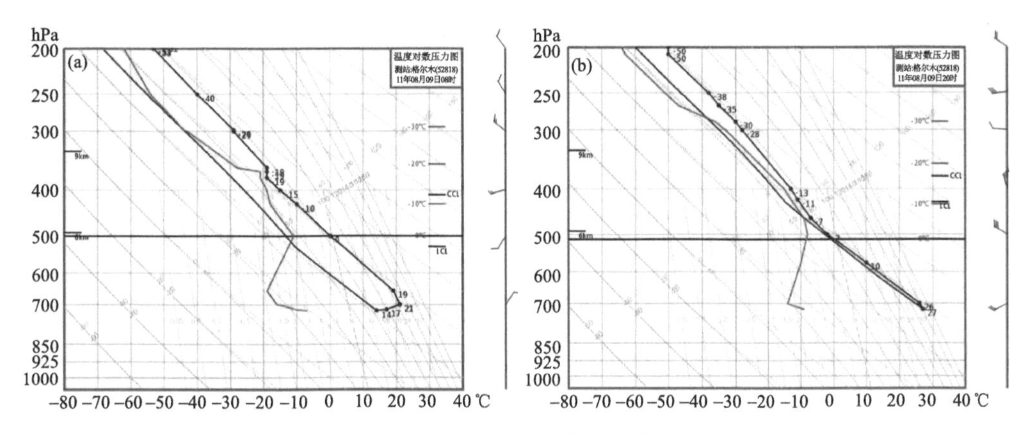

图 10.18 2011 年 8 月 9 日格尔木站 $T-\ln p$ 图

(a)08 时；(b)20 时

10.8.5 雷达回波特征

19:25 和 19:57 格尔木 X 波段雷达 0.5°仰角反射率因子显示(图 10.19a,b)，垂直最大回波强度图上，回波呈块状，云块强度 35 dBZ，强度最大处达到 50 dBZ，水平尺度约 10 km，对应 19:25 速度图上(图 10.20a)在雷暴前方的格尔木出现了小范围(白色圈内)的速度辐合。在风垂直廓线图(图 10.20b)，19:10—20:27，高度 1.2～2.1 km 之间偏西风，风速 12～14 m/s；高

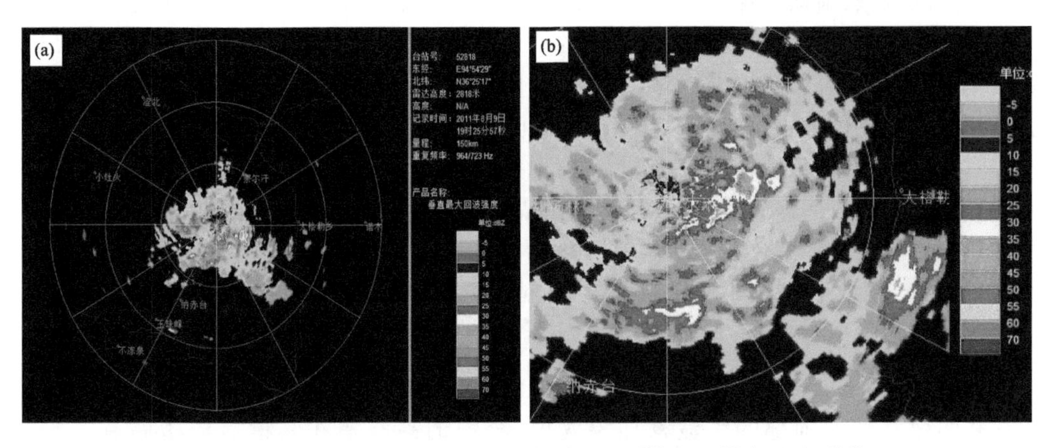

图 10.19 2011 年 8 月 9 日格尔木 X 波段雷达 0.5°仰角反射率因子(单位:dBZ)

(a)19:25；(b)19:57

度 2.1～5.4 km 之间西北风，风速 4～12 m/s，19：15—20：12，底层到高层西南风转西北风，风向顺时针旋转利于雷暴发展，近地层 0.9～1.2 km 有≥12 m/s 的急流，沙尘暴恰好在出现在此时间段内。

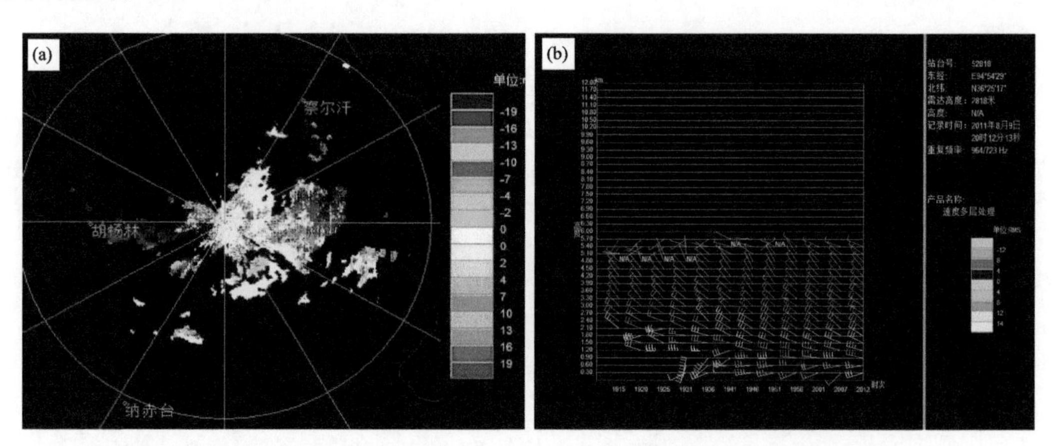

图 10.20　2011 年 8 月 9 日 19：25—20：27 雷达径向速度图(a)和风廓线图(b)

10.8.6　结论

这次大风沙尘暴天气是由中尺度天气系统造成的，以局地性为主，大风主要是瞬间风速强，强对流引发的大风沙尘暴天气常常出现在初夏和夏季的柴达木盆地西部地区。

10.9　大风沙尘暴天气预报着眼点

通过对本省 2000—2015 年 34 个大风和 28 个沙尘暴个例的分析，根据影响风沙天气发生的天气形势、影响系统、卫星云图、物理量诊断分析、数值预报模式、专家预报经验，总结了青海大风、沙尘暴的预报方法及着眼点。

10.9.1　大风预报着眼点

(1)冷空气大风：关注地面气压梯度 ΔP 与变压梯度的分布，大风一般出现在气压梯度或变压梯度大的区域；地面冷锋前后 ΔP_3 越强，3 h 变压梯度越大，产生的风速越大。

(2)动量下传大风：对于高空急流引起的动量下传大风，关注对流层高层副热带西风急流位置变化，当急流轴位于测站上空时，冬季午后的高海拔地区易出现大风天气；对于中低层冷平流引起的动量下传大风，关注高空温度槽变化，当冷温槽影响时，随着高空冷平流的增强，锋区密集时，冷空气下传促使地面风速增大，出现大风天气。

(3)热低压大风：当地面和低层辐合，高层辐散时，有利于上升运动增强，地面易出现大风；地面加热造成局地温差变化增强时，往往产生大风。

(4)雷暴大风：关注层结不稳定状况，层结越不稳定，越有利于地面出现局地大风。

10.9.2　沙尘暴预报着眼点

(1)过程前 500 hPa 形势场上，关注乌拉尔山(或中亚)长波脊的建立、发展、东移，乌拉尔山长波脊的建立使其前部的长波槽加深发展，分裂的高空槽在其槽后或槽底有一支风速≥16 m/s的偏西风强风速带，并有强高空锋区配合，易引起扰动动能的加强和动量下传，从而形成大风沙尘暴天气。春季唐古拉、柴达木盆地、环青海湖地区及共和盆地南缘一线多发生沙尘天气，河西走廊的沙尘天气易在青海省东部河湟谷地形成扬沙或浮尘天气。

（2）造成青海区域性沙尘暴天气，多数情况与地面蒙古气旋的强烈发展及冷空气东移南压有关，当蒙古气旋与冷锋配合时，沙尘暴暴发前期增温显著，从地面到对流层中层持续增温，有时24 h增温达4～10 ℃，当冷锋临近时，大气层结不稳定，随着冷空气的南压，温度梯度和气压梯度随之增大，地面冷锋前减压、升温产生上升运动，锋后加压、降温产生下沉运动，在较强的冷锋（或锋生）附近形成次级环流，随之地面变压梯度增大，沙尘暴天气往往出现在变压梯度较大的区域，变压梯度越大沙尘暴越强。

（3）造成青海大风沙尘暴天气的冷空气路径主要为西北路径，冷空气翻越天山后一部分倒灌入南疆盆地，再翻越阿尔金山进入柴达木盆地影响海西、格尔木地区，一部分经河西走廊回流影响海北、海南、西宁及海东地区，春季青海省东部河湟谷地扬沙或浮尘主要是河西走廊沙尘回流造成的。当冷空气影响时，地面图上河西走廊、海西分别有冷锋过境，冷锋前后的正、负ΔP_{24}和ΔP_3气压场的变化，代表了冷暖空气演变的最新动态，ΔP_3差值越大越有利于大风沙尘暴加强，正负ΔP_3中心连线的方向代表着冷暖空气移动的方向，也是大风沙尘暴移动的方向。大风沙尘暴多发生在冷锋过境时或过境后，冷锋在午后到前半夜过境最有利于沙尘暴的发展加强，柴达木盆地强沙尘暴多发于午后到傍晚，因为午后升温湍流交换大气极不稳定，加之冷锋的抬升加强锋前次级环流，从而利于沙尘暴的发展加强。

（4）卫星云图，测站上游明显有冷锋云带，云带由密实的中高云系组成，云顶亮温一般为－40～－60 ℃；锋面云带前边界参差不齐，后边界较整齐，有时云带前边界或其前部有中尺度对流云图。当冷锋云系主体部分的云顶亮温出现≤－60 ℃区域，并且冷锋云系前缘亮温梯度≥0.6 ℃/km时，说明中尺度对流云团不断生成和持续发展，对流运动增强，有利于强沙尘暴天气的出现和加强。

（5）青海的区域性沙尘暴以冷锋性最多，当有强冷空气路经本省，并且满足高空有急流、强的风速垂直切变、热力不稳定层结条件下，引起锋前附近中小尺度系统生成、发展，加剧了锋区前后的巨大的气压差和温度梯度，在动量下传和梯度偏差风的共同作用下，使近地层风速陡升，掀起地表沙尘，极易形成沙尘暴或特强沙尘暴。

（6）茫崖、冷湖、格尔木是夏季的沙尘暴多发站。夏季地面冷空气与盆地热低压之间的相互作用与春季沙尘暴相同，但气压梯度、变压梯度值比春季低；夏季沙尘暴范围小、持续时间短、常和强对流天气相伴发生，影响系统主要是高空小槽、切变线和热低压。夏季卫星云图上反映的冷锋云带比冬春季弱，云带分布散乱，但云带前部的对流云团要比春季强。夏季沙尘暴多发生在午后15—21时，比春季午后出现的时间略晚。

天气尺度系统引发的沙尘暴天气一般影响范围比较大，出现沙尘暴天气的测站较多，春季常见；中小尺度天气系统引发的沙尘暴天气一般影响范围小，以局地为主，春末夏初发生的频率高。

第 11 章 青海寒潮天气

寒潮指大范围强冷空气带来的剧烈降温的天气，是青海重要天气过程之一。青海的寒潮天气往往伴随着大到暴雪、大风、沙尘暴、低温冰冻等，造成农业和畜牧业冻害，道路积雪和结冰严重影响交通运输安全，寒潮是青海主要灾害性天气。

11.1 寒潮天气标准

11.1.1 寒潮的国家标准

根据国家标准《寒潮等级:GB/T 21987—2017》规定：某一地区冷空气过境后，日最低气温 24 小时内下降 8 ℃及以上，或 48 小时内下降 10 ℃及以上，或 72 小时内下降 12 ℃及以上，并且日最低气温下降到 4 ℃或以下时，称之为一次寒潮天气过程。

11.1.2 青海寒潮天气标准

(1)青海单站寒潮

某地测站日最低气温 24 h 内降温幅度≥8 ℃、或 48 h 内降温幅度≥10 ℃、或 72 h 内降温幅度≥12 ℃，而且使该地日最低气温≤4 ℃的，为寒潮；24 h 内降温幅度≥10 ℃、或 48 h 内降温幅度≥12 ℃、或 72 h 内降温幅≥14 ℃，而且使该地日最低气温≤2 ℃的，为强寒潮；24 h 内降温幅度≥12 ℃、或 48 h 内降温幅度≥14 ℃、或 72 h 内降温幅度≥16 ℃时，而且使该地日最低气温≤0 ℃的为超强寒潮。

(2)青海区域性寒潮

一次寒潮天气过程中，区域内有≥40%的测站满足寒潮标准的，称为区域寒潮；一次寒潮天气过程中，区域内有≥50%的测站满足寒潮标准的，其中有 40%的测站满足强寒潮标准的，称为区域强寒潮；一次寒潮天气过程中，区域内有≥60%的测站满足寒潮标准的，其中有≥50%的测站满足强寒潮标准，有 30%的测站满足超强寒潮标准的，称为区域超强寒潮。

(3)青海全省性寒潮

青海北部和南部同时暴发区域性寒潮时，称之为全省性寒潮。

11.2 寒潮时空分布特征

11.2.1 时间分布

1980—2015 年共计 36 年中，青海北部出现寒潮 42 次，青海南部出现寒潮 50 次，共计 92 次，年平均为 3.9 次，全省性寒潮出现 8 次。寒潮季节分布(图 11.1)，青海北部寒潮主要发生在 3—5 月，占北部寒潮总数 66.7%，与我国北方地区寒潮的季节分布基本一致；青海南部寒潮主要发生在 12 月—翌年 2 月，占南部寒潮总数 74%，季节变化与北部寒潮不一致。

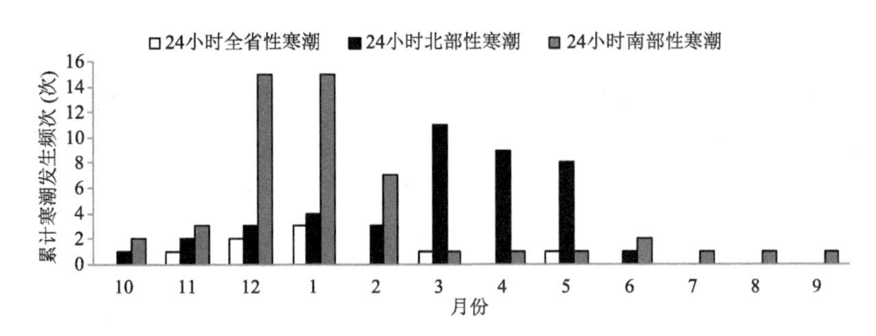

图 11.1　1980—2015 年青海累计寒潮发生频次逐月分布

11.2.2　空间分布

青海省寒潮出现次数由高海拔地区向低海拔递减。海拔高度、纬度、高原地形的综合影响造成了青海省寒潮天气地理分布上的较大差异，唐古拉山地区、玉树北部、果洛北部、祁连山、冷湖最多，最多的玉树称多清水河站平均每年达 16.7 次以上，东部低海拔地区最少，最少的循化站，平均每年只有 2.4 次(图 11.2)。

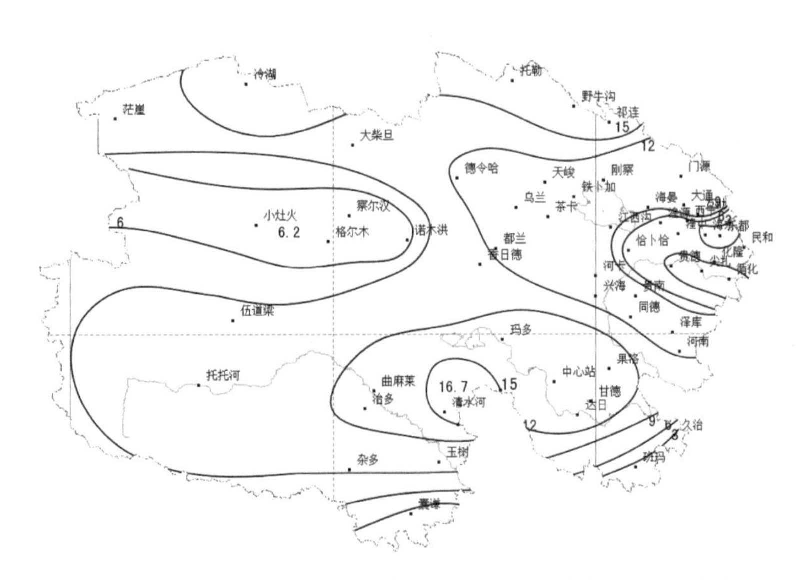

图 11.2　1980—2015 年青海省寒潮站点分布及单站累计寒潮频次

11.3　寒潮天气类型

根据冷空气的源地和移动路径，朱乾根等(2000)将影响我国的寒潮天气划分为小槽发展、低槽东移、横槽三种类型。青海北部地区寒潮天气类型和月际变化与我国北方地区基本一致，但在青海南部地区，由于地处青藏高原主体，一般的冷空气活动不易到达，除非在强冷空气影响下高原地区会出现大范围冷空气活动，高空图上相应的高空槽温压场结构受到高原地形影响具有不同的特点，为此将这一类高空槽称为高原冷温槽加深类(李生辰 等，1997)。

11.3.1 小槽发展型

(1)高空环流特征

小槽发展型也称为脊前不稳定小槽东移发展型，冷空气源地主要来自新地岛或欧洲北部，对应的高空槽在东移过程中逐渐发展，随着乌拉尔山长波脊的建立，脊前西北气流和冷平流加强，促使位于其前部的小槽发展向南加深，到达巴尔喀什湖小槽已经发展成为较强的冷温槽，引导冷空气南下，造成青海北部寒潮天气。当长波脊在咸里海建立时，冷空气将移上高原造成青海南部寒潮天气。有时新疆至巴尔喀什湖有弱小槽活动，当西北方向存在快速东移且不稳定发展的小槽与其重叠时，即所谓的赶槽作用，也会促使新疆槽发展引发寒潮天气。

(2)例子

2013 年 12 月 14—15 日青海省东北部及南部共 18 个站出现了寒潮天气。此次寒潮过程特点：①最低气温降幅大，海晏站最低气温降幅达到－16 ℃，玛多、甘德站最低气温降幅分别达到－15 ℃和－14 ℃；②青海南部降温范围比青海东北部大，东北部共计 6 站，青海南部共计 12 站；③此次寒潮伴有小到中雪天气。

12 日来自新地岛西南方向的小槽东移南下，14 日到达新疆，已经发展成为温度中心达到－38 ℃的冷温槽，14 日 20 时 500 hPa 高空图上(图 11.3)巴尔喀什湖至乌拉尔山地区有高压脊存在，且经向度加大，使得脊前偏北气流加强，脊前最大西北风达 26 m/s，青海上空锋区加强，强度达≥16 ℃/(10 纬距)，风场与温度场夹角接近 90°，冷空气在西北气流引导下南压，促使青海暴发寒潮。

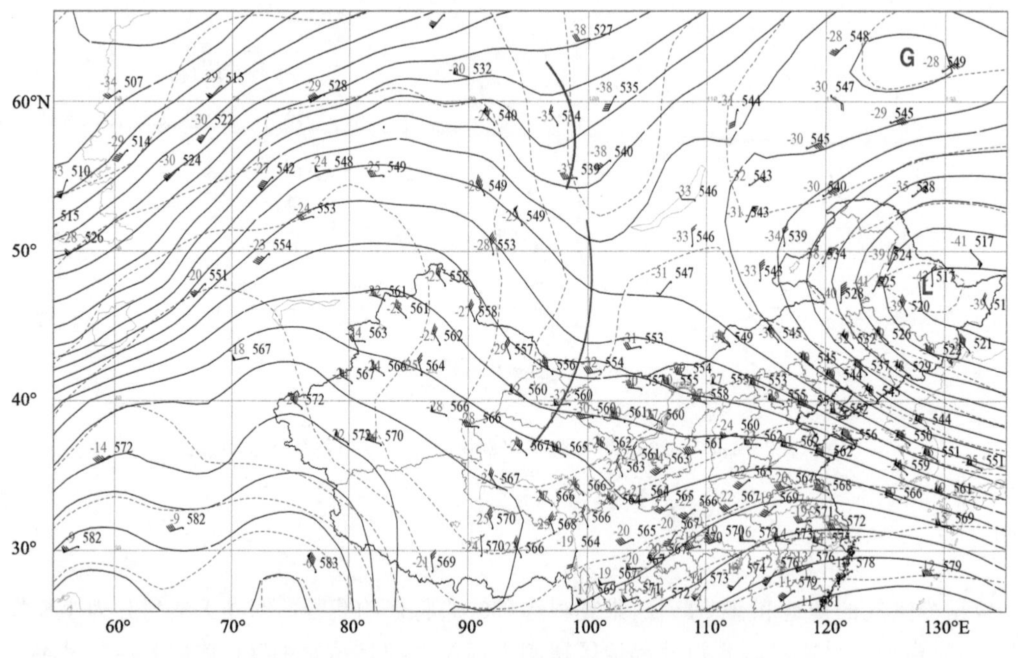

图 11.3　2013 年 12 月 14 日 20 时 500 hPa 高空图

地面冷高压中心位于萨彦岭附近，中心强度达到 1057.5 hPa，之后冷高压不断分裂小高压南下，冷空气以偏北路径影响青海省，冷锋强度强，锋后最强 24 h 变压达到＋11 hPa，变温达到－14 ℃(图 11.4)。

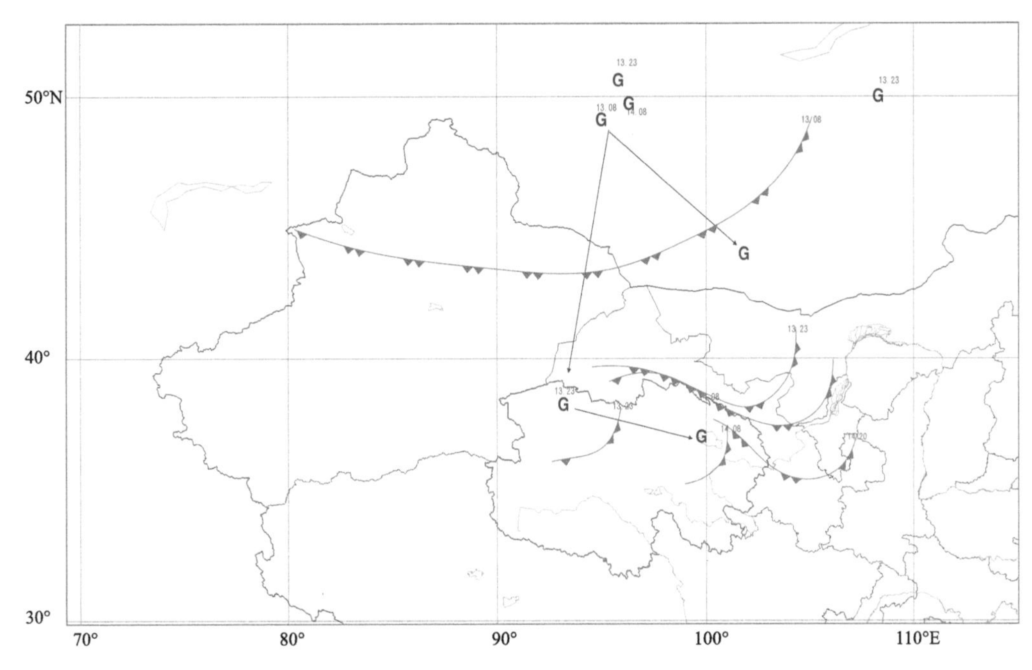

图 11.4　2013 年 12 月 13 日 08 时—14 日 20 时冷锋移动路径动态

11.3.2　低槽东移型

（1）高空环流特征

低槽东移型的主要特点是冷空气源地来自欧洲。环流形势为前期欧亚大陆维持两槽一脊，欧洲大陆和日本海为槽，蒙古为高压脊。随着欧洲低槽东移，亚洲中高纬度开始盛行纬向气流，低槽东移至蒙古或贝加尔湖时停留，受低槽上游高压脊发展或其北部有新鲜冷空气补充时，低槽温压场结构发生变化，引导冷空气暴发并南下，造成青海寒潮天气。

（2）例子

2010 年 3 月 30 日—4 月 1 日，青海东部和南部出现寒潮天气过程，东南部伴有小量降水。此次寒潮过程的特点是最低气温降幅明显，普降 8～13 ℃，清水河站降温最大，达－13 ℃；影响范围较广，青海共 21 站达到了寒潮标准；持续时间长达 48 h。

2010 年 3 月 27 日 08 时 500 hPa 高空图上为两槽一脊（图略），欧洲低槽已经移到西亚，并配合有－40 ℃的冷中心，新疆至蒙古高原为高压脊，31 日 08 时 500 hPa 高空图上（图 11.5），欧洲低槽东移至蒙古地区，冷中心温度达到－45 ℃，随着其上游高压脊发展，促使东移低槽中冷空气南下，在低槽底部新疆至青海形成较强的锋区和冷平流，造成青海寒潮天气。

如图 11.6 所示，前期地面有 2 个冷高压中心，东移到新疆至蒙古高原西部时，冷空气不断堆积，29 日寒潮暴发冷高压南下，一个冷高压中心南下进入南疆后东移至柴达木盆地，另一个冷高压中心南下至河西走廊地区，31 日 20 时 2 股冷空气在青海湖形成锢囚锋，30 日青海西部出现寒潮天气，31 日青海东部和南部相继出现寒潮天气。

11.3.3　横槽型

（1）高空环流特征

横槽型包括横槽转竖和低层变形场作用 2 种情形（朱乾根 等，2000），下面主要介绍常见

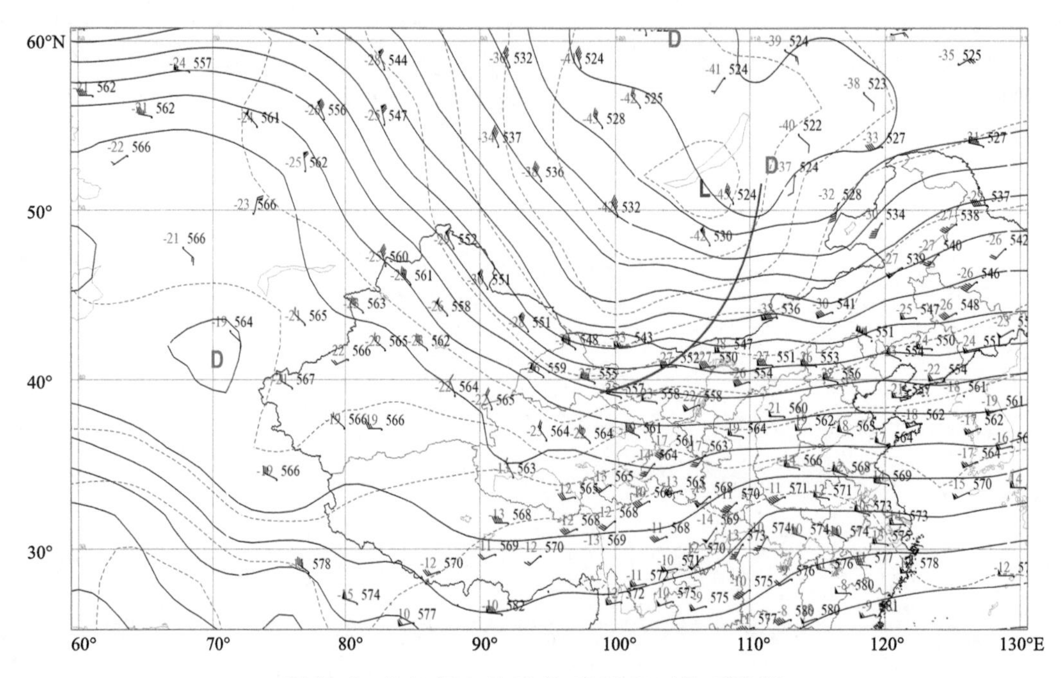

图 11.5　2010 年 3 月 31 日 08 时 500 hPa 高空图

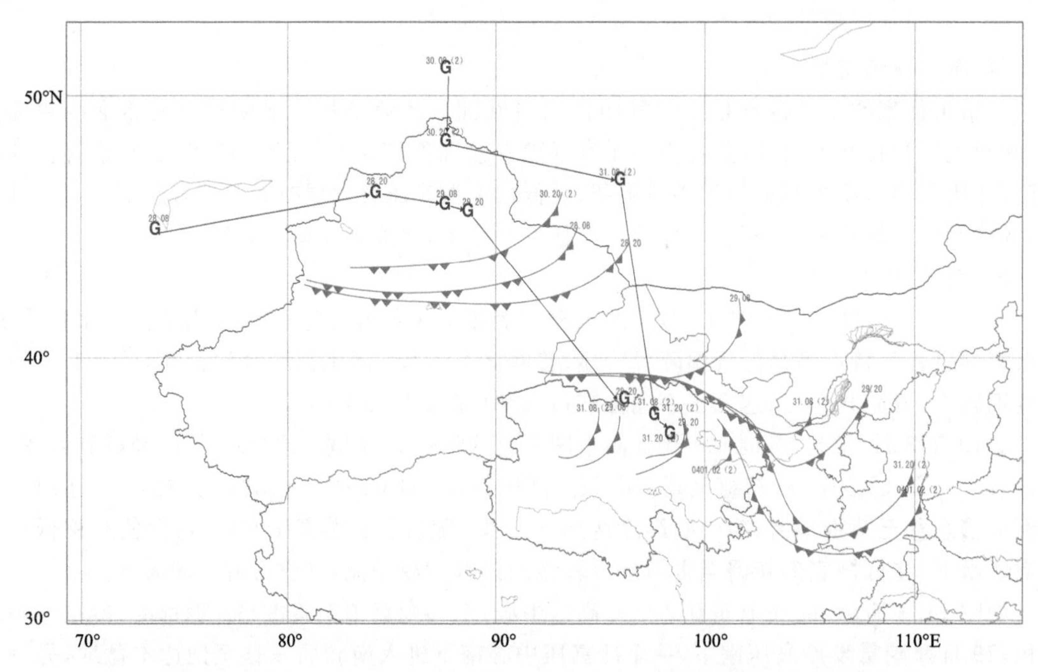

图 11.6　2010 年 3 月 28 日 02 时—4 月 1 日 20 时冷锋移动路径动态

的横槽转竖型，横槽转竖型环流场主要特征：乌拉尔山地区为长波脊，并形成阻塞高压，东亚倒 Ω 流型建立，高压前偏北或东北风不断引导贝加尔湖以北的极涡附近较强冷空气南下，在低压槽后部聚集，当乌拉尔山高压脊或阻塞高压发生变化时，横槽转竖，引导低压槽后部冷空气大举南下，青海暴发寒潮天气。

(2)例子

2011年3月13—14日,青海省共有29站出现了寒潮天气。此次寒潮天气的主要特点:①寒潮过程强度大,柴达木盆地西部大柴旦和小灶火,青海东南部玛沁和河南4站24 h气温下降幅度达−16～−18 ℃,其中小灶火降温最强,下降了−18 ℃;②最低气温降温明显,有16个站最低温度降至−20 ℃以下,其中清水河、河南站最低温度降幅分别达到了−12 ℃和−16 ℃,最低气温分别为−30 ℃和−26 ℃;③此次寒潮天气过程伴随天气复杂多样,全省23个测站出现大风,五道梁站西北风28 m/s,风力达11级,茫崖、格尔木、五道梁、沱沱河及刚察5站出现了沙尘暴,其中茫崖能见度0.8 km,达到强沙尘暴等级,有8个测站出现扬沙,同时东部和南部出现小量降水(0～1 mm);④影响范围广,持续时间长,13日青海西部共有12站出现了寒潮天气,14日青海东部共有17站出现了寒潮天气,影响持续48 h。

过程前期3月8—9日500 hPa高空形势上,乌拉尔山高压脊和鄂霍次克海高压脊向极区伸展逐渐形成典型的倒Ω流型。10日,青海受贝加尔湖暖高脊影响,大部地区气温升高10～15 ℃,11日08时500 hPa,乌山脊相继向东北方向发展,脊前东北风超过32 m/s,引导极涡强冷空气南下,乌山脊前低槽转化为横槽,冷中心达到−40 ℃,700 hPa冷中心−25 ℃,锋区位于新疆北部。12—13日,高压脊前东北风逐渐转为北风或西北风,风速最大为28 m/s,偏北风向与等温线夹角近乎垂直,横槽逐渐转竖,13日20时横槽底部锋区南压至35°N,温度梯度大,500 hPa等温线梯度达到12 ℃/(6纬度),700 hPa达到13 ℃/(6纬度),冷空气侵入青海寒潮暴发,14日20时500 hPa(图11.7),横槽继续南压,西宁24 h变温达到−11 ℃,青海东部及东南部出现寒潮天气。

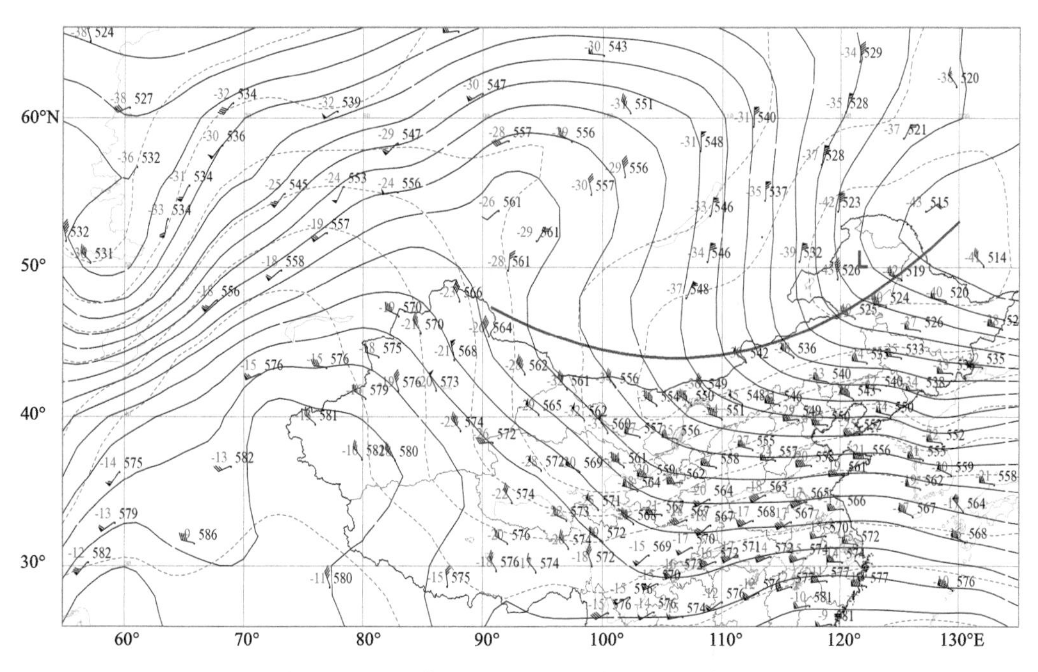

图11.7 2011年3月14日20时500 hPa高空图

地面上(图11.8),12日08时巴尔喀什湖北部有1045 hPa的冷高压中心,随着500 hPa高空脊前东北风的加强发展,有冷空气不断向冷中心输送,地面冷高压不断加强,至13日08

时冷高压中心强度达到 1060 hPa，冷锋位于地面冷高压前沿，地面冷锋移至南疆，冷空气越过阿尔金山进入青海西部，从而造成青海西部的寒潮天气。14 日，青海北部的冷高压中心为 1050 hPa，沿河西走廊南下的冷空气倒灌进入青海东部，在青海湖附近形成锢囚锋。

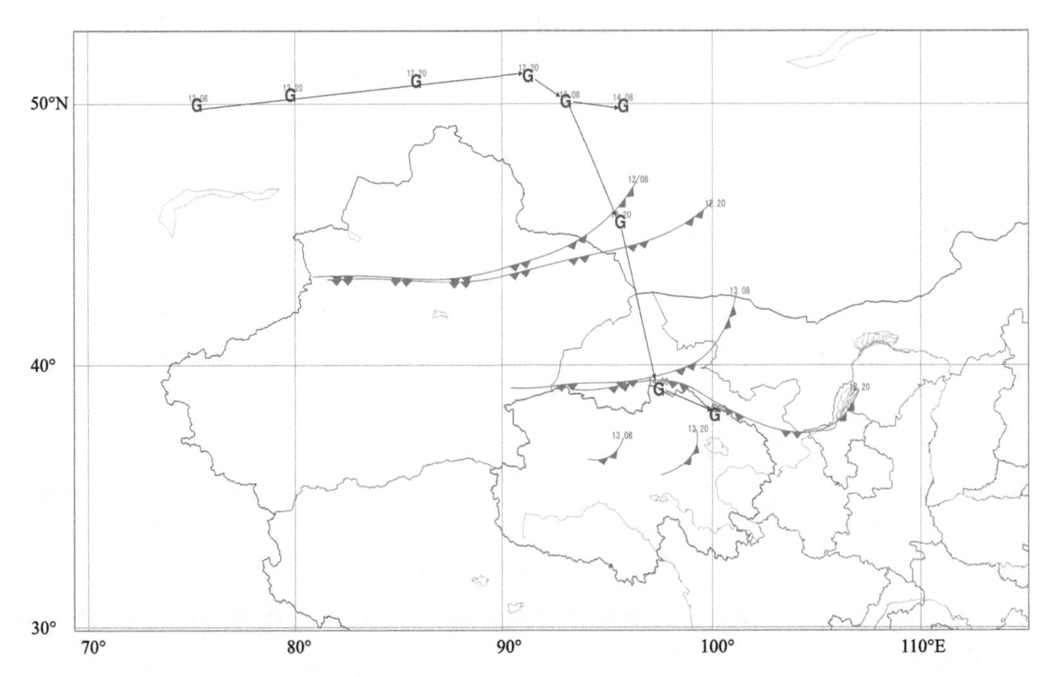

图 11.8　2011 年 3 月 12 日 08 时—14 日 20 时冷锋移动路径动态图

对于横槽转竖型，多数造成青海北部寒潮天气，当锋区进一步南压至 35°N 附近时也可以造成全省性寒潮天气。

11.3.4　高原冷温槽加深类

(1)高空环流特征：本类型是影响青海南部地区寒潮天气最多的一个类型。环流特点为 500 hPa 欧洲槽东移至中亚地区停留，冷空气在青藏高原西侧堆积，逐渐形成中亚冷涡(槽)，当咸里海有高压脊发展，或在对流层高层有波动时，促使中亚冷涡(槽)不断分裂冷空气移上高原主体，移上高原的槽其温压场结构发生变化，温度槽明显落后高度槽，促使高原槽加深(参见第 6 章)，造成青海南部寒潮天气过程，如果此时新疆有冷温槽配合，便会引发全省性寒潮天气。

(2)例子

2015 年 1 月 5—6 日，青海南部出现了一次寒潮天气过程，玉树、果洛、黄南南部地区均达到寒潮标准，久治、甘德、玉树、杂多、清水河、囊谦、河南等站 24 h 内日平均气温降温幅度 ≥8 ℃，其中清水河日平均气温下降幅度达到 11.7 ℃，最低温度下降幅度达到 16.5 ℃。

2015 年 1 月 3 日，500 hPa 高空图上(图略)欧亚槽东移至青藏高原西侧停滞，配合 −30 ℃冷中心，该冷温槽较深厚，在对流层高层能清晰地看到，随着高层 300～200 hPa 冷温槽东移，500 hPa 中亚槽分裂小槽移上高原，5 日 20 时(图 11.9)移上高原的高空槽已经东移至高原东部，但其温度槽位于高原中部，温度槽明显落后高度槽，在高原东部产生较强的冷平流，玉树探空站 24 h 变温达到 −10 ℃，青海南部地区出现寒潮天气并普降大到暴雪，截至 6 日

08 时，河南站 24 h 降雪量达到 11.2 mm，达日、甘德、班玛、久治、清水河、同德站达到大雪量级，由于出现大到暴雪后形成了较大范围的积雪，积雪导致的辐射降温使得温度持续下降，10 日清水河站日平均温度达到－36.8 ℃，最低温度达到－45.9 ℃，创下青海有气象资料以来的最低温度值，导致果洛、玉树东部、黄南南部出现雪灾天气（表 6.1）。以清水河站日平均温度为例，冷空气产生的平流降温幅度 24 h 达到－11.7 ℃，随后积雪产生的辐射降温使气温不断下降，降幅达到－15.2 ℃，5 天内累计日平均气温降温幅度达到了－26.9 ℃。

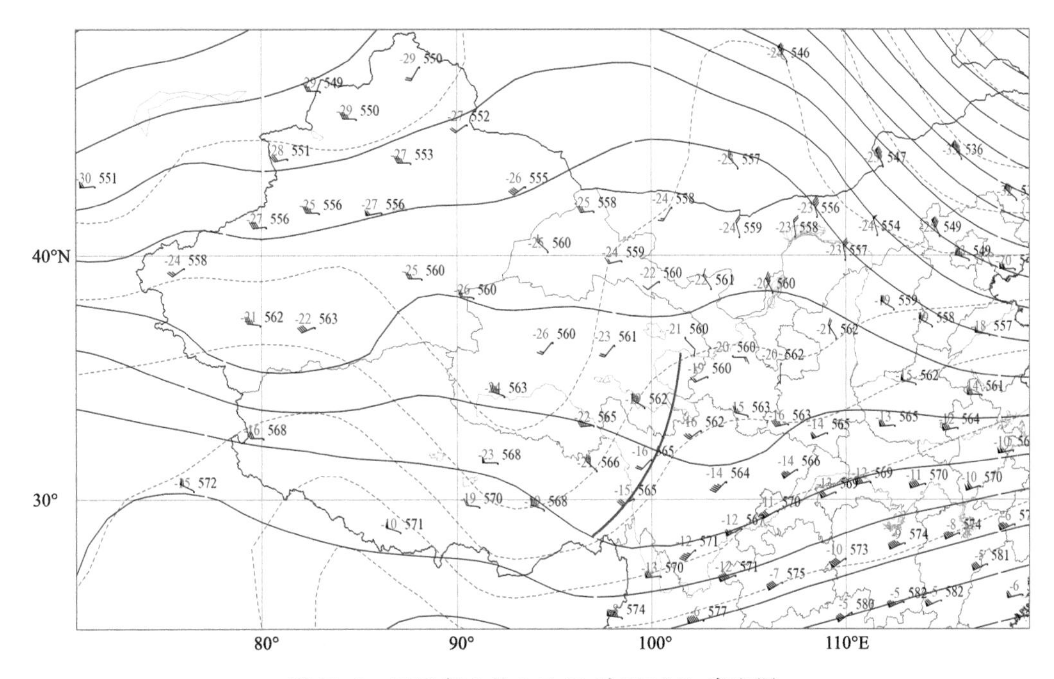

图 11.9　2015 年 1 月 5 日 20 时 500 hPa 高空图

结合高原冷温槽加深类的高空环流特征我们看到，中亚冷涡（槽）大多数是由欧洲东移的冷低压槽在高原西侧停滞，它不断分裂小槽移上高原自身逐渐填塞，移上高原的小槽发展成主要的槽，冷空气随高空槽侵入高原地区，由于高原大地形作用，导致这种高原槽的温压场结构不对称，即暖脊中的高空槽引起降水，随着高空槽过境后降水结束，高度槽后的温度槽带来的冷平流下沉造成了寒潮天气。有时在地面图上很难反映出冷空气活动的情况，利用卫星云图上高原槽云系移动规律来追踪冷空气活动也是一种有效的方法，这种云系一般在印度的北部移上高原，主体位于 35°N 附近。

1 月 5 日 08 时（图 11.10），地面 3 h 正变压中心位于西藏当雄站，中心值为＋2.2 hPa，11 时和 14 时位于西藏昌都地区，17 时和 20 时位于青海玉树地区，23 时位于四川甘孜地区，中心值为＋5.1 hPa，通过地面 3 h 正变压中心移动路径得知，冷空气由高原西侧移上高原后沿西藏进入青海玉树及四川甘孜地区。

11.4　冷空气移动路径

用 ΔP_{24} 中心值代表冷空气活动路径，将影响青海省寒潮天气冷空气（大风天气冷空气可参照）移动路径分为：西北方路径、西方路径、北方路径（图略）。

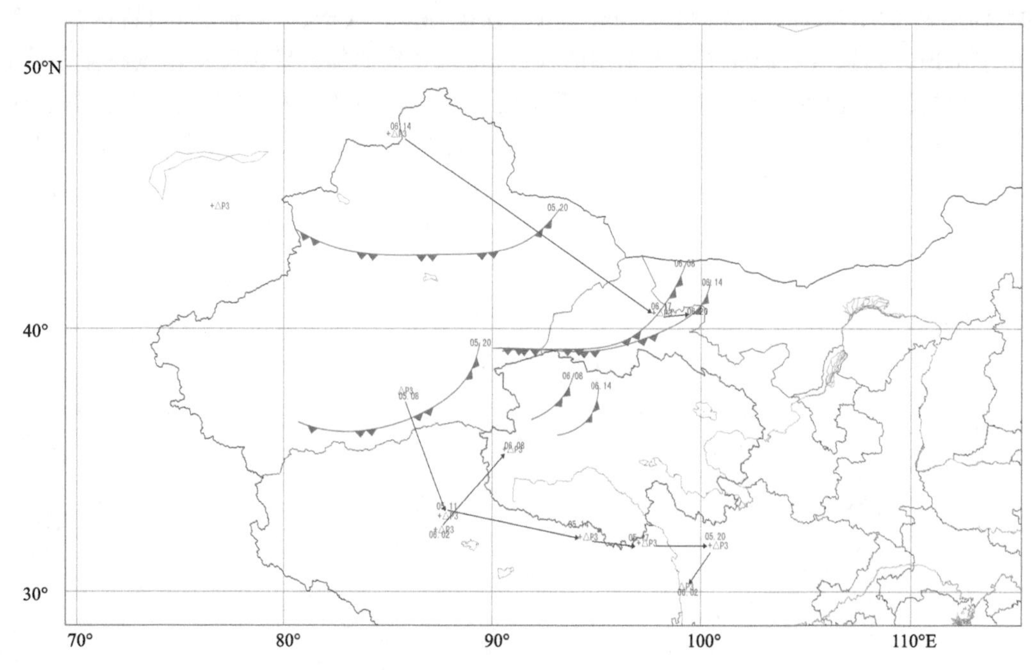

图 11.10　2015 年 1 月 5 日 08 时—6 日 08 时 3 h 变压中心移动路径动态图

11.4.1　西北方路径

冷空气首先侵入北疆，在天山以北堆积后扩散南下，主体沿河西走廊东南下，在阿尔金山至祁连山以北堆积，另一部分冷空气倒灌进入南疆盆地，在昆仑山至阿尔金山一带堆积，随着冷空气加强，从祁连山至阿尔金山东西两侧灌入青海，造成青海北部寒潮天气，如果冷空气势力强，便会造成全省性寒潮天气过程。

11.4.2　西方路径

西方路径又分成两种路径，一是冷空从帕米尔侵入南疆，由南疆灌入柴达木盆地并加强，南压或向东南方向移动，造成青海北部寒潮天气；二是冷空气由高原西侧直接侵入到青海南部地区，造成青海南部寒潮天气，有时也影响到柴达木盆地，移上高原的冷空气移动路径可以用地面 ΔP_3 中心来追踪。

11.4.3　北方路径

冷空气在天山以北至蒙古高原西侧堆积，随着地面冷高压加强南压，冷空气沿河西走廊和河套以西南下，主体翻越祁连山区，主要造成青海省东北部地区寒潮天气，如果冷空气不断南压，便会造成青海东部地区寒潮天气。

11.5　寒潮天气物理量特征

11.5.1　涡度平流

陈豫英等(2009;2011)分析寒潮天气过程中的涡度平流场发现：正涡度区与高空低压槽相对应，高空槽线前后，等高线沿气流方向疏散，这预示槽将加深；地面冷高压处于高空槽后脊前，同时，高空暖舌又落后于高空高压脊，地面冷高压也处于暖舌和冷舌之间，高空槽前暖平流区，地面冷高压上空有负涡度平流配合，这预示地面冷高压将持续加强。

11.5.2　温度平流

统计寒潮天气过程中温度平流预报场：500 hPa 负温度平流中心与温度槽相对应，负温度平流中心与寒潮发生地对应，发生寒潮的温度平流值为（－6～－16）$\times10^{-5}$℃/s。

11.5.3　绝热因子

统计寒潮天气过程中影响最低温度的相对湿度、云量、风向、风速等气象要素，高空相对湿度减小到 10%～30%、低云量减少到 0～2 成，西部风向以西风为主，风速小于 3 级，东北部以东风为主，风速小于 2 级，青南地区 86%在冬季寒潮中为静风。且高海拔地区大气层薄，也是清晨最低温度下降幅度大的主要原因。

11.5.4　动力和热力因子

(1)500 hPa 变高

寒潮预报中，预报员通常用 500 hPa 高空图的 24 h 或 48 h 变高来判断冷空气的移动路径，负变高的变化与高空冷槽的变化基本相一致，但由于高空环流形势不同，造成正负变高的变化趋势也不相同。通常冷槽始终处于变高梯度密集区的前方，北风急流处于变高梯度密集区的前方。

(2)500 hPa 变温

寒潮预报中，预报员通常用 500 hPa 高空图上 24 h 或 48 h 变温来判断冷空气的强弱及影响范围和强度。一般 24 h 变温预报场对冷空气的预报有指示意义，不同季节、不同区域变温的变温幅度不同，经统计春秋季节 500 hPa 变温幅度为－4～－6 ℃时，可以达到寒潮；冬季过程中 500 hPa 变温幅度为－6～－12 ℃时，可以达到寒潮。

(3)地面变压

寒潮预报中，预报员通常用地面图上 24 h 变压（ΔP_{24}）强度及移动方向来外推未来冷高压的移动和强度变化，根据青海预报员经验：从两个不同方向移来的地面正变压中心（ΔP_{24}）合并时，冷高压将显著增强，另外，地面 24 h 正变压（ΔP_{24}）朝 24 h 负变压中心移动，所以现在的负变压中心，往往会变成未来冷空气主力侵袭的地方。由此可见，可以用 ΔP_{24} 正负变压差强度及移动方向来外推冷高压的移动方向和强度变化。经统计，当 24 h 正负变压中心之差达到≥15 hPa 时，则青海北部可能有达到寒潮强度的冷空气活动。

11.6　寒潮天气预报

11.6.1　影响温度的因素

朱乾根等(2000)指出，影响温度局地变化的主要因素为温度平流变化、垂直运动及非绝热因子。温度平流项：指冷平流引起的降温；垂直输送项：取决于大气层结不稳定，中低层均为下沉运动，导致近地层气温下降；非绝热变化项：主要是辐射、水汽凝结、蒸发和地面感热对气温的影响。一般情况下在近地面降温以非绝热变温和平流变温为主，而在自由大气中以平流和垂直运动所引起的变温为主，垂直运动对寒潮降温的贡献小于温度平流项，但在青藏高原地区，尤其是高海拔地区，非绝热因子项或垂直输送项引起的降温幅度有时甚至会超过温度平流变化项。所以青海北部寒潮降温以平流降温为主，但在青海南部的高原地区，辐射降温的幅度有时会达到或超过平流降温的幅度。

11.6.2 预报着眼点

根据白岐风和尤莉(1993),王明洁等(2000),许爱华等(2006),谷秀杰等(2007),樊晓春等(2007)对我国寒潮天气研究成果,以及青海预报员对寒潮天气的总结,预报着眼于以下几个方面:

(1)环流特征,对于小槽发展型,关注乌拉尔山长波脊的发展;低槽东移型,关注停留在蒙古高原由欧洲东移的大槽,当有来自高纬度(新地岛或极涡)的新鲜冷空气补充时,大槽中冷平流加强并南下,暴发寒潮天气,或大槽上游有高压脊发展时,也会引导冷空气南下;横槽转竖型,关注亚洲中高纬度倒Ω流型的建立,当阻塞高压减弱时,意味着横槽即将转竖,堆积冷空气暴发南下;高原冷温槽加深型,关注中亚冷涡(槽)移上高原的分裂槽,当这种高空槽其温度槽明显落后高度槽,有利于高空槽的加深,造成青海南部寒潮和暴雪天气。

(2)寒潮前回暖,一般在寒潮天气过程发生前,前期有气温回暖的现象,是寒潮预报的一个重要指标,经统计寒潮前3天平均气温可上升3.6 ℃及以上。

(3)强冷空气在新疆至蒙古西部附近堆积有利于青海寒潮天气的暴发,地面冷高压的强度及其前沿的气压梯度是冷空气强度的主要判据,配合高空锋区及500 hPa冷平流强度指标可以进一步判定冷空气影响的强度,满足以下条件时:

①500 hPa冷中心为≤−38 ℃,700 hPa冷中心为≤−28 ℃;

②蒙古至新疆地区地面冷高压强度≥1040 hPa;

③地面冷锋前后最强24 h变压差≥10 hPa,锋后负变温≤−10 ℃;

④500 hPa等温线比较密集,位于35°N附近,锋区强度达到≥−16 ℃/(10纬度),或测站24 h变温达到−10 ℃时;

以上指标结合动力热力因子,可以判定是否有寒潮的发生。

(4)降温落区及影响时间主要由冷高压移动路径和速度来确定。以北方路径进入青海,影响时间一般在24 h,影响范围青海北部,当有高原槽配合时,也可影响青海南部地区;冷空气以回流形式进入青海,影响时间一般在24 h,影响范围青海东北部;冷空气以西方或西北方北方路径进入时,大多影响时间超过48 h,气温是连续下降,影响范围青海南部和北部皆有。寒潮强度依据冷空气强度、冷高压强度来确定,一般来说,冷空气、冷高压越强,寒潮降温幅度越大。

(5)高海拔地区晴空辐射降温比平原大,青海北部当日最高气温下降6～8 ℃,次日清晨处于晴空或少云,相对湿度小于或等于30%的情况下,最低气温将加剧下降。青海南部有积雪时,由于雪后辐射会引起温度持续下降,需要特别关注。

第 12 章 高原天气图分析

青藏高原平均海拔达到 3000～4000 m，与平原地区相比，青藏高原的海拔、地形、日变化等因素对气象要素的影响显著，甚至超过天气系统本身的变化。老一辈高原气象工作者针对高原地区天气图分析进行了探索，在地面图分析、高空图分析方面取得的一些方法和经验至今在应用，为了更好地将这些方法和经验保留，本章进行了归纳和总结。

12.1 高空天气图分析

12.1.1 高原 500 hPa 天气图分析

高原地区大部分测站的 500 hPa 距离地面大约有 1000 m，山脉的相对高度不高，故可以把 500 hPa 层的测风看作是已经脱离了摩擦层，能够表示出自由大气中流场状况的，所以对 500 hPa 层面上的测风记录应该仔细考虑，特别在夏半年多雨季节里，高原上多弱的小脊小槽或闭合系统活动，分析时需根据风向、风速等多种高空观测记录把它们表示出来，有时为了分析准确，我们可以以 20 gpm 为间隔来分析等高线。分析等温线时，有时也可采取 2 ℃为间距。

12.1.2 高原及周边 700 hPa 天气图分析

分析 700 hPa 等压面图时在天山附近及高原地区常遇见风、高度或温度等要素记录异常，产生上述问题的原因是由于 700 hPa 等压面接近地面或与天山等高大山脉相切割，在这些地区 700 hPa 上的压、温、湿、风等气象要素受到海拔、地形、日变化等非系统性的影响特别显著。

(1)700 hPa 风场

高原边缘 700 hPa 等压面距地面高度小于 900 m 的站风向往往受到日变化或地形影响盛行某一风向，因而导致风的代表性差。另外，高原边沿受地形、动力和热力影响多小系统发展，所以在南疆盆地和高原边缘 700 hPa 等高线与风场有时往往不配合，对这些记录不能简单地认为不可靠而将它舍去，还应考虑高度等其他记录。这类小系统看似浅弱，但当它与 500 hPa 系统配合时能产生明显的影响天气，需要关注。

(2)700 hPa 温度场

柴达木盆地及甘南地面距 700 hPa 层很近，冬半年受辐射逆温影响温度过低。夏季分析 20 时 700 hPa 温度场时，在柴达木盆地和高原东部有时会出现很强的暖中心，这种暖中心的出现使高原边沿等温线相对密集，从而给人们一种印象，似乎在南疆、河西与柴达木盆地间有冷锋存在，实际这是由于在高原上午后地面增温强烈，造成 700 hPa 上 20 时与 08 时的温度差会比较大，例如茫崖站(51886)、格尔木站(52818)、合作站(56080)同一天 20 时与 08 时的温度差有时会高达 7～8 ℃，而同纬度高原边沿的站点平均温度差只有 2 ℃左右，当 08 时高原与外围温度相等，20 时由于日照增温高原地区温度比平原地区高 5～6 ℃，因此，在分析 700 hPa 高原附近的等温线时，要根据合理、连续原则，对这些温度记录加以订正应用。

12.2 高原地面天气图分析

12.2.1 地面 24 h 变压(ΔP_{24})分析法

(1)ΔP_{24}分析技术规范

绘制 ΔP_{24}线须遵守下述技术规定：

青海省规定取 2.0 hPa(而不是按平原地区的标准 2.5 hPa)作为等变压线的间距(图 12.1)。

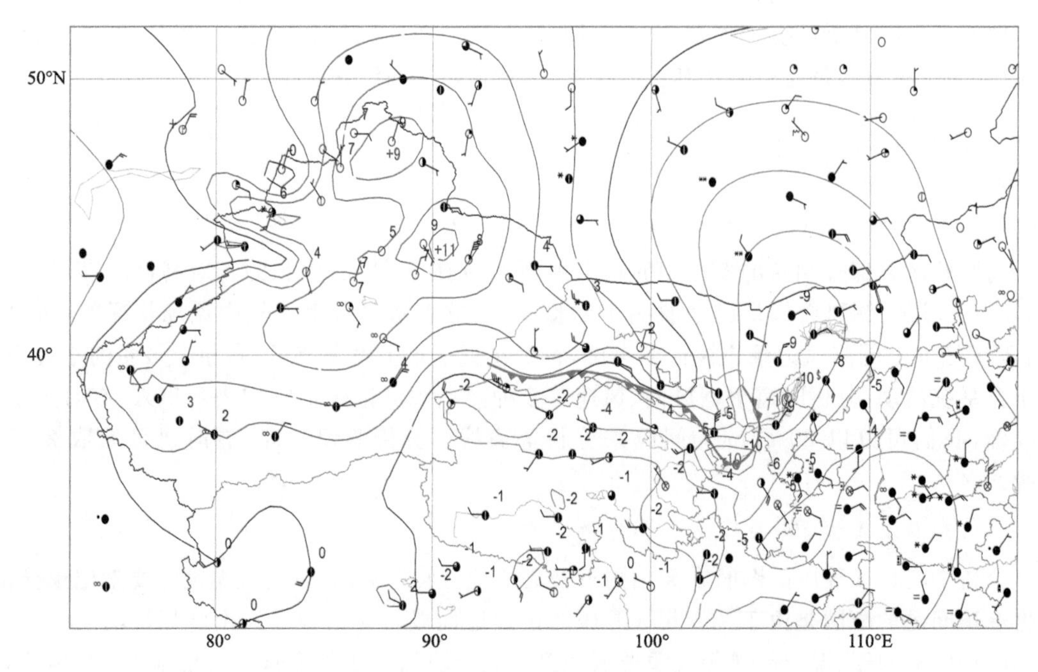

图 12.1 2019 年 2 月 13 日 20 时地面天气图

分析时以 2 hPa 为间隔画出等变压线。负变压线用红色，正变压线用蓝色，零变压线用黑色绘制。

在正变压中心用蓝色铅笔标注“＋”，在负变压中心用红色铅笔标注“－”，并在变压中心右侧标注出最大变压值。

(2)ΔP_{24}分析的目的和意义

高原主体平均海拔在 4000 m 以上，地形复杂，测站多数位于河谷盆地中，各站海拔地形相差悬殊，地面气象要素变化容易受到海拔、地形、日变化等因素的影响，而受到天气系统变化影响相对弱，地面气象要素缺乏代表性和比较性，因此，在高原上分析海平面气压场已无实际意义。针对这种特殊情况须采用适应高原主体地区的地面天气分析方法，实践证明最有效的分析法是地面 24 h 变压的应用。ΔP_{24}分析能反应大尺度的冷暖空气活动，在高原上可以表示出 500 hPa 上系统的移动，同时滤掉了日变化的影响及一部分海拔高度不同所造成的气压差异。

(3)ΔP_{24}分析应用

通常在青海大部及其周边新疆、甘肃等地区，出现＋ΔP_{24}就表示在 500 hPa 面上是位于高空脊线或高空闭合反气旋的前部并与高空的西北气流相对应，表明低层有冷空气活动(图 12.2)。

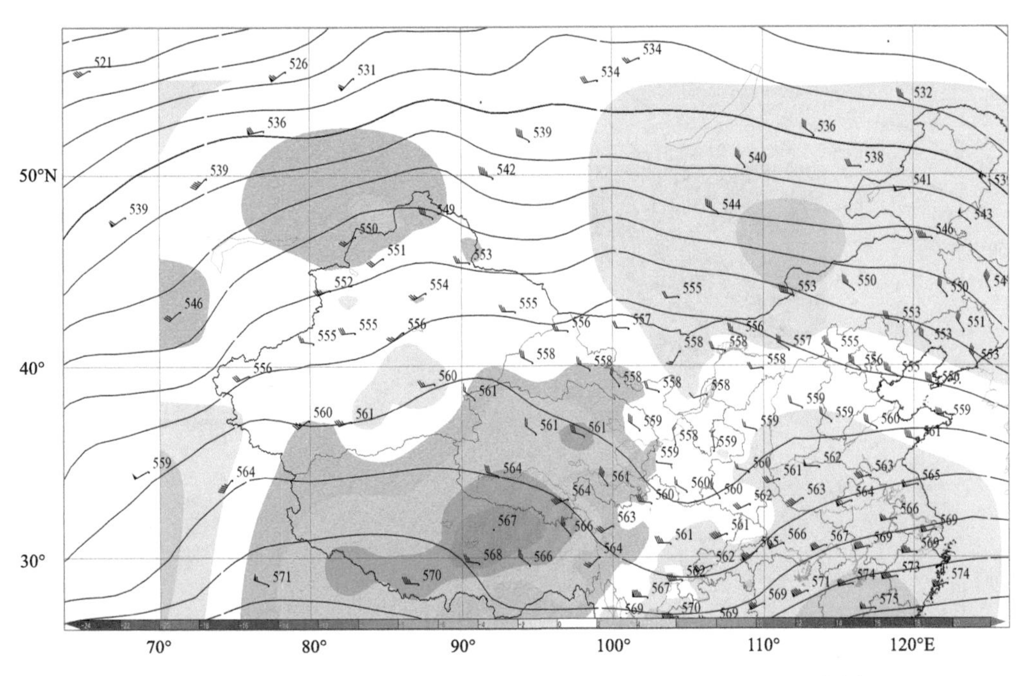

图 12.2 2019 年 3 月 1 日 20 时(高原上出现$+\Delta P_{24}$)500 hPa 天气图

反之，当高原出现$-\Delta P_{24}$时，表明 500 hPa 面上是位于高空槽线或闭合低压的前部，高空位于西南气流中(图 12.3)。

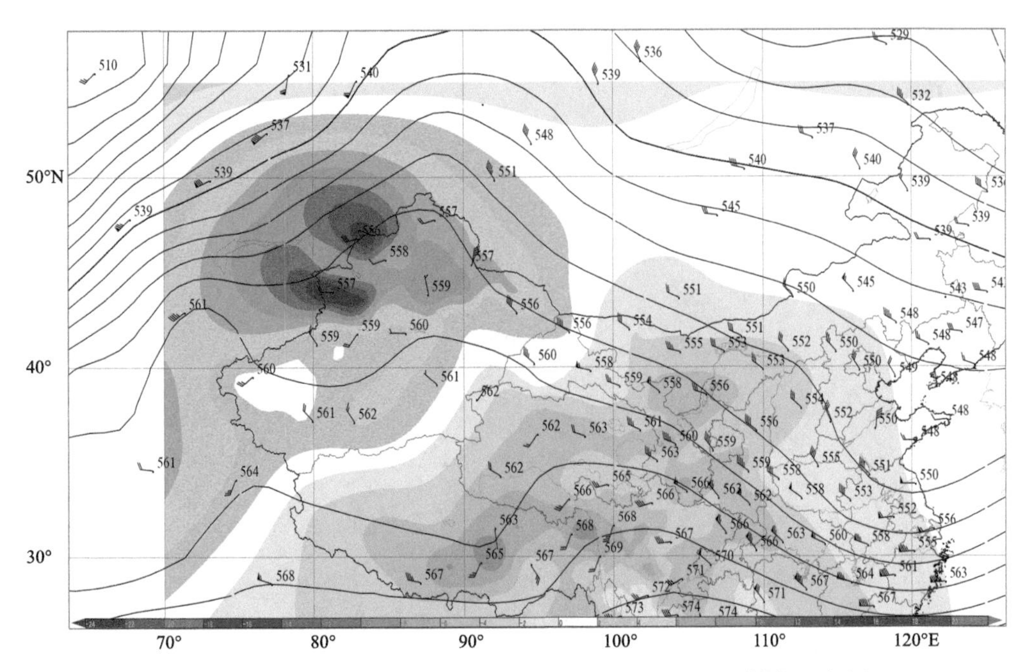

图 12.3 2019 年 3 月 3 日 20 时 500 hPa 和地面$-\Delta P_{24}$(阴影)天气图

ΔP_{24}零线的位置与500 hPa槽线的位置有一定的关系。当500 hPa上有明显的槽经过时，零线的走线大体与槽线的走向一致，地面ΔP_{24}零线位置与高空槽线基本吻合，大多数情况要稍落后于槽线(图12.4)。

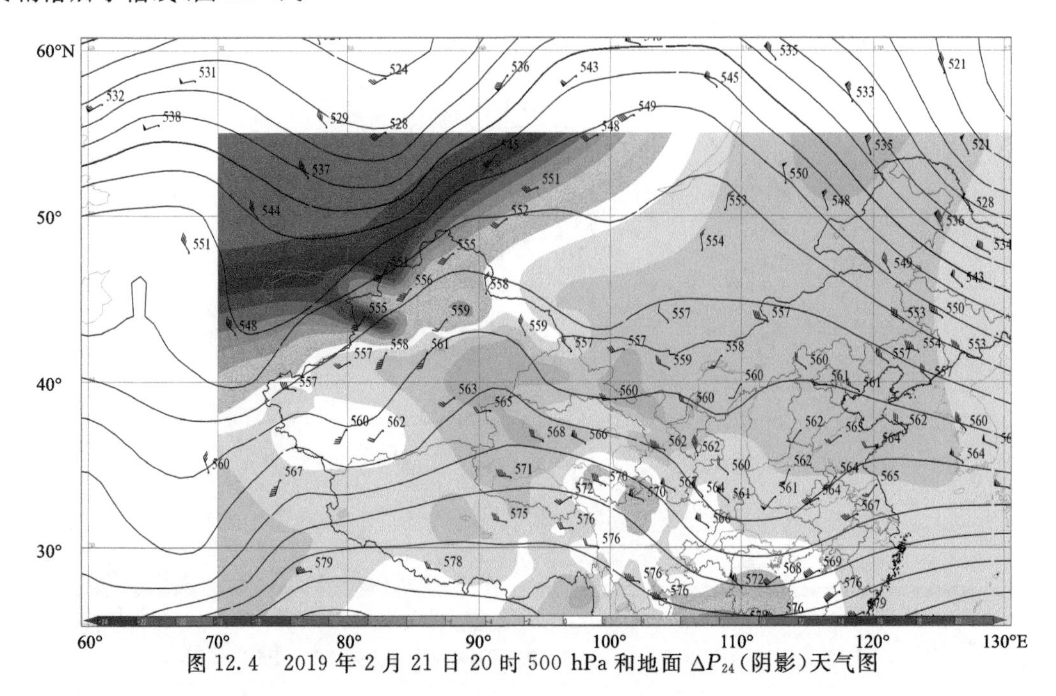

图12.4　2019年2月21日20时500 hPa和地面ΔP_{24}(阴影)天气图

当有大规模冷空气东移时，地面常有一个正ΔP_{24}中心和负变温中心与之对应，正变压中心的移动方向一般可表示冷空气推进的方向。一般在地面冷锋前是负变压，在锋后是正变压，ΔP_{24}零线与冷锋基本上是平行的(图12.5)。但ΔP_{24}零线并不完全与冷锋重合，往往稍落后

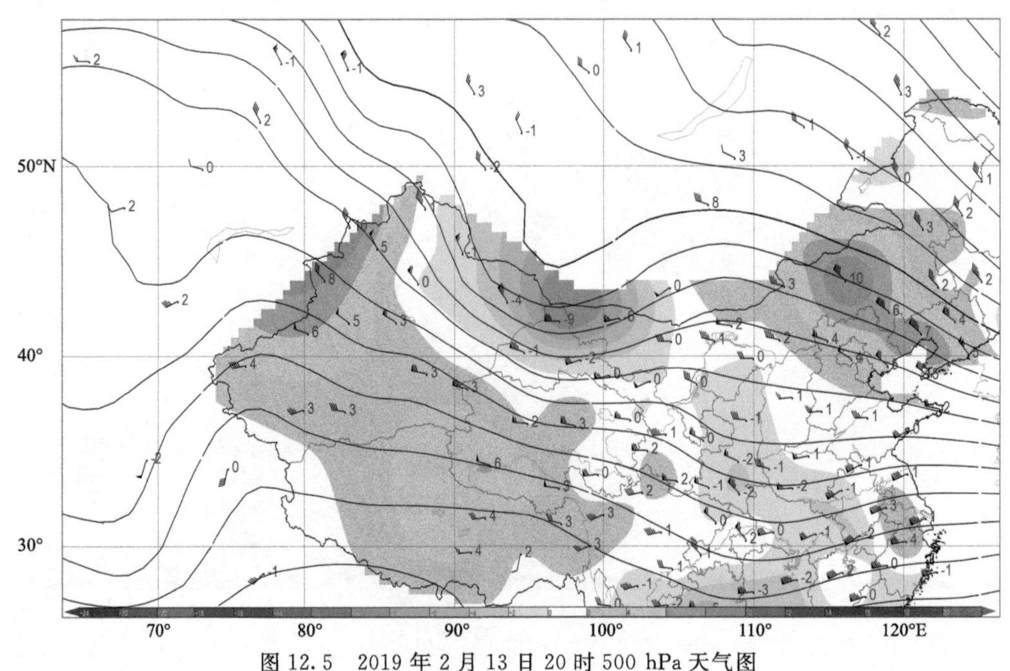

图12.5　2019年2月13日20时500 hPa天气图

一点(图 12.6)。

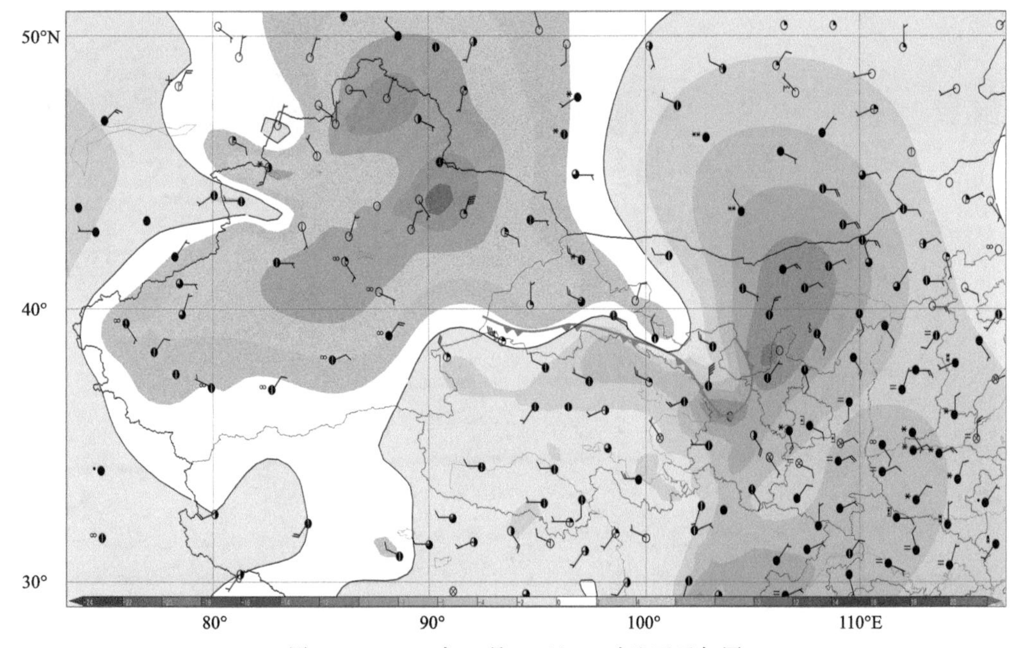

图 12.6　2019 年 2 月 13 日 20 时地面天气图

如果$+\Delta P_{24}$区是从西北部、北部逐渐向东南扩展而进入青海的，此时地面ΔP_{24}的配置是北正南负，表示低层有冷空气活动。

若$+\Delta P_{24}$是从高原主体的西部、西南部向东或东北扩展，在地面ΔP_{24}的配置是南正北负，这往往表示高原 500 hPa 高压脊的加强或移进，就不能理解为低层有冷空气活动(图 12.7)和图 12.8)。

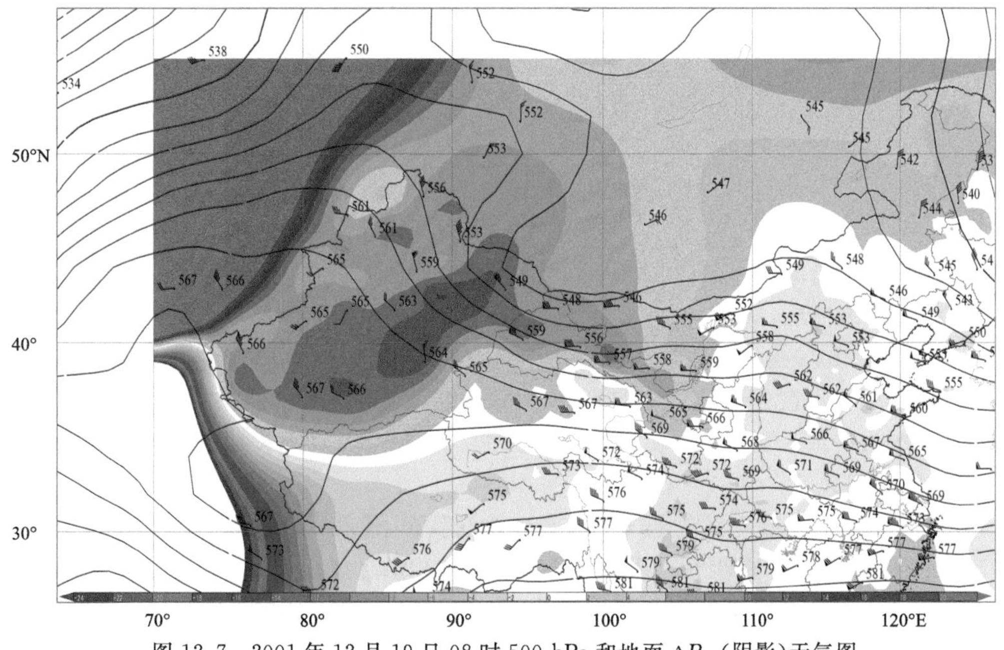

图 12.7　2001 年 12 月 19 日 08 时 500 hPa 和地面ΔP_{24}(阴影)天气图

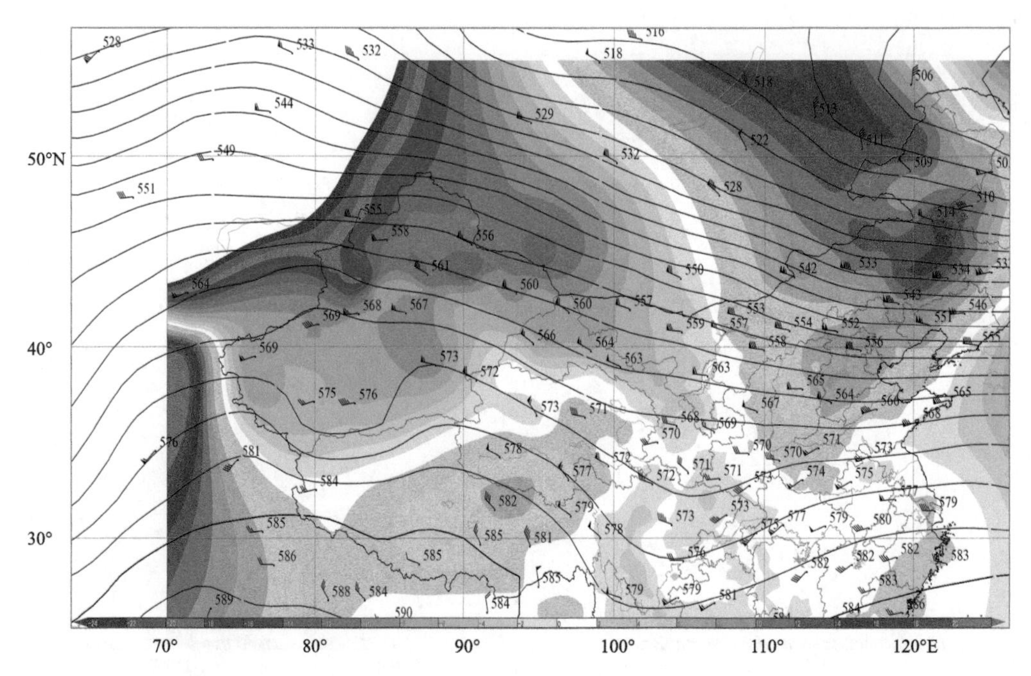

图 12.8　2018 年 11 月 27 日 08 时 500 hPa 和地面 ΔP_{24}(阴影)天气图

由冷空气活动引起的$+\Delta P_{24}$区，在移上高原之前，它的零线常有一段时间(3～6 h)是准静止的(这反映冷空气在山前堆积)，但在过山之后，$+\Delta P_{24}$的数值比平地上显著变小；而与500 hPa高压脊相联系的地面$+\Delta P_{24}$区一直是连续移动的，自西向东，其强度往往还越变越大。

(4)ΔP_{24}分析注意事项

ΔP_{24}分析对快速移动的中小尺度系统反应迟缓或无反应，但 ΔP_3往往会有反应。

在环流形势变化不大、系统移动缓慢时，ΔP_{24}场比较均匀，难以分析，不能仅仅因 ΔP_{24}变化幅度较弱就简单地认为系统减弱或消失，要关注系统的连续变化情况。

ΔP_{24}分析方法对以 24 h 为振动周期的天气系统很难分析出来。

12.2.2　地面 3 h 变压(ΔP_3)分析法

(1)技术规范

绘制 ΔP_3线须遵守下述技术规定：

ΔP_3线用黑色铅笔以细虚线绘制。

ΔP_3线以零为标准，每隔 1 hPa 绘一条。但在某些很强烈的变压中心的周围，等变压线很密集时，可每隔 2 hPa 绘一条。在气压变化不大(小于 1 hPa)时，可只画零值变压线。

在正变压中心用蓝色铅笔标注“+”，在负变压中心用红色铅笔标注“－”，并在变压中心右侧注明该范围内的最大变压值的实际数值，包括第一位小数在内(图 12.9)。

(2)目的和意义

3 h 内的气压变化 ΔP_3反映了气压场最近改变状况，使我们能从动态中观察气压系统，它是确定锋的位置、分析和判断气压系统及锋面未来变化的重要根据，尤其是针对快速移动的中小尺度系统 ΔP_3分析会有更好的表现。因此，在地面图上分析 3 h 变压线具有重要意义。

(3)应用、注意事项

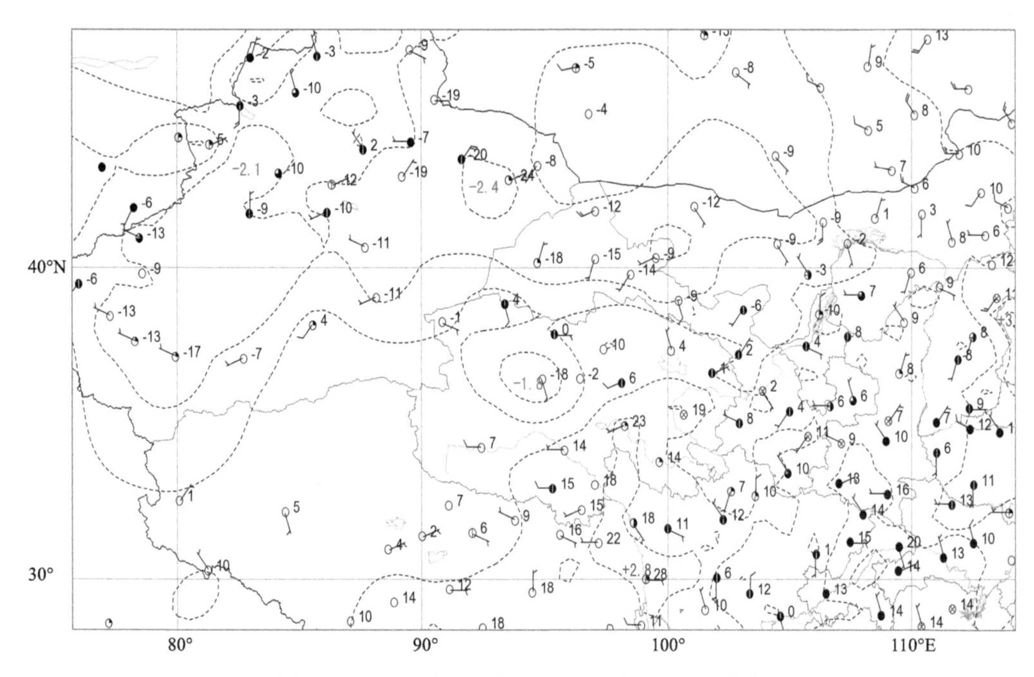

图 12.9 2018 年 11 月 27 日 08 时地面 ΔP_3 分析

在绘制等 3 h 变压线时，往往会遇到与整体情况相矛盾的个别记录，有的可能是地方性影响所引起的。对于这些个别记录一般可不去考虑它。

12.3 地面冷锋分析

12.3.1 高原地面冷锋分析

在天气图上分析锋面的大致步骤：首先，可以按历史连续性的原则，将前 6 h 或 12 h 锋面的位置描绘在待分析的天气图上，根据过去锋面的连续演变，结合地形条件，就可以大致确定本张图上锋面的位置。再结合分析高空锋区，就可判断出地面图上锋面的位置和类型。根据锋面向冷区倾斜的原理，地面的锋线应位于高空等压面图上等温线密集带的偏暖空气一侧，而且地面锋线要与等温线大致平行。

利用地面天气图分析锋面的具体方法是根据锋附近具有气温、露点（湿度）、风场、气压场、变压场以及云和天气现象的剧烈变化这一特征，综合考虑并作出判断。

(1)应用 24 h 变压和变温分析锋面

应用 24 h 变压和 24 h 变温来分析锋，其优点是不受日变化的影响，特别是在山地和高原地区，因为那里海拔高度相差悬殊，地面气象要素不便于直接比较，利用 24 h 变压和 24 h 变温可以部分克服这一缺点。一般在冷锋后有正 24 h 变压和负 24 h 变温，而在冷锋前有负24 h 变压和正 24 h 变温。应该指出，气温受天气状况的影响较大，有时会失去代表性，但 24 h 变压一般比较好。ΔP_{24}零线是确定锋面位置的很好指标，当地面上有较强的冷锋活动时，24 h 正变压线与锋面平行，零线大体就是冷锋所在的位置。暖锋、切变线则多半落在$-\Delta P_{24}$区的长轴上。需要指出，冷锋并不与零变压线重合，而多半在负变压中心与零变压线之间等变压线密集带的前沿，这是因为 24 h 零变压线位于锋前暖平流减压与锋后冷平流加压相抵消的地区，位于锋后一段距离的地方(图 12.10)。

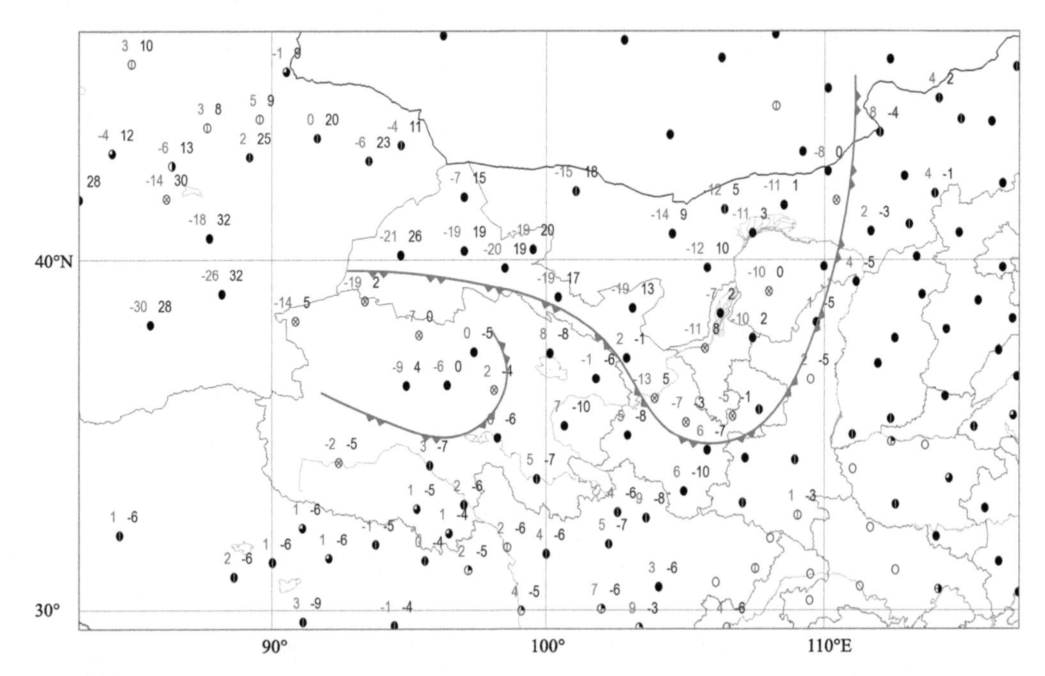

图 12.10 2001 年 4 月 8 日 20 时地面锋面附近 ΔP_{24}(蓝色数字)和 ΔP_{24}(红色数字)天气图

(2)应用 3 h 变压和地面风分析锋面

锋面两侧的风有气旋式切变。锋面位于气旋性曲率最大的地方，但是有气旋性切变的地方不一定有锋面。另外，风受地形、湖陆因素等的影响，日变化也较明显，因此，在利用风场来确定锋面位置时，一定要注意风的代表性及一些特殊地方锋面过境时风的演变规律。

在 3 h 变压场上，暖锋前有明显的 3 h 负变压，冷锋后有明显的 3 h 正变压，暖锋后、冷锋前变压都很小。应用 3 h 变压分析锋时，要考虑到气压系统的加强或减弱，气压日变化等因素的影响。这些影响明显时，甚至会掩盖锋所造成的 3 h 变压(图 12.11)。

(3)应用温度分析锋面

锋面的主要特征是锋面两侧有明显的温差，冷锋后有负变温而暖锋后有正变温。一般来说在地表性质相近，地势平坦地区，这一特征是比较明显的，特别是冬季，气温差异要大一些。但在分析中也要注意，地面气温受多种因素的影响，这些影响使得某一地的气温不能正确代表气团的属性，因而使锋面两侧温度差并不明显，甚至冷锋过后还可能升温；而在另一些没有锋面存在的区域温差却较明显(图 12.12)。

造成锋面两侧温差不明显的原因有以下几种。

①锋面两侧辐射条件不同，例如：辐射逆温；云的影响等。

②锋面两侧蒸发凝结条件不同，例如：白天若冷锋前有降水，雨滴蒸发吸热，温度日变化的升温就减小，而冷空气中没有降水，日变化的升温不变，使得锋面两侧温差减小。

③锋面两侧垂直运动不同，例如：如冷锋从高原下到平原时，冷锋后的冷空气下沉运动较锋前暖空气强烈的多，增暖也较暖空气中多，使冷暖空气间温差减小。

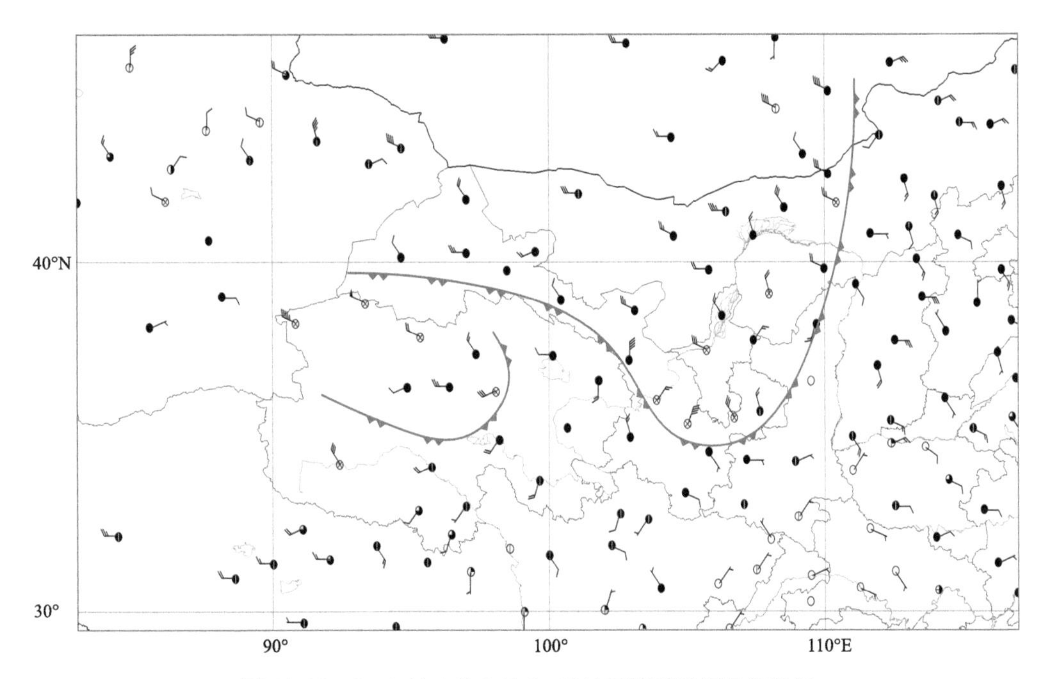

图 12.11　2001 年 4 月 8 日 20 时地面锋面附近风场特征

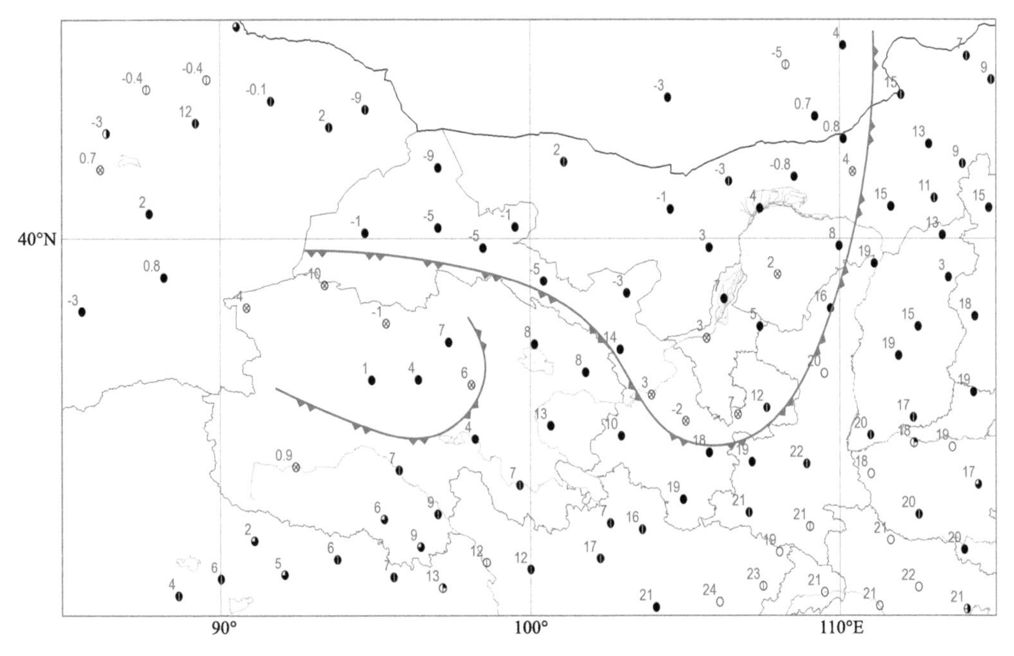

图 12.12　2001 年 4 月 8 日 20 时地面锋面附近温度特征

(4)应用地面露点温度分析锋面

通常，冷气团内温度低，水汽含量少，露点温度低；暖气团内气温高，水汽含量多，露点温度较高，所以锋面两侧有明显的露点温度差。由于露点温度不像温度那样容易变化，所以它是分析锋面的依据，但是当锋两侧有降水时，露点温度差就不甚明显了(图 12.13)。

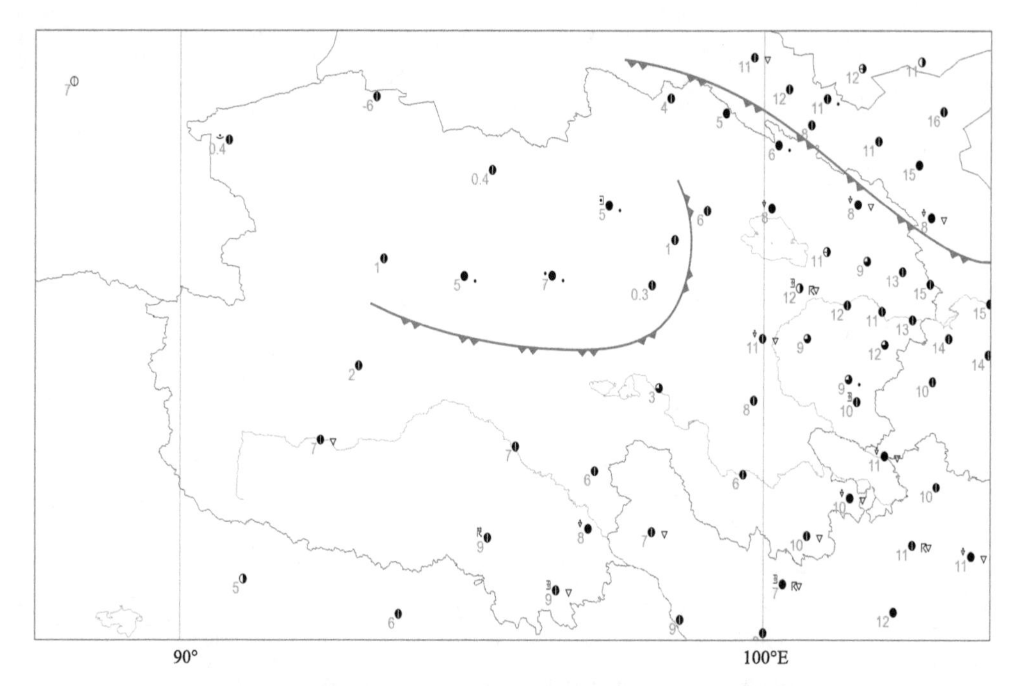

图 12.13　2007 年 8 月 29 日 17 时地面锋面附近露点温度特征

(5)利用其他资料分析锋面

有锋面时，探空曲线上应有锋面逆温存在。另外有冷锋时，风向随高度逆时针旋转；有暖锋时，风向随高度顺时针旋转，在有探空资料的站点，这些方法也是判断锋面的依据。

12.3.2　青海湖地面锢囚锋分析

冷锋在移动过程中，遇到孤立的山脉时，由于地形影响往往会产生地形锢囚锋。地形锢囚锋的形成主要是冷锋移动过程中遇到山脉，受山脉阻挡，冷锋中段停滞，山脉两端冷锋受冷空气的推动绕山而行，逐渐在山的背风坡相遇而形成的地形锢囚锋。

在青海省，环青海湖地区经常出现锢囚锋，但青海湖锢囚锋形成过程与上述成因有很大差别。它是在一次强冷空气的活动过程中，地面冷锋在东移中受高原的阻挡，发生断裂，东段自河西走廊向东移动，冷空气沿着祁连山绕流到达甘肃兰州附近，在强冷空气的推动下部分冷空气倒灌进入湟水河谷，东段冷锋自东向西进入祁连山以南地区。西段由部分冷空气经阿尔金山口进入柴达木盆地，在盆地形成一条冷锋逐渐东移，东、西两条冷锋在青海湖附近相遇而形成地形锢囚锋。从东西两路冷空气的强弱来看，西路冷空气的势力不能太强，且移动速度较慢，而东路冷空气往往是先弱后强、先慢后快，总的来说势力相对较强，才有利于锢囚锋的形成。如果东路冷空气移速较慢，锢囚锋形成的位置就偏东，而且消失得也快。地面图上，在青海湖附近上空的锢囚锋段上，变压图上反映出一个倒槽(图 12.14)，这种变压分布，说明青海湖锢囚锋是形成于东西两高之间狭窄的低压带里，通常锢囚锋段中部有一个逆时针旋转的低压环流。但当两条冷锋相向而行形成锢囚锋后，锢囚锋两侧都会出现 3 h 正变压。

出现锢囚锋时，高空图上往往有一个狭长的由南伸向北的暖舌相配合。暖式锢囚锋，暖舌位于地面锢囚锋线的前方，冷式锢囚锋，暖舌位于地面锢囚锋线的后方(图 12.15)。

由于西路冷锋上空是 500 hPa 低涡(槽)后部的西北气流，所以降水区在锋后分布较窄。

而东路冷锋上空为涡前西南气流控制，雨区分布就广得多。

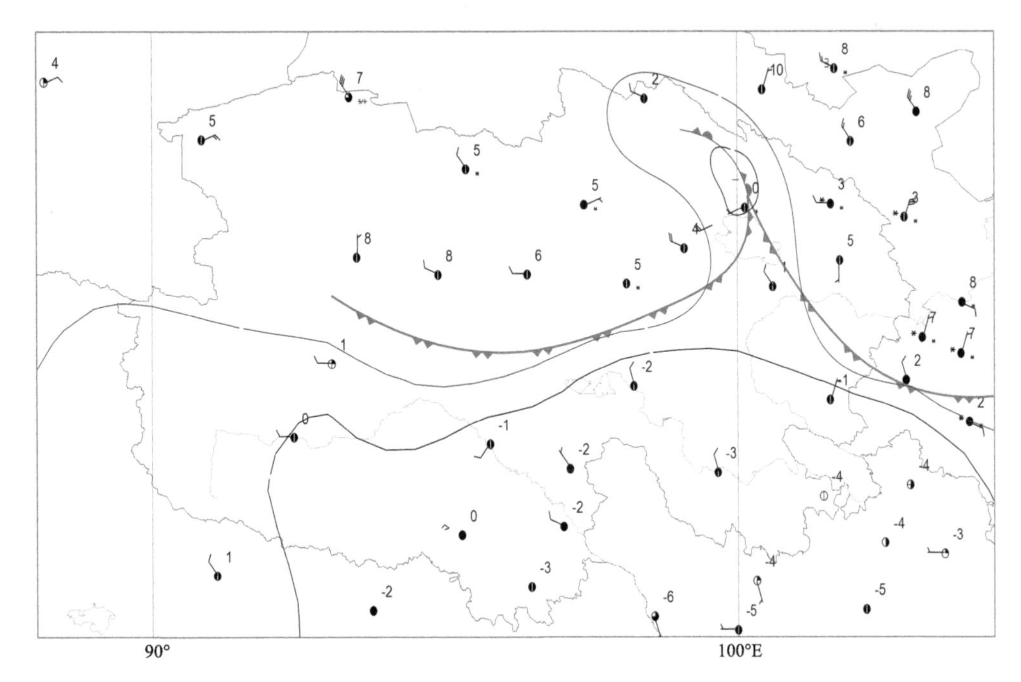

图 12.14 2000 年 2 月 12 日 20 时地面锢囚锋及 ΔP_{24}

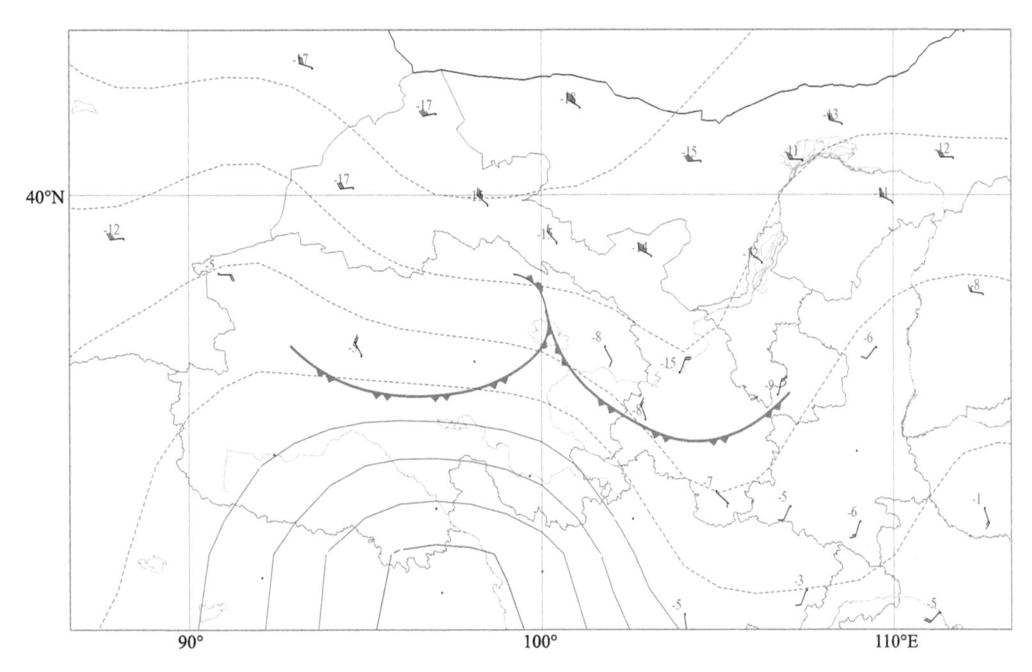

图 12.15 2000 年 2 月 12 日 20 时地面锢囚锋及 700 hPa 温度场

12.3.3 祁连山地形等压线

在大型山脉地区，尤其是相对高度较高的山脉，往往冷空气会在山的迎风面堆积，气压较高，背风面空气辐散，气压较低，造成山区水平气压梯度大，等压线沿着地形廓线被高度压缩起来，这种现象是由于地形引起的，在分析地面图时我们用一条锯齿形的地形等值线来替代所有被压缩了的线条，称它为地形等压线。

青海周边较常出现的是祁连山地形等压线，其通常是在蒙古国西部或中部有稳定维持的冷高压存在，从冷高压底部不断有强冷空气向南和向东扩散，在冷空气扩散进入河西走廊之后，由于祁连山山脉的阻挡作用，山脉南北地区的气压差就明显起来，有时甚至可相差 20 hPa 以上（图 12.6），此时应分析地形等压线。

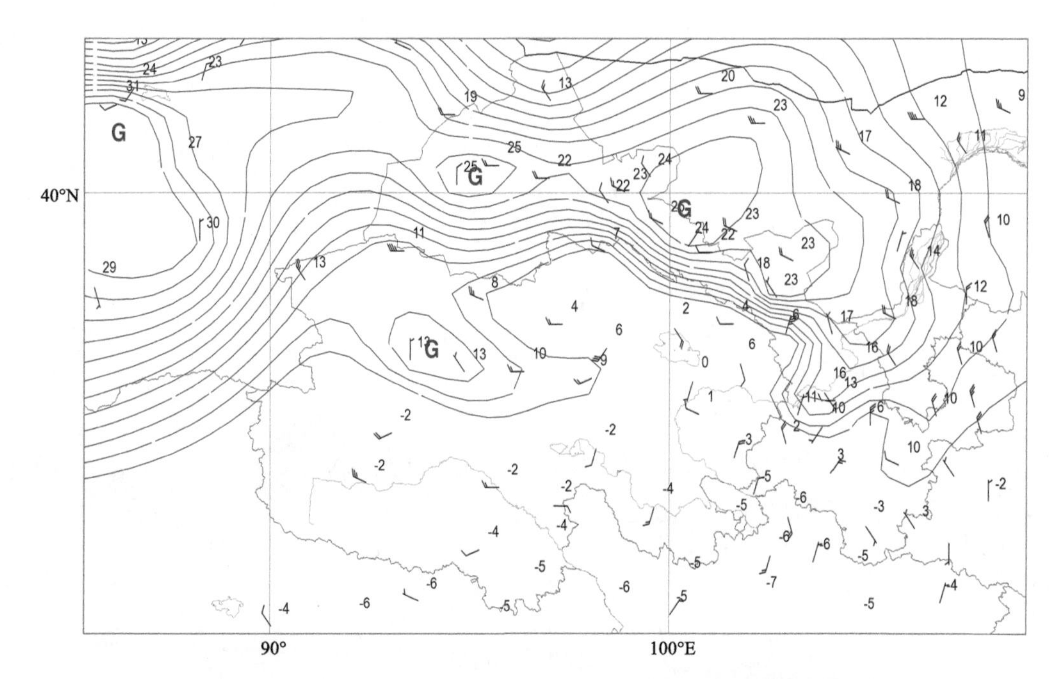

图 12.16 2001 年 4 月 9 日 02 时地面 ΔP_{24} 分析（等压线密集带）

分析时要注意地形等压线要平行于祁连山山脉，地形等压线不能与山脉廓线相交，并且不要把地形等压线分析到祁连山南麓。还要注意，地形等压线附近伸展出去的等压线不要相交，两侧的等压线条数要相等（图 12.17）。

12.4 地面切变线和热低压分析

12.4.1 高原地面切变线分析

地面切变一般都在气压槽内风场辐合处及 ΔP_3 不连续的地方，分析地面切变时，ΔP_3 场的不连续是主要依据，一般切变后 ΔP_3 是正值，切变前是负值，切变定在零线附近（图 12.18）。但要注意到，由于高原地区气压日变化大，地区差异显著，ΔP_3 一般河谷、盆地大于山区，尤其在午后 14 时或 17 时河谷、盆地中 ΔP_3 负值特别大。还有在雷雨形势下，午后雷暴高压形成，ΔP_3 不连续，会干扰原来的大尺度系统。

在青海境内较常出现的切变线有两种，分别是青南切变线和青海湖切变线。

(1)青南切变线

当高原北部有暖高压发展且位置稳定时，常在高原东北部形成反气旋环流，暖高压东侧和

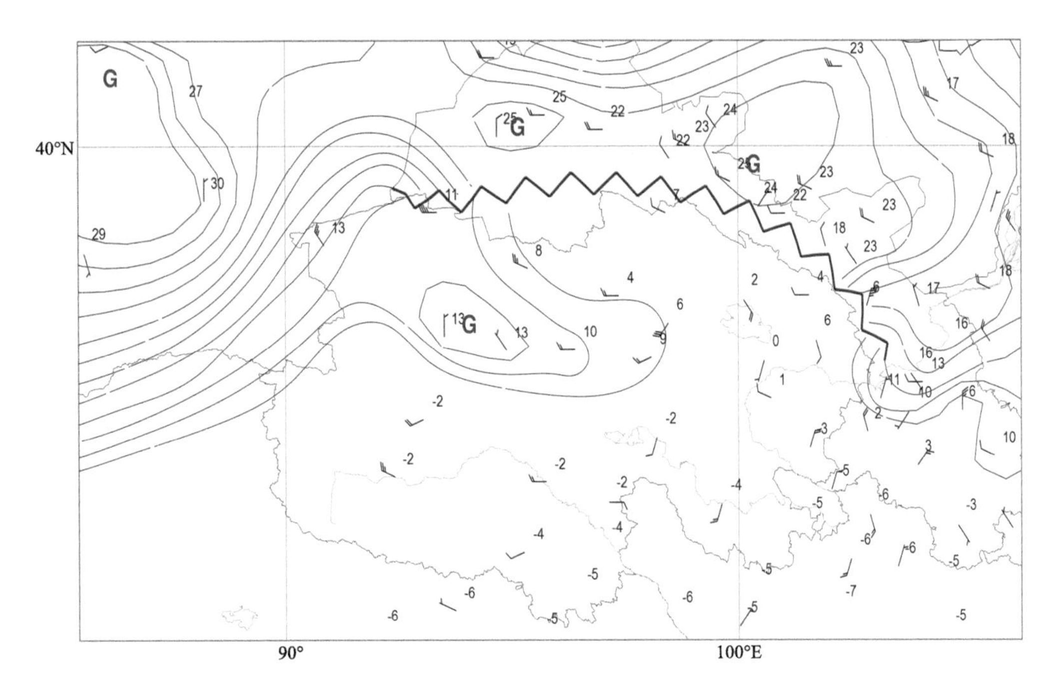

图12.17 2001年4月9日02时地面 ΔP_{24} 分析(地形等压线)

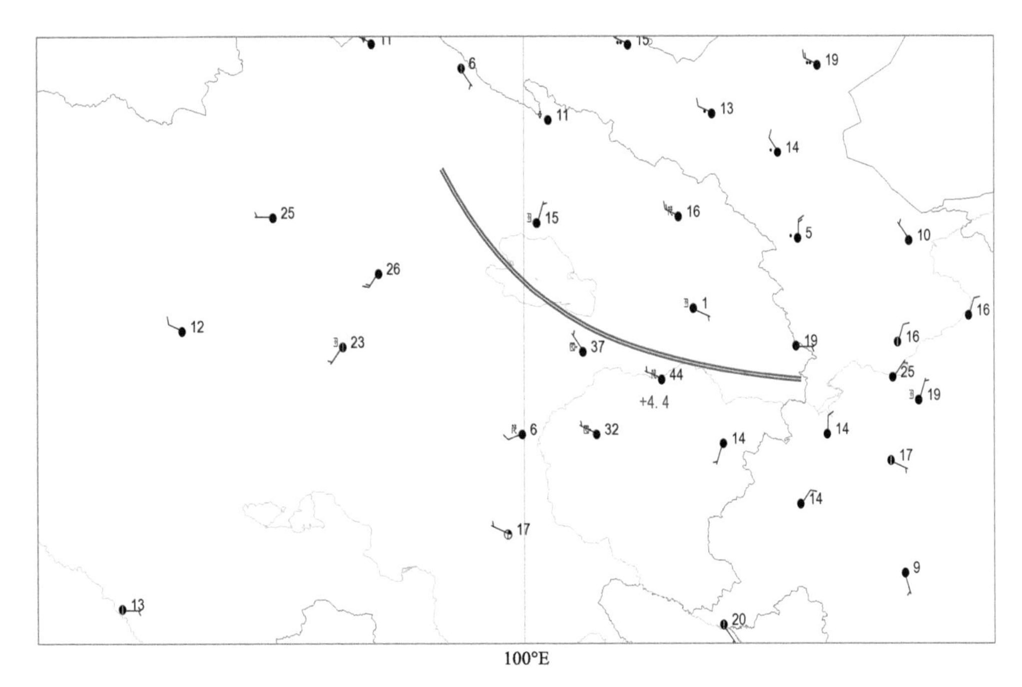

图12.18 2011年8月14日23时地面切变线及 ΔP_3

南侧维持偏东风或东北风。而高原南部受西南季风或季风低压中的偏南气流影响维持偏南风,在西南风和东北风之间往往形成一条切变线。

另外高原北部有偏北气流维持时,如果高原南部有低压槽移入,则在南支槽的西南气流与反气旋底部偏北气流之间,形成一条横切变线。

(2)青海湖切变线

青海湖地处青海东北部，湖面海拔约 3200 m，湖的四周被海拔为 3600～5000 m 的高山所环抱。其西部的柴达木盆地是一个被昆仑山、阿尔金山、祁连山等山脉环抱的封闭盆地，地势由西北向东南微倾，海拔自 3000 m 渐降至 2600 m 左右。受西风带系统影响，柴达木盆地盛行偏西风。青海湖东部的湟水河谷呈西高东低的态势，西部海拔达 3000 m 以上，东部最低处海拔约 1650 m，谷底由西北向东南敞开，河谷地形有利于东南风的进入。当有冷空气沿河西走廊东移南下时湟水河谷受冷空气倒灌影响维持东南风。另外，在高原东部边缘有低空急流发展或者在甘南附近中低空有低值系统发展时也会在河谷地区维持一股暖湿的偏东气流。因此，受到青海东北部这种特殊的地形作用，青海湖以西地区盛行偏西风，以东地区有偏东风维持时，青海湖附近常常有偏西风与偏东风的辐合带，形成一条竖切变。

12.4.2 高原地面热低压分析

柴达木盆地热低压是地方性系统，源地形成或消失，日变化明显，低压环流多出现在 20 时 700 hPa 图上，一般不需要分析。但在两种情况下必须分析和标注柴达木低压：(1)当 500 hPa 有冷槽从南疆向东移来，地面有冷空气侵入柴达木盆地西部，热低压性质转化，成为降水性柴达木低涡；(2)当 500 hPa 柴达木盆地有较强暖脊时，柴达木热低压强烈发展，甚至祁连山以北河西走廊东风包括在低压环流区，而且低压南北两侧有 8 m/s 的平均风速出现(图 3.14)。

参考文献

白虎志,谢金南,李栋梁,2001.近40年青藏高原季风变化的主要特征[J].高原气象,20(1):22-27.

白岐风,尤莉,1993.内蒙古寒潮的统计分析[J].内蒙古气象(2):4-9.

白晓平,王式功,赵璐,等,2016.西北地区东部短时强降水概念模型[J].高原气象,35(5):1248-1256.

白肇烨,徐国昌,1988.中国西北天气[M].北京:气象出版社:258-262.

包澄澜,1986.华南前汛期暴雨研究进展[J].海洋学报,8(1):31-40.

包澄澜,王两铭,李真光,1979.华南前汛期暴雨的研究[J].气象,5(10):8-10.

保云涛,游庆龙,谢欣汝,等.2018.青藏高原积雪时空变化特征及异常成因[J].高原气象,37(4):899-910.

鲍名,2007.近50年我国持续性暴雨的统计分析及其大尺度环流背景[J].大气科学,31(5):779-792.

鲍玉章,1990.西藏高原切变线云系中雨以上降水的卫星云图分析[J].成都气象学院学报,15(4):15-19.

岑思弦,巩远发,赖欣,等,2014.青藏高原东部与其北侧热力差异与高原季风及长江流域夏季降水的关系[J].气象学报,72(2):256-265.

陈波,史瑞琴,陈正洪,2010.近45年华中地区不同级别强降水事件变化趋势[J].应用气象学报,21(1):47-54.

陈伯民,钱正安,张立盛,1996.夏季青藏高原低涡形成和发展的数值模拟[J].大气科学,20(4):491-502.

陈炯,郑永光,张小玲,等,2013.中国暖季短时强降水分布和日变化特征及其与中尺度对流系统日变化关系分析[J].气象学报,71(3):367-382.

陈乾金,王丽华,高波,等,2000.青藏高原1985年冬季异常少雪和1986年异常多雪的环流及气候特征对比研究[J].气象学报,58(2):202-213.

陈涛,张芳华,于超,等,2020.2020年6—7月长江中下游极端梅雨天气特征分析[J].气象,46(11):1415-1426.

陈伟民,王强,等,1996.中国西北部“4·5”沙尘暴过程中尺度低压的数值模拟[J].中国沙漠,16(2):140-143.

陈湘甫,赵宇,2021.冷涡背景下东北地区短时强降水统计特征[J].高原气象,40(3):510-524.

陈艳,丁一汇,等,2006.水汽输送对云南夏季风暴发及初夏降水异常的影响[J].大气科学,30(1):25-37.

陈永仁,李跃清,齐冬梅,2011.南亚高压和西太平洋副热带高压的变化及其与降水的关系[J].高原气象,30(5):1148-1157.

陈于湘,纪立人,沈如金,1983.青藏高原对不同纬向环流动力扰动的数值模拟[J].大气科学,7(2):179-188.

陈豫英,陈楠,等,2016.“2013·3·9”宁夏强沙尘暴天气的热力动力条件分析[J].干旱区地理,39(2):285-291.

陈豫英,陈楠,马金仁,等,2011.近48a宁夏寒潮的变化特征及可能影响的成因初步分析[J].自然资源学报,25(6):939-951.

陈豫英,陈楠,邵建,等,2009.2008年12月两次寒潮天气对比分析[J].气象,35(11):29-38.

陈元昭,俞小鼎,陈训来,2016.珠江三角洲地区重大短时强降水的基本流型与环境参量特征[J].气象,42(2):144-155.

陈哲彰,1995.冰雹与雷暴大风的云对地闪电特征[J].气象学报,53(3):367-374.

陈中一,高传智,谢倩,等,2009.天气学分析[M].北京:气象出版社.

陈忠明,闵文彬,崔春光,2004.西南低涡研究的一些新进展[J].高原气象,23(S1):1-5.

谌芸,陈涛,汪玲瑶,等,2019.中国暖区暴雨的研究进展[J].暴雨灾害,38(5):483-493.

谌芸，李泽椿，2005. 青藏高原东北部区域大到暴雨的诊断分析及数值模拟[J]. 气象学报，63(3)：289-300.
除多，洛桑曲珍，林志强，等，2018. 近 30 年青藏高原雪深时空特征分析[J]. 气象，44(2)：233-243.
除多，杨勇，罗布坚参，等，2015. 1981—2010 年青藏高原积雪日数时空变化特征分析[J]. 冰川冻土，37(6)：1461-1472.
戴加洗，1990. 青藏高原天气气候[M]. 北京：气象出版社：188-195.
戴武杰，1974. 孟加拉湾台风对西藏高原的影响[J]. 气象，1(1)：12-13.
单寅，林珲，付慰慈，2003. 夏季青藏高原上中尺度对流系统初生阶段特征[J]. 热带气象学报，19(1)：61-66.
德庆，徐珺，宗志平，等，2015. 孟加拉湾超级风暴对西藏强降水的影响分析[J]. 气象，41(9)：1086-1094.
丁一汇，1993. 1991 年江淮流域持续性特大暴雨研究[M]. 北京：气象出版社.
丁一汇，1994. 暴雨和中尺度气象学问题[J]. 气象学报，52(3)：274-284
丁一汇，2005. 高等天气学[M]. 北京：气象出版社：138-149，443，328-330.
丁一汇，2015. 论河南"75 · 8"特大暴雨的研究：回顾与评述[J]. 气象学报，73(3)：411-424.
董安祥，瞿章，尹宪志，等，2001. 青藏高原东部雪灾的奇异谱分析[J]. 高原气象，20(2)：214-219.
董得红，2003. 青海省荒漠化现状及治理对策[J]. 青海环境，13(2)：55-59.
董海萍，赵思雄，曾庆存，2004. 2004 年初夏一次云南暴雨过程的中尺度系统及其水汽特征分析研究[J]. 热带气象学报，27(5)：657-668.
董文杰，韦志刚，范丽军，2001. 青藏高原东部牧区雪灾的气候特征分析[J]. 高原气象，20(4)：40-406.
董旭光，顾伟宗，邱粲，等，2018. 山东省汛期小时降水过程时空分布特征[J]. 气象，44(8)：1063-1072.
杜银，张耀存，谢志清，2009. 东亚副热带西风急流位置变化及其对中国东部夏季降水异常分布的影响[J]. 大气科学，33(3)：581-592
段廷扬，马兰香，卢建状，1992. 青藏高原 500hPa 高压的统计特征[J]. 高原气象，11(1)：56-65.
段旭，段玮，2015. 孟加拉湾风暴对高原地区降水的影响[J]. 高原气象，34(1)：1-10.
段旭，陶云，寸灿琼，等，2009. 孟加拉湾风暴时空分布和活动规律统计特征[J]. 高原气象，28(3)：634-641.
段旭，陶云，许美玲，等，2012. 西风带南支槽对云南天气的影响[J]. 高原气象，31(4)：1059-1065.
樊晓春，董彦雄，王若升，2007. 5 月初的寒潮(强降温)、强霜冻天气分析与预报模型[J]. 青海气象(1)：20-25.
范俊红，王欣璞，孟凯，等，2009. 一次 MCC 的云图特征及成因分析[J]. 高原气象，28(6)：1388-1398.
方韵，范广洲，赖欣，等，2016. 青藏高原季风强弱与北半球西风带位置变化的关系[J]. 高原气象，35(6)：1419-1429.
冯晓莉，马占良，管琴，等，2021. 1980—2018 年青海高原冰雹分布特征及其关键影响因素分析[J]原气象，47(6)：717-726.
冯晓莉，申红艳，李万志，等，2020. 1961—2017 年青藏高原暖湿季节极端降水时空变化特征[J]. 高原气象，39(4)：694-705.
付超，谌芸，朱克云，等，2019. 2010—2016 年江西暖季短时强降水特征分析[J]. 气象，45(9)：1238-1247.
付炜，王东海，殷红，等，2013. 青藏高原与东亚地区暖季 MCSs 统计特征的对比分析[J]. 高原气象，32(4)：929-943.
高守亭，周玉淑，冉令坤，2018. 我国暴雨形成机理及预报方法研究进展[J]. 大气科学，42(4)：833-846.
格桑卓玛，等，2013. 西藏日喀则西部和南部边缘地区近 30 年大风天气变化特征分析[J]. 西藏大学学报(自然科学版)，28(1)：21-27.
谷秀杰，李周，鲁坦，等，2007. 2006 年 4 月 11—12 日寒潮天气成因[J]. 气象与环境科学，30(B09)，19-21.
郝莹，姚叶青，郑媛媛，等，2012. 短时强降水的多尺度分析及临近预警[J]. 气象，38(8)：903-912.
何光碧，高文良，屠妮妮，等，2009. 2000—2007 年夏季青藏高原低涡切变线观测事实分析[J]. 高原气象，28(3)：549-555.
何光碧，师锐，2011. 夏季青藏高原不同类型切变线的动力热力特征分析[J]. 高原气象，30(3)：568-575.

何光碧，曾波，郁淑华，等，2016. 青藏高原周边地区持续性暴雨特征分析[J]. 高原气象，35(4)：865-874.
何晗，谌芸，肖天贵，等，2015. 冷涡背景下短时强降水的统计分析[J]. 气象，41(12)：1466-1476.
何丽烨，李栋梁，2012. 中国西部积雪类型划分[J]. 气象学报，70(6)：1292-1301.
何钰，陈小华，杨素雨，等，2018. 基于"配料法"的云南短时强降水预报概念模型建立[J]. 气象，44(12)：1542-1554.
贺勤，邱东平，奥凤义，等，1998. 柴达木低涡与伊克昭盟地区 7—8 月降水关系[J]. 气象，24(1)：31-38.
胡亮，徐祥德，赵平，2018. 夏季青藏高原对流系统移出高原的气象背景场分析[J]. 气象学报，76(6)：944-954.
胡列群，武鹏飞，梁凤超，等，2014. 新疆冬春季积雪及温度对冻土深度的影响分析[J]. 冰川冻土，36(1)：48-54.
胡梦玲，游庆龙，2019. 青藏高原南侧经圈环流变化特征及其对降水影响分析[J]. 高原气象，38(1)：14-28.
胡文栋，纪晓玲，等，2012. "20010408"宁夏强沙尘暴天气中尺度系统分析[J]. 高原气象，31(3)：688-695.
华维，范广洲，王炳赟，2012. 近几十年青藏高原夏季风变化趋势及其对中国东部降水的影响[J]. 大气科学，36(4)：784-794.
黄东兴，黄美金，2000. 一次连续性大暴雨成因及雷达回波特征分析[J]. 气象，26(7)：50-56.
黄福均，崔岫敏，单扶民，1980. 青藏高原雨季中断及活跃[J]. 气象(10)：1-4.
黄荣辉，张振洲，黄刚，等，1998. 夏季东亚季风区水汽输送特征及其与南亚季风区水汽输送的差别[J]. 大气科学，22(4)：460-469.
黄晓清，唐淑乙，次旺顿珠，2018. 气候变暖背景下西藏高原雪灾变化及其与大气环流的关系[J]. 高原气象，37(2)：325-332.
黄晓清，杨勇，石磊，2013. 西藏高原不同时段雪灾的空间分布及大气环流特征[J]. 中国沙漠，33(2)：396-402.
黄琰，张人禾，龚志强，等，2014. 中国雨季的一种客观定量划分[J]. 气象学报，72(6)：1186-1204.
黄艳，俞小鼎，陈天宇，等，2018. 南疆短时强降水概念模型及环境参数分析[J]. 气象，44(8)：1033-1041.
假拉，杜军，边巴扎西，2008. 西藏高原气象灾害区划研究[M]. 北京：气象出版社：25-26.
江吉喜，范梅珠，2002. 夏季青藏高原上的对流云和中尺度对流系统[J]. 大气科学，26(2)：263-270.
江吉喜，项续康，范梅珠，1996. 青藏高原夏季中尺度强对流系统的时空分布[J]. 应用气象学报，7(4)：473-478.
姜琪，罗斯琼，文小航，等. 2020. 1964—2014 年青藏高原积雪时空特征及其影响因子[J]. 高原气象，39(1)：24-36.
金荣花，李维京，张博，等，2012. 东亚副热带西风急流活动与长江中下游梅雨异常关系的研究[J]. 大气科学，36(4)：722-732.
康志明，罗金秀，郭文华，等，2007. 2005 年 10 月西藏高原特大暴雪成因分析[J]. 气象，33(8)：60-67.
柯长青，李培基，1998. 青藏高原积雪分布与变化特征[J]. 地理学报，53(3)：209-215.
孔祥伟，陶健红，刘治国，等，2015. 河西走廊中西部干旱区极端暴雨个例分析[J]. 高原气象，34(1)：70-81.
况雪源，张耀存，2006. 东亚副热带西风急流位置异常对长江中下游夏季降水的影响[J]. 高原气象，25(3)：382-389
雷蕾，邢楠，周璇，等，2020. 2018 年北京"7・16"暖区特大暴雨特征及形成机制研究[J]. 气象学报，78(1)：1-17.
雷雨顺，吴宝俊，吴正华，1978. 冰雹概论[M]. 北京：气象出版社：25-35.
李爱贞，刘厚凤，2004. 气象学与气候学基础[M]. 北京：气象出版社.
李博，杨柳，唐世浩，2018. 基于静止卫星的青藏高原及周边地区夏季对流的气候特征分析[J]. 气象学报，76(6)：983-995.
李典，白爱娟，薛羽君，等，2014. 青藏高原和四川盆地夏季对流性降水特征的对比分析[J]. 气象，40(3)：280-289.

李璠,徐维新,祁栋林,等,2018.1961—2015 青海沙尘暴天气时空变化特征[J].干旱区研究,35(2):412-417.
李菲,段安民,2011.青藏高原夏季风强弱变化及其对亚洲地区降水和环流的影响——2008 年个例分析[J].大气科学,35(4):694-706.
李菲,李建平,李艳杰,等,2012.青藏高原绕流和爬流的气候学特征[J].大气科学,36(6):1236-1252.
李国平,卢会国,黄楚惠,等,2016.青藏高原夏季地面热源的气候特征及其对高原低涡生成的影响[J].大气科学,40(1):131-141.
李国平,赵帮杰,杨锦青,2002.地面感热的青藏高原低涡流场结构及发展的作用[J].大气科学,26(4):519-525.
李国平,赵虎福,黄楚惠,等,2014.基于 NCEP 资料的近 30 年夏季青藏高原低涡的气候特征[J].大气科学,38(4):756-769.
李红梅,申红艳,汪青春,等,2021.1961—2017 年青海高原雨季和降水的变化特征[J].高原气象,40(5):1038-1047.
李加洛,达成荣,刘海明,等,2003.青海东部一次强暴雪天气的 Q 矢量诊断分析[J].气象,29(9):8-12.
李江林,余晔,王宝鉴,等,2014.河西西部一次大到暴雨过程诊断分析及数值模拟[J].高原气象,33(4):1034-1044.
李江萍,王式功,孙国武,2012.高原低涡研究的回顾与展望[J].兰州大学学报,48(4):53-60.
李培基,1998.青藏高原雪灾时空分布特征[G]//中国气象局气象服务与气候司.牧区雪灾的分析研究.北京:气象出版社:15-18.
李强,邓承之,张勇,等,2017.1980—2012 年 5—9 月川渝盆地小时强降水特征研究[J].气象,43(9):1073-1083.
李强,王秀明,周国兵,等,2020.四川盆地西南低涡暴雨过程的短时强降水时空分布特征研究[J].高原气象,39(5):960-972.
李生辰,1988.果洛雪灾探讨[J].高原气象,7(1):64-69.
李生辰,巩远发,王田寿,2010.青藏高原东北部一次强暴雨过程环流特征分析[J].高原气象,29(2):278-285.
李生辰,李栋梁,赵平,等.2009.青藏高原"三江源地区"雨季水汽输送特征[J].气象学报,67(4):591-598.
李生辰,王希娟,德力格尔,1998.青海省东部春季降水及天气特征分析[J].青海气象,85(2):2-6.
李生辰,王希娟,王江山,1996.青海南部寒潮天气[J].青海气象(2):22-23.
李生辰,徐亮,郭英香,等.2007.近 34a 青藏高原年降水变化及其分区.中国沙漠,27(2):307-314.
李生辰,徐亮,史津梅,1997.青南高原雪灾的中短期天气分析[A]//牧区雪灾的分析研究.北京:气象出版社.
李晓峰,梁爽,赵凯,等,2020.基于气象要素的中国积雪类型划分及积雪特征分布[J].冰川冻土,42(1):62-71.
李耀辉,张存杰,高学杰,2004.西北地区大风日数的时空分布特征[J].中国沙漠,6(1):715-723.
梁潇云,钱正安,李万元,2002.青藏高原东部牧区雪灾的环流型及水汽场分析[J].高原气象,21(4):359-367.
廖波,等,2018.贵州山区热低压大风特征及数值模拟分析[J].科学与信息化技术应用(9):18-19.
林厚博,游庆龙,焦洋,等,2016.青藏高原及附近水汽输送对其夏季降水影响的分析[J].高原气象,35(2):309-317.
林建,杨贵名,2014.近 30 年中国暴雨时空特征分析[J].气象,40(7):816-826.
林良勋,2006.广东省天气预报技术手册[M].北京:气象出版社:119-150.
林志强,2015a.1979—2013 年 ERA-Interim 资料的青藏高原低涡活动特征分析[J].气象学报,73(5):925-939.
林志强,2015b.南支槽的客观识别方法及其气候特征[J].高原气象,34(3):684-680.
林志强,德庆,文胜军,等,2014a.西藏高原汛期大到暴雨的时空分布和环流特征[J].暴雨灾害,33(1):73-79.
林志强,假拉,薛改萍,等,2014b.1980—2010 年西藏高原大到暴雪的时空分布和环流特征[J].高原气象,33

(4):900-906.

刘德祥,白虎志,董安详,2004.中国西北地区冰雹的气候特征及异常研究[J].高原气象,23(6):795-803.

刘还珠,王维国,邵明轩,等,2007.西太平洋副热带高压影响下北京区域性暴雨的个例分析[J].大气科学,31(4):727-734.

刘金卿,刘红武,徐靖宇,2021.西南涡引发强对流天气特征[J].高原气象,40(3):525-534.

刘宁微,齐琳林,韩江文,2009.北上低涡引发辽宁历史罕见暴雪天气过程分析[J].大气科学,33(2):275-284.

刘新伟,叶培龙,伏晶,等,2020.高原切变线形态演变对高原边坡一次降水过程的影响分析[J].高原气象,39(2):245-253.

刘延安,魏鸣,高炜,等,2012.FY-2 红外云图中强对流云团的短时自动预报算法[J].遥感学报,16(1):79-94.

刘自牧,李国平,张博,等,2018.高原涡与高原切变线伴随出现的统计特征[J].高原气象,37(5):1233-1240.

柳俊杰,2013.梅雨锋中的低涡结构及发展机制分析[D].南京:南京信息工程大学.

柳艳香,汤懋苍,魏丽,等,2000.青藏高原腹地 1985 年雪灾成因分析[J].高原气象,19(1):52-58.

罗布坚参,假拉,德庆,等,2019.南支槽影响下西藏高原南部 3 次暴雪天气特征分析[J].气象,45(6):862-870.

罗四维,等,1992a.青藏高原及其邻近地区几类天气系统的研究[M].北京:气象出版社:7-53.

罗四维,杨洋,1992b.一次青藏高原夏季低涡的数值模拟研究[J].高原气象,11(1):39-48.

骆美霞,朱抱真,张学洪,1983.青藏高原对东亚纬向型环流形成的动力作用[J].大气科学,7(2):146-152.

马林,李锡福,张青梅,等,2001.青藏高原东部牧区冬季雪灾天气的形成及其预报[J].高原气象,20(3):325-331.

马淑红,席元伟,1997.新疆暴雨的若干规律性[J].气象学报,55(2):239-248.

马文彦,冯新,杨芙蓉,2010.地面资料在侦测暴雨天气过程中的应用[J].气象,36(1):41-48.

马振锋,2003.高原季风强弱对南亚高压活动的影响[J].高原气象,22(2):143-146.

毛冬艳,曹艳察,朱文剑,等,2018.西南地区短时强降水的气候特征分析[J].气象,44(8):1042-1050.

毛睿,龚道溢,房巧敏,2007.冬季东亚中纬度西风急流对我国气候的影响[J].应用气象学报,18(2):137-146.

苗秋菊,徐祥德,施小英,2005.青藏高原周边异常多雨中心及其水汽输送通道[J].气象,30(12):45-47.

宁夏气象局,1987.短期天气预报指导手册[Z].银川:宁夏气象局:96-105.

齐冬梅,2008.南亚高压活动与高原季风演变的关系分析[D].北京:中国气象科学研究院.

齐冬梅,李跃清,白莹莹,等,2009.高原夏季风指数的定义及其特征分析[J].高原山地气象研究,29(4):1-9.

钱莉,杨金虎,等,2010.河西走廊东部"2008·5·2"强沙尘暴成因分析[J].高原气象,29(3):719-725.

乔全明,谭海清,1984.夏季青藏高原 500hPa 切变线的结构与大尺度环流[J].高原气象,3(3):50-57.

青藏高原气象科学研究拉萨会战组,1981.夏半年青藏高原 500 hPa 低涡切变线研究[M].北京:科学出版社:120-155.

青海省气象科学研究所,玉树州气象局大雪封山会战组.1976.玉树自治州雪灾的研究[A]//青藏高原气象论文集(1975—1976).西宁:青海省气象局.

青海省气象科学研究所天气室,1986.青海省汛期大到暴雨的分析及预报[J].青海气象(3):42-79.

青海省统计局,国家统计局青海调查总队,2019.青海省 2018 年国民经济和社会发展统计公报[N].青海日报,2019-02-28(7).

邱贵强,赵桂香,董春卿,等,2018.一次副热带高压边缘突发性暴雨的锋生及水汽特征分析[J].高原气象,37(4):946-957.

荣涛,2004.柴达木低涡特征及其预报[J].干旱气象,22(3):26-31.

申建华,李丽平等,2011.山西一次罕见大风天气成因分析[J].安徽农业科技,39(34):212-214.

沈鎏澄,吴涛,游庆龙,等,2019.青藏高原中东部积雪深度时空变化特征及其成因分析[J].冰川冻土,41(5):1150-1161.

时兴合,李生辰,李栋梁,等,2007.青海南部冬季积雪和雪灾变化[J].气候变化研究进展,3(1):36-40.
寿绍文,2019.中国暴雨的天气学研究进展[J].暴雨灾害,38(5):450-463.
孙国武,陈葆德,1994.青藏高原大气低频振荡与低涡群发性的研究[J].大气科学,18(1):113-121.
孙国武,陈葆德,吴继成,等,1987.大尺度环境场对青藏高原低涡发展东移的动力作用[J].高原气象,6(3):225-233.
孙继松,2017.短时强降水和暴雨的区别与联系[J].暴雨灾害,36(6):498-506.
孙继松,戴建华,何立富,等,2014.强对流天气预报的基本原理与技术方法[M].北京:气象出版社:95-139.
孙继松,雷蕾,于波,等,2015.近10年北京地区极端暴雨事件的基本特征[J].气象学报,73(4):609-623.
孙继松,陶祖钰,2012.强对流天气分析与预报中的若干基本问题[J].气象,38(2):164-173.
孙健华,赵思雄,2002.华南"94·6"特大暴雨的中尺度对流系统及其环境场研究Ⅰ.引发暴雨的β中尺度对流系统的数值模拟研究[J].大气科学,26(4):541-557.
孙健华,赵思雄,傅慎明,等,2013.2012年7月21日北京特大暴雨的多尺度特征[J].大气科学,37(3):705-718.
孙军,姚秀萍,2002.一次沙尘暴过程锋生函数和地表热通量的数值诊断[J].高原气象,21(5):488-494.
孙庆伟,1978.一次青海湖锢囚锋过程的分析[J].气象,4(1):5-7.
索渺清,丁一汇,2009.冬半年副热带南支西风槽结构和演变特征研究[J].大气科学,33(3):425-442.
索渺清,丁一汇,2014.南支槽与孟加拉湾风暴结合对一次高原暴雪过程的影响[J].气象,40(9):1033-1047.
汤懋苍,梁娟,邵明镜,等,1984.高原季风年变化的初步分析[J].高原气象,3(3):76-82.
汤懋苍,沈志宝,陈有虞,1979.高原季风的平均气候特征[J].地理学报,34(1):33-42.
汤懋苍,许曼春,李丁民,1982.高原地区地面天气图分析方法的探讨[J].高原气象,1(3):52-62.
唐文苑,周庆亮,刘鑫华,等,2017.国家级强对流天气分类预报检验分析[J].气象,43(1):67-76.
陶健红,孔祥伟,刘新伟,2016.河西走廊西部两次极端暴雨事件水汽特征分析[J].高原气象,35(1):107-117.
陶健红,王宝鉴,等,2012.甘肃省短期天气预报员手册[M].北京:气象出版社:135-136.
陶诗言,等,1980.中国之暴雨[M].北京:科学出版社.
陶诗言,倪允琪,赵思雄,等,2001.1998夏季中国暴雨的形成机理与预报研究[M].北京:气象出版社.
田付友,郑永光,张小玲,等,2018.2017年5月7日广州极端强降水对流系统结构、触发和维持机制[J].气象,44(4):469-484.
田珊儒,段安民,王子谦,等,2015.地面加热与高原低涡和对流系统相互作用的一次个例研究[J].大气科学,39(1):125-136.
汪柏阳,2015.基于多通道卫星云图的对流启动监测[D].南京:南京理工大学.
王澄海,王芝兰,崔洋,2009.40余年来中国地区季节性积雪的空间分布及年际变化特征[J].冰川冻土,31(2):301-310.
王春学,李栋梁,2012.中国近50a积雪日数与最大降雪深度的时空变化规律[J].冰川冻土,34(2):247-256.
王丛梅,俞小鼎,李芷霞,等,2017.太行山地形影响下的极端短时强降水分析[J].气象,43(4):425-433.
王东海,杨帅,刘英,等,2007.东北暴雨的研究[J].地球科学进展,22(6):549-560.
王伏村,许东蓓,王宝鉴,等,2012.河西走廊一次强沙尘暴的热力动力特征[J].气象,38(8):950-959.
王海娥,李生辰,张青梅,等,2016.青海高原1961—2013年积雪日数变化特征分析[J].冰川冻土,38(5):1219-1226.
王江山,李锡福,等,2004.青海天气气候[M].北京:气象出版社:283-284.
王劲松,刘贤,俞亚勋,2003.西北地区春季沙尘暴地面加热场基本特征[A]//中国气象学会年会[C].北京:1183-1187.
王明洁,周永吉,邹立尧,2000.黑龙江省寒潮天气及预报[J].黑龙江气象(3):29-32.
王文辉,徐祥德,1979.锡盟大雪过程和"77·10"暴雪分析[J].气象学报,37(3):80-86.

王锡稳，刘治国，等，2006. 河西走廊盛夏一次强沙尘暴天气综合分析[J]. 气象，32(7)：103-108.
王鑫，李跃清，郁淑华，等，2009. 青藏高原低涡活动的统计研究[J]. 高原气象，28(1)：64-71.
王秀荣，王维国，刘还珠，等，2008. 北京降水特征与西太副高关系的若干统计[J]. 高原气象，27(4)：822-829.
王奕丹，胡泽勇，孙根厚，等，2019. 高原季风特征及其与东亚夏季风关系的研究[J]. 高原气象，38(3)：518-527.
王益柏，袁勇，郭骞，等，2012. 一次强沙尘暴过程的动量下传诊断分析[J]. 气象科技，40(5)：820-826.
王荫桐，吴恒强，1985. 夏季对流层低层印缅槽活动初探[J]. 热带气象，1(3)：243-251.
王友恒，王素贤，1988. 孟加拉湾风暴的初步分析[J]. 气象，14(6)：19-22.
王允宽，刘俊清，黄中华，1986. 青藏高原地形对孟加拉湾热带气旋动力影响的模拟实验研究[J]. 大气科学，10(1)：27-34.
王允宽，吴迪生，曹勇生，等，1996. 青藏高原地形对孟加拉湾热带气旋影响的对比研究[J]. 大气科学，20(4)：445-451.
王子谦，朱伟军，段安民，2010. 孟加拉湾风暴影响高原暴雪的个例分析：基于倾斜涡度发展的研究[J]. 高原气象，29(3)：703-711.
王宗敏，丁一汇，张迎新，等，2014. 西太平洋副热带高压的边界特征及其附近暖区对流雨带成因[J]. 气象学报，72(3)：417-427.
韦志刚，黄荣辉，陈文，等，2002. 青藏高原地面站积雪的空间分布和年代际变化特征[J]. 大气科学，26(4)：496-508.
魏林波，周甘霖，王式功，等，2012. 亚洲副热带高空急流活动的气候特征及其与我国部分地区夏季降水的关系[J]. 高原气象，31(1)：87-93
魏维，2012. 南亚高压位置的经向和纬向变化与印度季风以及中国夏季降水的关系[D]. 北京：中国气象科学研究院.
魏维，2015. 南亚高压位置的年际变异特征及其与亚洲夏季风的联系[D]. 北京：中国气象科学研究院.
邬仲勋，王式功，尚可政，等，2016. 冷空气大风过程中动量下传特征[J]. 中国沙漠，36(2)：467-473.
吴国雄，刘屹岷，何编，等，2018. 青藏高原感热气泵影响亚洲季风的机制[J]. 大气科学，42(3)：488-504.
吴国雄，刘屹岷，宇婧婧，等，2008. 海陆分布对海气相互作用的调控和副热带高压的形成[J]. 大气科学，32(4)：720-740.
吴鹤轩，1981a. 青藏高原上的积雨云[J]. 气象，7(6)：28-30.
吴鹤轩，1981b. 青藏高原的积云[J]. 气象，7(9)：38-39.
吴梦雯，罗亚丽，2019. 中国极端小时降水 2010—2019 年研究进展[J]. 暴雨灾害，38(5)：502-514.
伍红雨，李春梅，刘蔚琴，2017. 1961—2014 年广东小时强降水的变化特征[J]. 气象，43(3)：305-314.
伍志方，叶爱芬，胡胜，等. 2004. 中小尺度系统的多普勒统计特征[J]. 热带气象学报，20(4)：391-400.
西北暴雨编写组，1992. 西北暴雨[M]. 北京：气象出版社：1-164.
郄秀书，袁铁，谢毅然，等，2004. 青藏高原闪电活动的时空分布特征[J]. 地球物理学报，47(6)：997-1002.
郄秀书，张广庶，孔祥贞，等，2003. 青藏高原东北部地区夏季雷电特征的观测研究[J]. 高原气象，22(3)：209-216.
项续康，江吉喜，1996. 西北地区强沙尘暴成因的中尺度分析[J]. 高原气象，15(4)：448-454.
肖潺，宇如聪，原韦华，等，2013. 横断山脉中西部降水的季节演变特征[J]. 气象学报，71(4)：643-651.
肖笑，魏鸣，2018. 利用 FY-2E 红外和水汽波段对强对流云团的识别和演变研究[J]. 大气科学学报，41(1)：135-144.
谢安，毛江玉，宋谈云，等，2002. 长江中下游地区水汽输送的气候特征[J]. 应用气象学报，13(1)：67-77.
徐国昌，1984. 500hPa 切变线的天气气候特征[J]. 高原气象，3(1)：38-43.
徐淑英，高由禧，1962. 西藏高原的季风现象[J]. 地理学报，28(2)：111-123.

徐祥德，陶诗言，王继志，等，2002. 青藏高原——季风水汽输送“大三角扇型”影响域特征与中国区域旱涝异常的关系[J]. 气象学报，60(3)：257-266.

许爱华，乔林，詹丰兴，等，2006. 2005 年 3 月一次寒潮天气过程的诊断分析[J]. 气象，32(3)：49-55.

许爱华，孙继松，许东蓓，等，2014. 中国中东部强对流天气的天气形势分类和基本要素配置特征[J]. 气象，40(4)：400-411.

许东蓓，黄玉霞，祖永安，等，2001. “4・12”强沙尘暴卫星云图特征[J]. 甘肃气象，19(2)：34-35.

许东蓓，许爱华，肖玮，等，2015. 中国西北四省区强对流天气形势配置及特殊性综合分析[J]. 高原气象，34(4)：973-981.

许丽人，李鲲，等，2008. 一次动量下传大风过程边界层结构的数值模拟分析[A]//中国气象学会 2008 年年会[C]. 烟台：41-47.

许锐，2009. 基于卫星数据的对流初生自动识别研究[D]. 青岛：中国海洋大学.

杨鉴初，陶诗言，叶笃正，等，1960. 西藏高原气象学[M]. 北京：科学出版社.

杨莲梅，张云惠，汤浩，2012. 2007 年 7 月新疆三次暴雨过程的水汽特征分析[J]. 高原气象，31(4)：963-973.

杨玮，何金海，王盘兴，等，2011. 近 42 年来青藏高原年内降水时空不均匀性特征分析[J]. 地理学报，66(3)：376-384.

杨霞，周泓奎，赵克明，等，2020. 1991—2018 年新疆新疆小时极端强降水特征[J]. 高原气象，39(4)：762-773.

杨小波，杨淑群，马振峰，2014. 夏季东亚副热带西风急流位置对川渝地区降水的影响[J]. 高原气象，33(2)：384-393.

杨勇，罗骕翾，尼玛吉，等，2013. 西藏地区暴雨指标及暴雨事件的时空变化[J]. 暴雨灾害，32(4)：369-373.

杨志刚，建军，洪建昌，2014. 1961—2010 年西藏极端降水事件时空分布特征[J]. 高原气象，33(1)：37-42.

姚慧茹，李栋梁，2013. 东亚副热带急流的空间结构及其与中国冬季的关系[J]. 大气科学，37(4)：881-890.

姚莉，李小泉，张立梅，2009. 我国 1 小时雨强的时空分布特征[J]. 气象，35(2)：80-87.

姚秀萍，孙建元，康岚，等，2014. 高原切变线研究的若干进展[J]. 高原气象，33(1)：294-300.

姚学祥，2011. 天气预报技术与方法[M]. 北京：气象出版社：50-55，80-109，116-117.

叶笃正，高由禧，等. 1979. 青藏高原气象学[M]. 北京：科学出版社：141-150.

叶笃正，陶诗言，李麦村，1958. 在六月和十月大气环流的突变现象[J]. 气象学报，29(4)：249-262.

尹道声，1979. 论青藏高原中部的非绝热局地锋生[J]. 气象学报，39(4)：16-25.

尤伟，藏增亮，潘晓滨，等，2012. 夏季青藏高原雷暴天气及其天气学特征的统计分析[J]. 高原气象，31(6)：1523-1529.

余迪，段丽君，温婷婷，等，2021. 青藏高原雨季特征及其对气候增暖的响应[J]. 气象与环境学报，37(2)：12-18.

俞小鼎，2011. 基于构成要素的预报方法一配料法[J]. 气象，37(8)：913-918.

俞小鼎，王秀明，李万莉，等，2020. 雷暴与强对流临近预报[M]. 北京：气象出版社：416.

俞小鼎，郑永光，2020. 中国当代强对流天气研究与业务进展[J]. 气象学报，78(3)：391-418.

郁淑华，高文良，2006. 高原低涡移出高原的观测事实分析[J]. 气象学报，64(3)：393-399.

郁淑华，高文良，2008. 青藏高原低涡移出高原的大尺度条件[J]. 高原气象，27(6)：1277-1287.

郁淑华，高文良，彭骏，2012. 青藏高原低涡活动对降水影响的统计分析[J]. 高原气象，31(3)：592-604.

郁淑华，高文良，彭骏，2013. 近 13 年青藏高原切变线活动及其对中国降水影响的若干统计[J]. 高原气象，32(6)：1527-1537.

岳治国，余兴，刘贵华，等，2018. NPP/VIRS 卫星反演青藏高原夏季对流云微物理特征[J]. 气象学报，76(6)：968-982.

曾钰婵，范广洲，赖欣，等，2016. 青藏高原季风活动与大气热源/汇的关系[J]. 高原气象，35(5)：1148-1156.

张丙辰，1990. 长江中下游梅雨锋暴雨的研究[M]. 北京：气象出版社：289.

张翠华,言穆弘,董万胜,等,2005.青藏高原雷暴天气层结特征分析[J].高原气象,24(5)741-747.

张家宝,邓子风,1987.新疆降水概论[M].北京:气象出版社:14-16.

张家宝,苏起元,孙沈清,等,1986.新疆短期天气预报指导手册[M].乌鲁木齐:新疆人民出版社:222.

张家国,吴翠红,王钰,等,2006.一次冷锋大暴雨过程的多普勒雷达观测分析[J].应用气象学报,17(2):224-228.

张健,2005.崇左市霜冻概念模型[J].广西气象,26(4):15-17.

张强,1977.最优分割法[J].气象,3(9):26-29.

张荣,张广庶,王彦辉,等,2013.青藏高原东北部地区闪电特征初步分析[J].高原气象.32(3):1-9.

张涛,蓝渝,毛冬艳,等,2013.国家级中尺度天气分析业务技术进展:对流天气环境场技术规范的改进与产品集成系统支撑技术[J].气象,39(7):894-900.

张文军,李健,杨庆华,等,2019.河西走廊西部一次极端大风天气过程3次风速波动的动力条件分析[J].高原气象,38(5):1082-1090.

张小玲,陶诗言,孙建华,2010.基于"配料"的暴雨预报[J].大气科学,34(4):754-766.

张耀存,钱永甫,1999.青藏高原隆升作用于大气临界高度的数值研究[J].气象学报,57(2):157-167.

张一平,吴蓁,苏爱芳,等,2013.基于流型识别和物理量要素分析河南强对流天气特征[J].高原气象,32(5):1492-1502.

张宇,2012.南亚高压变化特征及其与相关影响因子关系研究[D].兰州:兰州大学.

张志富,希爽,刘娜,等,2015.1961—2012年中国降雪时空变化特征分析[J].资源科学,37(9):1765-1773.

章国材,2015.强对流天气分析与预报[M].北京:气象出版社.

章疑丹,姚辉,1984.青藏高原雨季起止的研究[J].高原气象,3(1):50-59.

赵大军,姚秀萍,2018.高原切变线形态演变过程中的个例研究:结构特征[J].高原气象,37(2):420-431.

赵平,李跃清,郭学良,等,2018.青藏高原地气耦合系统及其天气气候效应:第三次青藏高原大气科学试验[J].气象学报,76(6):833-860.

赵庆云,宋松涛,杨贵名,等,2014.西北地区暴雨时空变化及异常年夏季环流特征[J].兰州大学学报,50(4):517-522.

赵庆云,张武等,2012.河西走廊"2010·04·24"特强沙尘暴特征分析[J].高原气象,31(3):688-695.

赵仕雄,李正贵,1991.青海高原冰雹的研究[M].北京:气象出版社.

郑成均,1963.副热带高压急流在西藏高原上空的结构和季节性活动[J].气象学报,33(4):459-471.

郑新江,赵亚民,罗敬宁,1995.中国沙尘暴天气云图特征[J].气象,21(2):46-49.

郑永光,陈炯,朱佩君,2008.中国及周边地区夏季中尺度对流系统分布及其日变化[J].科学通报,53(4):471-481.

郑永光,陶祖钰,俞小鼎,2017.强对流天气预报的一些基本问题[J].气象,43(6):641-652.

钟珊珊,何金海,管兆勇,等,2009.1961—2001年青藏高原大气热源的气候特征[J].气象学报,67(3):407-416.

周秉荣,2015.青海省气候资源分析评价与气象灾害风险区划[M].北京:气象出版社.

周长艳,李跃青,李微,等,2005.青藏高原东部及邻近地区水汽输送的气候特征[J].高原气象,24(6):881-887.

周娟,文军,王欣,等,2017.青藏高原季风演变及其与土壤湿度的相关分析[J].高原气象,36(1):45-56.

周陆生,李海红,汪青春,2000.青藏高原东部牧区大一暴雪过程及雪灾分布的基本特征[J].高原气象,19(4):450-458.

周倩,程一帆,周甘霖,等,2011.2008年10月青藏高原东部一次区域暴雪过程及气候背景分析[J].高原气象,30(1):22-29.

周万福,张国庆,肖宏斌,等,2008.2005年雨季"三江源"地区对流云的特征分析[J].高原气象,27(3):

695-700.

周嵬,张强,康凤琴,2005.我国西北地区降雹气候特征及若干研究进展[J].地球科学进展,20(9):1029-1036.

周秀骥,徐祥德,颜鹏,等,2002.2000 年春季沙尘暴动力学特征[J].中国科学:地球科学,32(4):327-334.

周懿,范广洲,华维,等,2015.高原季风的分布特征及其指数对比分析[J].高原气象,34(6):1517-1530.

周玉淑,高守亭,邓国,2005.江淮流域 2003 年强梅雨期的水汽输送特征分析[J].大气科学,29(2):195-204.

朱莉莉,2009.基于卫星云图的强对流云团监测及预警研究[D].青岛:中国海洋大学.

朱平,李生辰,王振会,等,2013.青藏高原东部暴雨云团局地强降水响应特征[J].遥感学报,18(2):405-431.

朱平,肖建设,伏洋,2012.青藏高原东北部冰雹和雷雨预警的风暴单体识别特征对比分析[J].干旱区研究,29(6):941-948.

朱乾根,林锦瑞,寿绍文,等,2000.天气学原理和方法[M].北京:气象出版社:28-29,61-106,192-195,198-203,320-321,555-561.

庄晓翠,李博渊,秦榕,等,2020.新疆东部一次区域极端暴雨环境场特征[J].高原气象,39(5):947-959.

庄晓翠,赵江伟,李健丽,等,2018.新疆阿勒泰地区短时强降水流型及环境参数特征[J].高原气象,37(3):675-685.

邹进上,曹彩珠,1989.青藏高原降雪的气候学分析[J].大气科学,13(4):400-409.

BOSART L F, 1981. The Presidents,Day snowstorm of 18-19 February 1979:A subsynoptic-scale event[J]. Mon Wea Rev,109(7):1542-1566.

BRAHAM R R,Jr. 1983. The Midwest snow storm of 8-11 December 1977[J]. Mon Wea Rev,111(2):253-272.

CLARK D J,1983. The GOES Users Guide[Z]. NESDIS/NOAA,7-9.

DOSWELL Ⅲ C A,BROOKS H E, MADDOX R A,1996. Flash flood forecasting:An ingredients based methodology[J]. Weather & Forecasting,11:560-581.

DOSWELL Ⅲ C A,1987. The distinction between large-scale and mesoscale contribution to sever convection: A case study example[J]. Weather & Forecasting,2:3-16.

FLOHN H, 1968. Contribution to meteorology of the Tibetan Highland[D]. Atmos Sci Paper No. 130, Fort Collins: Colorado State University.

LIU J L, STEWART R E, SZETO K K, 2003. Moisture Transport and Other Hydrometeorological Features Associated with the Severe 2000/01 Drought over the Western and Central Canadian Prairies[J]. J Climate,15:305-319.

MADDOX R A,1980. Meso-scale convective comples[J]. Bull Amer Meteor Sci,61:1374-1387.

MARWITZ J D,TOTH J. 1993. A case study of heavy snowfall in Oklahoma[J]. Mon Wea Rev,121(3):648-661.

MCNULTY R P,1995. Severe and convective weather:A central region forecasting challenge[J]. Weather and Forecasting,10(2):187-202.

MILLER R C, 1972. Notes on analysis and severe-storm forecasting procedures of the Air Force Global Weather Central[R]. Technical Report 200(Rev). Omaha: Air Wwather Service,181pp.

MOLLER A R,2001. Severe local storms forecasting[M]//Doswell Ⅲ C A. Severe convective storm. Boston,MA: American Meteorological Society:433-480.

NINOMIYA K. 1991. Polar low development over the east coast of Asian continent on 9-11 December 1985 [J]. J Meteor Soc Japan,69(6):669-685.

ORIANSKI L,1975. A rational subdivision of scales for atmospheric processes[J]. Bull Amer Metor Soc,56:527-530.

SANDERS F, 1986. Frontogenesis and symmetric stability in a major New England snowstorm[J]. Mon Wea

Rev,114(10):1847-1862.

SANDERS F,1999. A proposed of surface map analysis[J]. Mon Wea Rev,127:946-955.

SUGIMOTO S,UENO K,2010. Formation of mesoscale convective systems over the eastern Tibetan Plateau affected by plateau-scale heating contrasts[J]. J Geophys Res,115(D16). doi:10.1029/2009JD013609.

YANAI M,ESBENSEN S,CHU J H. 1973. Determination of bulk properties of tropical cloud clusters from large-scale heat and moisture budgets[J]. J Atmos Sci,30:611-627.

ZHANG R H,2001. Relations of water vapor transport from Indian monsoon with that over East Asia and the summer rainfall in China[J]. Advances in Atmospheric Sciences, 18 (5):1005-1017.